공학에 꼭 필요한 수학 $^{+\alpha}$

Engineering Mathematics

연용호 · 오상훈 · 오용선 지음

홍릉과학출판사

머리말

Engineering Mathematics

최근 과학기술은 그 어느 때보다도 급속한 변화와 성장을 거듭하고 있다. 전 세계에 거미줄처럼 펼쳐져 있는 컴퓨터 네트워크가 지구촌을 하나의 이웃으로 연결하는가 하면, 인공지능을 장착한 컴퓨터가 세계 최고 수준의 바둑기사들을 누르고 승리하는 일들이 벌어지고 있는 것이다. 그러다 보니, 이러한 과학기술이 꽃피는 세대에 수학의 기본을 운운하는 것은 시대에 뒤떨어진 발상이요, 구시대적 사고방식이라는 막연한 주장도 가끔은 회자되곤 하는가 보다. 자연과학이나 공학을 처음 접하는 학생들 사이에, 혹은 어설픈 선배들의 충고 속에서, 공학도에게 수학이라는 기초학문은 이전보다 매우 소홀히 여겨지는 풍토가 만연하고 있는 것은 아닌지 심히 걱정되는 바이다.

저자들은, 수학이 자연과학과 공학의 학문적 기반으로 그 이론을 성립시키는 필수적 도구이며, 지능적 프로그램과 같은 수준 높은 공학의 성취들은 모두 하나같이 수학을 고도로 활용한 접근에 의하여 이루어진다는 사실을 학생들에게 우선 강조하고 싶다. 수학이 문자를 사용하기 이전부터 있었던 학문이라고 하여 단지 구식의 학문이 아니며, 오늘날에도 과학기술 및 공학과 함께 끊임없는 변화를 거듭하며 논리적 사고의 발달과 현실적이고 실용적인 문제들의 해결 도구로써 그 역할을 충실히 수행하고 있는 것이다. 17세기 미적분학의 발견으로 자연과학이 배전의 성장과 발전의 추진력을 얻었던 것처럼, 오늘날에도 현대적 수학의 모티브가 자연과학과 공학은 물론 경제학, 의학, 사화과학 등 학문 전반에 영향을 미치며 동반 성장하고 있는 것이다. 수학, 특히 미적분학은 공학의 핵심을 설명하는 언어이며, 공학적 성취를 이룩하는 필수적이고 효율적인 도구이다. 따라서 전공을 불문하고 공학도나 자연과학도에게 수학은 필수불가결한 교과목인 것이다.

이러한 사상에서, 저자들은 이 책의 제목을 "공학에 꼭 필요한 수학 + α"로 명명하였다. 공학에 접근해가는 초심자에게 꼭 필요한 미적분학의 핵심들을 상세히 설명하면서도 불필요한 내용들을 삼가고, 덧붙여 공학을 공부하는데 필요한 현대적 수학의 모티브들을 개념적인 접근으로 제시하였다. 물론 세부전공에 따라 그 중요도의 차이는 있겠으나 공학도라면 누구나 이 책에서 제시하는 기초적 내용과 개념 중심의 고급과정도 습득할 필요가 있다. 모쪼록 이 책이 독자들이 지향하는 공학도로서의 꿈을 이루는데 조금이나마 기여할 수 있는 밑거름이 되기를 조심스럽게 기대해 본다.

이 책은 미적분학과 그 응용을 핵심 주제로 다룬다. 수학자와 공학자로 구성된 저자들은 교육현장에서 다년간 공학도들을 대상으로 강의하고 연구해온 이력을 바탕으로, 공학도에게 꼭 필요하고 활용도가 높다고 생각되는 미적분학의 내용을 선별하여 수록하였다.

제1장은 함수에 대한 기본지식이 부족하다고 생각하는 독자를 위한 부분으로, 함수의 기초지식과 공학에서 자주 등장하는 함수들의 정의와 기본성질들을 수록하였다. 따라서 함수에 관해 자신 있는 독자들은 읽지 않고 넘어가도 무방하다.

제2장은 도함수를 정의하고 유도하는데 필요한 극한개념과 그 성질들이 포함되어 있다. 또한 함수의 종류에 따라 각각의 도함수가 정리되어 있으며 미분법에 관한 다양한 예제들로 구성되어 있다.

제3장은 도함수의 응용으로 미분을 이용해 근사값을 구하는 방법과 테일러급수, 매클로린급수 및 오일러정리 등이 소개되어 있다.

제4장은 부정적분의 정의와 기초 함수들의 부정적분이 소개되어 있으며, 치환적분을 포함하여 여러 가지 적분법이 함수별로 정리되어 있다.

제5장은 적분의 응용 편으로 정적분의 정의, 부정적분과 정적분의 관계와 함께 정적분의 근삿값을 구하는 방법과 불연속함수의 정적분을 구하는 방법 등이 소개되어 있다.

제6장에서 제8장까지는 미적분학의 고급 편을 다루기 위해 필요한 사전지식으로 극좌표, 복소수 그리고 행렬 및 벡터를 설명하고 있다.

제9장과 제10장은 일변수함수의 일반화로 다변수함수의 미분법과 적분법인 편도함수와 반복적분이 소개되어 있으며 변수변환을 통한 적분법 등을 다루었다.

제11장은 자연과학과 공학에서 특히 그 용용성이 높은 내용으로 벡터장 및 발산과 회전 등을 다루었으며 선적분, 그린정리, 발산정리 등이 소개되어 있다.

공학도들이 이 책을 읽는 동안 전체적인 흐름을 파악함과 동시에 정리의 핵심내용을 놓치지 않도록 모든 증명은 생략하였으며, 예제와 부연설명으로 그에 대한 직관적인 이해를 돕기 위하여 노력하였다.

이 책의 원고를 탈고하며 부족한 점을 보완하려 노력하였으나, 아직까지 좋은 책으로의 완성은 이루지 못한 것 같아 아쉬움이 남는다. 이 책에 혹 있을 수 있는 오탈자와 여러 가지 부족한 점에 관해서는 독자 여러분의 기탄없는 충고가 있기를 바란다. 끝으로 이 책이 완성되기 까지 격려와 도움을 주신 많은 분들과 집필의 노고를 함께하여 주신 홍릉과학출판사 임직원 및 편집부 여러분께 감사를 드린다.

2017년 2월

저자 이학박사 연용호

공학박사 오상훈

공학박사 오용선

차 례

Engineering Mathematics

제5장 정적분과 적분의 응용

제6장 극좌표

제7장 복소수

제8장 행렬과 벡터

제9장 편도함수

제10장 중적분

제11장 벡터해석

부록

Engineering Mathematics

CHAPTER 01

좌표계와 함수

1.1 수 체계

미적분학에서 주로 다루는 수들은 자연수, 정수, 유리수, 실수, 복소수들이며 그들 집합의 포함관계는

$$\mathbb{N} \subseteq \mathbb{Z} \subseteq \mathbb{Q} \subseteq \mathbb{R} \subseteq \mathbb{C}$$

이다. 여기에서 $\mathbb{N}$은 자연수의 집합, $\mathbb{Z}$는 정수의 집합, $\mathbb{Q}$는 유리수의 집합, $\mathbb{R}$은 실수의 집합, 그리고 $\mathbb{C}$는 복소수의 집합을 나타낸다.

유리수는 두 정수 $n, m \in \mathbb{Z}\ (m \neq 0)$에 대하여 $\dfrac{n}{m}$인 형태의 수를 말한다. $\sqrt{2}$, $\sqrt{3}$, π 등은 유리수가 아니며 이와 같이 유리수가 아닌 실수를 무리수라 한다. 유리수와 무리수를 모두 실수라 한다. 여기에서 다루는 미적분학이나 공학에서는 주로 실수와 복소수를 다룬다.

실수의 집합에는 두 연산 +(덧셈), ·(곱셈)이 정의되어 있으며 이들 연산에 대하여 다음의 성질들이 성립한다. 실수 x, y, z 에 대하여

(1) $x+y \in \mathbb{R}$ (덧셈에 관하여 닫혀있다.)
(2) $x+(y+z)=(x+y)+z$ (덧셈에 관한 결합법칙)
(3) $x+0=x=0+x$인 0 이 $\mathbb{R}$ 안에 존재 (덧셈에 관한 항등원의 존재)
(4) $x+(-x)=0=(-x)+x$인 $-x$ 가 $\mathbb{R}$ 안에 존재 (덧셈에 관한 역원의 존재)
(5) $x+y=y+x$ (덧셈에 관한 교환법칙)
(6) $xy \in \mathbb{R}$ (곱셈에 관하여 닫혀있다.)
(7) $x(yz)=(xy)z$ (곱셈에 관한 결합법칙)
(8) $1x=x=x1$ 인 1 이 $\mathbb{R}$ 안에 존재 (곱셈에 관한 항등원의 존재)
(9) $x \neq 0$ 일 때 $xx^{-1}=1=x^{-1}x$ 인 x^{-1} 이 $\mathbb{R}$ 안에 존재 (곱셈에 관한 역원의 존재)
(10) $xy=yx$ (곱셈에 관한 교환법칙)
(11) $x(y+z)=xy+xz$, $(x+y)z=xz+yz$ (분배법칙)

우리가 이항과정을 통하여 방정식 $x+5=8$ 또는 $3x=7$ 의 해 x 를 쉽게 구할 수 있는 것은 실수가 위의 성질들을 만족하기 때문이다. 또한 실수는 조밀하여 서로 다른 두 실수사이에는 또 다른 실수가 반드시 존재한다는 사실이 입증되어 있다. 더욱 엄밀히 말하여 서로 다른 두 유리수 x, y 에 대하여 $x<r<y$ 인 유리수 r 은 항상 존재하고, 서로 다른 두 무리수 x, y 에 대하여 $x<r<y$ 인 무리수 r 은 항상 존재한다. 이러한 성질을 각각 유리수의 조밀성과 무리수의 조밀성이라 한다.

실수는 크기에 따라 연속적으로 하나의 직선위에 배열할 수 있으며 이렇게 실수를 배열한 직선을 **실직선**(real line)이라 한다.

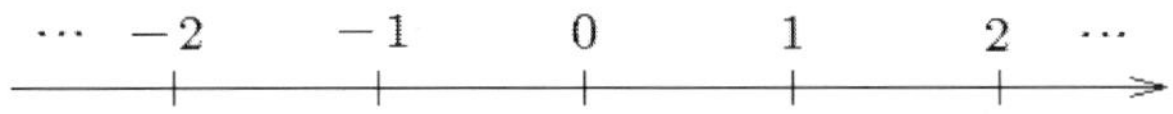

[그림 1-1] 실직선

실수의 네 가지 특수한 부분집합을 나타내는 기호가 자주 사용된다.

$[a, b] = \{x \in \mathbb{R} \mid a \leq x \leq b\}$ (폐구간)
$(a, b] = \{x \in \mathbb{R} \mid a < x \leq b\}$ (개폐구간)
$[a, b) = \{x \in \mathbb{R} \mid a \leq x < b\}$ (폐개구간)
$(a, b) = \{x \in \mathbb{R} \mid a < x < b\}$ (개구간)

실수와 함수의 특성을 공부하는데 절대값이 자주 사용된다. 임의의 실수 x 에 대하여 x 의 절대값(absolute value)은 $|x|$ 로 나타내며,

$$|x| = \begin{cases} x, & x \geq 0 \\ -x, & x < 0 \end{cases} \tag{1-1}$$

으로 정의한다. 이 절대값은 임의의 실수 x, y 에 대하여

$$|x+y| \leq |x|+|y|, \quad |xy| = |x||y| \tag{1-2}$$

을 만족한다. 또한 이 절대값을 이용하여 두 실수 x 와 y 사이의 거리(distance)를 정의한다.

$$d(x, y) = |x-y|$$

예제 1.1.1

두 실수 4 와 -2사이의 거리를 구하라.

▌풀이▐ 두 실수 4 와 -2사이의 거리는 $d = |4-(-2)| = 6$ 이다.

두 개 또는 세 개의 실직선을 원점이 교차하도록 수직으로 배열하여 평면이나 공간을 기하학적으로 묘사할 수 있다. 먼저 하나의 실직선을 수평으로 그리고 이의 원점을 지나고 수직이 되도록 또 하나의 실직선을 그려 좌표평면을 만든다. 이때 두 실직선의 교차점 O 를 원점이라 하고 수평직선을 x 축, 수직직선을 y 축이라 한다. 또한 x 축의 a 를 지나고 y 축에 평행인 직선과 y 축의 b 를 지나고 x 축에 평행인 직선이 만나는 평면상의 점을 순서쌍 (a, b) 로 나타낸다. 이와 같이 만든 평면 직교좌표계를 유클리드 평면이라 하고 집합기호를 이용하여

$$\mathbb{R}^2 = \mathbb{R} \times \mathbb{R} = \{(a, b) \mid a, b \in \mathbb{R}\}$$

로 나타낸다. 같은 방법으로 세 개의 실직선을 수직으로 그려 유클리드 공간을 만들 수 있으며 집합으로

$$\mathbb{R}^3 = \mathbb{R} \times \mathbb{R} \times \mathbb{R} = \{(a, b, c) \mid x, y, z \in \mathbb{R}\}$$

로 나타낸다.

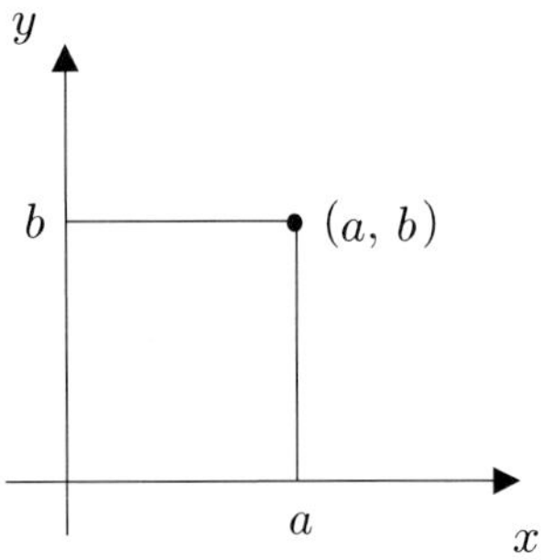

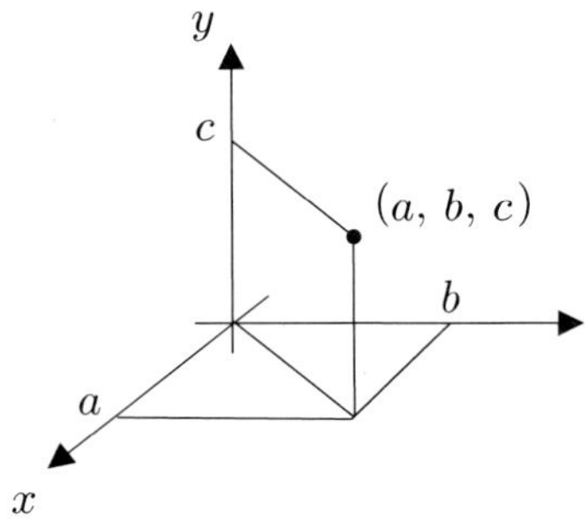

[그림 1-2] 유클리드 평면 $\mathbb{R}^2$ 와 유클리드공간 $\mathbb{R}^3$

피타고라스 정리를 이용하면 유클리드 평면 $\mathbb{R}^2$ 위의 두 점 $P(x_1, y_1)$와 $Q(x_2, y_2)$ 사의의 거리를 쉽게 구할 수 있다.

$$d(P, Q) = \sqrt{(x_2 - x_1)^2 + (y_2 - y_1)^2} \tag{1-3}$$

같은 방법으로 공간 $\mathbb{R}^3$ 상의 점 $P(x_1, y_1, z_1)$와 $Q(x_2, y_2, z_2)$ 사의의 거리를 구할 수 있다.

$$d(P, Q) = \sqrt{(x_2 - x_1)^2 + (y_2 - y_1)^2 + (z_2 - z_1)^2} \tag{1-4}$$

예제 1.1.2

(1) 유클리드 평면 $\mathbb{R}^2$ 의 두 점 $P(-2, -3)$ 와 $Q(1, 5)$사이의 거리를 구하라.

(2) 유클리드 공간 $\mathbb{R}^3$ 의 두 점 $P(1, 2, -3)$ 와 $Q(-2, -3, 0)$ 사이의 거리를 구하라.

풀이 (1) $d = \sqrt{(1-(-2))^2 + (5-(-3))^2} = \sqrt{9+64} = \sqrt{73}$

(2) $d = \sqrt{(-2-1)^2 + (-3-2)^2 + (0-(-3))^2} = \sqrt{9+25+9} = \sqrt{43}$

$0 \le k \le 1$ 인 실수 k 와 임의의 두 실수 x, y 에 대하여

$$z = x + k(y - x) \tag{1-5}$$

는 실수 x 와 y 사이에 있는 실수로 x 와 y 사이를 $k:1-k$ 로 내분하는 점이다. 또한 평면에서도 같은 점을 생각할 수 있는데 평면상의 두 점 $P_1(x_1, y_1)$과 $P_2(x_2, y_2)$ 에 대하여 두 실수

$$x = x_1 + k(x_2 - x_1),\ \ y = y_1 + k(y_2 - y_1) \tag{1-6}$$

를 x 와 y 의 좌표로 갖는 점 $P(x,y)$는 선분 $\overline{P_1P_2}$ 위에 위치한 점이며 이 선분을 $k:1-k$ 로 내분하는 점, 즉 $d(P_1, P) = kd(P_1, P_2)$ 를 만족하는 점이다.

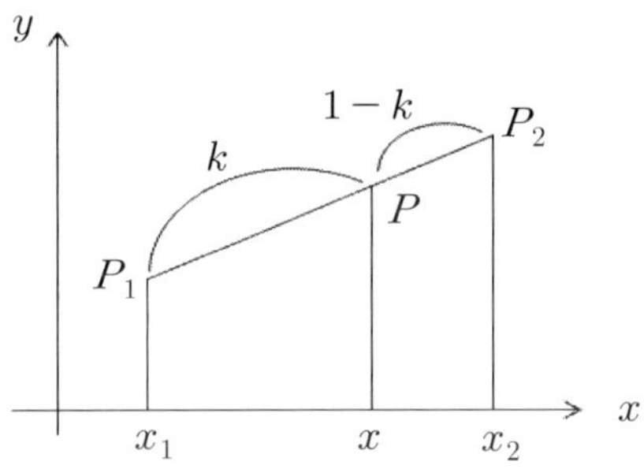

[그림 1-3] $k:1-k$ 로 내분하는 점 P

예제 1.1.3

실직선 상의 두 점 2 와 5 사이를 $\frac{1}{3}:\frac{2}{3}$ 으로 내분하는 점을 구하라.

▌풀이▐ 식 (1-5)로부터 $z = 2 + \frac{1}{3}(5-2) = 2+1 = 3$ 이다.

예제 1.1.4

평면상의 두 점 $P_1(1, -1)$ 과 $P_2(5, 2)$ 를 잇는 선분을 $\frac{3}{4}:\frac{1}{4}$ 로 내분하는 점을 구하라.

▌풀이▐ 식 (1-6)으로부터

$$x = 1 + \frac{3}{4}(5-1) = 1+3 = 4,\ \ y = -1 + \frac{3}{4}(2+1) = \frac{5}{4}$$

이므로 내분 점 P는 $\left(4, \frac{5}{4}\right)$ 이다.

위의 식 (1-6)으로부터 평면상의 두 점 $P_1(x_1, y_1)$과 $P_2(x_2, y_2)$ 사이의 중점 P를 구할 수 있다.

$$x = x_1 + \frac{1}{2}(x_2 - x_1) = \frac{x_1 + x_2}{2}, \ y = y_1 + \frac{1}{2}(y_2 - y_1) = \frac{y_1 + y_2}{2} \tag{1-7}$$

이므로 점 P_1 과 P_2 의 중점은 $P\left(\frac{x_1 + x_2}{2}, \frac{y_1 + y_2}{2}\right)$이다.

예제 1.1.5

평면상의 두 점 $P_1(-1, 2)$ 과 $P_2(3, -1)$ 사이의 중점을 구하라.

풀이 (1-7)로부터 $x = \frac{-1+3}{2} = 1$, $y = \frac{2-1}{2} = \frac{1}{2}$ 이므로 중점은 $P\left(1, \frac{1}{2}\right)$ 이다.

사다리꼴의 넓이를 이용하면 평면상의 세 점 $P_1(x_1, y_1)$, $P_2(x_2, y_2)$, $P_3(x_3, y_3)$ 를 꼭지점으로 갖는 삼각형의 넓이를 구할 수 있다.

$$A = \left| \frac{1}{2}(x_1y_2 + x_2y_3 + x_3y_1 - x_1y_3 - x_2y_1 - x_3y_2) \right| \tag{1-8}$$

이 식을 기억하기 쉽도록 행렬식을 이용하여 나타낼 수 있다.

$$C = \frac{1}{2}\begin{vmatrix} x_1 & y_1 & 1 \\ x_2 & y_2 & 1 \\ x_3 & y_3 & 1 \end{vmatrix} \tag{1-9}$$

라 하면 삼각형의 넓이는 $A = |C|$ 이다. 행렬식에 관해서는 이 책의 후반부에 다룬다.

예제 1.1.6

평면상의 세 점 $P_1(-2, -1)$, $P_2(1, 2)$, $P_3(3, 0)$ 를 세 꼭지점으로 하는 삼각형의 넓이를 구하라.

풀이 식 (1-8) 또는 식 (1-9)로부터 삼각형의 넓이는

$$C = \frac{1}{2}\begin{vmatrix} -2 & -1 & 1 \\ 1 & 2 & 1 \\ 3 & 0 & 1 \end{vmatrix} = \frac{1}{2}(-4+0-3-0+1-6) = -6$$

이므로 $A = |-6| = 6$ 이다.

1.1 연습문제

1. 다음에 주어진 식을 만족하는 x 의 값을 구하라.

(1) $x-3=0$
(2) $|x-3|=0$
(3) $x-4=2$
(4) $|x-4|=2$
(5) $x^2-3=1$
(6) $|x^2-3|=1$

2. 다음 두 점 사이의 거리를 구하라.

(1) $P(-2,-1)$, $Q(3,5)$
(2) $P(1,-4)$, $Q(-2,3)$
(3) $P(1,0,-2)$, $Q(1,3,2)$
(4) $P(2,-1,5)$, $Q(3,2,-4)$

3. 다음에 주어진 실수 x, y, k 에 대하여 x 와 y 사이를 $k:1-k$ 로 내분하는 점을 구하라.

(1) $x=1$, $y=4$, $k=\frac{1}{3}$
(2) $x=-1$, $y=4$, $k=\frac{3}{5}$
(3) $x=-2$, $y=4$, $k=\frac{6}{7}$
(4) $x=-3$, $y=8$, $k=\frac{1}{7}$

4. 다음에 주어진 평면상의 두 점 P 와 Q 사이의 중점을 구하라.

(1) $P(0,3)$, $Q(3,0)$
(2) $P(0,0)$, $Q(5,2)$
(3) $P(-3,-1)$, $Q(3,1)$
(4) $P(2,-2)$, $Q(0,3)$

5. 다음에 주어진 평면상의 점 P, Q와 실수 k 에 대하여 점 P 와 Q 사이를 $k:1-k$ 로 내분하는 점을 구하라.

(1) $P(0,3)$, $Q(3,0)$, $k=\frac{1}{3}$
(2) $P(0,0)$, $Q(5,2)$, $k=\frac{3}{4}$
(3) $P(-3,-1)$, $Q(3,1)$, $k=\frac{1}{6}$
(4) $P(2,-2)$, $Q(0,3)$, $k=\frac{2}{3}$

6. 평면상의 두 점 $P(-2,0)$ 와 $Q(3,2)$ 를 지나는 선분위에 있는 점으로 $d(P,R)=4d(P,Q)$ 를 만족하는 점 R 을 모두 구하라.

7. 다음에 주어진 평면상의 세 점을 꼭지점으로 갖는 삼각형의 넓이를 구하라.

(1) $(3, 0), (2, 3), (-1, 1)$

(2) $(0, -2), (4, 0), (2, 3)$

(3) $(0,0), (3,1), (1,3)$

(4) $(-3, -1), (2, -2), (0, 1)$

연습문제 해답

1. (1) 3 (2) 3 (3) 6 (4) $6, 2$
   (5) $2, -2$ (6) $2, -2, \sqrt{2}, -\sqrt{2}$

2. (1) $\sqrt{61}$ (2) $\sqrt{58}$ (3) 5 (4) $\sqrt{91}$

3. (1) 2 (2) 2 (3) $\dfrac{22}{7}$ (4) $-\dfrac{10}{7}$

4. (1) $\left(\dfrac{3}{2}, \dfrac{3}{2}\right)$ (2) $\left(\dfrac{5}{2}, 1\right)$ (3) $(0, 0)$ (4) $\left(1, \dfrac{1}{2}\right)$

5. (1) $(1, 2)$ (2) $\left(\dfrac{15}{4}, \dfrac{3}{2}\right)$ (3) $\left(-2, -\dfrac{2}{3}\right)$ (4) $\left(\dfrac{2}{3}, \dfrac{4}{3}\right)$

6. $(18, 8)$, $(-22, -8)$

7. (1) $\dfrac{11}{2}$ (2) 8 (3) 4 (4) $\dfrac{13}{2}$

1.2 함수

함수의 개념은 수학은 물론 공학에서 가장 널리 사용되는 기본적인 개념으로 공학에서의 응용문제들이 대부분 함수로 표현된다. 함수는 어느 한 집합안의 원소들이나 두 집합안의 원소들 사이의 특정한 관계를 나타내는데 유용하게 사용될 수 있는데 시간에 따른 자동차의 거리나 속도, 가열되는 액체의 시간에 따른 온도변화와 같이 시간과 그에 따른 물체의 변화사이의 관계를 함수로 나타낼 수 있다. 예를 들어 시간에 따른 자동차의 거리를 측정하여

$$
\begin{array}{lcl}
0\text{초} & \rightarrow & 0m \\
1\text{초} & \rightarrow & 5m \\
2\text{초} & \rightarrow & 10m \\
3\text{초} & \rightarrow & 15m \\
\vdots & & \vdots
\end{array}
$$

의 결과를 얻었다고 할 때, 시간을 x 라 하면 시간 x 에 따른 자동차의 거리를 $2x$ 라는 수식으로 나타낼 수 있다. 이를 간단히 $f(x)=2x$ 라는 하나의 수식으로 나타낼 수 있다. 이 절에서는 함수의 수학적 정의와 그들의 특성에 대해 알아본다.

정의 **함수, 정의역, 공역**

공집합이 아닌 두 집합 X와 Y에 대하여, X의 각 원소 x를 Y의 오직 한 원소 y에 대응시키는 대응규칙을 **X에서 Y로의 함수**(function from X to Y)라 하고 f로 나타낸다. 이 때, 집합 X를 f의 **정의역**(domain), Y를 f의 **공역**(codomain)이라 한다. 함수 f를 간단히 $f: X \rightarrow Y$ 로 나타낸다.

함수 $f: X \rightarrow Y$ 에 의해 X의 원소 x가 Y의 원소 y에 대응될 때 $y=f(x)$ 로 나타낸다. 이 때 y를 f에 의한 x의 **상**(image) 또는 **값**(value)이라 하고 x를 f에 의한 y의 **원상**(preimage)이라 한다. 함수 f에 의한 모든 상들의 집합을 f의 치역(range)이라 하고 $f(X)$ 로 나타낸다.

$$f(X)=\{f(x) \mid x \in X\}$$

일반적으로 정의역 X의 원소 x를 독립변수라 하고, x가 대응된 공역 Y의 원소 $y=f(x)$를 종속변수라 한다.

예제 1.2.1

정의역 $\mathbb{R}$ 에서 공역 $\mathbb{R}$ 로의 대응규칙 f 가 다음과 같이 정의될 때 f 가 함수인지 아닌지를 판별하라.

(1) $f(x) = x^2 + 1$ (2) $f(x) = \dfrac{1}{x-3}$ (3) $f(x) = \sqrt{4-x^2}$

풀이 (1) 각각의 실수 x 에 대하여 x 의 상 $f(x) = x^2+1$ 는 실수이다. 또한 $x_1 = x_2$이면

$$f(x_1) = x_1^2 + 1 = x_2^2 + 1 = f(x_2)$$

이므로 정의역 $\mathbb{R}$ 의 각 원소 x 는 공역 $\mathbb{R}$ 의 오직 한 원소 x^2+1로 대응된다. 따라서 주어진 대응규칙 f 는 $\mathbb{R}$ 에서 $\mathbb{R}$ 로의 함수이다.

(2) 정의역 $\mathbb{R}$ 의 원소 $x=3$에 대하여 함수값 $f(3)$은 존재하지 않는다. 따라서 주어진 f 는 $\mathbb{R}$ 에서 $\mathbb{R}$ 로의 함수가 아니다.

(3) $\mathbb{R}$ 의 원소 $x=3$에 대하여 $f(3) = \sqrt{4-9} = \sqrt{-5}$ 로 $\sqrt{-5}$ 는 $\mathbb{R}$ 의 원소가 아니다. 따라서 $x=3$ 에 대한 f 의 상 $f(3)$은 공역 $\mathbb{R}$ 안에 존재하지 않으므로 f 는 $\mathbb{R}$ 에서 $\mathbb{R}$ 로의 함수가 아니다.

예제 1.2.2

예제 1.2.1의 (2)와 (3)이 함수가 되도록 정의역을 구하라.

풀이 (1) $f(x) = \dfrac{1}{x-3}$는 $x \neq 3$ 이면 $f(x)$ 의 값이 $\mathbb{R}$ 안에 존재한다. 따라서 f 의 정의역을

$$X = \{x \in \mathbb{R} \mid x \neq 3\} = \mathbb{R} - \{3\} = (-\infty, 3) \cup (3, \infty)$$

라 하면 f 는 함수가 된다.

(2) $f(x) = \sqrt{4-x^2}$ 는 x 가 $4-x^2 \geq 0$ 를 만족하면 $f(x)$ 의 값이 $\mathbb{R}$ 안에 존재한다. 따라서 f 의 정의역을

$$X = \{x \in \mathbb{R} \mid 4-x^2 \geq 0\} = \{x \in \mathbb{R} \mid x^2 \leq 4\} = \{x \in \mathbb{R} \mid -2 \leq x \leq 2\} = [-2, 2]$$

라 하면 f 는 함수이다.

정의역 X 와 공역 Y 가 실수 $\mathbb{R}$ 의 부분집합인 함수 $f : X \to Y$를 **실함수**(real function)라 한다. 함수 f 가 실함수인 경우에 그 표현을 간단하게하기 위해 기호 $f : X \to Y$ 는 생략하고 f 의 대응규칙 $y = f(x)$ 만으로 f 를 표현할 수 있다. 예를 들어 $f(x) = 2x^2 - 3x + 2$ 또는 $y = 2x^2 - 3x + 2$ 와 같이 그 대응규칙만을 이용하여 나타낼 수 있다. 이 때, f 의 정의역 X 과 공역 Y 는 특별한 언급이 없는 한 f 가 함수가 되는 최대의 영역으로 생각한다.

정의 **함수의 상등**

정의역과 공역이 같은 두 함수 f 와 g 가 정의역의 모든 원소 x 에 대하여 $f(x)=g(x)$ 를 만족할 때 **f 와 g 는 같다**고 하고 $f=g$ 로 나타낸다.

정의 **함수의 그래프**

함수 $f: X \to Y$ 에서 정의역 X 의 각 원소 x 와 그의 상 $f(x)$ 의 모든 순서쌍 $(x, f(x))$ 의 집합을 f 의 **그래프**(graph)라 하고, $G(f)$ 로 나타낸다. 즉

$$G(f)=\{(x, f(x)) \mid x \in X\}$$

함수 $f: X \to Y$ 의 그래프 $G(f)$ 를 좌표평면위의 점으로 나타내어 함수를 평면상에 그릴 수 있다.

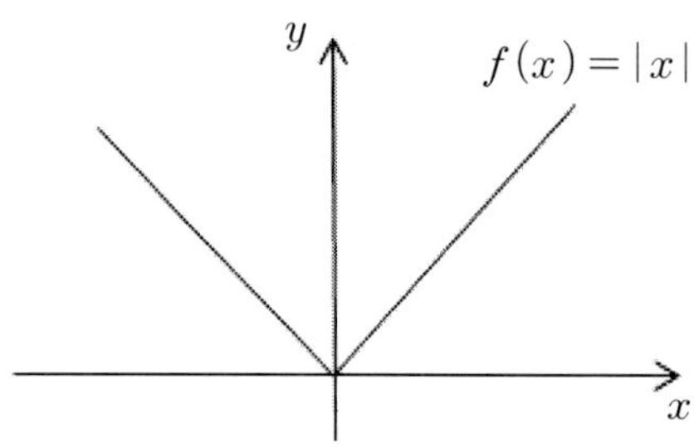

[그림 1-4] 함수 $f(x)=|x|$의 그래프

예제 1.2.3

절대값 함수 $f(x)=|x|$의 그래프를 그려라.

풀이 절대값의 정의인 식 (1-1)로부터

$$f(x)=\begin{cases} x & (x \geq 0) \\ -x & (x<0) \end{cases}$$

이다. 따라서 $x \geq 0$ 이면 직선 $y=x$ 이고, $x<0$ 이면 직선 $y=-x$ 이다. 이를 평면상에 나타내면 그림 1-4와 같다.

위에서 정의한 실함수들 사이에도 연산을 정의할 수 있으며 이 함수의 연산을 합성함수라 한다. 두 함수 $f: X \to Y$와 $g: Y \to Z$가 정의되어 있을 때 그림 1-5와 같이 집합 X 의 각 원소 x 의 f 에 의한 상 $f(x)$ 는 집합 Y 의 원소이다. 또한 $f(x)$ 는 Y 의 원소이므로 함수 g 에 의한 상 $g(f(x))$ 는 집합 Z 의 원소이다. 두 함수 f 와 g 의 이러한 연속적 대응관계를 이용하여 집합 X 에서 집합 Z 로의 새로운 함수를 만들 수 있다.

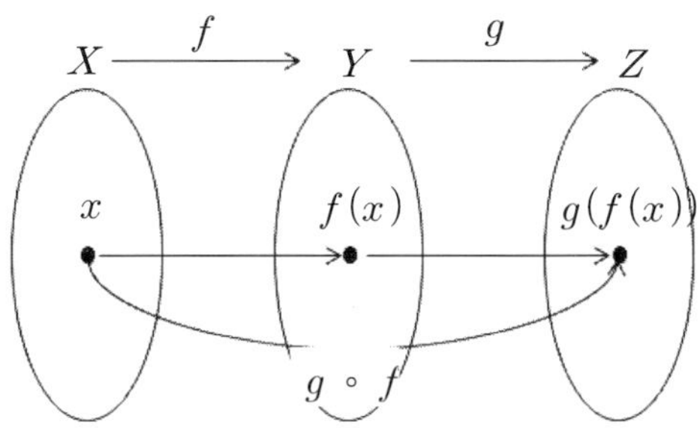

[그림 1-5] 두 함수 f 와 g 의 합성

정의 합성함수

함수 $f : X \to Y$ 와 $g : Y \to Z$ 에 대하여 X 의 각 원소 x 를 Z 의 원소 $g(f(x))$ 에 대응시키는 집합 X 에서 Z 로의 함수를 $g \circ f$ 로 나타내고 이를 f 와 g 의 **합성함수**(composite function)라 한다.

위의 정의에 의해 합성함수 $g \circ f : X \to Z$ 는 모든 $x \in X$ 에 대하여 $(g \circ f)(x) = g(f(x))$ 로 정의된 함수이다.

예제 1.2.4

$f(x) = 2x - 1$ 과 $g(x) = x^2 - 3$ 으로 정의된 두 실함수 f 와 g 에 대하여 합성함수 $g \circ f$ 와 $f \circ g$ 를 구하라.

❙풀이❙ 합성함수의 정의에 의하면 $(g \circ f)(x) = g(f(x))$ 이므로

$$(g \circ f)(x) = g(f(x)) = (f(x))^2 - 3 = (2x-1)^2 - 3 = 4x^2 - 4x - 2$$

이고, $(f \circ g)(x) = f(g(x))$ 이므로

$$(f \circ g)(x) = f(g(x)) = 2g(x) - 1 = 2(x^2 - 3) - 1 = 2x^2 - 7$$

이다.

정리 1.2.5

함수의 합성은 결합법칙을 만족한다. 즉 세 함수 $f : X \to Y$, $g : Y \to Z$, $h : Z \to W$ 에 대하여 $(h \circ g) \circ f = h \circ (g \circ f)$ 이 성립한다.

예제 1.2.6

$f(x)=2x+1$, $g(x)=x+3$, $h(x)=x^2-2$ 로 정의된 세 실함수 f, g, h 에 대하여 $(h \circ g) \circ f$ 와 $h \circ (g \circ f)$ 를 구하고 정리 1.2.5의 성질을 확인하여라.

풀이 합성함수 $(h \circ g) \circ f$ 를 구하면

$$\begin{aligned}((h \circ g) \circ f)(x) &= (h \circ g)(f(x)) = h(g(f(x))) = (g(f(x)))^2 - 2 \\ &= (f(x)+3)^2 - 2 = (2x+4)^2 - 2 = 4x^2 + 16x + 14\end{aligned}$$

이다. 합성함수 $h \circ (g \circ f)$에 대하여 $(h \circ (g \circ h))(x) = h((g \circ h)(x)) = h(g(h(x)))$ 이므로 위와 같은 결과를 얻을 수 있다. 따라서 $(h \circ g) \circ f = h \circ (g \circ f)$이다.

함수 $f : X \rightarrow Y$에 대하여 $x_1 \neq x_2$ 인 X 의 모든 원소 x_1 과 x_2 에 대하여 $f(x_1) \neq f(x_2)$ 일 때, f 를 **단사**(injective)**함수**라 하고, $f(X) = Y$ 일 때, f 를 **전사**(surjective)**함수**라 한다. 전사이고 단사인 함수 $f : X \rightarrow Y$를 **전단사**(bijective)**함수**라 한다.

함수 $f : X \rightarrow Y$가 전단사 함수이면 Y 의 모든 원소 y 는 원상 $x \in X$ 를 가지며 $y = f(x)$ 이다. 이 때 y 를 x 로 대응시키는 Y 에서 X 로의 함수를 f 의 **역함수**(inverse function)라 하고 f^{-1} 로 나타낸다.

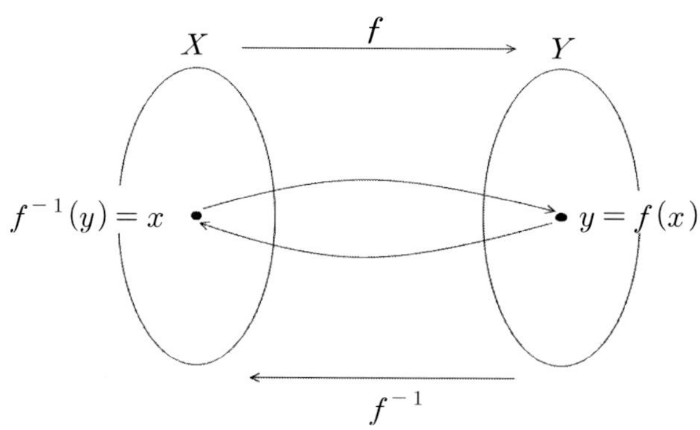

[그림 1-6] 함수 f 와 역함수 f^{-1}

전단사 함수 $f : X \rightarrow Y$와 f 의 역함수 $f^{-1} : Y \rightarrow X$에 대하여 다음이 성립한다.

(1) $y = f(x) \;\Leftrightarrow\; x = f^{-1}(y)$,

(2) $f \circ f^{-1} = I_Y$, $f^{-1} \circ f = I_X$.

또한 역함수 f^{-1} 의 그래프는

$$G(f^{-1}) = \{(y, f^{-1}(y)) \mid y \in Y\} = \{(f(x), x) \mid x \in X\}$$

이고 이것은 f 의 그래프 $G(f) = \{(x, f(x)) \mid x \in X\}$ 와 직선 $y = x$ 에 대하여 대칭을 이룬다.

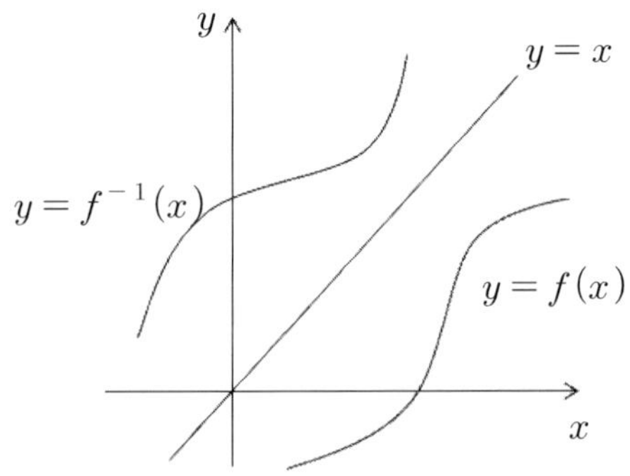

[그림 1-7] 함수 f 와 그의 역함수 f^{-1}

1.2 연습문제

1. 다음 실함수의 정의역과 치역을 구하라.

(1) $f(x) = x^2 - 1$
(2) $f(x) = \sqrt{2x-1}$
(3) $f(x) = 2\sqrt{x} - 3$
(4) $f(x) = |x-1|$
(5) $f(x) = \dfrac{x^2-4}{x-2}$
(6) $f(x) = \dfrac{x^3+2x^2-x-2}{x+1}$

2. $f(x) = x^2 - 2x + 1$ 일 때 다음을 구하라.

(1) $f(x^2)$
(2) $f(\sqrt{x})$
(3) $f(x^{-1})$
(4) $f(x-1)$

3. 다음 두 함수 f 와 g 의 합성함수 $f \circ g$ 를 구하라.

(1) $f(x) = x^5,\ g(x) = x - 1$
(2) $f(x) = \sqrt{x},\ g(x) = x^2 - 1$
(3) $f(x) = x^3 + x^2 - 1,\ g(x) = \sqrt{x}$
(4) $f(x) = x^{\frac{1}{3}},\ g(x) = 2x + 1$

4. $f(x) = \dfrac{2x-3}{x+1}$ 일 때 $f(x) = 4$ 인 x 를 구하라.

5. $f(x) = \sqrt{x-1}$, $g(x) = \dfrac{1}{x}$ 일 때 $(g \circ f)(x) = 2$인 x를 구하라.

6. 다음 함수의 역함수를 구하라.

(1) $y = 2x + 1$
(2) $y = \sqrt{x-1}$
(3) $y = x^2 - 3\ (x \geq 0)$
(4) $y = \dfrac{2x+1}{x-1}$

연습문제 해답

1. (1) 정의역 : $\mathbb{R}$, 치역 : $[-1, \infty)$
   (2) 정의역 : $\left[\frac{1}{2}, \infty\right)$, 치역 : $[0, \infty)$
   (3) 정의역 : $[0, \infty)$, 치역 : $[-3, \infty)$
   (4) 정의역 : $\mathbb{R}$, 치역 : $[0, \infty)$
   (5) 정의역 : $(-\infty, 2) \cup (2, \infty)$, 치역 : $(-\infty, 4) \cup (4, \infty)$
   (6) 정의역 : $(-\infty, -1) \cup (-1, \infty)$, 치역 : $\left[-\frac{9}{4}, \infty\right)$

2. (1) $f(x^2) = x^4 - 2x^2 + 1$
   (2) $f(\sqrt{x}) = x - 2\sqrt{x} + 1$
   (3) $f(x^{-1}) = x^{-2} - 2x^{-1} + 1$
   (4) $f(x-1) = x^2 - 4x + 4$

3. (1) $(f \circ g)(x) = (x-1)^5$
   (2) $(f \circ g)(x) = \sqrt{x^2 - 1}$
   (3) $(f \circ g)(x) = x\sqrt{x} + x - 1$
   (4) $(f \circ g)(x) = (2x+1)^{\frac{1}{3}}$

4. $-\frac{7}{2}$

5. $\frac{5}{4}$

6. (1) $y = \frac{1}{2}x - \frac{1}{2}$
   (2) $y = x^2 + 1 \ (x \geq 0)$
   (3) $y = \sqrt{x+3}$
   (4) $y = \frac{x+1}{x-2}$

1.3 여러 가지 실함수

이 절에서는 미적분학에서 자주 다루어지는 기초적인 실함수들로 다항함수, 유리함수, 삼각함수, 역삼각함수, 지수함수, 로그함수 그리고 쌍곡선함수를 소개한다.

[1] 다항함수

정의

양의 정수 n 과 실수 $a_0, a_1, a_2, \cdots, a_n$ $(a_n \neq 0)$에 대하여

$$f(x) = a_n x^n + a_{n-1} x^{n-1} + \cdots + a_2 x^2 + a_1 x + a_0$$

로 정의되는 함수 f를 n 차 **다항함수**(polynomial function) 또는 n 차 **다항식**(polynomial)이라 한다. 여기에서 상수 $a_0, a_1, a_2, \cdots, a_n$ 를 다항함수 f 의 **계수**(coefficient)라 하고, n 을 f 의 **차수**(degree)라 한다.

다항함수 f는 모든 실수에서 그 함수 값이 정의되므로 f 의 정의역은 실수의 집합 $\mathbb{R}$ 이다. 특히 0차 다항함수인 함수 $f(x) = c$ (c : 상수)를 **상수함수**(constant function)라 한다. 다항함수 f 대하여 $f(\alpha) = 0$인 α 를 f 의 **근**(root)이라 한다.

다항함수의 특수한 경우로 일차함수와 이차함수의 특징에 대해 알아본다.

정의 **일차함수**

실수 a, b $(a \neq 0)$에 대하여 $f(x) = ax + b$ 로 정의된 함수를 **일차함수**(linear function)라 한다.

일차함수 $f(x) = ax + b$ 의 그래프는 평면상에서 기울기가 a 인 직선을 나타내고, 이 직선이 x 축과 만나는 점을 x-절편, y 축과 만나는 점을 y-절편이라 한다. 따라서 x-절편은 $y = 0$ 일 때 x 의 값이므로 $x = -\dfrac{b}{a}$ 이고, y-절편은 $x = 0$ 일 때 y 의 값이므로 $y = b$ 이다. 이들을 종합하여 일차함수 $y = ax + b$ 의 그래프를 그리면 그림 1-8과 같다.

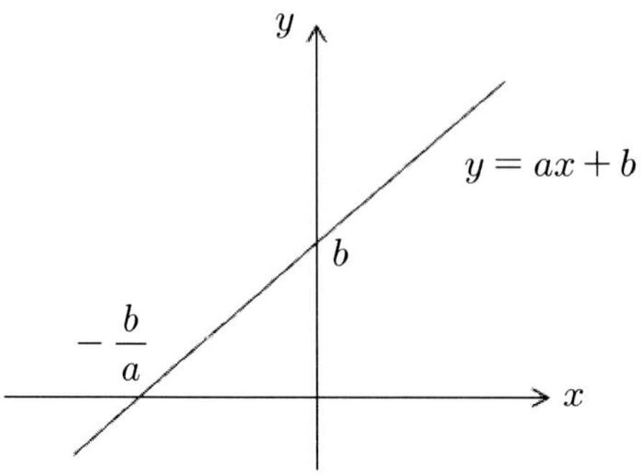

[그림 1-8] 일차함수 $y = ax + b$ 의 그래프

일차함수 $y = ax + b$ 는 직선을 나타내므로 x 값의 변화량과 이에 따른 y 값의 변화량의 비가 항상 일정하다. 이 일정한 값을 일차함수의 **기울기**(slope)라 한다. 즉, 서로 다른 두 실수 x_1 과 x_2 에 대하여 $y_1 = ax_1 + b$, $y_2 = ax_2 + b$ 라 할 때,

$$a = \frac{y_2 - y_1}{x_2 - x_1}$$

이다. 여기에서 a 는 주어진 일차함수의 기울기이다. 어떤 직선이 지나는 점과 그 기울기를 알면 그 직선의 방정식을 유도할 수 있다.

정리 1.3.1 평면상의 직선의 방정식

(1) 평면상의 점 $P(x_1, y_1)$ 를 지나고 기울기가 a 인 직선의 방정식은 다음과 같다.

$$y - y_1 = a(x - x_1) \tag{1–10}$$

(2) 평면상의 두 점 $P(x_1, y_1)$ 와 $Q(x_2, y_2)$ 를 지나는 직선의 방정식은 다음과 같다.

$$y - y_1 = \frac{y_2 - y_1}{x_2 - x_1}(x - x_1) \tag{1–11}$$

예제 1.3.2

(1) 기울기가 $-\frac{1}{2}$ 이고 점 $P(3, -1)$ 를 지나는 직선의 방정식을 구하라.

(2) 평면상의 두 점 $P(-1, 1)$ 와 $Q(3, -1)$ 를 지나는 직선의 방정식을 구하라.

풀이 (1) 식 (1–10)으로부터 $y + 1 = -\frac{1}{2}(x - 3)$ 또는 $y = -\frac{1}{2}x + \frac{1}{2}$ 이다.

(2) 점 $P(-1, 1)$ 와 $Q(3, -1)$ 를 지나는 직선의 기울기는 $\frac{-1-1}{3+1} = -\frac{2}{4} = -\frac{1}{2}$ 이다. 지나는 점을 Q로 선택하면 주어진 직선의 방정식은 $y + 1 = -\frac{1}{2}(x - 3)$ 또는 $y = -\frac{1}{2}x + \frac{1}{2}$ 이다.

기울기가 a 인 직선에 직교하는 직선의 기울기는 $-\frac{1}{a}$ 이다. 따라서 점 $P(x_1, y_1)$ 를 지나고 기울기가 a 인 직선과 직교하는 직선의 방정식을 구할 수 있다.

$$y - y_1 = -\frac{1}{a}(x - x_1) \tag{1–12}$$

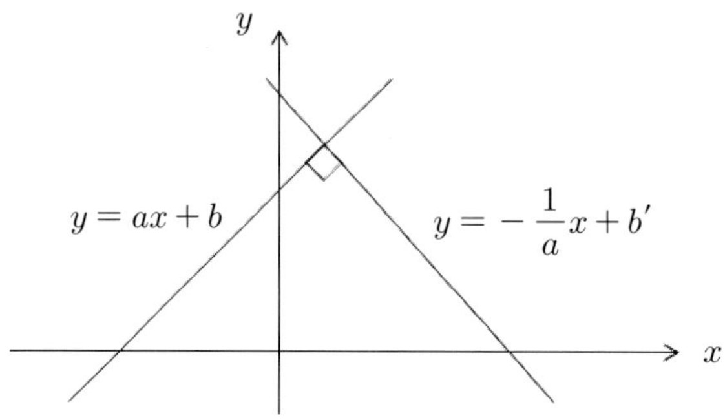

[그림 1-9] 직교하는 두 직선의 방정식

예제 1.3.3

점 $P(2,\ 1)$ 을 지나고 직선 $y = -2x + 3$ 에 직교하는 직선의 방정식을 구하라.

풀이 직선 $y = -2x+3$ 의 기울기는 -2 이므로 이 직선에 직교하는 직선의 기울기는 $\frac{1}{2}$ 이다. 이 직선이 점 $P(2,\ 1)$ 를 지나므로 식 (1-10)에 의해 주어진 직선에 직교하는 직선의 방정식은 다음과 같다.

$$y - 1 = \frac{1}{2}(x-2) \quad \text{또는} \quad y = \frac{1}{2}x$$

정의 **이차함수**

실수 $a,\ b,\ c\ (a \neq 0)$에 대하여 $f(x) = ax^2 + bx + c$ 로 정의된 실함수 f 를 **이차함수** (quadratic function)라 한다.

이차함수 $f(x) = ax^2 + bx + c$ 는 완전제곱식이 포함된 식

$$f(x) = a(x-\alpha)^2 + \beta \tag{1-13}$$

로 변형할 수 있으며 이를 이용하여 그래프의 개략적인 형태를 파악할 수 있다. f 는 그림 1-10과 같이 $a > 0$ 이면 $x = \alpha$ 일 때 최소값 $f(\alpha) = \beta$ 을 갖는 아래로 볼록인 포물선을 나타내고, $a < 0$ 이면 $x = \alpha$ 일 때 최대값 $f(\alpha) = \beta$ 를 갖는 위로 볼록인 포물선을 나타낸다. 이 때, 점 $P(\alpha,\ \beta)$ 를 그 포물선의 꼭지점이라 한다.

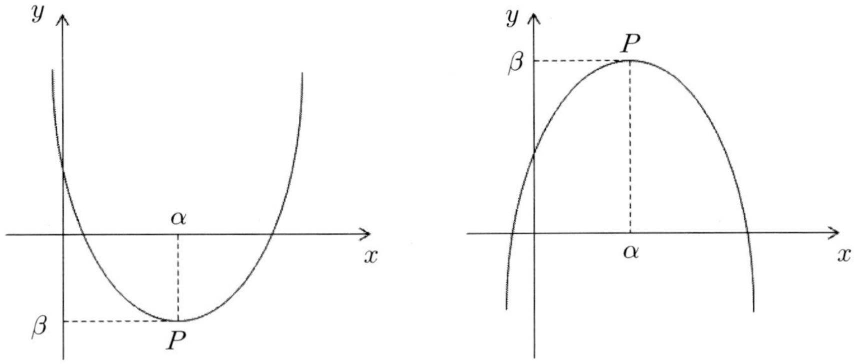

(a) $a > 0$ (b) $a < 0$

[그림 1-10] 이차함수 $f(x) = ax^2 + bx + c$ 의 그래프

예제 1.3.4

이차함수 $f(x) = 2x^2 - 4x - 1$ 를 식(1-13)과 같이 완전제곱식이 포함된 식으로 변형하고 그 꼭지점을 구하라.

▌풀이▐ 주어진 이차함수 $f(x) = 2x^2 - 4x - 1$ 을 식(1-13)의 형태로 변형하면

$$f(x) = 2x^2 - 4x - 1 = 2(x^2 - 2x + 1) - 3 = 2(x-1)^2 - 3$$

으로 주어진 이차함수는 $x = 1$일 때 최소값 $f(1) = -3$을 갖는다. 꼭지점은 $(1, -3)$이다.

이차함수 $f(x) = ax^2 + bx + c$ 는 항상 근을 가지며 그 근은

$$\alpha = \frac{-b + \sqrt{b^2 - 4ac}}{2a}, \quad \beta = \frac{-b - \sqrt{b^2 - 4ac}}{2a} \tag{1-14}$$

라는 것이 알려져 있다. 또한 두 개의 근 α 와 β 를 알면 이차함수 $f(x) = ax^2 + bx + c$ 는

$$f(x) = a(x - \alpha)(x - \beta)$$

으로 인수분해할 수 있다. 식 (1-14)의 제곱근호 안의 식 $D = b^2 - 4ac$ 를 판별식이라 하고, 이 판별식의 부호에 따라 근의 형태를 파악할 수 있다.

(1) $D > 0$ 이면 f 는 서로 다른 두 실근 α 와 β를 갖는다.

(2) $D = 0$ 이면 f 는 하나의 근(중근) $\alpha = \beta = -\dfrac{b}{2a}$를 갖는다.

(3) $D < 0$ 이면 f 는 두 개의 복소수 근(켤레근) α 와 β를 갖는다.

예제 1.3.5

판별식을 이용하여 이차함수 $f(x)=x^2-3x+1$의 근의 형태를 판별하고 그 근을 구하라.

| 풀이 | 판별식을 이용하면 $D=(-3)^2-4\cdot1\cdot1=9-4=5>0$이므로 주어진 f는 서로 다른 두 실근을 갖는다. 또한 식 (1-14)로부터 서로 다른 두 근 α와 β를 구할 수 있다.

$$\alpha=\frac{3+\sqrt{5}}{2},\quad \beta=\frac{3-\sqrt{5}}{2}$$

근을 이용한 다항함수의 인수분해는 일반적인 다항함수에 모두 적용될 수 있다. 다항함수 f가 근 α를 가지면 다항함수 $f(x)$는

$$f(x)=(x-\alpha)q(x)$$

로 인수분해 된다. 여기에서 $q(x)$는 $f(x)$를 $x-\alpha$로 나누었을 때의 몫이다.

예제 1.3.6

다항식 $f(x)=x^3-3x^2-x+3$의 한 근을 구하고 그 근을 이용하여 인수분해하여라.

| 풀이 | $f(1)=0$ 이므로 $\alpha=1$은 주어진 다항함수 f의 한 근이다. $f(x)$를 $x-1$로 나누면 그 몫이

$$q(x)=x^2-2x-3$$

이고

$$f(x)=x^3-3x^2-x+3=(x-1)(x^2-2x-3)$$

으로 인수분해 된다. 또한 $q(x)=x^2-2x-3=(x+1)(x-3)$으로 인수분해 되어

$$f(x)=(x-1)(x+1)(x-3)$$

으로 f는 일차다항함수의 곱으로 인수분해 된다.

[2] 유리함수

정의 **유리함수**

다항함수 $f(x)$와 $g(x)$ $(g(x)\neq0)$에 대하여

$$h(x)=\frac{f(x)}{g(x)}$$

로 정의된 함수 $h(x)$를 **유리함수**(rational function)라 한다. 특히 분자의 차수가 분모의 차수보다 작은 유리함수를 **진유리함수**(proper rational function)라 한다.

유리함수 $\dfrac{f(x)}{g(x)}$ 는 $g(x)=0$ 이면 그 값이 존재하지 않으므로 $g(x)=0$ 인 실수 x 에서는 정의되지 않는다. 그러나 $g(x)\neq 0$ 인 모든 실수에서 그 값이 존재하므로 정의역은 $\{x\in\mathbb{R} \mid g(x)\neq 0\}$ 이다.

유리함수 $\dfrac{f(x)}{g(x)}$ 에서 $f(x)$ 와 $g(x)$ 는 다항함수이므로 분자 $f(x)$ 의 차수가 분모 $g(x)$ 의 차수보다 크거나 같으면 $f(x)$ 를 $g(x)$ 로 나누어 $f(x)=g(x)q(x)+r(x)$ 로 나타낼 수 있다. 따라서 유리함수 $\dfrac{f(x)}{g(x)}$ 는

$$\frac{f(x)}{g(x)}=q(x)+\frac{r(x)}{g(x)}$$

로 다항식 $q(x)$ 와 진유리함수 $\dfrac{r(x)}{g(x)}$ 의 합으로 나타낼 수 있다.

예제 1.3.7

유리함수 $f(x)=\dfrac{x^3-2x-6}{x-2}$ 의 정의역을 구하고, 다항식과 진유리함수의 합으로 나타내라.

풀이 분모 $g(x)=x-2$ 는 $g(2)=0$ 이므로 주어진 유리함수는 $x=2$ 에서 정의되지 않는다. 따라서 정의역은 $\{x\in\mathbb{R} \mid x\neq 2\}$ 이다. 또한, 분자 x^3-2x-6 을 $x-2$ 로 나누어 몫 x^2+2x+2 와 나머지 -2 를 구할 수 있다. 따라서 $x^3-2x-6=(x-2)(x^2+2x+2)-2$ 이므로

$$f(x)=\frac{x^3-2x-6}{x-2}=x^2+2x+2-\frac{2}{x-2}$$

로 다항식와 진유리함수의 합으로 나타낼 수 있다.

[3] 지수함수

정의

$a>0$, $a\neq 1$ 인 상수 a 에 대하여 $f(x)=a^x$ 로 정의된 함수 f 를 **지수함수**(exponential function)라 한다. 여기에서 a 를 **밑**(base), x 를 **지수**(exponent)라 한다.

상수 a 에 따른 지수함수 $y=a^x$ 의 그래프는 그림 1-11과 같다. $a^0=1$ 이므로 지수함수는 점 $(0,1)$ 을 항상 지나고 모든 x 에 대하여 $a^x>0$ 이다. 미적분학이나 그의 응용에서 밑이 자연상수 e 인 지수함수가 자주 이용되는데 $e\approx 2.718>1$로 지수함수 $y=e^x$ 의 그래프는 그림 1-11의 (a)와 같은 형태이다.

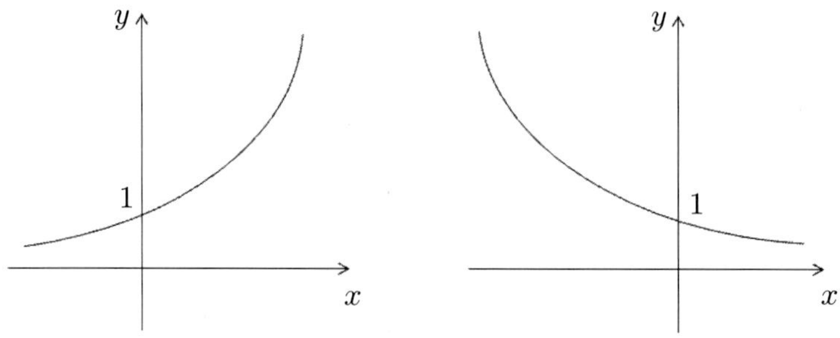

(a) $a > 1$ (b) $0 < a < 1$

[그림 1-11] 지수함수 $y = a^x$ 의 그래프

정리 1.3.8

임의의 양수 a, b 와 임의의 실수 x, y 에 대하여 다음이 성립한다.

(1) $a^x a^y = a^{x+y}$ (2) $\dfrac{a^x}{a^y} = a^{x-y}$ (3) $(a^x)^y = a^{xy}$ (4) $(ab)^x = a^x b^x$

[4] 로그함수

로그함수는 지수함수의 역함수로 두 실수 x, y 에 대하여 $x = a^y$ 일 때, x 를 y 로 대응시키는 함수를 $\log_a$ 로 나타낸다. 즉, $a > 0$, $a \neq 1$ 인 상수 a 에 대하여

$$y = \log_a x \iff x = a^y$$

이 성립하는 함수이다. 여기에서 $x = a^y > 0$ 이다.

정의

$a > 0$, $a \neq 1$ 인 상수 a 와 $x > 0$ 인 임의의 실수 x 에 대하여

$$y = \log_a x \iff x = a^y \tag{1-15}$$

로 정의된 함수 $\log_a$ 를 a **를 밑으로 하는 로그함수**(logarithmic functions)라 한다.

로그함수에서 밑이 자연상수 e 인 로그를 **자연로그**라 하고 간단히 ln 으로 표기한다. 또한 밑이 10 인 로그를 **상용로그**라 하고 간단히 log 로 나타내기도 한다. 밑 a 에 따른 로그함수의 그래프는 그림 1-12와 같다. 특히, 밑이 e 인 자연로그 함수 ln 의 그래프는 그림 1-12의 (a)와 같은 형태를 갖는다.

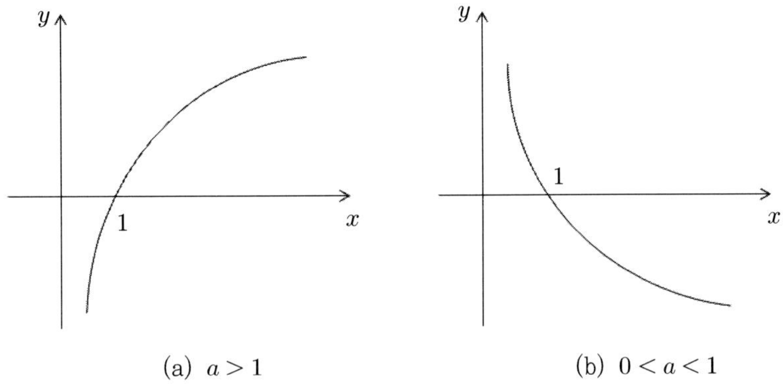

[그림 1-12] 로그함수 $y=\log_a x$ 의 그래프

로그함수와 지수함수는 역함수 관계에 있으므로 다음의 성질이 성립한다.

임의의 실수 x 에 대하여 $\log_a a^x = x$,

임의의 양수 x 에 대하여 $a^{\log_a x} = x$.

또한 지수함수의 성질을 이용하여 로그함수의 유용한 성질들을 유도할 수 있다.

정리 1.3.9

$a>0,\ b>0\ (a \neq 1,\ b \neq 1)$인 상수 a, b 와 임의의 양수 x, y 에 대하여 다음이 성립한다.

(1) $\log_a 1 = 0,\ \log_a a = 1$

(2) $\log_a x = \dfrac{\log_b x}{\log_b a}$

(3) $\log_a x + \log_a y = \log_a (xy)$

(4) $\log_a x - \log_a y = \log_a \left(\dfrac{x}{y}\right)$

(5) $\log_a x^r = r\log_a x$

예제 1.3.10

다음의 식을 만족하는 x 를 구하라.

(1) $\log_2 x = 6$ (2) $x = \log_2 1024$ (3) $\log_{10} x = 1 - 2\log_{10}3 + \dfrac{1}{2}\log_{10}5$

풀이 (1) $\log_2 x = 6$ 이면 로그함수의 정의에 의해 $x = 2^6 = 64$ 이다.

(2) $1024 = 2^{10}$ 이므로 정리 1.3.9의 (5)와 (1)에 의해 다음을 구할 수 있다.

$$x = \log_2 1024 = \log_2 2^{10} = 10\log_2 2 = 10$$

(3) 주어진 식의 우변은 정리 1.3.9에 의해 다음과 같이 정리할 수 있다.

$$1 - 2\log_{10}3 + \frac{1}{2}\log_{10}5 = \log_{10}10 - \log_{10}9 + \log_{10}\sqrt{5} = \log_{10}\frac{10\sqrt{5}}{9}$$

따라서 $\log_{10} x = \log_{10}\dfrac{10\sqrt{5}}{9}$ 이고 $x = \dfrac{10\sqrt{5}}{9}$ 이다.

[5] 삼각함수와 역삼각함수

삼각함수(trigonometric function)는 그림 1-13과 같이 반지름이 r 인 원에 의해 정의된다. 직교좌표의 원점을 O 라 하고, 중심이 원점이고 반지름이 r 인 원위의 한 점을 $P(x, y)$ 라 하자. x 축과 선분 OP 가 이루는 각이 α 일 때, 이 α 에 대한 삼각함수 사인(sine)과 코사인(cosine)을 다음과 같이 정의한다.

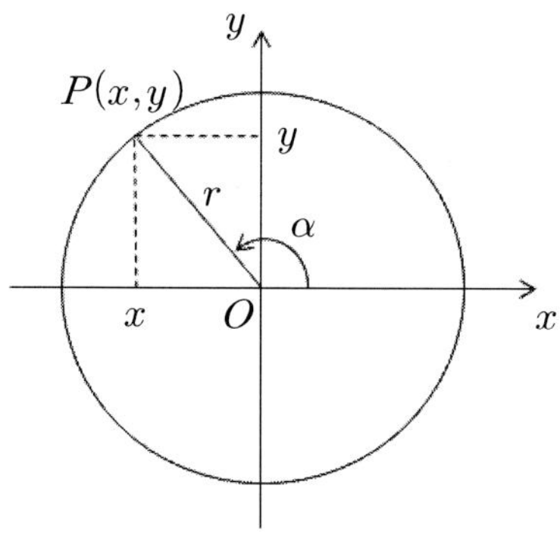

[그림 1-13] 반지름이 r 인 원

정의 **삼각함수 사인과 코사인의 정의**

(1) $\sin\alpha = \dfrac{y}{r}$　　(2) $\cos\alpha = \dfrac{x}{r}$

그 외의 삼각함수는 위에서 정의된 두 삼각함수 sin과 cos을 이용하여 정의할 수 있다.

정의 **그 밖의 삼각함수**

(1) $\tan\alpha = \dfrac{\sin\alpha}{\cos\alpha} = \dfrac{y}{x}$　　(2) $\csc\alpha = \dfrac{1}{\sin\alpha} = \dfrac{r}{y}$

(3) $\sec\alpha = \dfrac{1}{\cos\alpha} = \dfrac{r}{x}$　　(4) $\cot\alpha = \dfrac{1}{\tan\alpha} = \dfrac{x}{y}$

특수 각 $\frac{\pi}{6}(30°)$, $\frac{\pi}{4}(45°)$, $\frac{\pi}{3}(60°)$을 포함하는 직각삼각형의 변의 비는 그림 1-14와 같으며 이러한 특수각과 관련이 있는 각에 대한 삼각함수의 값은 이 삼각비를 이용하여 계산할 수 있다.

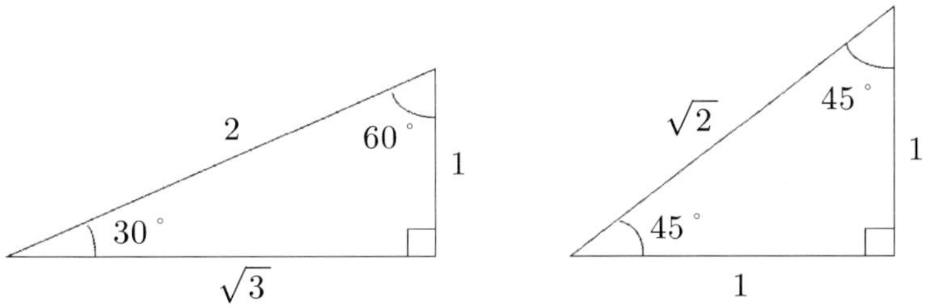

[그림 1-14] 한 각이 $\frac{\pi}{6}(30°)$, $\frac{\pi}{4}(45°)$, $\frac{\pi}{3}(60°)$인 직각삼각형의 변의 비

예제 1.3.11

다음 삼각함수의 값을 구하라.

(1) $\sin\frac{2\pi}{3}$, $\cos\frac{2\pi}{3}$, $\tan\frac{2\pi}{3}$

(2) $\sin\left(-\frac{5\pi}{6}\right)$, $\cos\left(-\frac{5\pi}{6}\right)$, $\sec\left(-\frac{5\pi}{6}\right)$

풀이 (1) 그림 1-15의 (a)와 정의로부터 $\alpha = \frac{2\pi}{3}$ 에 대한 사인 값과 코사인 값을 구할 수 있다.

$$\sin\frac{2\pi}{3} = \frac{\sqrt{3}}{2},\ \cos\frac{2\pi}{3} = -\frac{1}{2},\ \tan\frac{2\pi}{3} = \frac{\sin(2\pi/3)}{\cos(2\pi/3)} = \frac{\sqrt{3}/2}{-1/2} = -\sqrt{3}.$$

(2) 그림 1-15의 (b)와 정의로부터 $\alpha = -\frac{5\pi}{6}$ 에 대한 주어진 삼각함수 값을 구할 수 있다.

$$\sin\left(-\frac{5\pi}{6}\right) = -\frac{1}{2},\quad \cos\left(-\frac{5\pi}{6}\right) = -\frac{\sqrt{3}}{2},\quad \sec\left(-\frac{5\pi}{6}\right) = \frac{1}{(-\sqrt{3}/2)} = -\frac{2}{\sqrt{3}}$$

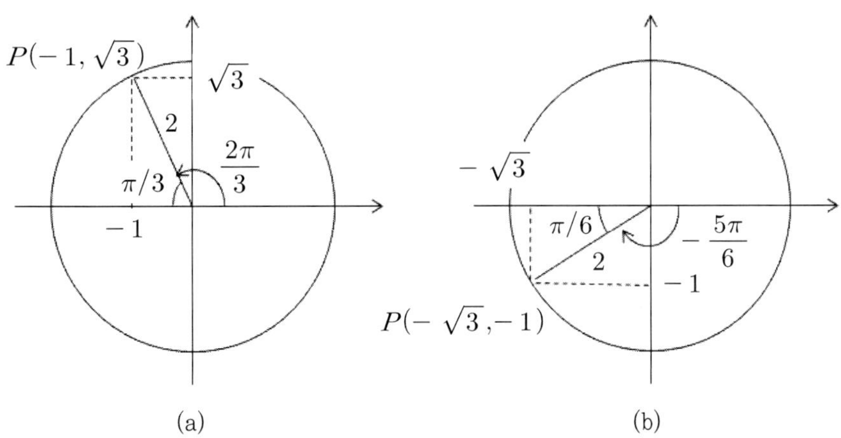

[그림 1-15] (a) $\alpha = \frac{2\pi}{3}$ 인 P 의 좌표, (b) $\alpha = -\frac{5\pi}{6}$ 인 P 의 좌표

그림 1-16, 1-17, 1-18은 각각 삼각함수 사인, 코사인, 탄젠트의 그래프를 좌표평면에 나타낸 것이다.

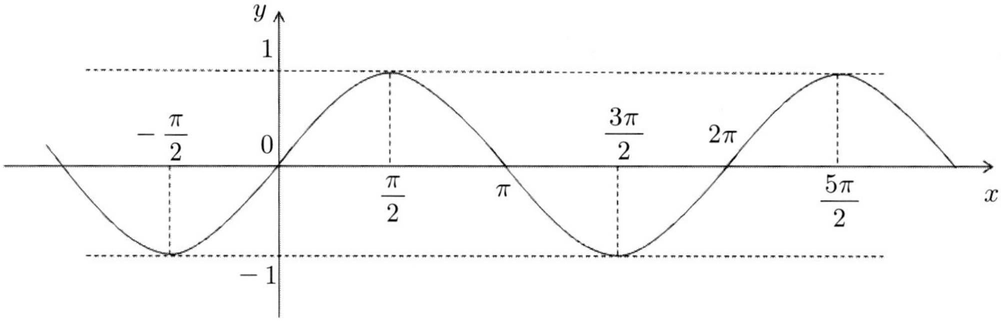

[그림 1-16] $y = \sin x$ 의 그래프

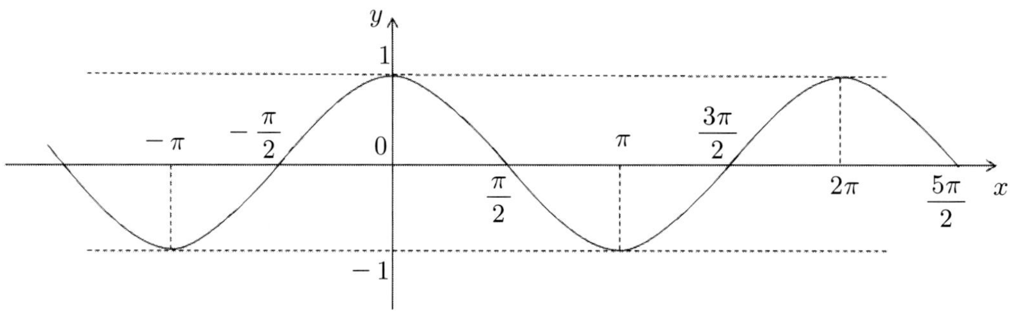

[그림 1-17] $y = \cos x$ 의 그래프

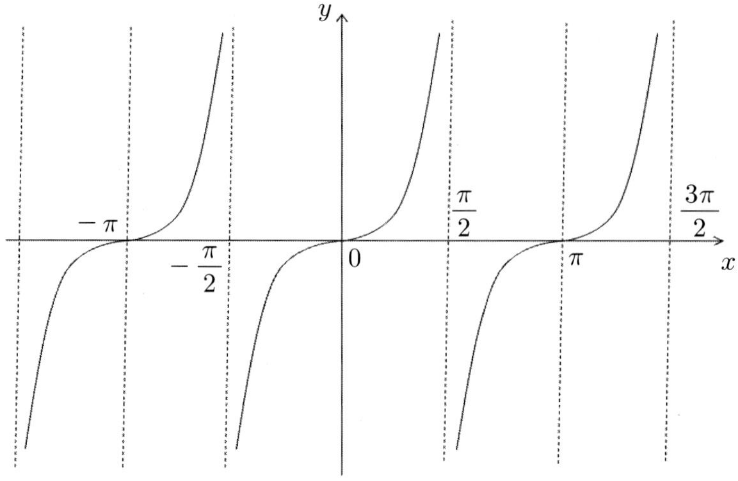

[그림 1-18] $y = \tan x$ 의 그래프

다음의 삼각함수 성질은 삼각함수와 관련된 문제를 해결하는데 유용하게 사용된다. 이는 삼각함수의 정의와 그 외의 성질을 이용하여 유도할 수 있다.

정리 1.3.12 삼각함수의 성질

(1) $\sin^2\alpha + \cos^2\alpha = 1$

(2) $1 + \tan^2\alpha = \sec^2\alpha$

(3) $\sin(\alpha \pm \beta) = \sin\alpha\cos\beta \pm \sin\beta\cos\alpha$

(4) $\cos(\alpha \pm \beta) = \cos\alpha\cos\beta \mp \sin\alpha\sin\beta$

(5) $\tan(\alpha \pm \beta) = \dfrac{\tan\alpha \pm \tan\beta}{1 \mp \tan\alpha\tan\beta}$

(6) $\sin 2\alpha = 2\sin\alpha\cos\alpha$

(7) $\sin^2\alpha = \dfrac{1}{2}(1 - \cos 2\alpha)$

(8) $\cos^2\alpha = \dfrac{1}{2}(1 + \cos 2\alpha)$

예제 1.3.13

$\sin\alpha = \dfrac{2}{3}$일 때 $\cos\alpha$와 $\tan\alpha$를 구하라.

풀이 $\cos^2\alpha = 1 - \sin^2\alpha = 1 - \dfrac{4}{9} = \dfrac{5}{9}$이므로 $\cos\alpha = \pm\dfrac{\sqrt{5}}{3}$이다. 또한 $\tan\alpha = \dfrac{\sin\alpha}{\cos\alpha}$ 이므로 $\tan\alpha = \dfrac{2/3}{\pm\sqrt{5}/3} = \pm\dfrac{2}{\sqrt{5}}$이다.

예제 1.3.14

$\sin\alpha + \cos\alpha = \dfrac{1}{2}$ 일 때 $\sin\alpha\cos\alpha$ 의 값을 구하라.

풀이 $\sin\alpha + \cos\alpha = \dfrac{1}{2}$ 이므로 $(\sin\alpha + \cos\alpha)^2 = \dfrac{1}{4}$ 이다. 이식의 좌변을 제곱하여 정리하면 $(\sin\alpha + \cos\alpha)^2 = \sin^2\alpha + \cos^2\alpha + 2\sin\alpha\cos\alpha = 1 + 2\sin\alpha\cos\alpha$ 로 $1 + 2\sin\alpha\cos\alpha = \; = \dfrac{1}{4}$이다. 따라서 $2\sin\alpha\cos\alpha = \dfrac{1}{4} - 1 = -\dfrac{3}{4}$이고 $\sin\alpha\cos\alpha = \sin\alpha\cos\alpha = -\dfrac{3}{8}$이다.

예제 1.3.15

정리 1.3.12의 (4)를 이용하여 같은 정리의 (7)과 (8)을 유도하라.

풀이 정리 1.3.12의 (4)로 부터 다음의 두 식을 구할 수 있다.

$1 = \cos(\alpha-\alpha) = \cos\alpha\cos\alpha + \sin\alpha\sin\alpha = \cos^2\alpha + \sin^2\alpha$ ------ ①

$\cos 2\alpha = \cos(\alpha+\alpha) = \cos\alpha\cos\alpha - \sin\alpha\sin\alpha = \cos^2\alpha - \sin^2\alpha$ ------②

①-②로부터 $1-\cos 2\alpha = 2\sin^2\alpha$ 이고 $\sin^2\alpha = \frac{1}{2}(1-\cos 2\alpha)$.

같은 방법으로 ①+②로부터 $\cos^2\alpha = \frac{1}{2}(1+\cos 2\alpha)$ 를 유도할 수 있다.

역삼각함수(inverse trigonometric function)는 삼각함수의 역함수를 의미한다. 앞에서 정의한 사인 함수 $\sin : \mathbb{R} \to \mathbb{R}$ 은 전단사 함수가 아니므로 그 역함수를 정의할 수 없다. 따라서 sin 함수가 전단사 함수가 되도록 그의 정의역과 공역을 제한하여 정의역이 $\left[-\frac{\pi}{2}, \frac{\pi}{2}\right]$ 이고 공역이 $[-1, 1]$ 인 사인함수

$$\sin : \left[-\frac{\pi}{2}, \frac{\pi}{2}\right] \to [-1, 1]$$

를 정의하면 이 sin 함수는 전단사 함수이므로 그 역함수

$$\sin^{-1} : [-1, 1] \to \left[-\frac{\pi}{2}, \frac{\pi}{2}\right]$$

를 구할 수 있다. 이 때 함수 sin 과 그의 역함수 $\sin^{-1}$ 은

$$y = \sin^{-1}x \quad \Leftrightarrow \quad x = \sin y$$

을 만족하며 이와 같은 방법으로 사인함수의 역함수를 정의할 수 있다. 다른 삼각함수의 역함수도 같은 방법으로 정의한다.

정의 **역삼각함수의 정의**

(1) $y = \sin^{-1}x \quad \Leftrightarrow \quad x = \sin y \quad (-1 \le x \le 1,\ -\frac{\pi}{2} \le y \le \frac{\pi}{2})$

(2) $y = \cos^{-1}x \quad \Leftrightarrow \quad x = \cos y \quad (-1 \le x \le 1,\ 0 \le y \le \pi)$

(3) $y = \tan^{-1}x \quad \Leftrightarrow \quad x = \tan y \quad (-\infty < x < \infty,\ -\frac{\pi}{2} < y < \frac{\pi}{2})$

(4) $y = \sec^{-1}x \quad \Leftrightarrow \quad x = \sec y \quad (|x| \ge 1,\ 0 \le y \le \pi,\ y \ne \frac{\pi}{2})$

(5) $y = \csc^{-1}x \quad \Leftrightarrow \quad x = \csc y \quad (|x| \ge 1,\ -\frac{\pi}{2} \le y \le \frac{\pi}{2},\ y \ne 0)$

(6) $y = \cot^{-1}x \quad \Leftrightarrow \quad x = \cot y \quad (-\infty < x < \infty,\ 0 < y < \pi)$

위의 정의에서 $\sin^{-1}$, $\cos^{-1}$ 등과 같은 역삼각함수는 arc라는 접두어를 붙여 arcsine, arccosin 등으로 읽는다. 그림 1-19의 (a), (b), (c)는 각각 $y=\sin^{-1}x$, $y=\cos^{-1}x$, $y=\tan^{-1}x$ 의 그래프이다.

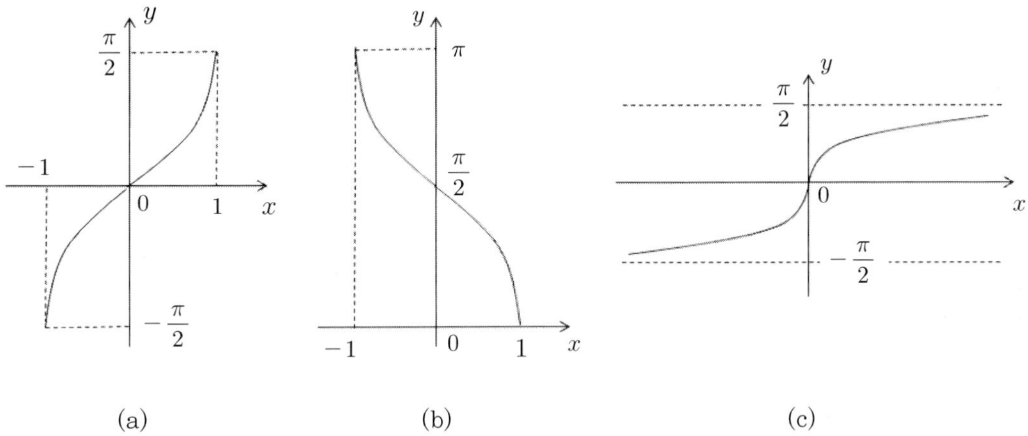

[그림 1-19] (a) $y=\sin^{-1}x$ 의 그래프 (b) $y=\cos^{-1}x$ 의 그래프 (c) $y=\tan^{-1}x$ 의 그래프

예제 1.3.16

다음의 역삼각함수 값을 구하라.

(1) $\sin^{-1}\dfrac{\sqrt{3}}{2}$　　(2) $\sin^{-1}\left(-\dfrac{1}{2}\right)$

(3) $\cos^{-1}\dfrac{\sqrt{3}}{2}$　　(4) $\cos^{-1}\left(-\dfrac{1}{2}\right)$

(5) $\tan^{-1}1$　　(6) $\tan^{-1}\sqrt{3}$

❚풀이❚ (1) $y=\sin^{-1}\dfrac{\sqrt{3}}{2}$ 이라 하면 $\sin y=\dfrac{\sqrt{3}}{2}$ 이고 $-\dfrac{\pi}{2}\le y\le\dfrac{\pi}{2}$ 이다. 따라서 $y=\dfrac{\pi}{3}$ 이고, $\sin^{-1}\dfrac{\sqrt{3}}{2}=\dfrac{\pi}{3}$ 이다.

(2) 같은 방법으로 $\sin^{-1}\left(-\dfrac{1}{2}\right)=-\dfrac{\pi}{6}$ 이다.

(3) $y=\cos^{-1}\dfrac{\sqrt{3}}{2}$ 이라 하면 $\cos y=\dfrac{\sqrt{3}}{2}\,(0\le y\le\pi)$ 이므로 $y=\dfrac{\pi}{6}$ 이다.

따라서 $\cos^{-1}\dfrac{\sqrt{3}}{2}=\dfrac{\pi}{6}$ 이다.

(4) 같은 방법으로 $\cos^{-1}\left(-\dfrac{1}{2}\right)=\dfrac{2\pi}{3}$ 이다.

(5) $y=\tan^{-1}1$ 이라 하면 $\tan y=1\left(-\dfrac{\pi}{2}<y<\dfrac{\pi}{2}\right)$ 이므로 $y=\dfrac{\pi}{4}$ 이다.

따라서 $\tan^{-1}1=\dfrac{\pi}{4}$ 이다.

(6) 같은 방법으로 $\tan^{-1}\sqrt{3}=\dfrac{\pi}{3}$ 이다.

예제 1.3.17

$\sin(\cos^{-1}x) = \sqrt{1-x^2}$ 임을 보여라.

풀이 $y=\cos^{-1}x$라 하면 $x=\cos y$이고 $0 \le y \le \pi$이다. $\sin^2 y = 1-\cos^2 y$이므로

$$\sin y = \pm\sqrt{1-\cos^2 y}$$

이다. 여기에서 $0 \le y \le \pi$일 때, $\sin y \ge 0$이므로

$$\sin y = \sqrt{1-\cos^2 y}$$

이다. $\cos y = x$이므로 $\sin y = \sqrt{1-x^2}$ 이다. 따라서 $\sin(\cos^{-1}x) = \sqrt{1-x^2}$ 이다.

[6] 쌍곡선 함수와 역쌍곡선 함수

지수함수 e^x 과 e^{-x} 을 이용하여 만든 **쌍곡선함수**(hyperbolic function)는 수학이나 공학의 응용분야에서 자주 이용된다. 특별한 기호 sinh , cosh 등으로 나타내는 이 함수들은 삼각함수의 성질과 많은 유사성을 가지고 있으며, 쌍곡선의 매개변수 방정식을 나타내는데 효과적이다.

정의 **쌍곡선 함수의 정의**

(1) $\sinh x = \dfrac{e^x - e^{-x}}{2}$

(2) $\cosh x = \dfrac{e^x + e^{-x}}{2}$

(3) $\tanh x = \dfrac{\sinh x}{\cosh x}$

(4) $\operatorname{csch} x = \dfrac{1}{\sinh x}$

(5) $\operatorname{sech} x = \dfrac{1}{\cosh x}$

(6) $\coth x = \dfrac{\cosh x}{\sinh x}$

위에서 정의된 쌍곡선함수 sinh, cosh 등은 hyperbolic sine, hyperbolic cosine등과 같이 삼각함수의 명칭 앞에 hyperbolic을 붙여 읽는다. 또한 tanh, csch, sech, coth 는 sinh 와 coth 의 정의로부터

$$\tanh x = \frac{e^x - e^{-x}}{e^x + e^{-x}}, \qquad \operatorname{csch} x = \frac{2}{e^x - e^{-x}}$$

$$\operatorname{sech} x = \frac{2}{e^x + e^{-x}}, \qquad \coth x = \frac{e^x + e^{-x}}{e^x - e^{-x}}$$

로 정의될 수 있다. 그림 1-20의 (a), (b), (c)는 각각 $y=\sinh x$, $y=\cosh x$, $y=\tanh x$의 그래프이다.

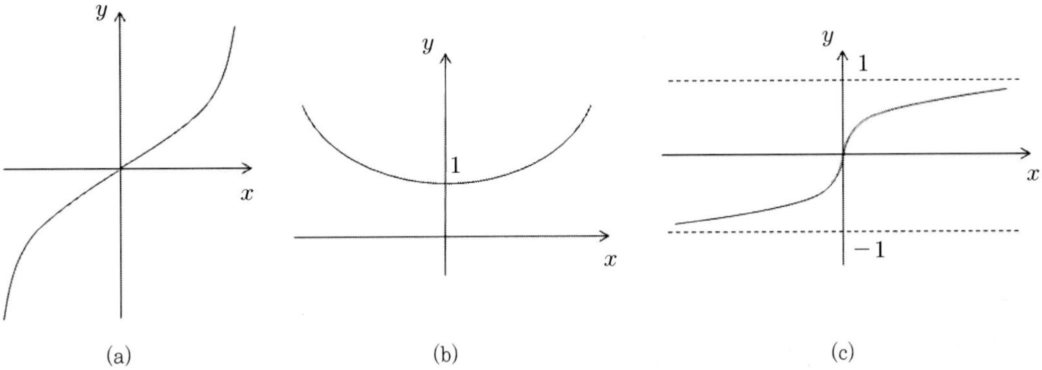

[그림 1-20] (a) $y=\sinh x$ 의 그래프 (b) $y=\cosh x$ 의 그래프 (c) $y=\tanh x$ 의 그래프

쌍곡선 함수들은 삼각함수와 유사한 다음의 성질을 갖는다.

정리 1.3.18 쌍곡선 함수의 항등식

(1) $\sinh(-x)=-\sinh x$

(2) $\cosh(-x)=\cosh x$

(3) $\cosh^2 x-\sinh^2 x=1$

(4) $1-\tanh^2 x=\operatorname{sech}^2 x$

(5) $\sinh(x+y)=\sinh x\cosh y+\cosh x\sinh y$

(6) $\cosh(x+y)=\cosh x\cosh y+\sinh x\sinh y$

위의 정리 1.3.18의 (1)과 (2)로부터 sinh은 기함수이고, cosh은 우함수임을 알 수 있다.

예제 1.3.19

지수함수 e^x 와 e^{-x} 를 쌍곡선함수 $\sinh x$ 와 $\cosh x$ 의 합 또는 차로 나타내라.

| 풀이 | $\cosh x$ 와 $\sinh x$ 의 정의로부터

$$\cosh x+\sinh x=\frac{e^x+e^{-x}}{2}+\frac{e^x-e^{-x}}{2}=e^x$$

$$\cosh x-\sinh x=\frac{e^x+e^{-x}}{2}-\frac{e^x-e^{-x}}{2}=e^{-x}$$

이다. 따라서 $e^x=\cosh x+\sinh x$, $e^{-x}=\cosh x-\sinh x$ 이다.

쌍곡선함수 $y=\sinh x$ 는 전단사함수이므로 그의 역함수는

$$y=\sinh^{-1}x \quad\Leftrightarrow\quad x=\sinh y$$

로 간단히 정의할 수 있다. 그러나 cosh 함수 $\cosh: \mathbb{R} \to \mathbb{R}$ 는 전단사 함수가 아니므로 그 역함수를 정의할 수 없다. 따라서 정의역을 $[0, \infty)$ 으로 공역을 $[1, \infty)$로 제한하면 $\cosh: [0, \infty) \to [1, \infty)$는 전단사함수가 되고 이에 대한 역함수 $\cosh^{-1}: [1, \infty) \to [0, \infty)$를 정의할 수 있다. 이 때, 역쌍곡선함수와 쌍곡선함수의 관계는

$$y = \cosh^{-1} x \quad \Leftrightarrow \quad x = \cosh y$$

이다. 이와 같은 방법으로 다른 쌍곡선함수의 역함수도 정의할 수 있다.

정의 **역쌍곡선함수의 정의**

(1) $y = \sinh^{-1} x \quad \Leftrightarrow \quad x = \sinh y \quad (-\infty < x < \infty,\ -\infty < y < \infty)$

(2) $y = \cosh^{-1} x \quad \Leftrightarrow \quad x = \cosh y \quad (1 \le x < \infty,\ 0 \le y < \infty)$

(3) $y = \tanh^{-1} x \quad \Leftrightarrow \quad x = \tanh y \quad (-1 < x < 1,\ -\infty < y < \infty)$

(4) $y = \text{sech}^{-1} x \quad \Leftrightarrow \quad x = \text{sech}\, y \quad (0 < x \le 1,\ 0 \le y < \infty)$

(5) $y = \text{csch}^{-1} x \quad \Leftrightarrow \quad x = \text{csch}\, y \quad (|x| > 0,\ |y| > 0)$

(6) $y = \coth^{-1} x \quad \Leftrightarrow \quad x = \coth y \quad (|x| > 1,\ |y| > 0)$

쌍곡선함수는 지수함수를 이용하여 정의하였다. 로그함수는 지수함수의 역함수이므로 쌍곡선함수의 역함수인 역쌍곡선함수는 로그함수를 이용하여 표현할 수 있다.

정리 1.3.20 **역쌍곡선함수의 로그함수 표현**

(1) $\sinh^{-1} x = \ln(x + \sqrt{x^2 + 1}) \quad (-\infty < x < \infty)$

(2) $\cosh^{-1} x = \ln(x + \sqrt{x^2 - 1}) \quad (1 \le x)$

(3) $\tanh^{-1} x = \dfrac{1}{2} \ln\left(\dfrac{1+x}{1-x}\right) \quad (-1 < x < 1)$

(4) $\text{csch}^{-1} x = \ln\left(\dfrac{1}{x} + \sqrt{\dfrac{1}{x^2} + 1}\right) \quad (|x| > 0)$

(5) $\text{sech}^{-1} x = \ln\left(\dfrac{1}{x} + \sqrt{\dfrac{1}{x^2} - 1}\right) \quad (0 < x \le 1)$

(6) $\coth^{-1} x = \dfrac{1}{2} \ln\left(\dfrac{x+1}{x-1}\right) \quad (|x| > 1)$

예제 1.3.21

$\sinh^{-1} x = \ln(x + \sqrt{x^2+1})$임을 증명하라.

▌풀이▐ $y = \sinh^{-1}x$ 라 하면 $x = \sinh y$ 이고, $\sinh y = \frac{1}{2}(e^y - e^{-y})$ 이므로 $x = \frac{1}{2}(e^y - e^{-y})$ 이다. 이 식의 양변에 $2e^y$ 를 곱하여 정리하면

$$(e^y)^2 - 2xe^y - 1 = 0$$

이다. $X = e^y$ 라 하면 $X^2 - 2xX - 1 = 0$ 이고 근의 공식을 이용하면 $X = x \pm \sqrt{x^2+1}$ 임을 알 수 있다. 여기에서 $X = e^y > 0$ 이므로 $X = x + \sqrt{x^2+1}$ 이다. $X = e^y$ 이므로

$$e^y = x + \sqrt{x^2+1}\ ,\ y = \ln(x + \sqrt{x^2+1})$$

이다. 따라서 $\sinh^{-1} x = \ln(x + \sqrt{x^2+1})$이다.

1.3 연습문제

1. 다음 삼각함수의 값을 구하라.

(1) $\sin\frac{\pi}{6}$, $\cos\frac{\pi}{6}$, $\tan\frac{\pi}{6}$

(2) $\sin\frac{2\pi}{3}$, $\cos\frac{2\pi}{3}$, $\tan\frac{2\pi}{3}$

(3) $\sin\frac{5\pi}{4}$, $\cos\frac{5\pi}{4}$, $\tan\frac{5\pi}{4}$

(4) $\sin\frac{5\pi}{3}$, $\cos\frac{5\pi}{3}$, $\tan\frac{5\pi}{3}$

(5) $\sin\left(-\frac{5\pi}{6}\right)$, $\cos\left(-\frac{5\pi}{6}\right)$, $\tan\left(-\frac{5\pi}{6}\right)$

2. 다음 삼각함수의 값을 구하라.

(1) $\sin 75^\circ$ (2) $\cos 15^\circ$ (3) $\sin 105^\circ$

3. 다음 역삼각함수의 값을 구하라.

(1) $\sin^{-1} 0$

(2) $\cos^{-1} 0$

(3) $\sin^{-1} 1$

(4) $\cos^{-1} 1$

(5) $\sin^{-1}(-1)$

(6) $\cos^{-1}(-1)$

(7) $\sin^{-1}\frac{1}{2}$

(8) $\cos^{-1}\frac{1}{2}$

(9) $\sin^{-1}\left(-\frac{\sqrt{3}}{2}\right)$

(10) $\cos^{-1}\left(-\frac{\sqrt{3}}{2}\right)$

(11) $\tan^{-1}\frac{1}{\sqrt{3}}$

(12) $\tan^{-1}(-1)$

4. $\cos(\sin^{-1} x) = \sqrt{1-x^2}$ 임을 보여라.

5. 다음의 값을 구하라.

(1) $\sinh 0$

(2) $\cosh 0$

(3) $\text{sech}\, 0$

(4) $\text{csch}\,(\ln 3)$

(5) $\sinh^{-1} 0$

(6) $\cosh^{-1} 1$

(7) $\tanh^{-1}\frac{1}{2}$

(8) $\sinh^{-1}\frac{3}{4}$

6. 정리 1.3.18의 (3)을 증명하라.

7. 정리 1.3.18의 (4)를 증명하라.

8. $\sinh x$ 와 $\cosh x$ 로 $5e^{x}+2e^{-x}$ 를 나타내라.

연습문제 해답

1. (1) $\frac{1}{2}$, $\frac{\sqrt{3}}{2}$, $\frac{1}{\sqrt{3}}$ (2) $\frac{\sqrt{3}}{2}$, $-\frac{1}{2}$, $-\sqrt{3}$ (3) $-\frac{1}{\sqrt{2}}$, $-\frac{1}{\sqrt{2}}$, 1
   (4) $-\frac{\sqrt{3}}{2}$, $\frac{1}{2}$, $-\sqrt{3}$ (5) $-\frac{1}{2}$, $-\frac{\sqrt{3}}{2}$, $\frac{1}{\sqrt{3}}$

2. (1) $\frac{1+\sqrt{3}}{2\sqrt{2}}$ (2) $\frac{1+\sqrt{3}}{2\sqrt{2}}$ (3) $\frac{1+\sqrt{3}}{2\sqrt{2}}$

3. (1) 0 (2) $\frac{\pi}{2}$ (3) $\frac{\pi}{2}$ (4) 0 (5) $-\frac{\pi}{2}$ (6) π (7) $\frac{\pi}{6}$ (8) $\frac{\pi}{3}$ (9) $-\frac{\pi}{3}$
   (10) $\frac{5\pi}{6}$ (11) $\frac{\pi}{6}$ (12) $-\frac{\pi}{4}$

4. $y=\sin^{-1}x$ 라 하면 $x=\sin y$ 이고 $-\frac{\pi}{2}\le y\le\frac{\pi}{2}$ 이다. $-\frac{\pi}{2}\le y\le\frac{\pi}{2}$ 일 때, $\cos y\ge 0$ 이므로 $\cos y=\sqrt{1-\sin^2 y}$ 이다. 따라서 $\cos(\sin^{-1}x)=\sqrt{1-x^2}$ 이다.

5. (1) 0, (2) 1, (3) 1, (4) $\frac{3}{4}$, (5) 0, (6) 0, (7) $\frac{1}{2}\ln 3$, (8) $\ln 2$

6. $\cosh^2 x-\sinh^2 x=\left(\frac{e^x+e^{-x}}{2}\right)^2-\left(\frac{e^x-e^{-x}}{2}\right)^2=\frac{1}{4}\cdot 4\cdot e^x e^{-x}=1.$

7. $1-\tanh^2 x=1-\frac{\sinh^2 x}{\cosh^2 x}=\frac{\cosh^2 x-\sinh^2 x}{\cosh^2 x}$ 이다. $\cosh^2 x-\sinh^2 x=1$ 이므로
   $1-\tanh^2 x=\frac{1}{\cosh^2 x}=\text{sech}^2 x$

8. 예제 1.3.17에서 $\cosh x+\sinh x=e^x$, $\cosh x-\sinh x=e^{-x}$ 임을 보였다. 따라서
   $5e^x+2e^{-x}=5(\cosh x+\sinh x)+2(\cosh x-\sinh x)=7\cosh x+3\sinh x$

1.4 함수의 변환

함수를 다루는데 있어서 함수의 평행이동, 함수의 대칭성 그리고 함수의 매개변수 표현 등을 이용하면 그 함수의 표현이나 형태를 좀 더 간단하게 이해할 수 있다. 이절에서는 함수를 다루는데 있어 알아두어야 할 기초적인 함수의 변형 및 표현법들에 대해 알아본다.

실함수 $y=f(x)$의 그래프를 x 축으로 a 만큼 평행 이동할 때 얻어지는 함수를 $y=g(x)$ 라 하면 x 에 대한 g 의 함수 값 $g(x)$는 $x-a$ 에 대한 f 의 함수 값 $f(x-a)$와 같다. 즉 $g(x)=f(x-a)$이다(그림 1-21(a)). 따라서 함수 $y=f(x)$를 x 축으로 a 만큼 평행 이동하여 얻어진 함수는

$$y=f(x-a)$$

이다. 이 함수는 주어진 함수 $y=f(x)$ 에서 x 대신 $x-a$ 를 대입하면 구할 수 있다.

같은 방법으로 함수 $y=f(x)$ 의 그래프를 y 축으로 b 만큼 평행 이동한 함수를 $y=g(x)$ 라 하면 x 에 대한 g 의 함수 값 $g(x)$ 는 $f(x)+b$ 와 같다. 즉 $g(x)=f(x)+b$이다(그림 1-21(b)). 따라서 함수 $y=f(x)$ 의 그래프를 y 축으로 b 만큼 평행 이동하여 얻어진 함수는

$$y=g(x)+b \text{ 또는 } y-b=f(x)$$

이다. 이 함수는 주어진 $y=f(x)$에서 y 대신 $y-b$를 대입하면 구할 수 있다.

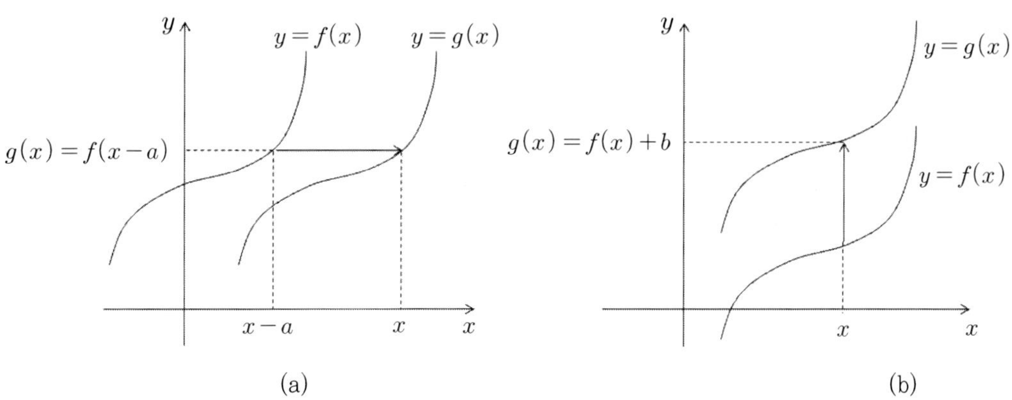

[그림 1-21] (a) $y=f(x)$를 x 축으로 a 만큼 평행 이동 (b) $y=f(x)$를 y 축으로 b 만큼 평행 이동

정리 1.4.1 **함수의 평행이동**

(1) 함수 $y=f(x)$의 그래프를 x 축으로 a 만큼 평행 이동하여 얻어진 함수는 $y=f(x-a)$이다.

(2) 함수 $y=f(x)$의 그래프를 y 축으로 b 만큼 평행 이동하여 얻어진 함수는 $y-b=f(x)$이다.

(3) 함수 $y=f(x)$의 그래프를 x 축으로 a, y 축으로 b 만큼 평행 이동하여 얻어진 함수는 다음과 같다.

$$y-b=f(x-a)$$

예제 1.4.2

함수 $y=x^2$ 을 x 축으로 3 만큼 평행 이동한 함수와 y 축으로 3 만큼 평행 이동한 함수를 구하라.

풀이 함수 $y=x^2$ 을 x 축으로 3 만큼 평행 이동한 함수를 구하기 위하여 $y=x^2$ 의 x 에 $x-3$ 을 대입하면

$$y=(x-3)^2=x^2-6x+9$$

이다. 따라서 $y=x^2$ 을 x 축으로 3 만큼 평행 이동한 함수는 $y=x^2-6x+9$ 이다. 또한 함수 $y=x^2$ 을 y 축으로 3 만큼 평행 이동한 함수를 구하기 위하여 $y=x^2$ 의 y 에 $y-3$ 을 대입하면

$$y-3=x^2$$

이다. 따라서 $y=x^2$ 을 y 축으로 3 만큼 평행 이동한 함수는 $y=x^2+3$ 이다.

예제 1.4.3

(1) 함수 $y=\dfrac{1}{x}$ 를 x 축으로 2 만큼 평행 이동한 함수를 구하라.

(2) 함수 $y=\sqrt{x}$ 를 x 축으로 -1 만큼 평행 이동한 함수를 구하라.

풀이 (1) 함수 $y=\dfrac{1}{x}$ 를 x 축으로 2 만큼 평행 이동한 함수는 $y=\dfrac{1}{x-2}$ 이다. 그림 1-22의 (a)에서 점선으로 나타난 그래프는 평행이동하기 전인 $y=\dfrac{1}{x}$ 의 그래프이고 실선은 $y=\dfrac{1}{x-2}$ 의 그래프이다.

(2) 함수 $y=\sqrt{x}$ 를 x 축으로 -1 만큼 평행 이동한 함수는 $y=\sqrt{x+1}$ 이고, 이의 그래프는 그림 1-22의 (b)와 같다.

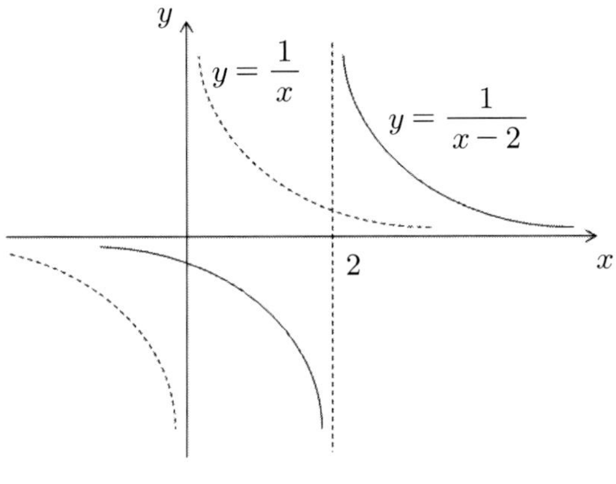

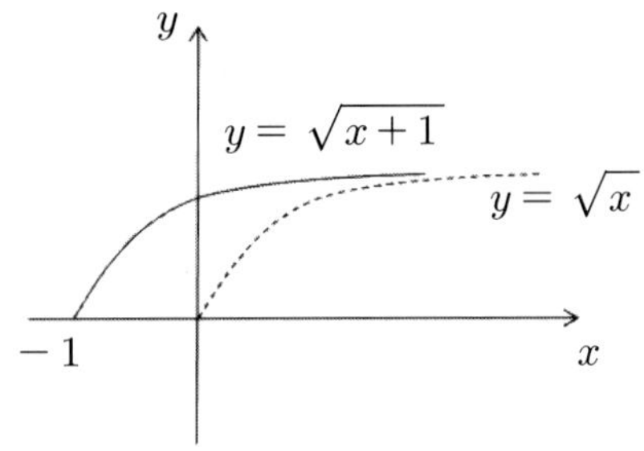

[그림 1-22] (a) $y = \frac{1}{x}$ (점선)과 $y = \frac{1}{x-2}$ (실선) (b) $y = \sqrt{x}$ (점선)와 $y = \sqrt{x+1}$ (실선)

예제 1.4.4

$y = x^2 + 1$ 의 그래프를 x 축으로 2, y 축으로 -1 만큼 평행 이동한 함수를 구하라.

▌풀이▐ 함수 $y = x^2 + 1$ 의 x 에 $x-2$, y 에 $y+1$ 을 대입하면

$$y + 1 = (x-2)^2 + 1$$

이고 이를 정리하면 $y = x^2 - 4x + 4$ 이다.

예제 1.4.5

타원 $\frac{x^2}{9} + \frac{y^2}{4} = 1$ 을 x 축으로 3, y 축으로 4 만큼 평행 이동한 타원의 방정식을 구하라.

▌풀이▐ 타원의 방정식 $\frac{x^2}{9} + \frac{y^2}{4} = 1$ 에서 x 대신에 $x-3$, y 대신에 $y-4$ 을 대입하면 구하려는 타원의 방정식은

$$\frac{(x-3)^2}{9} + \frac{(y-4)^2}{4} = 1$$

이다. 이는 그림 1-23과 같이 중심이 $(3, 4)$ 인 타원의 방정식이다.

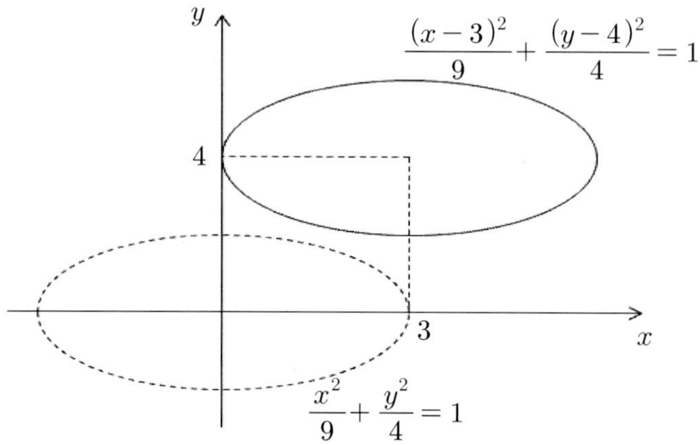

[그림 1-23] $\frac{x^2}{9}+\frac{y^2}{4}=1$(점선)와 $\frac{(x-3)^2}{9}+\frac{(y-4)^2}{4}=1$(실선)

예제 1.4.6

이차방정식 $x^2-4x+y^2-6y-12=0$ 은 어떤 곡선을 평행 이동하여 얻은 방정식이다. x 축과 y 으로 평행 이동한 값을 각각 구하고 평행이동하기 이전의 방정식을 구하라.

풀이 주어진 이차방정식 $x^2-4x+y^2-6y-12=0$ 을 완전제곱을 포함한 방정식으로 정리하면

$$x^2-4x+y^2-6y-12=(x^2-4x+4)+(y^2-6y+9)-25=0$$

이다. 이 식을 정리하면 $(x-2)^2+(y-3)^2=25$ 로 중심이 $(2,3)$ 이고 반지름이 5 인 원의 방정식이다. 따라서 주어진 이차방정식은 원 $x^2+y^2=25$ 를 x 축으로 2, y 축으로 3 만큼 평행이동한 원의 방정식이다.

정의 **우함수, 기함수**

(1) $f(-x)=f(x)$를 만족하는 함수 f 를 **우함수**(even function)라 한다.
(2) $f(-x)=-f(x)$를 만족하는 함수 f 를 **기함수**(odd function)라 한다.

예제 1.4.7

다음 함수가 우함수인지 또는 기함수인지를 판별하라.

(1) $f(x)=x^2$ (2) $f(x)=x^3$
(3) $f(x)=x^4+3x^2-1$ (4) $f(x)=2x^3+x$

풀이 (1) $f(-x)=(-x)^2=x^2=f(x)$ 이므로 우함수이다.
(2) $f(-x)=(-x)^3=-x^3=-f(x)$ 이므로 기함수이다.
(3) $f(-x)=(-x)^4+3(-x)^2-1=x^4+3x^2-1=f(x)$ 이므로 우함수이다.
(4) $f(-x)=2(-x)^3+(-x)=-2x^3-x=-(2x^3+x)=-f(x)$ 이므로 기함수이다.

우함수는 x 와 $-x$ 에 대한 함수값 $f(x)$ 와 $f(-x)$ 가 같으므로 y 축에 관하여 대칭이다. 또한, 기함수는 x 와 $-x$ 에 대한 함수값 $f(x)$ 와 $f(-x)$ 의 절대값이 같고 반대의 부호를 가지므로 $f(x)$ 와 $f(-x)$ 는 원점에 관하여 대칭이다.

삼각함수에서 $y = \cos x$ 는 그림 1-17과 같이 y 축에 관하여 대칭이므로 우함수이고, $y = \sin x$ 는 그림 1-16과 같이 원점에 관하여 대칭이므로 기함수이다. 따라서 다음의 식이 성립한다.

$$\cos(-x) = \cos x, \quad \sin(-x) = -\sin x \tag{1-16}$$

정의 **주기함수**

실함수 f 가 $f(x+p) = f(x)$ 를 만족할 때 f 를 **주기**(period)가 p 인 **주기함수**(periodic function)라 한다.

예제 1.4.8

$y = \sin x$ 와 $y = \cos x$ 는 주기가 2π 인 주기함수이다.

풀이 $\sin(x+2\pi) = \sin x$ 이고 $\cos(x+2\pi) = \cos x$ 이므로 $y = \sin x$ 와 $y = \cos x$ 는 주기가 2π 인 주기함수이다.

정의 **매개변수 방정식**

직교좌표의 한 곡선 C 위의 좌표 (x, y)가 한 변수 t 의 함수

$$x = f(t), \quad y = g(t) \tag{1-17}$$

로 표현될 때, 이 방정식을 **매개변수 방정식(parametric equation)**이라 한다. 여기에서 변수 t 를 **매개변수(parameter)**라 한다.

예제 1.4.9

원 $x^2 + y^2 = 9$ 의 매개변수 방정식을 구하라.

풀이 원 $x^2 + y^2 = 9$ 위의 한 점을 $P(x, y)$ 라 하고, x 축와 선분 $\overline{OP}$ 가 이루는 각을 t 라 하자. 삼각함수의 정의를 이용하여 x 와 y 를 변수 t 로 나타내면

$$x = 3\cos t, \ y = 3\sin t$$

이다(그림 1-24). 따라서 주어진 원의 매개변수방정식은 $x = 3\cos t$, $y = 3\sin t \ (0 \le t < 2\pi)$ 이다.

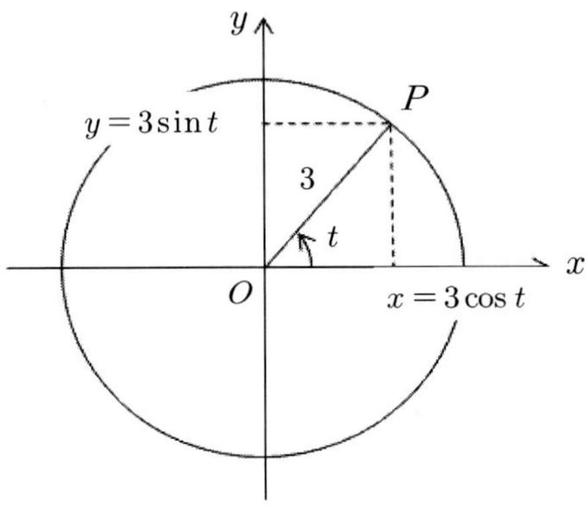

[그림 1-24] $x^2+y^2=9$ 의 매개변수 방정식

예제 1.4.9의 매개변수방정식 $x=3\cos t$, $y=3\sin t$ 에서 매개변수 t 를 소거하여 직교 방정식을 구하면

$$x^2+y^2=9\cos^2 t+9\sin^2 t=9(\cos^2 t+\sin^2 t)=9$$

이다. 따라서 매개변수방정식 $x=3\cos t$, $y=3\sin t$ 가 원의 방정식임을 알 수 있다.

1.4 연습문제

1. 다음의 함수는 $y = x^2$ 을 x 축과 y 축으로 평행 이동한 함수들이다. 평행 이동한 값을 구하고, 그래프의 개형을 그려라.

(1) $y = x^2 - 4x + 4$　　(2) $y = x^2 + 1$

(3) $y = x^2 - 2x + 4$　　(4) $y = x^2 + 3x + \frac{1}{4}$

2. 다음에 주어진 함수를 주어진 방향으로 평행 이동한 함수를 구하라.

(1) $y = x^2 + 1$ (x 축으로 1, y 축으로 -1)

(2) $y = x^2 - 4x + 3$ (x 축으로 -2, y 축으로 1)

(3) $y = e^{x-3} + 1$ (x 축으로 -3, y 축으로 -1)

(4) $x^2 - 2x + y^2 - 4x + 1 = 0$ (x 축으로 -1, y 축으로 -2)

(5) $x^2 - 4x + 4y^2 + 8y + 4 = 0$ (x 축으로 -2, y 축으로 1)

3. 함수 $y = \sin x$ 와 $y = \cos x$ 의 주기가 2π 임을 이용하여 다음의 값을 구하라.

(1) $\sin\frac{7\pi}{3}$　　(2) $\cos\frac{8\pi}{3}$

(3) $\sin\frac{23\pi}{6}$　　(4) $\cos\frac{9\pi}{4}$

4. 함수 $y = \tan x$ 의 주기를 구하라.

5. 4번에서 구한 $y = \tan x$ 의 주기를 이용하여 다음을 구하라.

(1) $\tan\frac{7\pi}{6}$　　(2) $\tan\frac{4\pi}{3}$

(3) $\tan\frac{7\pi}{4}$

6. 매개변수방정식 $x = 9\cos t$, $y = 4\sin t$ 이 나타내는 곡선의 직교방정식을 구하라.

7. 매개변수방정식 $x = 9\cosh t$, $y = 4\sinh t$ 가 나타내는 곡선의 직교방정식을 구하라.

연습문제 해답

1. (1) x 축으로 2 (2) y 축으로 1

(3) x 축으로 1, y 축으로 -3 (4) x 축으로 $-\frac{3}{2}$, y 축으로 -2

2. (1) $y=x^2-2x+1$ (2) $y=x^2$

(3) $y=e^x$ (4) $x^2+y^2=4$

(5) $x^2+4y^2=4$

3. (1) $\frac{\sqrt{3}}{2}$ (2) $-\frac{1}{2}$

(3) $-\frac{1}{2}$ (4) $\frac{1}{\sqrt{2}}$

4. π

5. (1) $\frac{1}{\sqrt{3}}$, (2) $\sqrt{3}$, (3) -1

6. $\frac{x^2}{9}+\frac{y^2}{4}=1$ (타원의 방정식)

7. $\frac{x^2}{9}-\frac{y^2}{4}=1$ (쌍곡선의 방정식)

Engineering
Mathematics

CHAPTER 02

도함수

2.1 함수의 극한

함수의 극한은 정의역의 x 가 어떤 값에 가까워질 때 그 x 에 대한 함수 값 $f(x)$ 가 어떤 값에 접근하는지를 결정하는 문제로 물체의 순간변화율이나 반응 율을 나타내는 도함수의 개념을 정의하는데 활용된다. 예를 들어 함수 $f(x)=3x+1$ 에서 x 의 값이 2 로 접근한다면 $3x$ 는 $3 \cdot 2$, 즉 6 으로 접근할 것이고 결과적으로 함수 값 $3x+1$ 은 7 로 접근하게 된다. 이 예에서와 같이 함수의 극한은 $x=2$ 일 때의 함수 값 $f(2)$ 가 무엇인가를 결정하는 문제가 아니라 x 가 2 로 접근할 때 함수 값 $f(x)$ 는 어떤 값으로 접근하는지를 결정하는 문제이다. 또 다른 예로 함수 $f(x)=\dfrac{x^2-4}{x-2}$ 는 $x=2$ 에서 분모가 0 이 되므로 그때의 함수 값 $f(2)$ 는 정의되지 않는다. 그러나 $x \neq 2$ 인 경우에

$$f(x)=\frac{x^2-4}{x-2}=\frac{(x-2)(x+2)}{x-2}=x+2$$

이므로 $x \neq 2$ 인 모든 실수 x 에서 그 함수 값이 정의된다. 따라서 2 에 아주 가까운 (2 의 근방에 있는) x 의 값들에 대해서도 함수 값 $f(x)$ 는 존재하며 x 가 2 로 접근할 때 $f(x)$ 의 값이 어떤 값으로 접근하는지를 결정할 수 있다. 실제로 그림 2-1에서 보는 바와 같이 x 가 2 로 접근하면 f 의 함수 값은 4 로 접근한다. 수학에서 어떤 값 a 에 가까운 값들의 집합을 나타내기 위해 a 의 **근방(neighborhood)**이라는 표현을 사용한다.

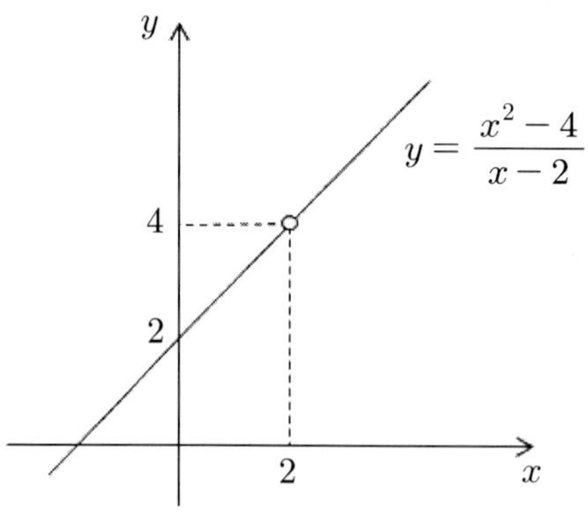

[그림 2-1] $f(x)=\dfrac{x^2-4}{x-2}$ 의 그래프

극한에 대한 엄밀한 정의로 $\epsilon-\delta$ 법을 주로 이용하지만 여기에서는 직관적인 방법을 이용하여 극한을 정의하기로 한다.

정의 **극한의 정의**

함수 f 가 a 를 제외한 a 근방에서 정의되어 있다고 하자. x 가 a 의 왼쪽이나 오른쪽에서 a 로 가까워질 때 x 에 대한 함수 값 $f(x)$ 가 일정한 값 L 이거나 일정한 값 L 로 가까워지면 L 을 $x=a$ 에서 함수 f 의 **극한**(limit)이라하고

$$\lim_{x \to a} f(x) = L \quad \text{또는} \quad x \to a \Rightarrow f(x) \to L$$

로 나타낸다. 또한 함수 f는 L에 **수렴한다**(convergent)고 한다.

예제 2.1.1

다음의 극한을 구하라.

(1) $\lim_{x \to 5} x$

(2) $\lim_{x \to 3} 4$

(3) $\lim_{x \to 2} 3x$

(4) $\lim_{x \to -2} 5x^2$

(5) $\lim_{x \to -1} (x^2 - 3)$

(6) $\lim_{x \to 3} (2x^2 - 6x + 3)$

풀이 (1) x 가 5 에 가까워지면 x 는 5 에 가까워진다. 따라서 $\lim_{x \to 5} x = 5$

(2) x 가 3 에 가까워질 때, 상수 4 는 항상 일정한 값 4 를 나타낸다. 따라서 $\lim_{x \to 3} 4 = 4$

(3) x 가 2 에 가까워지면 $3x$ 는 $3 \cdot 2 = 6$ 에 가까워진다. 따라서 $\lim_{x \to 2} 3x = 6$

(4) x 가 -2 에 가까워지면 x^2 은 $(-2)^2$ 인 4 에 가까워지고, $5x^2$ 은 20 에 가까워진다. 따라서 $\lim_{x \to -2} 5x^2 = 20$

(5) 같은 방법으로 $\lim_{x \to -1} (x^2 - 3) = -2$

(6) 같은 방법으로 $\lim_{x \to 3} (2x^2 - 6x + 3) = 3$

함수 f 의 $x=a$ 에서의 극한은 a 에서의 함수 값 $f(a)$ 와는 아무런 관계가 없다. 즉 함수 값 $f(a)$ 가 정의되어 있던 정의되어 있지 않던 간에 a 의 근방에서 함수 값이 정의되어 있고 x 가 a 에 가까워짐에 따라 그에 대한 함수 값 $f(x)$ 가 일정한 값으로 가까워지면 그 함수의 극한을 구할 수 있다.

극한에 대한 다음의 정리는 $\epsilon - \delta$ 법에 의해 증명된 것으로 극한값을 알고 있는 함수들을 연산하여 얻은 새로운 함수들에 대한 극한 값을 구하는 방법이다.

정리 2.1.2 극한의 성질

함수 $f(x)$ 와 $g(x)$ 에 대하여 $\lim_{x \to a} f(x)$ 와 $\lim_{x \to a} g(x)$ 가 존재하면 다음이 성립한다.

(1) $\lim_{x \to a} [f(x)+g(x)] = \lim_{x \to a} f(x) + \lim_{x \to a} g(x)$

(2) $\lim_{x \to a} [f(x)g(x)] = \left(\lim_{x \to a} f(x)\right)\left(\lim_{x \to a} g(x)\right)$

(3) $\lim_{x\to a} cf(x) = c\lim_{x\to a} f(x)$ (c : 상수)

(4) $\lim_{x \to a} \dfrac{f(x)}{g(x)} = \dfrac{\lim_{x \to a} f(x)}{\lim_{x \to a} g(x)}$ (단, $\lim_{x \to a} g(x) \neq 0$)

예제 2.1.3

다음의 극한값을 구하라.

(1) $\lim_{x\to 2} (-4x^2)$

(2) $\lim_{x\to -2} (x^3+2x+6)$

(3) $\lim_{x\to 3} \dfrac{x-4}{2x+1}$

(4) $\lim_{x\to -2} \dfrac{3x^2+x-6}{x+4}$

풀이 (1) 정리 2.1.2의 (3)과 (2)로부터 주어진 극한을 구할 수 있다.

$$\lim_{x\to2} -4x^2 = -4\lim_{x\to2} x^2 = -4\left(\lim_{x\to2} x\right)\left(\lim_{x\to2} x\right) = -4\cdot2\cdot2 = -16$$

(2) 마찬가지로 정리 2.1.2를 이용하여 주어진 극한을 구할 수 있다.

$$\lim_{x\to-2}(x^3+2x+6) = \lim_{x\to-2} x^3 + 2\lim_{x\to-2} x + \lim_{x\to-2} 6 = -8-4+6 = -6$$

(3) $\lim_{x\to3}(2x+1) = 7 \neq 0$ 이므로 정리 2.1.2의 (4)에 의해 주어진 극한을 구할 수 있다.

$$\lim_{x\to3}\frac{x-4}{2x+1} = \frac{\lim_{x\to3}(x-4)}{\lim_{x\to3}(2x+1)} = -\frac{1}{7}$$

(4) $\lim_{x\to-2}(x+4) = 2 \neq 0$ 이므로 정리 2.1.2의 (4)에 의해 주어진 극한을 구할 수 있다.

$$\lim_{x\to-2}\frac{3x^2+x-6}{x+4} = \frac{\lim_{x\to-2}(3x^2+x-6)}{\lim_{x\to-2}(x+4)} = \frac{4}{2} = 2$$

극한값 $\lim_{x \to a} \dfrac{f(x)}{g(x)}$ 를 구할 때, $\lim_{x \to a} g(x) \neq 0$ 이면 위의 예제 (3)과 (4)와 같이 정리 2.1.2의 (4)를 이용하여 그 극한을 구할 수 있다. 그러나 $\lim_{x \to a} g(x) = 0$ 인 경우에 $\lim_{x \to a} f(x) \neq 0$ 이면 $\lim_{x \to a} \dfrac{f(x)}{g(x)}$ 는 존재하지 않으며, $\lim_{x \to a} f(x) = 0$ 이면 분자 $f(x)$ 와 $g(x)$ 를 인수분해하고 0이 되는 항을 소거하여 그 극한을 구한다.

예제 2.1.4

다음의 극한을 구하라.

(1) $\lim_{x \to 3} \dfrac{x^2 - 9}{x - 3}$

(2) $\lim_{x \to 2} \dfrac{\sqrt{x+2} - 2}{x - 2}$

(3) $\lim_{x \to 0} \dfrac{(2+x)^2 - 4}{x}$

(4) $\lim_{x \to 0} \dfrac{\sqrt{x^2+9} - 3}{x^2}$

풀이 (1) 주어진 함수 $f(x) = \dfrac{x^2 - 9}{x - 3}$ 는 $x = 3$ 일 때 함수 값 $f(3)$ 이 정의되지 않는다. 그러나 $x = 3$ 일 때 분자 $x^2 - 9$ 는 0 이므로 $x^2 - 9$ 는 $x - 3$ 에 의해 인수분해 된다. 따라서 그 극한을 구할 수 있다.

$$\lim_{x \to 3} \frac{x^2 - 9}{x - 3} = \lim_{x \to 3} \frac{(x-3)(x+3)}{x - 3} = \lim_{x \to 3} (x+3) = 6.$$

(2) $x = 2$ 일 때 분모와 분자가 모두 0 이고, 분자 $\sqrt{x+2} - 2$ 는 무리함수이다. 이와 같은 경우에 일반적으로 분자를 유리화하여 분모와 소거할 항을 찾는다.

$$\begin{aligned}\lim_{x \to 2} \frac{\sqrt{x+2} - 2}{x - 2} &= \lim_{x \to 2} \frac{(\sqrt{x+2} - 2)(\sqrt{x+2} + 2)}{(x-2)(\sqrt{x+2} + 2)} \\ &= \lim_{x \to 2} \frac{x + 2 - 4}{(x-2)(\sqrt{x+2} + 2)} \\ &= \lim_{x \to 2} \frac{x - 2}{(x-2)(\sqrt{x+2} + 2)} \\ &= \lim_{x \to 2} \frac{1}{\sqrt{x+2} + 2} \\ &= \frac{1}{4}\end{aligned}$$

(3) $x = 0$ 일 때 분모와 분자가 모두 0 인 경우로 다음과 같이 그 극한을 구할 수 있다.

$$\begin{aligned}\lim_{x \to 0} \frac{(2+x)^2 - 4}{x} &= \lim_{x \to 0} \frac{4 + 4x + x^2 - 4}{x} \\ &= \lim_{x \to 0} \frac{x(4+x)}{x} \\ &= \lim_{x \to 0} (4+x) \\ &= 4\end{aligned}$$

(4) 분자를 유리화하여 그 극한을 구할 수 있다.

$$\begin{aligned}\lim_{x\to 0}\frac{\sqrt{x^2+9}-3}{x^2} &= \lim_{x\to 0}\frac{(\sqrt{x^2+9}-3)(\sqrt{x^2+9}+3)}{x^2(\sqrt{x^2+9}+3)}\\ &= \lim_{x\to 0}\frac{x^2+9-9}{x^2(\sqrt{x^2+9}+3)}\\ &= \lim_{x\to 0}\frac{x^2}{x^2(\sqrt{x^2+9}+3)}\\ &= \lim_{x\to 0}\frac{1}{\sqrt{x^2+9}+3}\\ &= \frac{1}{6}\end{aligned}$$

위의 예제 (1)에서 주어진 함수 $f(x)=\dfrac{x^2-9}{x-3}$ 는 $x=3$ 에서의 함수 값 $f(3)$ 은 존재하지 않으나 극한값 $\lim_{x\to 3} f(x)$ 는 존재한다. 이 예로 부터 함수 값과 극한 값은 서로 다른 개념임을 알 수 있다.

극한 $\lim_{x\to a} f(x)=L$ 은 x 가 a 보다 큰 쪽에서 a 에 가까워지거나 a 보다 작은 쪽에서 a 에 가까워지는 것에 관계없이 $f(x)$ 는 L 에 가까워진다는 것을 의미한다. 그러나 그림 2-2와 같이 x 를 a 보다 큰 쪽에서 a 에 접근시킬 때와 a 보다 작은 쪽에서 a 에 접근시킬 때 $f(x)$ 가 서로 다른 값 L_1 과 L_2 로 접근하는 경우를 생각할 수 있다.

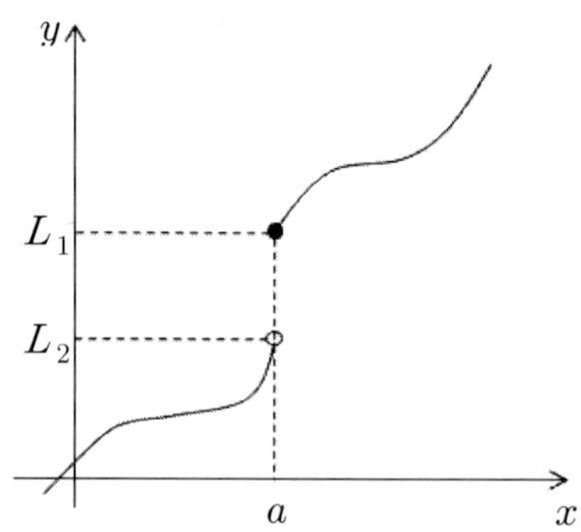

[그림 2-2] 우극한과 좌극한

정의 **좌극한과 우극한**

함수 f 가 a 를 제외한 a 근방에서 정의되어 있다고 하자.

(1) $x>a$ 인 x 가 a 로 가까워질 때 함수 값 $f(x)$ 가 일정한 값 L 이거나 일정한 값 L 에 가까워지면 L 을 $x=a$ 에서 f 의 **우극한**(right-hand limit)이라 하고,

$$\lim_{x \to a^+} f(x) = L$$

로 나타낸다.

(2) $x < a$ 인 x 가 a 로 가까워질 때 함수 값 $f(x)$ 가 일정한 값 L 이거나 일정한 값 L 에 가까워지면 L 을 $x = a$ 에서 f 의 **좌극한(left-hand limit)**이라 하고,

$$\lim_{x \to a^-} f(x) = L$$

로 나타낸다.

예제 2.1.5

함수 $f(x) = \begin{cases} x, & x \geq 1 \\ x-1, & x < 1 \end{cases}$ 에서 $\lim_{x \to 1^+} f(x)$ 와 $\lim_{x \to 1^-} f(x)$ 를 구하라.

풀이 $x > 1$ 이면 $f(x) = x$ 이므로 $x = 1$ 에서 f 의 우극한은 $\lim_{x \to 1^+} f(x) = \lim_{x \to 1^+} x = 1$ 이고, $x < 1$ 이면 $f(x) = x - 1$ 이므로 $x = 1$ 에서 f 의 좌극한은 $\lim_{x \to 1^-} f(x) = \lim_{x \to 1^-} (x-1) = 0$ 이다.

극한의 정의에서 $\lim_{x \to a} f(x) = L$ 이라는 것은 x 가 a 의 왼쪽이나 오른쪽에서 a 로 가까워질 때 x 에 대한 함수 값 $f(x)$ 가 일정한 값 L 로 가까워진다는 것을 의미한다. 이 정의로부터 극한에 대한 다음의 정리를 얻을 수 있다.

정리 2.1.6

$\lim_{x \to a} f(x)$ 가 존재하기 위한 필요충분조건은

$$\lim_{x \to a^+} f(x) = \lim_{x \to a^-} f(x) = L$$

이다. 이 때, $\lim_{x \to a} f(x) = L$ 이다.

예제 2.1.7

함수 $f(x) = \begin{cases} 1 - x, & x \geq 0 \\ x^2 - 1, & x < 0 \end{cases}$ 에서 $\lim_{x \to 0} f(x)$ 를 구하라.

풀이 $x > 0$ 이면 $f(x) = 1 - x$ 이므로

$$\lim_{x \to 0^+} f(x) = \lim_{x \to 0^+} (1 - x) = 1$$

이다. 또한 $x < 0$ 이면 $f(x) = x^2 - 1$ 이므로

$$\lim_{x \to 0^-} f(x) = \lim_{x \to 0^+} (x^2 - 1) = -1$$

이다. 따라서 $\lim_{x \to 0^+} f(x) \neq \lim_{x \to 0^-} f(x)$ 이고, 정리 2.1.6으로부터 $\lim_{x \to 0} f(x)$ 는 존재하지 않는다.

예제 2.1.8

극한 $\lim_{x \to 0} |x|$ 를 구하라.

풀이 $x > 0$ 이면 $|x| = x$ 이므로

$$\lim_{x \to 0^+} |x| = \lim_{x \to 0^+} x = 0$$

이다. $x < 0$ 이면 $|x| = -x$ 이므로

$$\lim_{x \to 0^-} |x| = \lim_{x \to 0^-} (-x) = 0$$

으로 $\lim_{x \to 0^+} |x| = 0 = \lim_{x \to 0^-} |x|$ 이다. 따라서 정리 2.1.6으로부터 $\lim_{x \to 0} |x| = 0$ 이다.

함수 $f(x) = \dfrac{1}{x}$ 는 x 가 0 보다 큰 값에서 0 으로 가까워지면 $f(x)$ 는 한없이 커지고 0 보다 작은 값에서 0 으로 가까워지면 $f(x)$ 는 한없이 작아진다(그림 2-3). 이와 같이 x 가 어떤 값 a 로 접근할 때 함수값 $f(x)$ 가 한없이 커지거나 작아지는 경우를 정의할 수 있다.

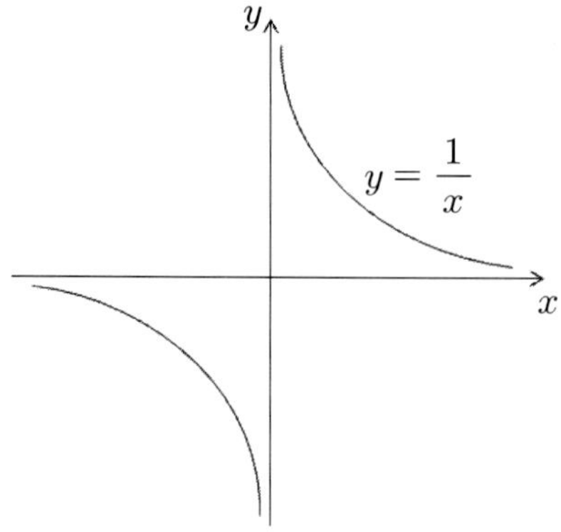

[그림 2-3] $y = \dfrac{1}{x}$ 의 그래프

정의 **발산**

함수 f 가 a 를 제외한 a 근방에서 정의되어있다고 하자. x 가 a 의 왼쪽이나 오른쪽에서 a 로 가까워질 때 x 에 대한 함수 값 $f(x)$ 가 한없이 커지면(또는 작아지면) $f(x)$ 는 $x=a$ 에서 **발산한다(divergent)**고 하고, $\lim\limits_{x \to a} f(x) = \infty$ (또는 $\lim\limits_{x \to a} f(x) = -\infty$)로 나타낸다.

위의 정의에서 $\lim\limits_{x \to a} f(x) = \infty$는 x가 a에 가까워짐에 따라 함수 값 $f(x)$가 한없이 커지는 경우를 나타내고, $\lim\limits_{x \to a} f(x) = -\infty$ 는 x 가 a에 가까워짐에 따라 함수 값 $f(x)$가 한없이 작아지는 경우를 나타낸다. 여기에서 ∞ 와 $-\infty$ 는 어떤 숫자를 나타내는 것이 아니고 극한값이 존재하지 않는 특별한 상황을 표현한 것으로 x 가 a 에 한없이 가까워짐에 따라 $f(x)$ 가 일정한 값으로 접근하지 못하고 한없이 커지거나 작아지는 경우를 의미한다.

예제 2.1.9

극한 $\lim\limits_{x \to 1} \dfrac{1}{(x-1)^2}$ 을 구하라.

| 풀이 | x 가 1 에 가까워지면 $|x-1|$ 은 0 에 가까워지고 $(x-1)^2$ 도 0 에 가까워진다. 분자는 유한값 1 이고 분모 $(x-1)^2$ 은 한없이 0 으로 접근하므로 $\dfrac{1}{(x-1)^2}$ 은 한없이 큰 값으로 발산하게 된다. 즉 $\lim\limits_{x \to 1} \dfrac{1}{(x-1)^2} = \infty$ 로 그 극한값은 존재하지 않는다.

발산의 경우에도 극한에서와 같이 우극한과 좌극한을 정의할 수 있고 기호로 다음과 같이 나타낸다.

$$\lim_{x \to a^+} f(x) = \infty \ (\text{또는 } -\infty), \qquad \lim_{x \to a^-} f(x) = \infty \ (\text{또는 } -\infty)$$

예제 2.1.10

다음의 극한을 구하라.

(1) $\lim\limits_{x \to 0^+} \dfrac{1}{x}$ (2) $\lim\limits_{x \to 1^-} \dfrac{1}{x-1}$

| 풀이 | (1) $x>0$ 인 x 가 0 에 가까워지면 $\dfrac{1}{x}>0$이고 $\dfrac{1}{x}$ 는 한없이 커지므로 $\lim\limits_{x \to 0^+} \dfrac{1}{x} = \infty$ 이다.

(2) $x<1$ 인 x 가 1에 가까워지면 $x-1<0$이고 $x-1$ 은 0에 한없이 가까워진다. 따라서 $\dfrac{1}{x-1}<0$ 이고 $\left|\dfrac{1}{x-1}\right|$ 은 한없이 커지므로 $\lim\limits_{x \to 1^-} \dfrac{1}{x-1} = -\infty$ 이다.

함수 $f(x)=\frac{1}{x}$ 은 그림 2-3에서와 같이 x 가 한없이 커지거나 작아지면 $\frac{1}{x}$ 는 0 으로 수렴한다. 이와 같이 x 의 값이 한없이 커지거나 작아지지만 $f(x)$ 는 일정한 값 L 로 수렴하는 경우가 있다. 이와 같은 경우에 'x 가 한없이 커질 때(또는 작아질 때), 함수 $f(x)$ 는 L 로 수렴한다'고 하고, 기호로 다음과 같이 나타낸다.

$$\lim_{x\to\infty} f(x)=L \quad (\text{또는} \lim_{x\to-\infty} f(x)=L)$$

예제 2.1.11

다음의 극한 값을 구하라.

(1) $\lim_{x\to\infty}\frac{1}{x}$　　　　(2) $\lim_{x\to-\infty}\frac{3}{x-1}$

풀이 (1) x 의 값이 한 없이 커지면 $\frac{1}{x}$ 는 한없이 작아진다. 따라서 $\lim_{x\to\infty}\frac{1}{x}=0$ 이다.

(2) x 가 한없이 작아지면 $x-1$ 도 한없이 작아진다. 즉 $|x-1|$ 은 한없이 커진다. 따라서 $\left|\frac{3}{x-1}\right|$ 이 0 에 가까워지므로 $\lim_{x\to\infty}\frac{3}{x-1}=0$ 이다.

유리함수에서 x 가 한없이 커지거나 또는 작아지는 경우의 극한은 분모와 분자를 최고차항으로 나누어 그 극한을 구할 수 있다.

예제 2.1.12

다음의 극한을 구하라.

(1) $\lim_{x\to\infty}\frac{2x-3}{x+1}$　　　　(2) $\lim_{x\to\infty}\frac{x^2+4x+1}{3x^2-x+2}$

풀이 (1) 분모와 분자를 x 로 나누어 극한값을 구한다.

$$\lim_{x\to\infty}\frac{2x-3}{x+1}=\lim_{x\to\infty}\frac{2-\frac{3}{x}}{1+\frac{1}{x}}=\frac{2}{1}=2$$

(2) 분모와 분자를 x^2 로 나누어 극한값을 구한다.

$$\lim_{x\to\infty}\frac{x^2+4x+1}{3x^2-x+2}=\lim_{x\to\infty}\frac{1+\frac{4}{x}+\frac{1}{x^2}}{3-\frac{1}{x}+\frac{2}{x^2}}=\frac{1}{3}$$

정리 2.1.13 샌드위치 정리

함수 f, g, h 가 $x=a$ 의 근방에서 $g(x) \le f(x) \le h(x)$ (또는 $h(x) \le f(x) \le g(x)$)이고

$$\lim_{x \to a} g(x) = \lim_{x \to a} h(x) = L$$

이면 $\lim_{x \to a} f(x) = L$ 이다.

위의 샌드위치 정리는 협공정리라고도 하며, 어떤 함수의 극한을 구하기 어려울 때 극한이 쉽게 구해지는 다른 함수들을 이용하여 그 극한값을 구하는 방법이다.

예제 2.1.14

극한 $\lim_{x \to 0} x^2 \sin \frac{1}{x}$ 을 구하라.

풀이 임의의 실수 x 에 대하여 $-1 \le \sin \frac{1}{x} \le 1$ 이므로

$$-x^2 \le x^2 \sin \frac{1}{x} \le x^2$$

이다. $\lim_{x \to 0}(-x^2) = \lim_{x \to 0} x^2 = 0$ 이므로 정리 2.1.13에 의해 $\lim_{x \to 0} x^2 \sin \frac{1}{x} = 0$ 이다.

샌드위치 정리를 이용하여 다음과 같은 삼각함수의 극한을 구할 수 있다. 이 극한은 사인함수의 도함수를 구하는데 사용된다.

정리 2.1.15

$$\lim_{x \to 0} \frac{\sin x}{x} = 1$$

그림 2-4는 수학과 관련된 컴퓨터 응용프로그램을 이용하여 함수 $y = \frac{\sin x}{x}$ 의 그래프를 그린 것이다. 이 그림으로부터 실제로 $\lim_{x \to 0} \frac{\sin x}{x} = 1$ 임을 알 수 있다.

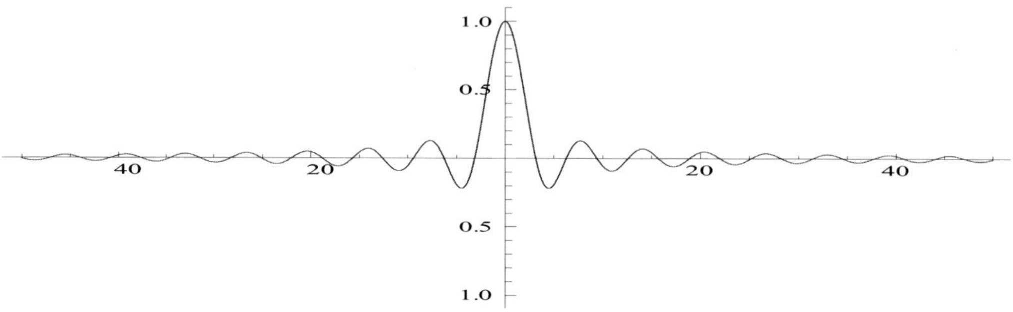

[그림 2-4] $y=\dfrac{\sin x}{x}$ 의 그래프

위의 정리 2.1.15를 이용하여 또 하나의 삼각함수에 대한 극한을 구할 수 있다.

예제 2.1.16

$\lim_{x \to 0} \dfrac{\cos x - 1}{x} = 0$ 임을 보여라.

풀이

$$\begin{aligned}
\lim_{x\to 0}\frac{\cos x-1}{x} &= \lim_{x\to 0}\frac{(\cos x-1)(\cos x+1)}{x(\cos x+1)} \\
&= \lim_{x\to 0}\frac{\cos^2 x-1}{x(\cos x+1)} \\
&= \lim_{x\to 0}\frac{-\sin^2 x}{x(\cos x+1)} \\
&= -\lim_{x\to 0}\left(\frac{\sin^2 x}{x^2}\cdot\frac{x}{\cos x+1}\right) \\
&= -\lim_{x\to 0}\frac{\sin^2 x}{x^2}\cdot\lim_{x\to 0}\frac{x}{\cos x+1} \\
&= -1\cdot\frac{0}{1+1} \\
&= 0
\end{aligned}$$

2.1 연습문제

1. 다음의 극한을 구하라.

(1) $\lim_{x \to 2}(x^2 - 2x + 4)$　　(2) $\lim_{x \to 1}[(2x^3 + 1)(x^2 - 2x - 1)]$

(3) $\lim_{x \to 2}\frac{x^2 - x + 2}{x}$　　(4) $\lim_{x \to -2}\frac{2x^2 + 1}{x^2 - 2x + 2}$

2. 다음의 극한을 구하라.

(1) $\lim_{x \to 2}\frac{x^2 + 2x - 8}{x - 2}$　　(2) $\lim_{x \to 4}\frac{\sqrt{x} - 2}{x - 4}$

(3) $\lim_{x \to 2}\frac{1 - \sqrt{x - 1}}{x - 2}$　　(4) $\lim_{x \to 0}\frac{\sqrt{1 + x} - \sqrt{1 - x}}{x}$

3. 다음에 주어진 함수 $f(x)$ 에서 $\lim_{x \to 1^-} f(x)$, $\lim_{x \to 1^+} f(x)$, $\lim_{x \to 1} f(x)$ 를 구하라.

(1) $f(x) = \begin{cases} x + 1, & x \geq 1 \\ x, & x < 1 \end{cases}$

(2) $f(x) = \begin{cases} x + 1, & x \geqq 1 \\ 1 - x, & x < 1 \end{cases}$

(3) $f(x) = \begin{cases} x - 1, & x \geqq 1 \\ 1 - x, & x < 1 \end{cases}$

4. 다음의 함수 f 의 $x = 2$ 에서의 극한값과 함수값을 구하라.

$$f(x) = \begin{cases} \dfrac{x^2 - x - 2}{x - 2}, & x \neq 2 \\ 1, & x = 2 \end{cases}$$

5. 다음의 극한을 구하라.

(1) $\lim_{x \to 1^+}\frac{2}{x - 1}$　　(2) $\lim_{x \to 1^-}\frac{2}{x - 1}$

6. 다음의 극한값을 구하라.

(1) $\lim_{x \to 0} \frac{\sin 5x}{4x}$

(2) $\lim_{x \to 0} \frac{\sin 3x}{2x}$

(3) $\lim_{x \to 0} \frac{\tan x}{x}$

(4) $\lim_{x \to 0} \frac{\sin 3x}{\tan x}$

연습문제 해답

1. (1) 4 (2) -6 (3) 2 (4) $\frac{9}{10}$

2. (1) 6 (2) $\frac{1}{4}$ (3) $-\frac{1}{2}$ (4) 1

3. (1) $\lim_{x\to1^-} f(x)=1$, $\lim_{x\to1^+} f(x)=2$, $\lim_{x\to1} f(x)$ 는 존재하지 않는다.
   (2) $\lim_{x\to1^-} f(x)=0$, $\lim_{x\to1^+} f(x)=2$, $\lim_{x\to1} f(x)$ 는 존재하지 않는다.
   (3) $\lim_{x\to1^-} f(x)=0$, $\lim_{x\to1^+} f(x)=0$, $\lim_{x\to1} f(x)=0$

4. $\lim_{x\to2} f(x)=3$, $f(2)=1$

5. (1) ∞ (2) $-\infty$

6. (1) $\frac{5}{4}$ (2) $\frac{3}{2}$ (3) 1 (4) 3

2.2 함수의 연속

함수의 극한에서 다룬 예제들 중에 $\lim_{x \to a} f(x) = f(a)$ 인 함수들이 있다. 즉 극한값이 함수값과 같아지는 경우로 이와 같은 경우에 극한값은 함수 값을 계산함으로써 쉽게 구할 수 있다. 이러한 성질을 만족하는 함수를 연속함수라 한다. 직관적으로 연속함수는 함수의 그래프가 끊어지지 않고 매끄럽게 연결되어 있음을 의미한다.

정의 함수의 연속

함수 f 가 다음의 조건을 만족할 때, f 는 $x = a$ 에서 **연속(continuous)**이라 한다.

(1) $x = a$ 에서의 함수 값 $f(a)$ 가 존재한다.

(2) $\lim_{x \to a} f(x)$ 가 존재한다.

(3) $\lim_{x \to a} f(x) = f(a)$.

또한 함수 f 가 $x = a$ 에서 연속이 아닐 때, f 는 $x = a$ 에서 **불연속(discontinuous)**이라 한다.

예제 2.2.1

함수 $f(x) = 3x^2 - x + 5$ 는 $x = 2$ 에서 연속이다.

| 풀이 | $f(2) = 15$ 이고

$$\lim_{x \to 2}(3x^2 - x + 5) = 3\lim_{x \to 2} x^2 - \lim_{x \to 2} x + \lim_{x \to 2} 5 = 3 \cdot 4 - 2 + 5 = 15$$

로 $\lim_{x \to 2} f(x) = f(2)$ 이므로 f 는 $x = 2$ 에서 연속이다.

예제 2.2.2

함수 $f(x) = \begin{cases} \dfrac{x^3 - 8}{x - 2}, & x \neq 2 \\ 12, & x = 2 \end{cases}$ 는 $x = 2$ 에서 연속이다.

| 풀이 | $x = 2$ 에서 f 의 함수값은 $f(2) = 12$ 이고,

$$\lim_{x \to 2} f(x) = \lim_{x \to 2} \frac{x^3 - 8}{x - 2} = \lim_{x \to 2} \frac{(x-2)(x^2 + 2x + 4)}{x - 2} = \lim_{x \to 2}(x^2 + 2x + 4) = 12$$

이다. 따라서 $\lim_{x \to 2} f(x) = f(2)$ 이므로 주어진 함수 f 는 $x = 2$ 에서 연속이다.

예제 2.2.3

다음에 주어진 함수는 모두 $x=1$ 에서 불연속이다. 그 이유를 설명하여라.

(1) $f(x)=\dfrac{x^2-1}{x-1}$ (2) $g(x)=\begin{cases} \dfrac{x^2-1}{x-1}, & x \neq 1 \\ 3, & x=1 \end{cases}$ (3) $h(x)=\begin{cases} x, & x \geq 1 \\ x+1, & x<1 \end{cases}$

풀이 (1) 함수 $f(x)=\dfrac{x^2-1}{x-1}$ 는 $x=1$ 에서의 함수값 $f(1)$ 이 존재하지 않는다. 따라서 $x=1$ 에서 불연속이다.

(2) $x=1$ 에서의 함수값은 $g(1)=3$ 으로 존재하고 $x=1$ 에서의 극한값도

$$\lim_{x\to1} g(x)=\lim_{x\to1}\frac{x^2-1}{x-1}=\lim_{x\to1}\frac{(x-1)(x+1)}{x-1}=\lim_{x\to1}(x+1)=2$$

로 존재한다. 그러나 $\lim_{x\to1} g(x)\neq g(1)$ 이므로 함수 g 는 $x=1$ 에서 불연속이다.

(3) 함수 $h(x)=\begin{cases} x, & x \geq 1 \\ x+1, & x<1 \end{cases}$ 에 대하여

$$\lim_{x\to1^+} h(x)=\lim_{x\to1^+} =1, \quad \lim_{x\to1^-} h(x)=\lim_{x\to1^-}(x+1)=2$$

이다. 즉 $\lim_{x\to1^-} h(x)\neq \lim_{x\to1^+} h(x)$ 이므로 $x=1$ 에서의 극한값 $\lim_{x\to1} h(x)$ 는 존재하지 않는다. 따라서 함수 h 도 $x=1$ 에서 불연속이다.

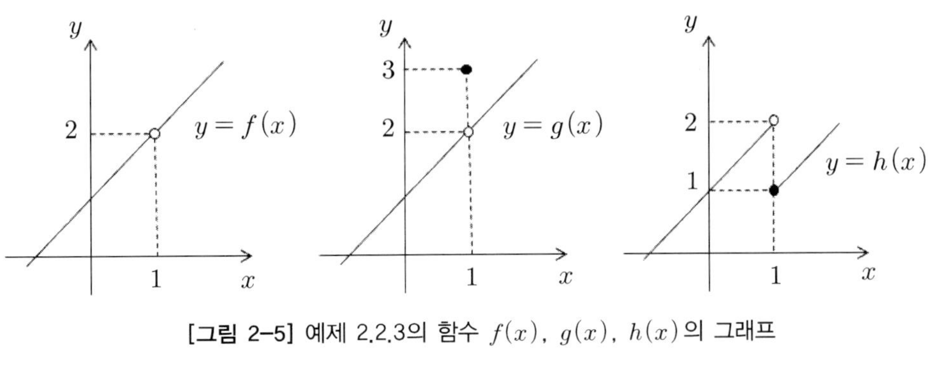

[그림 2-5] 예제 2.2.3의 함수 $f(x)$, $g(x)$, $h(x)$의 그래프

예제 2.2.3에서 세 가지 형태의 불연속함수를 예로 들었다. 이들 함수의 그래프는 그림 2-5와 같으며 이들은 모두 $x=1$ 에서 매끄러운 직선으로 연결되지 못하고 끊어진 직선으로 구성되어 있다. 반면에 연속함수는 그 그래프가 매끄러운 곡선으로 끊어짐 없이 연결되어 있는 함수들을 의미한다.

제1장에서 다루었던 다항함수, 유리함수, 삼각함수, 지수함수, 로그함수, 쌍곡선함수는 정의역의 모든 점에서 연속이다. 이 함수들과 이 함수들이 연속인 부분을 정리하였다.

(1) 다항함수는 모든 실수에서 연속이다.

(2) 유리함수 $y = \dfrac{f(x)}{g(x)}$ 는 $g(x) \neq 0$ 인 실수 x 에서 연속이다.

(3) $y = \sin x$, $y = \cos x$ 는 모든 실수에서 연속이다.

(4) $y = \tan x$ 는 $x \neq \pm\dfrac{n\pi}{2}$ (n : 홀수 인 정수)인 실수 x 에서 연속이다.

(5) $y = \sqrt{f(x)}$ 는 $f(x) \geq 0$ 인 실수 x 에서 연속이다.

(6) $f(x) = a^x$ $(a > 0)$는 모든 실수에서 연속이다.

(7) $y = \log_a x$ 는 $x > 0$ 인 실수 x 에서 연속이다.

(8) $y = \sinh x$, $y = \cosh x$ 는 모든 실수에서 연속이다.

정의역의 모든 점에서 연속인 함수를 **연속함수(continuous functin)**라 하는데 위에 열거된 함수들은 모두 연속함수이다. 다음의 정리로부터 연속함수들을 연산하여 얻은 함수들도 연속임을 알 수 있다.

정리 2.2.4

함수 f와 g가 $x = a$에서 연속이면, 다음의 함수들도 $x = a$에서 연속이다.

(1) $f(x) \pm g(x)$

(2) $c\,f(x)$ (c : 상수)

(3) $f(x) \cdot g(x)$

(4) $\dfrac{f(x)}{g(x)}$ (단, $g(a) \neq 0$)

예제 2.2.5

다음의 함수가 연속인 구간을 구하라.

(1) $y = 2\sin x - 3\cos x$

(2) $y = e^x \sin x$

(3) $y = \dfrac{\ln x}{\sin x}$

풀이 (1) $y = \sin x$ 와 $y = \cos x$ 는 모든 실수에서 연속이므로 정리 2.2.4의 (2)에 의해 $y = 2\sin x$ 와 $y = 3\cos x$ 도 모든 실수에서 연속이다. 따라서 정리2.2.4의 (1)에 의해 $y = 2\sin x - 3\cos x$ 는 모든 실수에서 연속이다.

(2) $y = e^x$ 와 $y = \sin x$ 는 모든 실수에서 연속이다. 따라서 정리 2.2.4의 (3) 에 의해 $y = e^x \sin x$ 도 모든 실수에서 연속이다.

(3) $y = \ln x$ 는 $x > 0$인 실수 x 에서 연속이고 $y = \sin x$ 는 모든 실수에서 연속이다. 또한 $x \neq n\pi$ $(n = 0, \pm 1, \pm 2, \cdots)$일 때 $\sin x \neq 0$ 이므로 정리 2.2.4의 (4)에 의해 $y = \dfrac{\ln x}{\sin x}$ 는 $x > 0$ 이고 $x \neq n\pi$ $(n = 0, \pm 1, \pm 2, \cdots)$인 실수 x 에서 연속이다.

많은 함수들이 여러 함수들의 합성으로 구성되어 있으므로 이러한 합성함수의 극한을 구하는 방법이 필요하다. 아래의 정리는 두 함수의 합성함수 $(f \circ g)(x) = f(g(x))$ 의 극한을 구하는 방법이다.

정리 2.2.6

함수 f 와 g 에 대하여 $\lim_{x \to a} g(x) = b$ 이고, f 가 $x = b$ 에서 연속이면 다음이 성립한다.

$$\lim_{x \to a} f(g(x)) = f(b) = f(\lim_{x \to a} g(x))$$

예제 2.2.7

다음의 극한값을 구하라.

(1) $\lim_{x \to -1} \sqrt{x+3}$　　(2) $\lim_{x \to \frac{\pi}{4}} e^{\tan x}$　　(3) $\lim_{x \to \frac{\pi}{6}} \log_2(\sin x)$

풀이 (1) $\lim_{x \to -1}(x+3) = 2$ 이고 $x = 2$ 에서 $f(x) = \sqrt{x}$ 는 연속이다. 따라서

$$\lim_{x \to -1} \sqrt{x+3} = \sqrt{\lim_{x \to -1}(x+3)} = \sqrt{2}$$

(2) $\lim_{x \to \frac{\pi}{4}} \tan x = 1$ 이고 $x = 1$ 에서 $f(x) = e^x$ 는 연속이므로 $e^{\lim_{x \to \pi/4} \tan x} = e^1 = e$ 이다.

(3) $\lim_{x \to \frac{\pi}{6}} \sin x = \frac{1}{2}$ 이고 $x = \frac{1}{2}$ 에서 $f(x) = \log_2 x$ 는 연속이다. 따라서

$$\lim_{x \to \frac{\pi}{6}} \log_2(\sin x) = \log_2\left(\lim_{x \to \frac{\pi}{6}} \sin x\right) = \log_2 \frac{1}{2} = -1$$

정리 2.2.8 중간값 정리

함수 f 가 폐구간 $[a, b]$ 에서 연속이라 하자. $f(a) \neq f(b)$ 이고 N 이 $f(a)$ 와 $f(b)$ 사이의 임의의 수라 하면 $f(c) = N$ 을 만족하는 수 c 가 (a, b) 안에 적어도 하나 존재한다.

연속함수의 그래프는 끊어짐이 없이 매끄러운 곡선으로 연결되어 있다는 사실로부터 위의 정리는 쉽게 증명될 수 있다. 일반적으로 어떤 방정식의 정확한 해를 구하는 것은 그리 쉬운 일이 아니다. 따라서 정확한 해에 대한 최적의 근사값을 찾으려는 시도는 큰 의미를 갖는다. 위에서 소개된 중간값 정리는 방정식에 대한 근의 위치를 결정하는데 이용될 수 있다.

예제 2.2.9

방정식 $3x^4+x^3-7x^2+8x-2=0$ 의 근이 0 과 1 사이에 존재함을 보여라.

풀이 $f(x)=3x^4+x^3-7x^2+8x-2$ 라 하면 f 는 구간 $[0,1]$ 에서 연속이다. 또한 $f(0)=-2$, $f(1)=3$ 이므로 $f(0)<0<f(1)$ 이다. 함수 f 가 중간값 정리의 가정을 모두 만족하므로 $f(c)=0$ 를 만족하는 c 가 $(0,1)$ 안에 적어도 하나 존재한다. 이 c 가 주어진 방정식의 근이며 이는 구간 $(0,1)$ 안에 적어도 하나 존재한다.

위의 예제에 중간값 정리를 반복해서 적용하면 더욱 정확한 근의 위치와 근의 근사값을 찾을 수 있다. 예를 들어 위의 예제에서 $x=0.5$ 일 때 $f(0.5)$ 를 계산기를 이용하여 구하면 $f(0.5)=0.5625$로

$$f(0)<0<f(0.5)$$

이므로 방정식의 근은 구간 $(0,0.5)$ 안에 있다는 것을 알 수 있다. 또한 $f(0.3)=-0.1787$ 로

$$f(0.3)<0<f(0.5)$$

이므로 방정식의 근은 $(0.3,0.5)$ 안에 존재한다. 이러한 과정을 반복하여

$$f(0.342)=-0.0017<0<f(0.343)=0.0023$$

이라는 결과를 얻었다. 따라서 방정식의 근은 $(0.342,0.343)$ 안에 존재하고, 근의 근사값으로 0.342 를 선택하면 이 근사값과 참값의 오차는 0.001 보다 작게 된다.

2.2 연습문제

1. 다음의 함수가 $x=0$ 에서 연속임을 보여라.

(1) $f(x)=|x|$

(2) $f(x)=\begin{cases} x\sin\left(\dfrac{1}{x}\right), & x\neq 0 \\ 0, & x=0 \end{cases}$

2. 다음 함수가 $x=1$ 에서 연속인지 불연속인지 판별하라.

(1) $f(x)=\begin{cases} \dfrac{x^2+2x-3}{x-1} & x\neq 1 \\ 3 & x=1 \end{cases}$

(2) $f(x)=\begin{cases} \dfrac{x^3-1}{x-1}, & x\neq 1 \\ 3, & x=1 \end{cases}$

3. 다음 함수의 불연속점을 구하고, 그 점에서 연속이 되도록 함수 값을 정의하라.

$$f(x)=\frac{3-\sqrt{x}}{9-x}$$

4. 연속을 이용하여 다음의 극한을 구하라.

(1) $\displaystyle\lim_{x\to 4}\frac{\sqrt{x+3x}}{\sqrt{x}-5}$

(2) $\displaystyle\lim_{x\to 8}\frac{x-3}{\log_2 x}$

5. 다음의 방정식의 근이 주어진 구간 안에 존재함을 보여라.

(1) $x^5-3x^4+6x-3=0$, $(1,2)$

(2) $1-x=\sqrt{x}$, $(0,1)$

(3) $\tan x=1-x$, $\left(0,\dfrac{\pi}{4}\right)$

연습문제 해답

1. (1) 예제 2.1.8에서 $\lim_{x\to0}|x|=0$ 임을 보였다. $\lim_{x\to0}f(x)=\lim_{x\to0}|x|=0=|0|=f(0)$ 이다. $f(x)=|x|$ 는 $x=0$ 에서 연속이다.

   (2) 임의의 실수 x 에 대하여 $\left|\sin\frac{1}{x}\right|\le 1$ 이다. 따라서 $\left|x\sin\frac{1}{x}\right|=|x|\left|\sin\frac{1}{x}\right|\le|x|$ 이므로

   $$-|x|\le x\sin\frac{1}{x}\le|x|$$

   이다. $\lim_{x\to0}(-|x|)=\lim_{x\to0}|x|=0$ 이므로 샌드위치 정리에 의해 $\lim_{x\to0}x\sin\frac{1}{x}=0$ 이다. 또한 함수의 정의에 의해 $f(0)=0$ 이고, $\lim_{x\to0}x\sin\frac{1}{x}=f(0)$ 이다. 따라서 f 는 $x=0$ 에서 연속이다.

2. (1) $\lim_{x\to1}f(x)=\lim_{x\to1}\frac{x^2+2x-3}{x-1}=\lim_{x\to1}\frac{(x-1)(x+3)}{x-1}=\lim_{x\to1}(x+3)=4\ne3=f(1)$ 이므로 $x=1$ 에서 불연속이다.

   (2) $\lim_{x\to1}f(x)=\lim_{x\to1}\frac{x^3-1}{x-1}=\lim_{x\to1}\frac{(x-1)(x^2+x+1)}{x-1}=\lim_{x\to1}(x^2+x+1)=3=f(1)$ 이므로 $x=1$ 에서 연속이다.

3. $f(x)=\frac{3-\sqrt{x}}{9-x}$ 는 $x=9$ 에서 불연속이다. $x=9$ 에서의 극한값을 계산하면

   $$\lim_{x\to9}f(x)=\lim_{x\to9}\frac{3-\sqrt{x}}{9-x}=\lim_{x\to9}\frac{(3-\sqrt{x})(3+\sqrt{x})}{(9-x)(3+\sqrt{x})}=\lim_{x\to9}\frac{9-x}{(9-x)(3+\sqrt{x})}=\lim_{x\to9}\frac{1}{3+\sqrt{x}}=\frac{1}{6}$$

   따라서 $f(9)=\frac{1}{6}$ 이라 정의하면 함수 f 는 $x=3$ 에서 연속이다.

4. (1) $x=4$ 에서 $g(x)=\sqrt{x+3x}$ 와 $h(x)=\sqrt{x}-5$ 는 모두 연속이다. 따라서 $f(x)=\frac{\sqrt{x+3x}}{\sqrt{x}-5}$ 도 연속이다. 따라서 $\lim_{x\to4}\frac{\sqrt{x+3x}}{\sqrt{x}-5}=\lim_{x\to4}f(x)=f(4)=\frac{\sqrt{4+3\cdot4}}{\sqrt{4}-5}=-\frac{4}{3}$.

   (2) $x=8$ 에서 $g(x)=\log_2x$ 와 $h(x)=x-3$ 은 모두 연속이다. 따라서 $f(x)=\frac{x-3}{\log_2x}$ 도 연속이다. 따라서 $\lim_{x\to8}\frac{x-3}{\log_2x}=\lim_{x\to8}f(x)=f(8)=\frac{8-3}{\log_2 8}=\frac{5}{3}$.

5. (1) $f(x)=x^5-3x^4+6x-3$ 라 하면 $f(1)=1-3+6-3=1$, $f(2)=32-48+12-3=-7$ 이다. $f(1)>0>f(2)$ 이므로 $f(c)=0$ 인 근 c 가 $(1,2)$ 안에 존재한다.

   (2) $f(x)=\sqrt{x}+x-1$ 이라 하면 $f(0)=-1$, $f(1)=1$ 이다. $f(0)<0<f(1)$ 이므로 $f(c)=0$ 인 근 c 가 $(0,1)$ 안에 존재한다.

   (3) (2)와 같은 방법으로 증명할 수 있다.

2.3 도함수

함수 $y=f(x)$ 에서 변수 x 의 값이 변함에 따라 종속변수 y 의 값도 변한다. 이 때 x 값의 변화량에 따른 y 값의 변화량의 비를 생각할 수 있다. x 가 시간이고 y 가 시간에 따른 거리의 함수이면 이 변화량의 비는 속도를 의미하고, x 가 시간이고 y 가 일 또는 화학물질의 반응이면 이 비는 각각 일율 또는 화학물질의 반응률이 된다. 이와 같이 함수 $y=f(x)$ 에서 x 값에 따른 y 값의 변화율은 물리학이나 공학에서 중요한 수학적 주제가 된다. 특히 이절에서 우리가 관심을 갖는 것은 특정한 x 값에서 함수 f 의 순간 변화율로 이를 f 의 도함수라 한다.

함수 $y=f(x)$에서 x 의 값이 a 에서 $a+h$ 로 h 만큼 변할 때 y 의 값은 $f(a)$ 에서 $f(a+h)$ 로 변한다. 이때 x 값의 변화량에 대한 y 의 값의 변화량의 비

$$\frac{f(a+h)-f(a)}{h} \tag{2-1}$$

를 x 가 a 에서 $a+h$ 로 변할 때 함수 f 의 평균변화율이라 한다. 곡선 $y=f(x)$ 위의 점 P 를 $(a, f(a))$, 점 Q 를 $(a+h, f(a+h))$ 라 하면 식 (2-1)의 평균변화율은 점 P 와 Q 를 지나는 직선의 기울기를 의미한다. 여기에서 $x=a$ 에서의 순간변화율을 구하려고 할 때, 가장 직관적인 방법은 h 를 한없이 작게 할 때 식 (2-1)의 값을 구하는 것이다. 즉

$$\lim_{h\to 0}\frac{f(a+h)-f(a)}{h} \tag{2-2}$$

을 구하는 것이다. 이 식은 직선 PQ 의 기울기의 $h=0$ 에서의 극한이다. 그림 2-6에서와 같이 h 를 점점 작게 하면 점 Q 는 곡선 $y=f(x)$ 를 따라 P 점에 가까워진다. 따라서 직선 PQ 는 점 P 에서 곡선에 접하는 접선 L 에 가까워지고, 식 (2-2)는 접선 L 의 기울기로 접근할 것이다. 이와 같이 구한 접선 L 의 기울기 식 (2-2)를 $x=a$ 에서의 f 의 순간변화율로 정의한다.

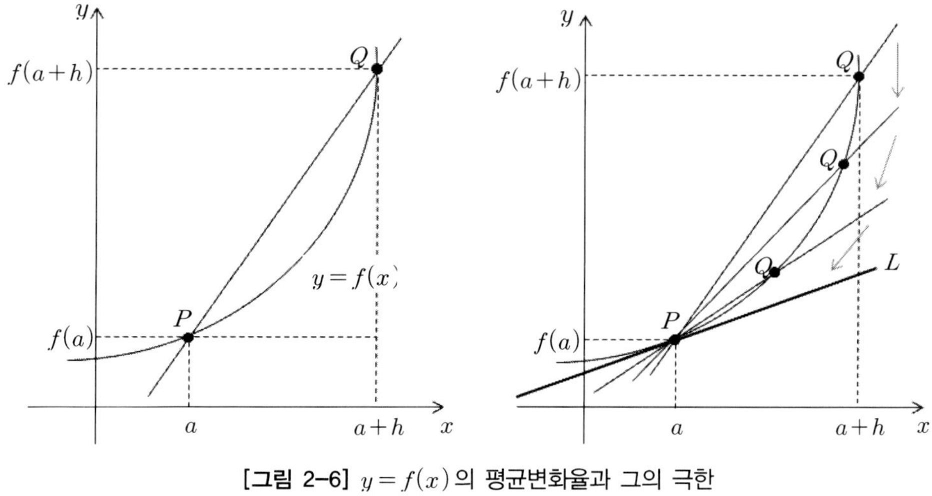

[그림 2-6] $y=f(x)$ 의 평균변화율과 그의 극한

정의 **미분계수와 미분가능**

함수 f 가 $x=a$ 의 근방에서 정의되어 있다고 하자. 함수 $y=f(x)$ 의 평균변화율의 극한

$$\lim_{x\to a}\frac{f(a+h)-f(a)}{h}$$

이 존재할 때, 함수 f 는 $x=a$ 에서 **미분가능(differentiable)하다**라고 한다. 또한 이 극한을 $x=a$ 에서 함수 f 의 **미분계수(differential coefficient)**라 하고

$$f'(a)=\lim_{h\to 0}\frac{f(a+h)-f(a)}{h} \tag{2-3}$$

로 나타낸다. 정의역의 모든 a에서 미분가능이면 f를 **미분가능함수(differentiable function)** 라 한다.

예제 2.3.1

(1) $x=0$ 에서 함수 $f(x)=x^2+1$ 의 미분계수를 구하라.

(2) $x=1$ 에서 함수 $f(x)=\dfrac{1}{x}$ 의 미분계수를 구하라.

풀이 (1) 미분계수의 정의(식 (2-3))을 이용하여 미분계수 $f'(0)$ 를 구한다.

$$\begin{aligned}f'(0)&=\lim_{h\to 0}\frac{f(0+h)-f(0)}{h}\\&=\lim_{h\to 0}\frac{f(h)-f(0)}{h}\\&=\lim_{h\to 0}\frac{(h^2+1)-1}{h}\\&=\lim_{h\to 0}\frac{h^2}{h}\\&=\lim_{h\to 0}h\\&=0\end{aligned}$$

(2) (1)과 같은 방법으로 식 (2-3)을 이용하여 미분계수 $f'(1)$ 을 구한다.

$$\begin{aligned}f'(1)&=\lim_{h\to 0}\frac{f(1+h)-f(1)}{h}\\&=\lim_{h\to 0}\frac{\frac{1}{1+h}-1}{h}\\&=\lim_{h\to 0}\frac{\frac{-h}{1+h}}{h}\\&=\lim_{h\to 0}\frac{-1}{1+h}\\&=-1\end{aligned}$$

함수 $y=f(x)$ 의 $x=a$ 에서의 미분계수 $f'(a)$는 곡선 $y=f(x)$ 위의 점 $P(a, f(a))$ 에서 이 곡선에 접하는 접선의 기울기이다. 따라서 접선은 기울기가 $f'(a)$ 이고 점 $P(a,f(a))$ 를 지나고 직선이므로 그 방정식을 구할 수 있다.

정리 2.3.2 접선의 방정식

점 $P(a,f(a))$ 에서 곡선 $y=f(x)$ 에 접하는 접선의 방정식은 다음과 같다.

$$y-f(a)=f'(a)(x-a) \tag{2-4}$$

예제 2.3.3

점 $(1,1)$ 에서 곡선 $f(x)=\dfrac{1}{x}$ 에 접하는 접선의 방정식을 구하라.

풀이 예제 2.3.1의 (2)에서 미분계수 $f'(1)=-1$ 을 구하였다. 따라서 접선은 점 $(1,1)$ 을 지나고 기울기는 -1 인 직선으로 식 (2-4)를 이용하여 그 방정식을 구할 수 있다.

$$y-1=-1(x-1) \quad \text{또는} \quad y=-x+2$$

미분계수의 정의 $f'(a)=\lim\limits_{h\to 0}\dfrac{f(a+h)-f(a)}{h}$ 에서 $x=a+h$ 라 하면, $h=x-a$ 이고, $h\to 0$ 이면 $x\to a$ 이므로 함수 f 의 미분계수를 다음과 같이 정의할 수도 있다.

$$f'(a)=\lim_{x\to a}\frac{f(x)-f(a)}{x-a} \tag{2-5}$$

미분계수를 구하기 위해서는 평균변화율의 극한을 구하여야 하나 어떤 함수의 극한이 항상 존재하는 것은 아니다. 정리 2.1.6에서 함수의 극한이 존재하기 위한 필요충분조건을 우극한과 좌극한을 이용하여 제시하였다. 이와 같이 극한의 존재성, 즉 여기에서는 미분계수의 존재성을 파악하기 위해 평균변화율의 우극한과 좌극한을 정의한다.

정의 우미분계수와 좌미분계수

함수 f 가 $x=a$ 의 근방에서 정의되어 있다고 하자.

(1) 함수 f 의 평균변화율의 우극한을 $x=a$ 에서 f 의 **우미분계수**라 하고

$$f_+'(a)=\lim_{h\to 0^+}\frac{f(a+h)-f(a)}{h} \tag{2-6}$$

로 나타낸다.

(2) 함수 f 의 평균변화율의 좌극한을 $x=a$ 에서 f 의 **좌미분계수**라 하고

$$f_{-}'(a)=\lim_{h\to 0^{-}}\frac{f(a+h)-f(a)}{h} \tag{2-7}$$

로 나타낸다.

정리 2.1.6에서와 같이 미분계수가 존재하기 위한 필요충분조건을 우미분계수와 좌미분계수를 이용하여 나타낼 수 있다.

정리 2.3.4

함수 f 가 $x=a$ 에서 미분가능으로 $f'(a)$ 가 존재하기 위한 필요충분조건은 $f_{+}'(a)$와 $f_{-}'(a)$가 존재하고 $f_{+}'(a)=f_{-}'(a)$ 을 만족하는 것이다.

예제 2.3.5

$x=0$ 에서 함수 $f(x)=|x|$ 의 미분계수 $f'(0)$ 는 존재하지 않는다. 즉 함수 $f(x)=|x|$ 는 $x=0$ 에서 미분가능하지 않다.

풀이 함수 f 의 $x=0$ 에서의 우미분계수와 좌미분계수를 구하면

$$f_{+}'(0)=\lim_{h\to 0^{+}}\frac{f(0+h)-f(0)}{h}=\lim_{h\to 0^{+}}\frac{f(h)-f(0)}{h}=\lim_{h\to 0^{+}}\frac{|h|}{h}=\lim_{h\to 0^{+}}\frac{h}{h}=1,$$

$$f_{-}'(0)=\lim_{h\to 0^{-}}\frac{f(0+h)-f(0)}{h}=\lim_{h\to 0^{-}}\frac{f(h)-f(0)}{h}=\lim_{h\to 0^{-}}\frac{|h|}{h}=\lim_{h\to 0^{+}}\frac{-h}{h}=-1$$

이다. 따라서 $f_{+}'(0)\neq f_{-}'(0)$ 이므로 $f'(0)$ 은 존재하지 않는다.

그림 2-7은 함수 $f(x)=|x|$ 의 그래프이다. 이 그래프는 점 $(0,0)$에서 꺾인 모양을 하고 있고, 예제 2.3.5에서 본바와 같이 이 점에서 미분가능하지 않다. 미분가능하지 않은 함수는 이와 같이 꺾인 점들을 포함하고 있고 그 꺾인 점에서 미분가능하지 않음을 알 수 있다.

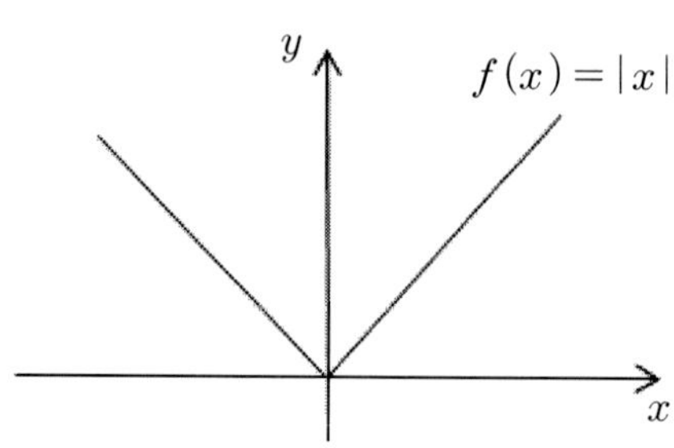

[그림 2-7] 함수 $f(x)=|x|$ 의 그래프

예제 2.3.6

$x=1$ 에서 함수 $f(x)=\begin{cases}(x-1)^2, & x\ge 1\\ 0, & x<1\end{cases}$ 의 미분가능성을 조사하라.

| 풀이 | 함수 f 의 우미분계수와 좌미분계수는

$$f'_+(1)=\lim_{h\to 0^+}\frac{f(1+h)-f(1)}{h}=\lim_{h\to 0^+}\frac{(1+h-1)^2-0^2}{h}=\lim_{h\to 0^+}\frac{h^2}{h}=\lim_{h\to 0^+}h=0$$

$$f'_-(1)=\lim_{h\to 0^-}\frac{f(1+h)-f(1)}{h}=\lim_{h\to 0^-}\frac{0-0}{h}=0$$

이므로 $f'_+(1)=f'_-(1)$ 이다. 따라서 $f'(1)=0$ 이고 f 는 $x=1$ 에서 미분가능이다.

다음의 정리는 함수의 미분가능과 연속의 관계를 나타내는 것으로 그래프의 형태를 이용하여 미분가능하지 않은 점을 파악하는데 도움을 준다.

정리 2.3.6

함수 f 가 $x=a$ 에서 미분가능이면 f 는 $x=a$ 에서 연속이다.

정리 2.3.6의 대우명제는 '함수 f 가 $x=a$ 에서 연속이 아니면 f 는 $x=a$ 에서 미분가능하지 않다'로 역시 참인 명제이다. 따라서 불연속점에서 f 는 미분가능하지 않음을 의미한다. 불연속인 함수의 그래프에 대해서는 2.2절에서 다룬바 있다. 또한 정리 2.3.6의 역명제는 '함수 f 가 $x=a$ 에서 연속이면 f 는 $x=a$ 에서 미분가능이다'로 이 명제는 일반적으로 참이 아니다. 실제로 예제 2.3.5의 함수 $f(x)=|x|$ 는 $x=0$ 에서 연속이지만 미분가능하지 않다.

예제 2.3.7

함수 $f(x)=\dfrac{x^2-x-2}{x-2}$ 는 $x=2$ 에서 미분가능하지 않다.

| 풀이 | 함수 $f(x)=\dfrac{x^2-x-2}{x-2}$ 는 $x=2$ 에서 함수값 $f(2)$ 가 존재하지 않는다. $x\ne 2$ 이면

$$f(x)=\frac{x^2-x-2}{x-2}=\frac{(x+1)(x-2)}{x-2}=x+1$$

이므로 그 그래프는 그림 2-8과 같다. 이 함수는 $x=2$ 에서 불연속으로 역시 미분가능하지 않다. 실제로 $x=2$ 에서의 미분계수는

$$f'(2)=\lim_{h\to 0}\frac{f(2+h)-f(2)}{h}$$

이나 $f(2)$ 가 존재하지 않아 미분계수 $f'(2)$ 를 구할 수 없다.

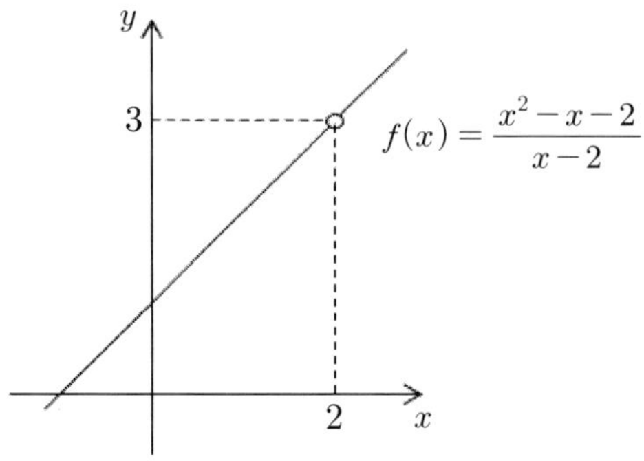

[그림 2-8] $f(x)=\dfrac{x^2-x-2}{x-2}$ 의 그래프

미분계수의 정의에 의하면 $x=a$ 에서 함수 $y=f(x)$ 의 미분계수 $f'(a)$ 을 구하기 위해 극한값을 계산하여야 한다. 그러나 자주 이용되는 함수들의 미분계수를 구하기 위해 매번 극한값을 구하는 것은 매우 번거로운 일이다. 따라서 자주 이용되는 함수의 경우에 임의의 수 x 에 대한 미분계수 $f'(x)$ 를 구하고 이를 이용하면 편리할 것이다. 이 임의의 수 x 에 대한 미분계수 $f'(x)$ 를 도함수라 한다.

정의 **도함수**

함수 $y=f(x)$ 에 대하여

$$f'(x)=\lim_{h\to 0}\frac{f(x+h)-f(x)}{h} \tag{2-8}$$

를 함수 f 의 **도함수(derivative)**라 하고, 도함수 $f'(x)$ 를 구하는 것을 f **를** x **에 관하여 미분한다**라고 한다.

예제 2.3.8

도함수의 정의를 이용하여 함수 $f(x)=x^2$ 의 도함수 $f'(x)$ 를 구하라.

풀이 식 (2-8)로부터 $f(x)=x^2$ 의 도함수를 구할 수 있다.

$$\begin{aligned}
f'(x) &= \lim_{h\to 0}\frac{f(x+h)-f(x)}{h} \\
&= \lim_{h\to 0}\frac{(x+h)^2-x^2}{h} \\
&= \lim_{h\to 0}\frac{x^2+2hx+h^2-x^2}{h} \\
&= \lim_{h\to 0}\frac{2hx+h^2}{h} \\
&= \lim_{h\to 0}(2x+h)=2x
\end{aligned}$$

함수 $y=f(x)$ 의 도함수를 표현하기 위해 다음의 기호들이 주로 사용된다.

$$f'(x),\ y',\ \frac{dy}{dx},\ \frac{df}{dx},\ \frac{d}{dx}f(x),\ Df(x),\ D_x f(x)$$

이들 기호에서 D , D_x, $\frac{d}{dx}$ 를 **미분연산자(differential operator)**라 하고, 미분할 대상의 변수를 알려줄 필요가 있을 때 기호 D_x, $\frac{d}{dx}$ 를 이용한다.

예제 2.3.9

도함수의 정의를 이용하여 $f(x)=c$ (c : 상수)의 도함수는 $f'(x)=0$ 임을 보여라.

풀이 도함수의 정의를 이용하여 $f(x)=c$ 의 도함수를 구할 수 있다.

$$\begin{aligned} f'(x) &= \lim_{h\to 0}\frac{f(x+h)-f(x)}{h} \\ &= \lim_{h\to 0}\frac{c-c}{h} \\ &= \lim_{h\to 0}\frac{0}{h} \\ &= 0 \end{aligned}$$

예제 2.3.10

도함수의 정의를 이용하여 $f(x)=x^3$ 의 도함수를 구하고 이를 이용하여 $f'(2)$ 를 구하라.

풀이 도함수의 정의를 이용하여 $f(x)=x^3$ 의 도함수를 구하면

$$\begin{aligned} f'(x) &= \lim_{h\to 0}\frac{f(x+h)-f(x)}{h} \\ &= \lim_{h\to 0}\frac{(x+h)^3-x^3}{h} \\ &= \lim_{h\to 0}\frac{x^3+3x^2h+3xh^2+h^3-x^3}{h} \\ &= \lim_{h\to 0}\frac{3x^2h+3xh^2+h^3}{h} \\ &= \lim_{h\to 0}(3x^2+3xh+h^2) \\ &= 3x^2 \end{aligned}$$

이다. 따라서 $f'(2)=3\cdot 2^2=12$ 이다.

2.3 연습문제

1. 미분계수의 정의를 이용하여 $x=2$ 에서 함수 f 의 미분계수 $f'(2)$ 를 구하라.

(1) $f(x)=x^2$ (2) $f(x)=x^2-4x+3$

2. $x=1$ 에서 함수 f 의 미분가능성을 조사하라.

(1) $f(x)=\begin{cases} x, & x \ge 1 \\ x^2, & x < 1 \end{cases}$ (2) $f(x)=\begin{cases} x^2-2x+1, & x \ge 1 \\ 0, & x < 1 \end{cases}$

3. 도함수의 정의를 이용하여 함수 f 의 도함수를 구하고, 주어진 점에서의 미분계수를 구하라.

(1) $f(x)=c,\ x=-2$ (2) $f(x)=\dfrac{1}{x},\ x=3$

(3) $f(x)=\sqrt{x},\ x=4$ (4) $f(x)=\dfrac{1-x}{2+x},\ x=1$

4. 함수 f 가 모든 실수 x, y 에 대하여 $f(x+y)=f(x)+f(y)$ 를 만족하고, $f'(0)=2$ 일 때, 임의의 실수 a 에 대한 $f'(a)$ 의 값을 구하라.

5. 함수 f 가 모든 실수 x, y 에 대하여 $f(x+y)=f(x)+f(y)$ 를 만족하고, $f'(0)=2$ 일 때, 임의의 실수 a 에 대한 $f'(a)$ 의 값을 구하라.

6. 함수 f 가 $x=3$ 에서 미분가능이고 $f'(3)=2$ 일 때, 다음의 극한값을 구하라.

(1) $\displaystyle\lim_{x\to 0}\frac{f(3+5x)-f(3)}{x}$ (2) $\displaystyle\lim_{x\to 0}\frac{f(3-5x)-f(3+2x)}{x}$

7. 함수 f 가 $x=1$ 에서 미분가능이고, $f'(1)=2$ 라 할 때, 다음을 구하라.

(1) $\displaystyle\lim_{x\to 1}\frac{f(x^2)-f(1)}{x+1}$ (2) $\displaystyle\lim_{x\to 1}\frac{f(x^2)-f(1)}{x^3-1}$

8. 다음 함수 f 의 도함수 $f'(x)$ 을 구하고, $f''(0)$ 를 구하라.

$$f(x)=\begin{cases} x^3+x^2, & x \ge 0 \\ x^{2,} & x < 0 \end{cases}$$

연습문제 해답

1. (1) 4 (2) 0

2. (1) 정의로부터 함수 f 의 우미분계수와 좌미분계수는

$$f'_+(1)=\lim_{h\to 0^+}\frac{f(1+h)-f(1)}{h}=\lim_{h\to 0^+}\frac{1+h-1}{h}=\lim_{h\to 0^+}\frac{h}{h}=1$$

$$f'_-(1)=\lim_{h\to 0^-}\frac{f(1+h)-f(1)}{h}=\lim_{h\to 0^-}\frac{(1+h)^2-1}{h}=\lim_{h\to 0^-}\frac{2h+h^2}{h}=\lim_{h\to 0^-}(2+h)=2$$

이다. $f'_+(1)\neq f'_-(1)$ 이므로 주어진 함수 f 는 $x=1$ 에서 미분가능이 아니다.

(2) 정의로부터 함수 f 의 우미분계수와 좌미분계수는

$$f'_+(1)=\lim_{h\to 0^+}\frac{f(1+h)-f(1)}{h}=\lim_{h\to 0^+}\frac{[(1+h)^2-2(1+h)+1]-(1-2+1)}{h}$$

$$=\lim_{h\to 0^+}\frac{h^2}{h}=\lim_{h\to 0^+}h=0$$

$$f'_-(1)=\lim_{h\to 0^-}\frac{f(1+h)-f(1)}{h}=\lim_{h\to 0^-}\frac{0-0}{h}=0$$

이다. $f'_+(1)=0=f'_-(1)$ 이므로 주어진 함수 f 는 $x=1$ 에서 미분가능이고, $f'(1)=0$ 이다.

3. (1) $f'(x)=0,\ f'(-2)=0$ (2) $f'(x)=-\frac{1}{x^2},\ f'(3)=-\frac{1}{9}$

(3) $f'(x)=\frac{1}{2\sqrt{x}},\ f'(4)=\frac{1}{4}$ (4) $f'(x)=-\frac{3}{(2+x)^2},\ f'(1)=-\frac{1}{3}$

4. $f(0)=f(0+0)=f(0)+f(0)+0=f(0)+f(0)$ 이므로 $f(0)=0$ 이다. 따라서

$$f'(1)=\lim_{h\to 0}\frac{f(1+h)-f(1)}{h}=\lim_{h\to 0}\frac{(f(1)+f(h)+h)-f(1)}{h}=\lim_{h\to 0}\frac{f(h)+h}{h}$$

$$=\lim_{h\to 0}\frac{f(h)}{h}+\lim_{h\to 0}1=\lim_{h\to 0}\frac{f(h)}{h}+1$$

여기에서 $f'(0)=\lim_{h\to 0}\frac{f(0+h)-f(0)}{h}=\lim_{h\to 0}\frac{f(h)-0}{h}=\lim_{h\to 0}\frac{f(h)}{h}$ 이므로

$f'(1)=f'(0)+1=0+1=1$ 이다.

5. 생략

6. (1) 10 (2) -14

7. (1) 0 (2) $\frac{4}{3}$

8. $f'(x)=\begin{cases}3x^2+2x, & x\geq 0\\ 2x, & x<0\end{cases}$, $f'(0)=2$

2.4 미분법

도함수의 정의를 이용하여 모든 함수들의 도함수를 구한다면 그 계산은 매우 복잡할 것이다. 그러나 몇 가지 기본적인 함수들의 도함수를 알 때 이를 이용하여 도함수를 구하는 방법들이 있다. 이 절에서는 기본적인 함수들의 도함수를 아는 상태에서 이들을 이용하여 좀더 복잡한 함수의 도함수를 구하는 방법에 대해 알아본다. 먼저 도함수는 함수들의 사칙연산에 대해 다음이 성립한다.

정리 2.4.1

함수 f 와 g 가 미분가능함수라 할 때 다음이 성립한다.

(1) $(f(x) \pm g(x))' = f'(x) \pm g'(x)$

(2) $(f(x)g(x))' = f'(x)g(x) + f(x)g'(x)$

(3) $\left(\dfrac{f(x)}{g(x)}\right)' = \dfrac{f'(x)g(x) - f(x)g'(x)}{(g(x))^2}$ (단, $g(x) \neq 0$)

(4) $(cf(x))' = cf'(x)$

정리 2.4.1의 (1)은 유한개인 함수들의 합이나 차로 일반화될 수 있다. 예를 들어 세 개의 함수 f, g, h 에 대하여 다음이 성립한다.

$$\begin{aligned}(f(x)+g(x)+h(x))' &= [(f(x)+g(x))+h(x)]' = (f(x)+g(x))' + h(x)' \\ &= f'(x)+g'(x)+h'(x)\end{aligned}$$

정리 2.4.2

n 이 임의의 실수일 때, $(x^n)' = nx^{n-1}$ 이다.

위의 정리는 다항함수들의 도함수를 구하는데 필요한 정리이다. 그러나 그 증명은 로그 미분법을 사용하여 증명할 수 있다.

예제 2.4.3

다음 함수의 도함수를 구하라.

(1) $y = x^8$

(2) $y = x$

(3) $y = \sqrt{x}$

(4) $y = \dfrac{1}{x^2}$

(5) $y = \sqrt[3]{x}$

(6) $y = \dfrac{1}{\sqrt{x}}$

▌풀이▐ (1) $y' = (x^8)' = 8x^{8-1} = 8x^7$

(2) $y' = x' = 1x^{1-1} = 1x^0 = 1$

(3) $y' = (\sqrt{x})' = \left(x^{\frac{1}{2}}\right)' = \frac{1}{2}x^{\frac{1}{2}-1} = \frac{1}{2}x^{-\frac{1}{2}} = \frac{1}{2\sqrt{x}}$

(4) $y' = (x^{-2})' = -2x^{-2-1} = -2x^{-3}$

(5) $y' = \left(x^{\frac{1}{3}}\right)' = \frac{1}{3}x^{\frac{1}{3}-1} = \frac{1}{3}x^{-\frac{2}{3}}$

(6) $y' = \left(x^{-\frac{1}{2}}\right)' = -\frac{1}{2}x^{-\frac{1}{2}-1} = -\frac{1}{2}x^{-\frac{3}{2}}$

예제 2.4.4

다음 함수의 도함수를 구하라.

(1) $f(x) = x^3 + 2x + 5$

(2) $f(x) = x + 2\sqrt{x} - \frac{1}{x^2}$

(3) $f(x) = (x^3 + x)(2x + 1)$

(4) $f(x) = \frac{3x^2 - 2x}{x^2 + 1}$

▌풀이▐ 정리 2.4.1을 이용하여 주어진 함수의 도함수를 구할 수 있다.

(1) $f'(x) = (x^3 + 2x + 5)' = (x^3)' + 2(x)' + (5)' = 3x^2 + 2$

(2) $f'(x) = \left(x + 2\sqrt{x} - \frac{1}{x^2}\right)' = (x)' + 2(\sqrt{x})' - \left(\frac{1}{x^2}\right)'$

$= 1 + \frac{2}{2\sqrt{x}} + 2x^{-3} = 1 + \frac{1}{\sqrt{x}} + \frac{2}{x^3}.$

(3) $f'(x) = ((x^3 + x)(2x + 1))' = (x^3 + x)'(2x + 1) + (x^3 + x)(2x + 1)'$

$= (3x^2 + 1)(2x + 1) + 2(x^3 + x) = 8x^3 + 3x^2 + 4x + 1.$

(4) $f'(x) = \left(\frac{3x^2 - 2x}{x^2 + 1}\right)' = \frac{(3x^2 - 2x)'(x^2 + 1) - (3x^2 - 2x)(x^2 + 1)'}{(x^2 + 1)^2}$

$= \frac{(6x - 2)(x^2 + 1) - (3x^2 - 2x)(2x)}{(x^2 + 1)^2} = \frac{2x^2 + 6x - 2}{(x^2 + 1)^2}$

예제 2.4.5

점 $P(0, 3)$ 에서 곡선 $f(x) = x^3 - 3x^2 - x + 3$ 에 접하는 접선의 방정식을 구하라.

▌풀이▐ 점 $P(0, 3)$ 에서 곡선 $f(x) = x^3 - 3x^2 - x + 3$ 에 접하는 접선의 방정식을 구하려면 이 곡선의 기울기 $f'(0)$ 을 구하여야 한다. $f'(x) = 3x^2 - 6x - 1$ 이므로 $f'(0) = -1$ 이다. 따라서 $P(0, 3)$ 에서 접선의 방정식은 $y - 3 = -x$ 또는 $y = -x + 3$ 이다.

정리 2.4.6 연쇄법칙

미분가능인 두 함수 f 와 g 에 대하여 합성함수 $y=(g \circ f)(x)=g(f(x))$ 도 미분가능이고, $u=f(x)$, $y=g(u)$ 라 하면 $y=g(f(x))$ 의 도함수는 다음과 같다.

$$\frac{dy}{dx}=\frac{dy}{du}\frac{du}{dx} \tag{2-9}$$

예제 2.4.7

다음 함수의 도함수 $\frac{dy}{dx}$ 를 구하라.

(1) $y=(x^2-3x)^9$

(2) $y=\sqrt{3x+1}$

풀이 (1) $g(x)=x^9$, $f(x)=x^2-3x$ 라 하면 주어진 함수 $y=(x^2-3x)^9$ 은 g 와 f 의 합성함수 $y=g(f(x))$ 이다. $u=x^2-3x$ 이라 하면 $y=u^9$ 이고, $\frac{dy}{du}=9u^8$, $\frac{du}{dx}=2x-3$ 이므로 정리 2.4.6에 의해 주어진 함수의 도함수를 구할 수 있다.

$$\frac{dy}{dx}=\frac{dy}{du}\frac{du}{dx}=9u^8(2x-3)=9(x^2-3x)^8(2x-3)$$

(2) $u=3x+1$ 이라 하면 $y=\sqrt{u}$ 이고, $\frac{dy}{du}=\frac{1}{2\sqrt{u}}$, $\frac{du}{dx}=3$ 이다. 따라서 정리 2.4.6에 의해 도함수를 구할 수 있다.

$$\frac{dy}{dx}=\frac{dy}{du}\frac{du}{dx}=\frac{1}{2\sqrt{u}}\cdot 3=\frac{3}{2\sqrt{3x+1}}$$

정리 2.4.6에서 $u=f(x)$ 이고 $y=g(u)$ 이므로 식 (2-9)는

$$\frac{dy}{dx}=\left(\frac{d}{df(x)}g(f(x))\right)\left(\frac{d}{dx}f(x)\right)=g'(f(x))f'(x) \tag{2-10}$$

로 나타낼 수 있다. 여기에서 $g'(f(x))$ 는 $f(x)$ 를 하나의 변수로 생각하여 $g(f(x))$ 를 $f(x)$ 에 관하여 미분한 것이고 $f'(x)$ 는 x 에 관한 미분이다. 이 식을 이용하면 연쇄법칙을 좀 더 간단히 계산할 수 있다.

예제 2.4.8

식 (2–10)을 이용하여 다음 함수의 도함수를 구하라.

(1) $y=(x^2+x+1)^3$

(2) $y=\sqrt{3x^2+1}$

풀이 (1) $y=(x^2+x+1)^3$ 에서 $f(x)=x^2+x+1$ 을 하나의 변수로 보고 $(x^2+x+1)^3$ 을 미분하면 $3(x^2+x+1)^2$ 이므로 도함수는 다음과 같다.

$$y' = 3(x^2+x+1)^2 \frac{d}{dx}(x^2+x+1) = 3(x^2+x+1)^2(2x+1)$$

(2) $y=\sqrt{3x^2+1}$ 를 $f(x)=3x^2+1$ 에 관하여 미분하면 $\frac{1}{2\sqrt{3x^2+1}}$ 이므로 도함수는 다음과 같다.

$$y' = \frac{1}{2\sqrt{3x^2+1}} \frac{d}{dx}(3x^2+1) = \frac{6x}{2\sqrt{3x^2+1}} = \frac{3x}{\sqrt{3x^2+1}}$$

함수는 그 표현법에 따라 두 종류로 나눈다. 하나는 지금까지 다루어온 대부분의 함수들을 표현한 방법으로 $y=x^2+3x-1$, $y=\sqrt{9-x^2}$ 등과 같이 하나의 변수를 다른 변수의 연산으로 표현하는 방법이다. 이러한 함수는 $y=f(x)$ 의 형태로 표현할 수 있으며 이를 **양함수(explicit function)**라 한다. 그러나 원의방정식이나 쌍곡선의 방정식과 같은 이차곡선의 방정식은 대부분 변수 x 와 y 를 분리하지 않고 x 와 y 의 관계식으로 주어진다. 이러한 형태의 방정식은 $f(x,y)=0$의 형태로 표현할 수 있으며, 이와 같이 표현된 함수를 **음함수(implicit function)**라 한다.

어떤 함수가 음함수 $f(x,y)=0$ 의 형태로 주어지고, 여기에서 y 의 도함수 $\frac{dy}{dx}$ 를 구하려할 때 주어진 음함수를 양함수 $y=f(x)$ 로 변형한 후에 $\frac{dy}{dx}$ 를 구하는 것은 번거로운 과정이며 경우에 따라 불가능할 수도 있다. 따라서 음함수 $f(x,y)=0$ 에서 직접 $\frac{dy}{dx}$ 를 구하는 방법을 알아본다.

음함수 $f(x,y)=0$ 에서 $\frac{dy}{dx}$ 를 구하려할 때 y 를 x 의 함수로 보고 $f(x,y)=0$ 의 양변을 미분하여 $\frac{dy}{dx}$ 를 구한다. 이 때 y^n 의 도함수 $\frac{d}{dx}(y^n)$ 은 연쇄법칙을 적용하여

$$\frac{d}{dx}(y^n) = \frac{d}{dy}(y^n)\frac{dy}{dx} = ny^{n-1}\frac{dy}{dx}$$

로 구한다. 이와 같이 음함수로부터 y 의 x 에 관한 도함수 $\frac{dy}{dx}$ 를 구하는 방법을 **음함수미분법**이라 한다.

예제 2.4.9

$x^2+y^2=4$ 에서 $\frac{dy}{dx}$ 를 구하라.

| 풀이 | $x^2+y^2=4$ 의 양변을 x 에 관하여 미분하면

$$2x + \frac{d}{dx}(y^2) = 0$$

이다. 연쇄법칙을 적용 $\frac{d}{dx}(y^2)$ 를 구하면 $\frac{d}{dx}(y^2) = \frac{d}{dy}(y^2)\frac{dy}{dx} = 2y\frac{dy}{dx}$ 이므로

$$2x + 2y\frac{dy}{dx} = 0$$

이다. 여기에서 $\frac{dy}{dx}$ 를 구하면 $\frac{dy}{dx} = -\frac{x}{y}$ 이다.

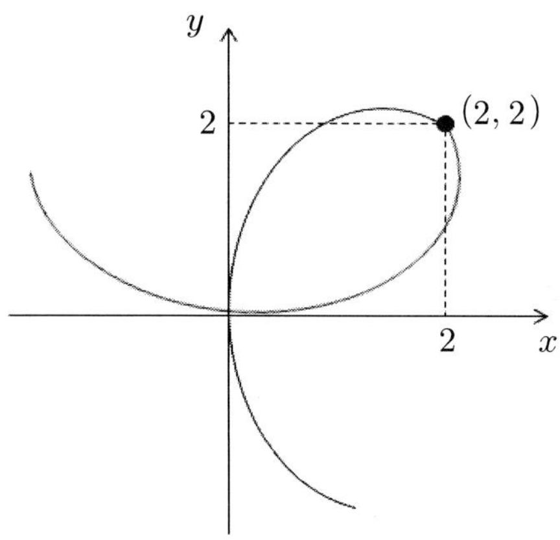

[그림 2-9] $x^3 - 4xy + y^3 = 0$ 의 그래프

예제 2.4.10

점 $(2, 2)$ 에서 곡선 $x^3 - 4xy + y^3 = 0$ 에 접하는 접선의 방정식을 구하라.

풀이 음함수 $x^3 - 4xy + y^3 = 0$ 에 음함수 미분법을 적용하여 $\frac{dy}{dx}$ 를 구한다.

$$3x^2 - 4\left(y + x\frac{dy}{dx}\right) + 3y^2\frac{dy}{dx} = 0$$

$$(3x^2 - 4y) + (-4x + 3y^2)\frac{dy}{dx} = 0$$

$$\frac{dy}{dx} = \frac{4y - 3x^2}{3y^2 - 4x}$$

따라서 점 $(2, 2)$ 에서의 접선의 기울기는

$$\left.\frac{dy}{dx}\right|_{\substack{x=2\\y=2}} = \frac{4 \cdot 2 - 3 \cdot 2^2}{3 \cdot 2^2 - 4 \cdot 2} = \frac{8 - 12}{12 - 8} = -1$$

이다. 따라서 접선의 방정식은 $y - 2 = -(x - 2)$ 또는 $y = -x + 4$ 이다. 이 삼차방정식의 그래프의 개형은 그림 2-9와 같다.

매개변수 t 에 관한 매개변수방정식 $x=f(t)$, $y=g(t)$ 에서 f 와 g 가 미분가능함수이고, y 도 x 에 관하여 미분가능 함수라 하면 연쇄법칙에 의해

$$\frac{dy}{dt}=\frac{dy}{dx}\frac{dx}{dt}$$

가 성립하고, 이로부터 y 의 x 에 관한 도함수 $\frac{dy}{dx}$ 를 구할 수 있다.

정리 2.4.11 매개변수 방정식의 미분법

매개변수방정식 $x=f(t)$, $y=g(t)$ 에서 f 와 g 가 t 에 관하여 미분가능함수이고 y 도 x 에 관하여 미분가능 함수라 하면 다음이 성립한다.

$$\frac{dy}{dx}=\frac{dy/dt}{dx/dt}=\frac{g'(t)}{f'(t)} \quad \left(\text{단, } \frac{dx}{dt}=f'(t)\neq 0\right) \tag{2-11}$$

예제 2.4.12

매개변수 방정식 $x=t+1$, $y=t^2+2t+1$ 에서 $\frac{dy}{dx}$ 를 구하라.

풀이 $\frac{dx}{dt}=1$, $\frac{dy}{dt}=2t+2$ 이므로 식 (2-11)로부터 $\frac{dy}{dx}$ 를 구할 수 있다.

$$\frac{dy}{dx}=(dy/dt)/(dx/dt)=2t+2$$

예제 2.4.13

어떤 곡선의 매개변수 방정식이 $x=\sqrt{t}$, $y=\sqrt{25-t}$ 로 주어졌다고 하자. $t=9$ 일 때 이 곡선에 접하는 접선 방정식을 구하라.

풀이 $\frac{dx}{dt}=\frac{1}{2\sqrt{t}}$, $\frac{dy}{dt}=\frac{-1}{2\sqrt{25-t}}$ 이므로 식 (2-11)로부터

$$\frac{dy}{dx}=(dy/dt)/(dx/dt)=\frac{-2\sqrt{t}}{2\sqrt{25-t}}=\frac{-\sqrt{t}}{\sqrt{25-t}}$$

이다. $t=9$ 이므로 접선의 기울기는

$$\left.\frac{dy}{dx}\right|_{t=9}=\frac{-\sqrt{9}}{\sqrt{25-9}}=\frac{-\sqrt{9}}{\sqrt{16}}=-\frac{3}{4}$$

이다. 또한 $t=9$ 이면 $x=\sqrt{9}=3$, $y=\sqrt{25-9}=\sqrt{16}=4$ 이므로 구하려는 접선은 기울기가 $-\frac{3}{4}$ 이고 점 $(3,4)$ 를 지나는 직선이다. 따라서 접선의 방정식은 $y-4=-\frac{3}{4}(x-3)$ 또는 $y=-\frac{3}{4}x+\frac{25}{4}$ 이다.

2.4 연습문제

1. 다음 함수의 도함수를 구하라.

(1) $f(x) = 2x^3 - x^2 - 4x - 3$

(2) $y = \sqrt{x} + \dfrac{1}{x}$

(3) $f(t) = \sqrt[3]{t^2} + 2\sqrt{t^3}$

(4) $f(x) = (3x+1)(x^2 + 2x - 2)$

(5) $f(x) = \dfrac{x^3 + 1}{x^2 - 2x + 2}$

(6) $f(s) = \dfrac{2s}{2 + \sqrt{s}}$

(7) $y = (x^2 - 1)^{12}$

(8) $y = \dfrac{(3x+1)^4}{(x+2)^3}$

2. 점 $(1, 1)$ 에서 곡선 $f(x) = x^4 - x^3 + x^2 - x + 1$ 에 접하는 접선의 방정식을 구하라.

3. 포물선 $y = x^2 - 5x + 4$ 에 접하는 접선 중에 직선 $3x - y = 5$ 와 평행인 접선의 방정식을 구하라.

4. 다음의 음함수에서 $\dfrac{dy}{dx}$ 를 구하라.

(1) $x^2 + y^2 = 9$

(2) $x^2 + xy + y^3 = 2$

(3) $x^3 + 4x^2y + 3y^2 = 5$

5. 방정식 $x^3 + 4xy + y^3 + 4 = 0$ 에 대하여 다음을 구하라.

(1) 도함수 $\dfrac{dy}{dx}$

(2) 곡선위의 점$(-1, 1)$ 에서의 접선의 방정식

6. 다음 매개변수 방정식에서 $\dfrac{dy}{dx}$ 를 구하라.

(1) $x = 2t + 1,\ y = t^2 - 1$

(2) $x = t^3 + 2t - 1,\ y = \sqrt{2t+1}$

7. 곡선 C 의 매개변수 방정식이 $x=t^2$, $y=t^3-3t$ 일 때, 곡선위의 점 $(4,2)$ 에서의 이 곡선 C 에 접하는 접선의 방정식을 구하라.

8. 도함수의 정의를 이용하여 $(f(x)+g(x))'=f'(x)+g'(x)$ 임을 증명하라.

9. 정리 2.4.1의 (3)를 이용하여 n 이 음의 정수일 때, $(x^n)'=nx^{n-1}$ 임을 증명하라.

연습문제 해답

1. (1) $f'(x) = 6x^2 - 2x - 4$

(2) $y' = \dfrac{1}{2\sqrt{x}} - \dfrac{1}{x^2}$

(3) $f'(t) = \dfrac{2}{3}t^{-1/3} + 3\sqrt{t}$

(4) $f'(x) = 9x^2 + 14x - 4$

(5) $f'(x) = \dfrac{x^4 - 4x^3 + 6x^2 - 2x + 2}{(x^2 - 2x + 2)^2}$

(6) $f'(s) = \dfrac{4 + \sqrt{s}}{(2 + \sqrt{s})^2}$

(7) $y' = 24x(x^2 - 1)^{11}$

(8) $y' = \dfrac{3(3x+1)^3(x+7)}{(x+2)^4}$

2. $y - 1 = 2(x - 1)$ 또는 $y = 2x - 1$

3. $y = 3(x - 4)$ 또는 $y = 3x - 12$

4. (1) $\dfrac{dy}{dx} = -\dfrac{x}{y}$

(2) $\dfrac{dy}{dx} = -\dfrac{2x + y}{x + 3y^2}$

(3) $\dfrac{dy}{dx} = -\dfrac{3x^2 + 8xy}{4x^2 + 6y}$

5. (1) $\dfrac{dy}{dx} = -\dfrac{3x^2 + 4y}{4x + 3y^2}$

(2) $y - 1 = 7(x + 1)$ 또는 $y = 7x + 8$

6. (1) $\dfrac{dy}{dx} = t$

(2) $\dfrac{dy}{dx} = \dfrac{1}{(3t^2 + 2)\sqrt{2t + 1}}$

7. $y - 2 = \dfrac{9}{4}(x - 4)$ 또는 $y = \dfrac{9}{4}x - 7$

8. $h(x) = f(x) + g(x)$ 라 하면 $h'(x)$ 는 다음과 같다.

$$\begin{aligned}
h'(x) &= \lim_{h \to 0} \frac{h(x+h) - h(x)}{h} \\
&= \lim_{h \to 0} \frac{f(x+h) + g(x+h) - (f(x) + g(x))}{h} \\
&= \lim_{h \to 0} \left(\frac{f(x+h) - f(x)}{h} + \frac{g(x+h) - g(x)}{h} \right) \\
&= \lim_{h \to 0} \frac{f(x+h) - f(x)}{h} + \lim_{h \to 0} \frac{g(x+h) - g(x)}{h} \\
&= f'(x) + g'(x)
\end{aligned}$$

9. n 이 음의 정수이므로 $n=-m$ $(m>0)$이라 하면 $x^n=x^{-m}=\dfrac{1}{x^m}$ 이므로 정리 2.4.1의 (3)으로부터 다음을 구할 수 있다.

$$(x^n)'=\left(\frac{1}{x^m}\right)'=\frac{1'\cdot x^m-1\cdot(x^m)'}{x^{2m}}=\frac{-mx^{m-1}}{x^{2m}}=-mx^{-m-1}=mx^{n-1}$$

2.5 삼각함수와 역삼각함수의 미분법

삼각함수에서 $y = \sin x$ 와 $y = \cos x$ 의 도함수는 도함수의 정의를 이용하여 구하고, 이 두 도함수와 미분법을 이용하면 나머지 삼각함수의 도함수를 구할 수 있다. 삼각함수의 도함수는 다음과 같다.

정리 2.5.1 삼각함수 도함수

(1) $\dfrac{d}{dx}(\sin x) = \cos x$ (2) $\dfrac{d}{dx}(\cos x) = -\sin x$

(3) $\dfrac{d}{dx}(\tan x) = \sec^2 x$ (4) $\dfrac{d}{dx}(\csc x) = -\csc x \cot x$

(5) $\dfrac{d}{dx}(\sec x) = \sec x \tan x$ (6) $\dfrac{d}{dx}(\cot x) = -\csc^2 x$

예제 2.5.2

다음 함수의 도함수를 구하라.

(1) $y = \sin(3x)$ (2) $y = \cos(2x+3)$

(3) $y = 3x(\tan x + 1)$ (4) $y = \dfrac{1}{\cos x} - \dfrac{2}{\tan x}$

(5) $y = \sin^2 x$ (6) $y = \tan^3(2x)$

풀이 (1) 연쇄법칙을 이용하면 $y' = \cos(3x)\dfrac{d}{dx}(3x) = 3\cos(3x)$

(2) $y' = -\sin(2x+3)\dfrac{d}{dx}(2x+3) = -2\sin(2x+3)$

(3) $y' = (3x)'(\tan x + 1) + 3x(\tan x + 1)' = 3(\tan x + 1) + 3x\sec^2 x$
$= 3(\tan x + x\sec^2 x + 1)$

(4) $y = \sec x - 2\cot x$ 이므로 $y' = \sec x \tan x + 2\csc^2 x$

(5) $y' = 2\sin x \dfrac{d}{dx}(\sin x) = 2\sin x \cos x$

(6) $y' = 3\tan^2(2x)\dfrac{d}{dx}(\tan 2x) = 3\tan^2(2x)\sec^2(2x)\dfrac{d}{dx}(2x) = 6\tan^2(2x)\sec^2(2x)$

예제 2.5.3

$f(x) = \tan x$ 일 때 $f'\left(\frac{\pi}{6}\right)$을 구하라.

▌풀이▐ $f'(x) = \sec^2 x$ 이므로 $f'\left(\frac{\pi}{6}\right) = \sec^2\left(\frac{\pi}{6}\right) = \left(\frac{1}{\cos(\pi/6)}\right)^2 = \left(\frac{2}{\sqrt{3}}\right)^2 = \frac{4}{3}$

예제 2.5.4

$\frac{d}{dx}(\tan x) = \sec^2 x$ 임을 보여라.

▌풀이▐ $\tan x = \frac{\sin x}{\cos x}$ 이므로 분수함수의 미분법을 이용하여 구할 수 있다.

$$\begin{aligned}(\tan x)' &= \left(\frac{\sin x}{\cos x}\right)' \\ &= \frac{(\sin x)'\cos x - \sin x\,(\cos x)'}{\cos^2 x} \\ &= \frac{\cos^2 x + \sin^2 x}{\cos^2 x} \\ &= \frac{1}{\cos^2 x} \\ &= \sec^2 x\end{aligned}$$

예제 2.5.5

$\cos x - xy + \sin y = 0$에서 $\frac{dy}{dx}$를 구하라.

▌풀이▐ 음함수 미분법을 이용하여 $\frac{dy}{dx}$를 구한다. 양변을 x에 관하여 미분하면

$$-\sin x - y - x\frac{dy}{dx} + \cos y\frac{dy}{dx} = 0$$

이고 이를 정리하면 $(\cos y - x)\frac{dy}{dx} = \sin x + y$ 이다. 따라서 $\frac{dy}{dx} = \frac{\sin x + y}{\cos y - x}$ 이다.

역삼각함수에 대해서는 1장 3절에서 다루었다. 역삼각함수는 삼각함수의 역함수로 삼각함수의 도함수와 음함수 미분법을 이용하여 그 도함수를 구할 수 있다.

정리 2.5.6 역삼각함수의 도함수

(1) $\dfrac{d}{dx}\sin^{-1}x = \dfrac{1}{\sqrt{1-x^2}} \qquad (-1 < x < 1)$

(2) $\dfrac{d}{dx}\cos^{-1}x = \dfrac{-1}{\sqrt{1-x^2}} \qquad (-1 < x < 1)$

(3) $\dfrac{d}{dx}\tan^{-1}x = \dfrac{1}{1+x^2}$

(4) $\dfrac{d}{dx}\csc^{-1}x = \dfrac{-1}{|x|\sqrt{x^2-1}} \qquad (|x| > 1)$

(5) $\dfrac{d}{dx}\sec^{-1}x = \dfrac{1}{|x|\sqrt{x^2-1}} \qquad (|x| > 1)$

(6) $\dfrac{d}{dx}\cot^{-1}x = \dfrac{-1}{1+x^2}$

예제 2.5.7

다음 함수의 도함수를 구하라.

(1) $y = \sin^{-1}(3x)$

(2) $y = \tan^{-1}(2x)$

(3) $y = x^2\cos^{-1}x$

(4) $y = \dfrac{1}{\tan^{-1}x}$

풀이 (1) $y = \sin^{-1}(3x)$를 $3x$에 관하여 미분하면 $\dfrac{1}{\sqrt{1-(3x)^2}}$이므로 도함수는 다음과 같다.

$$y' = \frac{1}{\sqrt{1-(3x)^2}}\frac{d}{dx}(3x) = \frac{3}{\sqrt{1-9x^2}}$$

(2) $y' = \dfrac{1}{1+(2x)^2}\dfrac{d}{dx}(2x) = \dfrac{2}{1+4x^2}.$

(3) $y' = (x^2)'\cos^{-1}x + x^2(\cos^{-1}x)' = 2x\cos^{-1}x + x^2\dfrac{-1}{\sqrt{1-x^2}} = 2x\cos^{-1}x - \dfrac{x^2}{\sqrt{1-x^2}}$

(4) $y = \dfrac{1}{\tan^{-1}x} = (\tan^{-1}x)^{-1}$이므로 도함수는 다음과 같다.

$$y' = -(\tan^{-1}x)^{-2}\frac{d}{dx}(\tan^{-1}x) = -\frac{1}{(1+x^2)(\tan^{-1}x)^2}$$

예제 2.5.8

$y=\tan^{-1}x$ 의 도함수가 $y'=\dfrac{1}{1+x^2}$ 임을 보여라.

▌풀이▐ $y=\tan^{-1}x$ 라 하면 $\tan y=x$ 이다. 이 식의 양변을 x에 관하여 미분하면 $\dfrac{d}{dx}\tan y=1$ 이다.

여기에서 좌변이 $\dfrac{d}{dx}\tan y=\dfrac{d}{dy}\tan y\dfrac{dy}{dx}=\sec^2 y\dfrac{dy}{dx}$

이므로 $\sec^2 y\dfrac{dy}{dx}=1$ 이다. 따라서 $\dfrac{dy}{dx}=\dfrac{1}{\sec^2 y}$ 이고 $\sec^2 y=1+\tan^2 y=1+x^2$ 이므로

$\dfrac{dy}{dx}=\dfrac{1}{1+x^2}$ 이다.

예제 2.5.9

$f(x)=\sqrt{9-x^2}+3\sin^{-1}\dfrac{x}{3}$ 일 때, $f'(2)$ 를 구하라.

▌풀이▐

$$\begin{aligned} f'(x) &= \frac{1}{2\sqrt{9-x^2}}\frac{d}{dx}(9-x^2)+3\frac{1}{\sqrt{1-\left(\frac{x}{3}\right)^2}}\frac{d}{dx}\left(\frac{x}{3}\right) \\ &= \frac{-2x}{2\sqrt{9-x^2}}+\frac{1}{\sqrt{1-\frac{x^2}{9}}} \\ &= \frac{-x}{\sqrt{9-x^2}}+\frac{3}{\sqrt{9-x^2}} \\ &= \frac{3-x}{\sqrt{9-x^2}} \\ &= \sqrt{\frac{3-x}{3+x}} \end{aligned}$$

따라서 $f'(2)=\dfrac{1}{\sqrt{5}}$ 이다.

2.5 연습문제

1. 다음 함수에서 $\frac{dy}{dx}$ 를 구하라.

(1) $y = \sin(3x)$

(2) $y = \cos(x^2 + 1)$

(3) $y = x\sin x + \csc x$

(4) $y = \dfrac{\sin x}{1 + \cos x}$

(5) $y = \dfrac{1 + \sec x}{\tan x}$

(6) $y = \sin^{-1}\sqrt{x}$

(7) $y = \tan^{-1}(\cos x)$

(8) $y = (\sin^{-1} 3x)^2$

2. 다음 함수에서 $\frac{dy}{dx}$ 를 구하라.

(1) $\sin(x + y) + \cos(x - y) = 1$

(2) $\tan^{-1} x - y - y^2 \sin x = 0$

3. $y = \sin^{-1}(\sin x)$ $(-\frac{\pi}{2} \le x \le \frac{\pi}{2})$일 때, $\frac{dy}{dx}$ 를 구하라.

4. 점 $\left(\frac{7}{2}, -\sqrt{3}\right)$에서 곡선 $x = 2 + 3\cos t$, $y = 2\sin t$ $(0 \le t < 2\pi)$에 접하는 접선의 기울기를 구하라.

5. $y = \sec x$ 의 도함수가 $y' = \sec x \tan x$ 임을 보여라.

6. 도함수의 정의를 이용하여 $y = \sin x$ 의 도함수가 $y' = \cos x$ 임을 보여라.

7. $y = \sin^{-1} x$ 의 도함수가 $y' = \dfrac{1}{\sqrt{1 - x^2}}$ 임을 보여라.

연습문제 해답

1. (1) $y' = 3\cos(3x)$ (2) $y' = -2x\sin(x^2+1)$

(3) $y' = \sin x + x\cos x - \csc x \cot x$ (4) $y' = \dfrac{1}{1+\cos x}$

(5) $y' = \dfrac{\sec x(1-\sec x)}{\tan^2 x}$ (6) $y' = \dfrac{1}{2\sqrt{x(1-x)}}$

(7) $y' = \dfrac{-\sin x}{1+\cos^2 x}$ (8) $y' = \dfrac{6\sin^{-1}(3x)}{\sqrt{1-9x^2}}$

2. (1) $y' = \dfrac{\sin(x-y)-\cos(x+y)}{\sin(x-y)+\cos(x+y)}$ (2) $y' = \dfrac{1-(1+x^2)y^2\cos x}{(1+x^2)(1+2y\sin x)}$

3. $y' = 1$

4. $\dfrac{2}{3\sqrt{3}}$

5. $y' = (\sec x)' = \left(\dfrac{1}{\cos x}\right)' = \dfrac{\sin x}{\cos^2 x} = \dfrac{1}{\cos x}\dfrac{\sin x}{\cos x} = \sec x \tan x.$

6. $f(x) = \sin x$ 라 하면 도함수의 정의에 의해

$$\begin{aligned} f'(x) &= \lim_{h\to 0}\frac{f(x+h)-f(x)}{h} \\ &= \lim_{h\to 0}\frac{\sin(x+h)-\sin x}{h} \\ &= \lim_{h\to 0}\frac{(\sin x\cos h+\cos x\sin h)-\sin x}{h} \\ &= \lim_{h\to 0}\frac{\sin x(\cos h-1)+\cos x\sin h}{h} \\ &= \sin x\lim_{h\to 0}\frac{\cos h-1}{h}+\cos x\lim_{h\to 0}\frac{\sin h}{h} \end{aligned}$$

이다. 여기에서 $\lim_{h\to 0}\dfrac{\cos h-1}{h} = 0$, $\lim_{h\to 0}\dfrac{\sin h}{h} = 1$ 이므로 $f'(x) = (\sin x)\cdot 0 + (\cos x)\cdot 1 = \cos x$.

7. $y = \sin^{-1} x$ 라 하면 역삼각함수의 정의로부터 $\sin y = x\ (-\dfrac{\pi}{2} \leqq y \leqq \dfrac{\pi}{2})$이다.

이 식의 양변을 x 관하여 미분하면 $\cos y\dfrac{dy}{dx} = 1$ 이므로 $\dfrac{dy}{dx} = \dfrac{1}{\cos y}$ 이다.

또한 $-\dfrac{\pi}{2} \leqq y \leqq \dfrac{\pi}{2}$ 일 때 $\cos y \geq 0$ 이므로 $\cos y = \sqrt{1-\sin^2 y} = \sqrt{1-x^2}$ 이다.

따라서 $\dfrac{dy}{dx} = \dfrac{1}{\cos y} = \dfrac{1}{\sqrt{1-x^2}}$ 이다.

2.6 로그함수와 지수함수의 미분법

함수 $f(x)=(1+x)^{\frac{1}{x}}$ 는 x 가 0 으로 접근함에 따라 일정한 값으로 수렴한다. 이 수렴값은 무리수로 소수 12번째 자리까지의 수는 2.718281828459이다. 이 무리수를 자연상수라 하고 e 로 나타낸다. 즉,

$$\lim_{x \to 0}(1+x)^{\frac{1}{x}}=e$$

이고, 이 극한을 이용하여 자연로그 $y=\ln x$ 의 도함수를 구할 수 있다.

정리 2.6.1 자연로그함수의 도함수

함수 $f(x)=\ln x\ (x>0)$는 미분가능이며 그 도함수는 다음과 같다.

$$\frac{d}{dx}\ln x=\frac{1}{x} \tag{2-12}$$

예제 2.6.2

다음 함수의 도함수를 구하라.

(1) $y=\ln(3x)$

(2) $y=\ln(x^2+1)$

(3) $y=\ln(\sin x)$

(4) $y=\ln(x+\sqrt{x^2+1})$

풀이

(1) $y'=\frac{1}{3x}\frac{d}{dx}(3x)=\frac{3}{3x}=\frac{1}{x}$

(2) $y'=\frac{1}{x^2+1}\frac{d}{dx}(x^2+1)=\frac{2x}{x^2+1}$

(3) $y'=\frac{1}{\sin x}\frac{d}{dx}\sin x=\frac{\cos x}{\sin x}=\cot x$

(4) $$y'=\frac{1}{x+\sqrt{x^2+1}}\frac{d}{dx}(x+\sqrt{x^2+1})=\frac{1}{x+\sqrt{x^2+1}}\left(1+\frac{1}{2\sqrt{x^2+1}}\frac{d}{dx}(x^2+1)\right)$$
$$=\frac{1}{x+\sqrt{x^2+1}}\left(1+\frac{2x}{2\sqrt{x^2+1}}\right)=\frac{1}{x+\sqrt{x^2+1}}\frac{x+\sqrt{x^2+1}}{\sqrt{x^2+1}}=\frac{1}{\sqrt{x^2+1}}$$

예제 2.6.3

$y = \ln|x|$ 일 때, $\dfrac{dy}{dx} = \dfrac{1}{x}$ 임을 보여라.

| 풀이 | $x > 0$ 이면 $y = \ln x$ 이므로 $\dfrac{dy}{dx} = \dfrac{1}{x}$ 이다. $x < 0$ 이면 $y = \ln(-x)$ 이므로 연쇄법칙을 이용하면

$$\frac{dy}{dx} = \frac{1}{-x}\frac{d}{dx}(-x) = \frac{1}{x}$$

이다. 따라서 $x \neq 0$ 인 x 에 대하여 $\dfrac{dy}{dx} = \dfrac{1}{x}$ 이다.

예제 2.6.4

함수 $y = \log_2 x$ 의 도함수를 구하라.

| 풀이 | 로그의 성질로부터 $y = \log_2 x = \dfrac{\ln x}{\ln 2}$ 이고, $\ln 2$ 는 상수이다. 따라서 $y = \log_2 x$ 의 도함수는

$$y' = \left(\frac{\ln x}{\ln 2}\right)' = \frac{1}{\ln 2}(\ln x)' = \frac{1}{x\ln 2}$$

위의 예제와 같은 방법으로 밑이 a 인 로그함수 $y = \log_a x$ 의 도함수를 얻을 수 있다.

정리 2.6.5 로그함수의 도함수

함수 $f(x) = \log_a x \ (x > 0)$는 미분가능이며 그 도함수는 다음과 같다.

$$\frac{d}{dx}\log_a x = \frac{1}{x\ln a} \quad \text{또는} \quad \frac{1}{x}\log_a e \tag{2-13}$$

지수에 x 변수의 함수 $f(x)$ 가 있는 $y = g(x)^{f(x)}$ 형태의 함수는 양변에 자연로그를 취하여 미분할 수 있다. 이와 같이 주어진 함수의 양변에 로그를 취하여 미분하는 것을 **로그 미분법**이라 한다.

예제 2.6.6

다음 함수의 도함수를 구하라.

(1) $y = x^x$

(2) $y = x^{\sqrt{x}}$

(3) $y = x^{\ln x}$

(4) $y = (\sin x)^{\tan x}$

풀이 (1) 주어진 함수 $y = x^x$ 의 양변에 로그를 취하면

$$\ln y = \ln x^x = x \ln x$$

이다. 이 식의 양변을 x 에 관하여 미분하면

$$\frac{1}{y}\frac{dy}{dx} = (x)' \ln x + x(\ln x)' = \ln x + x\frac{1}{x} = \ln x + 1$$

이다. 따라서 $\dfrac{dy}{dx} = y(\ln x + 1) = x^x(\ln x + 1)$ 이다.

(2) 양변에 로그를 취하면 $\ln y = \sqrt{x}\ln x$ 이다. 양변을 x 에 관하여 미분하면

$$\frac{1}{y}\frac{dy}{dx} = \frac{1}{2\sqrt{x}}\ln x + \sqrt{x}\frac{1}{x} = \frac{\ln x}{2\sqrt{x}} + \frac{1}{\sqrt{x}} = \frac{\ln x + 2}{2\sqrt{x}}$$

따라서 $\dfrac{dy}{dx} = \dfrac{x^{\sqrt{x}}(\ln x + 2)}{2\sqrt{x}}$ 이다.

(3) 양변에 로그를 취하면 $\ln y = (\ln x)(\ln x) = (\ln x)^2$ 이다. 양변을 x 에 관하여 미분하면

$$\frac{1}{y}\frac{dy}{dx} = 2\ln x \frac{d}{dx}\ln x = \frac{2\ln x}{x}$$

따라서 $\dfrac{dy}{dx} = \dfrac{2x^{\ln x}\ln x}{x}$ 이다.

(4) $\ln y = \tan x \ln(\sin x)$ 이고 양변을 x 에 관하여 미분하면

$$\begin{aligned}\frac{1}{y}\frac{dy}{dx} &= \sec^2 x \ln(\sin x) + \tan x \frac{1}{\sin x}\frac{d}{dx}\sin x \\ &= \sec^2 x \ln(\sin x) + \tan x \frac{\cos x}{\sin x} \\ &= \sec^2 x \ln(\sin x) + \tan x \cot x \\ &= \sec^2 x \ln(\sin x) + 1\end{aligned}$$

따라서 $\dfrac{dy}{dx} = (\sin x)^{\tan x}(\sec^2 x \ln(\sin x) + 1)$ 이다.

예제 2.6.7

함수 $y = \dfrac{(3x-2)^2\sqrt{2x+1}}{\sqrt[3]{x^2+1}}$ 의 도함수 $\dfrac{dy}{dx}$ 를 구하라.

풀이 양변에 로그를 취하면 로그의 성질에 의해

$$\ln y = 2\ln(3x-2) + \frac{1}{2}\ln(2x+1) - \frac{1}{3}\ln(x^2+1)$$

이고 이 식의 양변을 x 에 관하여 미분하면

$$\frac{1}{y}\frac{dy}{dx} = 2\frac{3}{3x-2} + \frac{1}{2}\frac{2}{2x+1} - \frac{1}{3}\frac{2x}{x^2+1} = \frac{6}{3x-2} + \frac{1}{2x+1} - \frac{2x}{3(x^2+1)}$$

따라서 $\dfrac{dy}{dx} = \dfrac{(3x-2)^2\sqrt{2x+1}}{\sqrt[3]{x^2+1}}\left(\dfrac{6}{3x-2} + \dfrac{1}{2x+1} - \dfrac{2x}{3(x^2+1)}\right)$ 이다.

예제 2.6.8

지수함수 $y=3^x$ 의 도함수를 구하라.

풀이 $y=3^x$ 의 양변에 로그를 취하면 $\ln y = x\ln 3$ 이다. 이 식의 양변을 x 에 관하여 미분하면

$$\frac{1}{y}\frac{dy}{dx}=(x)'\ln 3=\ln 3$$

따라서 $\dfrac{dy}{dx}=y\ln 3=3^x\ln 3$ 이다.

위의 예와 같이 로그미분법을 이용하여 지수함수 $y=a^x$ 의 도함수를 구할 수 있으며, 특히 밑이 e 인 지수함수 $y=e^x$ 의 도함수는 $y'=e^x\ln e=e^x$ 임을 알 수 있다.

정리 2.6.9 지수함수의 도함수

지수함수 $f(x)=a^x$ 는 미분가능이며 그 도함수는 다음과 같다.

(1) $\dfrac{d}{dx}a^x = a^x \ln a$

(2) $\dfrac{d}{dx}e^x = e^x$

예제 2.6.10

다음 함수의 도함수를 구하라.

(1) $y=2^{\sqrt{x}}$

(2) $y=e^{x^2}$

(3) $y=x^3e^{2x}$

(4) $y=5^{\sin x}$

풀이 (1) $y=2^{\sqrt{x}}$ 의 양변에 로그를 취하면 $\ln y=\sqrt{x}\ln 2$ 이고, 이식의 양변을 x 관하여 미분하면

$$\frac{1}{y}\frac{dy}{dx}=\frac{\ln 2}{2\sqrt{x}}$$

이다. 따라서 $\dfrac{dy}{dx}=y\dfrac{\ln 2}{2\sqrt{x}}=\dfrac{2^{\sqrt{x}}\ln 2}{2\sqrt{x}}$

(2) 정리 2.6.9를 이용하여 연쇄법칙으로 구할 수도 있다.

$$y'=e^{x^2}\frac{d}{dx}x^2=2xe^{x^2}$$

(3) $y'=(x^3)'e^{2x}+x^3(e^{2x})'=3x^2e^{2x}+x^3e^{2x}\dfrac{d}{dx}2x=3x^2e^{2x}+2x^3e^{2x}$

(4) $y'=5^{\sin x}\ln 5\dfrac{d}{dx}\sin x=5^{\sin x}\cos x\ln 5$

2.6 연습문제

1. 다음 함수의 도함수 $\frac{dy}{dx}$ 를 구하라.

(1) $y = \ln(3x^2 - x + 2)$

(2) $y = \ln(\cos x)$

(3) $y = \log_{10}(x^2 - 2x)$

(4) $y = \log_2(\sec x)$

(5) $y = 5^{\sqrt{x}}$

(6) $y = 6^{\sin x}$

(7) $y = e^{-x^2}$

(8) $y = x^2 e^{5x}$

2. 로그미분법을 이용하여 다음 함수의 도함수 $\frac{dy}{dx}$ 를 구하라.

(1) $y = x^{\cos x}$

(2) $y = x^{\ln x}$

(3) $y = (\ln x)^x$

(4) $y = \dfrac{x\sqrt{2x+1}}{\sqrt[3]{3x+1}}$

3. 다음의 함수 $f(x)$ 에서 $f'(x) = 0$ 인 x 의 값을 구하라.

(1) $f(x) = x^2 e^{-x}$

(2) $f(x) = e^{-\frac{(x-c)^2}{2}}$ (c : 상수)

4. $y = e^{-x}(\sin x + \cos x)$ 일 때, $y'' + 2y' + 2y = 0$ 임을 보여라.

5. 함수 $y = e^{kx}$ 가 방정식 $y'' - 2y' - 3y = 0$ 를 만족할 때, k 의 값을 구하라.

6. 도함수의 정의를 이용하여 $\frac{d}{dx}\ln x = \frac{1}{x}$ 임을 증명하라.

연습문제 해답

1. (1) $y' = \dfrac{6x-1}{3x^2-x+2}$ (2) $y' = \dfrac{-\sin x}{\cos x} = -\tan x$

(3) $y' = \dfrac{2(x-1)}{(x^2-2x)\ln 10}$ (4) $y' = \dfrac{\tan x}{\ln 2}$

(5) $y' = \dfrac{5^{\sqrt{x}}\ln 5}{2\sqrt{x}}$ (6) $y' = 6^{\sin x}\cos x \ln 6$

(7) $y' = -2xe^{-x^2}$ (8) $y' = xe^{5x}(5x+2)$

2. (1) $y' = x^{\cos x}\left(\dfrac{\cos x}{x} - \sin x \ln x\right)$ (2) $y' = \dfrac{2x^{\ln x}\ln x}{x}$

(3) $y' = (\ln x)^x\left(\ln(\ln x) + \dfrac{1}{\ln x}\right)$ (4) $y' = \dfrac{x\sqrt{2x+1}}{\sqrt[3]{3x+1}}\left(\dfrac{1}{x} + \dfrac{1}{2x+1} - \dfrac{1}{3x+1}\right)$

3. (1) $x=0, 2$ (2) $x=c$

4. $y=e^{-x}(\sin x+\cos x)$, $y' = -2e^{-x}\sin x$, $y'' = 2e^{-x}(\sin x - \cos x)$ 이므로
$y''+2y'+2y = 2e^{-x}(\sin x - \cos x - 2\sin x + \sin x + \cos x) = 0$.

5. $y=e^{kx}$, $y' = ke^{kx}$, $y'' = k^2e^{kx}$ 이고, $y''-2y'-3y=0$ 이므로
$e^{kx}(k^2-2k-3)=0$
$e^{kx} \neq 0$ 이므로 $k^2-2x-3=0$ 즉, $(k+1)(k-3)=0$ 이다. 따라서 $k=-1, 3$.

6. 생략

2.7 쌍곡선 함수와 역쌍곡선 함수의 미분법

지수함수의 도함수로부터 쌍곡선 함수의 도함수를 구할 수 있다.

정리 2.7.1 쌍곡선 함수의 도함수

(1) $\frac{d}{dx}\sinh x = \cosh x$

(2) $\frac{d}{dx}\cosh x = \sinh x$

(3) $\frac{d}{dx}\tanh x = \operatorname{sech}^2 x$

(4) $\frac{d}{dx}\operatorname{csch} x = -\operatorname{csch} x \coth x$

(5) $\frac{d}{dx}\operatorname{sech} x = -\operatorname{sech} x \tanh x$

(6) $\frac{d}{dx}\coth x = -\operatorname{csch}^2 x$

예제 2.7.2

다음 함수의 도함수를 구하라.

(1) $y = \sinh(x^3 - 2x)$

(2) $y = \tanh x^2$

(3) $y = \ln(\cosh x)$

(4) $y = \cosh(\ln x^3)$

| 풀이 | (1) $y' = \cosh(x^3 - 2x)\frac{d}{dx}(x^3 - 2x) = (3x^2 - 2)\cosh(x^3 - 2x)$

(2) $y' = \operatorname{sech}^2 x^2 \frac{d}{dx}(x^2) = 2x\operatorname{sech}^2 x^2$

(3) $y' = \frac{1}{\cosh x}\frac{d}{dx}(\cosh x) = \frac{\sinh x}{\cosh x} = \tanh x$

(4) $y = \cosh(\ln x^3) = \cosh(3\ln x)$ 이므로

$y' = \sinh(3\ln x)\frac{d}{dx}(3\ln x) = \frac{3\sinh(3\ln x)}{x}$

예제 2.7.3

매개변수방정식 $x = 3\cosh t$, $y = 2\sinh t$ 에서 $\frac{dy}{dx}$ 를 구하라.

| 풀이 | $\frac{dx}{dt} = 3\sinh t$, $\frac{dy}{dt} = 2\cosh t$ 이므로 식(2-11)로부터 도함수를 구할 수 있다.

$\frac{dy}{dx} = \frac{dy/dt}{dx/dt} = \frac{2\cosh t}{3\sinh t} = \frac{2}{3}\coth t$

쌍곡선함수의 역함수인 역쌍곡선함수에 대하여 1.3절에서 다룬바 있다. 이들 역쌍곡선 함수의 도함수는 다음과 같다.

정리 2.7.4 역쌍곡선함수의 도함수

(1) $\dfrac{d}{dx}\sinh^{-1}x = \dfrac{1}{\sqrt{x^2+1}}$ $(-\infty < x < \infty)$

(2) $\dfrac{d}{dx}\cosh^{-1}x = \dfrac{1}{\sqrt{x^2-1}}$ $(x > 1)$

(3) $\dfrac{d}{dx}\tanh^{-1}x = \dfrac{1}{1-x^2}$ $(|x| < 1)$

(4) $\dfrac{d}{dx}\coth^{-1}x = \dfrac{1}{1-x^2}$ $(|x| > 1)$

(5) $\dfrac{d}{dx}\operatorname{sech}^{-1}x = -\dfrac{1}{x\sqrt{1-x^2}}$ $(0 < x < 1)$

(6) $\dfrac{d}{dx}\operatorname{csch}^{-1}x = -\dfrac{1}{|x|\sqrt{1+x^2}}$ $(x \neq 0)$

예제 2.7.5

다음 함수의 도함수를 구하라.

(1) $y = \sinh^{-1}2x$

(2) $y = \cosh^{-1}\dfrac{x}{2}$

(3) $y = \tanh^{-1}(\sin x)$

(4) $y = \sinh^{-1}(\tan x)$

풀이 (1) $y' = \dfrac{1}{\sqrt{(2x)^2+1}}\dfrac{d}{dx}2x = \dfrac{2}{\sqrt{4x^2+1}}$

(2) $y' = \dfrac{1}{\sqrt{(x/2)^2-1}}\dfrac{d}{dx}\left(\dfrac{x}{2}\right) = \dfrac{1}{2\sqrt{x^2/4-1}} = \dfrac{1}{\sqrt{x^2-4}}$

(3) $y' = \dfrac{1}{1-\sin^2 x}\dfrac{d}{dx}\sin x = \dfrac{\cos x}{\cos^2 x} = \dfrac{1}{\cos x} = \sec x$

(4) $y' = \dfrac{1}{\sqrt{\tan^2 x+1}}\dfrac{d}{dx}\tan x = \dfrac{\sec^2 x}{\sqrt{\sec^2 x}} = \dfrac{\sec^2 x}{\sec x} = \sec x$

예제 2.7.6

$y = \tanh^{-1}x$ 일 때 $\dfrac{dy}{dx} = \dfrac{1}{1-x^2}$ 임을 보여라.

풀이 $y = \tanh^{-1}x$ 라 하면 $x = \tanh y$ 이다. 이 식의 양변을 x 관하여 미분하면

$$1 = \frac{d}{dy}\tanh y\frac{dy}{dx} = \operatorname{sech}^2 y\frac{dy}{dx}$$

이고, $\dfrac{dy}{dx} = \dfrac{1}{\operatorname{sech}^2 y}$ 이다. $1-\tanh^2 y = \operatorname{sech}^2 y$ (정리 1.3.16)이므로

$$\frac{dy}{dx} = \frac{1}{1-\tanh^2 y} = \frac{1}{1-x^2}$$

2.7 연습문제

1. 다음 함수의 도함수를 구하라.

(1) $y = \sinh 4x$

(2) $y = \tanh(x^2 - 3x)$

(3) $y = \ln(\tanh x)$

(4) $y = \operatorname{csch}(\ln x)$

(5) $y = 2^{\operatorname{sech} x}$

(6) $y = \cosh^2 \sqrt{1 - x^2}$

(7) $y = \sinh^{-1} x^2$

(8) $y = \sinh^{-1}(3x - 1)$

(9) $y = \cosh^{-1}\left(\frac{1}{x}\right)$

(10) $y = \tanh^{-1}(\sec x)$

2. $f(x) = a\cosh\frac{x}{a}$ (a : 상수)일 때 $f'(x) = 0$ 인 x 의 값을 구하라.

3. 방정식 $x = \operatorname{sech}^{-1} y - \sqrt{1 - y^2}$ 에서 $\frac{dy}{dx}$ 를 구하라.

4. $y = \tan^{-1}(\tanh x)$ 일 때 $\frac{dy}{dx} = \operatorname{sech} 2x$ 임을 보여라.

5. $y = \tanh x$ 일 때 $\frac{dy}{dx} = \operatorname{sech}^2 x$ 임을 보여라.

6. $\sinh^{-1} x = \ln(x + \sqrt{x^2 + 1})$이다. $\frac{d}{dx}\sinh^{-1} x = \frac{1}{\sqrt{x^2 + 1}}$ 임을 보여라.

연습문제 해답

1. (1) $y' = 4\cosh 4x$

(2) $y' = (2x-3)\operatorname{sech}^2(x^2-3x)$

(3) $y' = \dfrac{\operatorname{sech}^2 x}{\tanh x}$

(4) $y' = -\dfrac{\operatorname{csch}(\ln x)\coth(\ln x)}{x}$

(5) $y' = -(\ln 2)\,2^{\operatorname{sech} x}\operatorname{sech} x\tanh x$

(6) $y' = -\dfrac{2x\cosh\sqrt{1-x^2}\sinh\sqrt{1-x^2}}{\sqrt{1-x^2}}$

(7) $y' = \dfrac{2x}{\sqrt{x^4+1}}$

(8) $y' = \dfrac{3}{\sqrt{9x^2-6x+2}}$

(9) $y' = \dfrac{-1}{\sqrt{x^2-x^4}}$ (또는 $y' = \dfrac{-1}{x\sqrt{1-x^2}}$)

(10) $y' = -\csc x$

2. $x=0$

3. $\dfrac{dy}{dx} = \dfrac{-y}{\sqrt{1-y^2}}$

4. $\cosh^2 x + \sinh^2 x = \cosh 2x$ (정리 1.3.16)이므로 다음과 같이 도함수를 구할 수 있다.

$$\begin{aligned}\frac{dy}{dx} &= \frac{1}{1+\tanh^2 x}\frac{d}{dx}\tanh x\\ &= \frac{1}{1+\tanh^2 x}\operatorname{sech}^2 x\\ &= \frac{1}{1+\dfrac{\sinh^2 x}{\cosh^2 x}}\frac{1}{\cosh^2 x}\\ &= \frac{1}{\cosh^2 x+\sinh^2 x}\\ &= \frac{1}{\cosh 2x}\\ &= \operatorname{sech} 2x\end{aligned}$$

5. $\tanh x = \dfrac{\sinh x}{\cosh x}$ 이고 $\cosh^2 x - \sinh^2 x = 1$임을 이용하여 도함수를 구할 수 있다.

$$\frac{d}{dx}\tanh x = \frac{d}{dx}\left(\frac{\sinh x}{\cosh x}\right) = \frac{\cosh^2 x - \sinh^2 x}{\cosh^2 x} = \frac{1}{\cosh^2 x} = \operatorname{sech}^2 x$$

6. $$\begin{aligned}\frac{d}{dx}\sinh^{-1} x &= \frac{d}{dx}\ln(x+\sqrt{x^2+1})\\ &= \frac{1}{x+\sqrt{x^2+1}}\frac{d}{dx}(x+\sqrt{x^2+1})\\ &= \frac{1}{x+\sqrt{x^2+1}}\left(1+\frac{x}{\sqrt{x^2+1}}\right)\end{aligned}$$

$$= \frac{1}{x+\sqrt{x^2+1}} \frac{x+\sqrt{x^2+1}}{\sqrt{x^2+1}}$$

$$= \frac{1}{\sqrt{x^2+1}}$$

2.8 고계 도함수

함수 $f(x)$ 가 미분가능함수이면 도함수 $f'(x)$도 하나의 함수이고, 이 도함수 $f'(x)$ 가 미분가능이면 이 함수의 도함수 $(f'(x))' = f''(x)$ 를 생각할 수 있다. 이 때 $f''(x)$ 를 $f(x)$ 의 **2계 도함수**(derivative of the second order)라 한다. 마찬가지로 2계도함수 $f''(x)$ 가 미분가능함수인 경우에 그의 도함수인 3계 도함수 $f'''(x)$ 도 생각할 수 있다. 이와 같이 도함수들이 미분가능함수이면 미분과정을 반복하여 4계이상의 도함수들에 대해서도 생각할 수 있다. 이러한 2계도함수 이상의 도함수를 **고계도함수**(derivative of the higher order)라 하고, 다음과 같은 기호들로 나타낸다.

$$y^{(n)},\ f^{(n)}(x),\ \frac{d^n y}{dx^n},\ \frac{d^n}{dx^n}f(x),\ D^n f(x)$$

예제 2.8.1

함수 $f(x) = 2x^3 - x^2 + 1$ 의 $f'''(x)$ 와 $f^{(4)}(x)$를 구하라.

풀이 $f'(x) = 6x^2 - 2x$, $f''(x) = (f'(x))' = 12x - 2$, $f'''(x) = (12x-2)' = 12$이다. 따라서 $f^{(4)}(x) = (f'''(x))' = (12)' = 0$

예제 2.8.2

함수 $f(x) = x^3$ 에 대하여 $f''(1)$과 $f'''(1)$ 을 구하라.

풀이 $f'(x) = 3x^2$, $f''(x) = 6x$, $f'''(x) = 6$ 이므로 $f''(1) = 6$, $f'''(1) = 6$ 이다.

예제 2.8.3

함수 $y = e^{kx}$ (k : 상수)에 대하여 $f^{(n)}(x)$ 을 구하라.

풀이 함수 $f(x) = e^{kx}$ 의 도함수를 반복하여 구하면

$$\begin{aligned}
f'(x) &= ke^{kx} \\
f''(x) &= kke^{kx} = k^2e^{kx} \\
f''(x) &= k^2ke^{kx} = k^3e^{kx} \\
&\vdots \\
f^{(n)}(x) &= k^{n-1}ke^{kx} = k^n e^{kx}
\end{aligned}$$

이다. 따라서 $f^{(n)}(x) = k^n e^{kx}$ 이다.

예제 2.8.4

$f(x)=x^m$ (m : 자연수)에 대하여 $f^{(n)}(x)$를 구하라.

풀이 함수 $f(x)=x^m$ 의 도함수를 반복하여 구하면

$$\begin{aligned} f'(x) &= mx^{m-1}, \\ f''(x) &= m(m-1)x^{m-2}, \\ &\vdots \qquad\quad \vdots \\ f^{(n)}(x) &= m(m-1)\cdots(m-n+1)x^{m-n} \end{aligned}$$

이다. 여기에서 $n<m$ 이면

$$f^{(n)}(x)=m(m-1)\cdots(m-n+1)x^{m-n}$$

이고, $n=m$ 이면

$$f^{(n)}(x)=m(m-1)\cdots 1=m!$$

이다. 또한 $n>m$ 이면 $f^{(n)}(x)=0$ 이다.

예제 2.8.5

$f(x)=\sin x$ 에 대하여 $f^{(n)}(x)$를 구하라.

풀이 함수 $f(x)=\sin x$ 의 4계도함수를 구하면

$$\begin{aligned} f'(x) &= \cos x, \\ f''(x) &= -\sin x \\ f'''(x) &= -\cos x \end{aligned}$$

이고, 5계도함수는 $f^{(4)}(x)=\sin x$ 로 다시 $f(x)$ 와 같아진다. 따라서 4계도함수 이상은 위에 주어진 함수들이 반복됨을 알 수 있다. 이 고계도함수를 다음과 같이 나타낼 수 있다.

$$f^{(n)}(x)=\begin{cases} \sin x, & n=4k \\ \cos x, & n=4k+1 \\ -\sin x, & n=4k+2 \\ -\cos x, & n=4k+3 \end{cases} \quad (k=0,1,2,3,\cdots)$$

별해 함수 $f(x)=\sin x$ 의 고계도함수는 사인함수의 특성을 이용하여 구할 수도 있다. 함수 $f(x)=\sin x$ 의 도함수를 반복하여 구하면

$$\begin{aligned} f'(x) &= \cos x=\sin\left(x+\frac{\pi}{2}\right), \\ f''(x) &= \cos\left(x+\frac{\pi}{2}\right)=\sin\left(x+\frac{2\pi}{2}\right) \\ f'''(x) &= \cos\left(x+\frac{2\pi}{2}\right)=\sin\left(x+\frac{3\pi}{2}\right) \\ &\vdots \qquad\qquad \vdots \qquad\qquad \vdots \\ f^{(n)}(x) &= \cos\left(x+\frac{(n-1)\pi}{2}\right)=\sin\left(x+\frac{n\pi}{2}\right) \end{aligned}$$

이다. 따라서 $f^{(n)}(x)=\sin\left(x+\dfrac{n\pi}{2}\right)$ 이다.

예제 2.8.6

함수 $f(x)=\dfrac{1}{x}$ 에 대하여 $f^{(n)}(x)$ 를 구하라.

풀이 함수 $f(x)=\dfrac{1}{x}=x^{-1}$ 의 도함수를 반복하여 구하면

$$f'(x)=(x^{-1})'=-x^{-2}=\frac{-1}{x^2}=\frac{(-1)\cdot 1!}{x^2}$$

$$f''(x)=(-x^{-2})'=2x^{-3}=\frac{2}{x^3}=\frac{(-1)^2\cdot 2!}{x^3}$$

$$f'''(x)=(2x^{-3})'=-(2\cdot 3)x^{-4}=\frac{-2\cdot 3}{x^4}=\frac{(-1)^3\cdot 3!}{x^4}$$

$$\vdots \qquad\qquad \vdots \qquad\qquad \vdots$$

$$f^{(n)}(x)=((-1)^{n-1}(n-1)!x^{-n})'=(-1)^n\cdot n!\cdot x^{-n-1}=\frac{(-1)^n\cdot n!}{x^{n+1}}$$

따라서 $f^{(n)}(x)=\dfrac{(-1)^n\cdot n!}{x^{n+1}}$ 이다.

예제 2.8.7

$x^3+y^3=4$ 에서 y'' 을 구하라.

풀이 음함수 미분법에 의해 양변을 x 에 관하여 미분하면 $3x^2+3y^2y'=0$ 이고 $y'=-\dfrac{x^2}{y^2}$ 이다.

이 식의 양변을 x 에 관하여 미분하면

$$y''=-\frac{2xy^2-2x^2yy'}{y^4}$$

이다. 이 식에 $y'=-\dfrac{x^2}{y^2}$ 를 대입하면

$$y''=-\frac{2xy^2+2x^2y\left(\dfrac{x^2}{y^2}\right)}{y^4}=-\frac{\dfrac{2xy^3+2x^4}{y}}{y^4}=-\frac{2(xy^3+x^4)}{y^5}=-\frac{2x(y^3+x^3)}{y^5}$$

이다. $x^3+y^3=4$ 이므로 $y''=-\dfrac{8x}{y^5}$ 이다.

2.8 연습문제

1. 다음의 함수들에 대하여 y''' 을 구하라.

(1) $y = x^3 - 3x^2 + 3$ (2) $y = e^{3x}$

(3) $y = \ln x$ (4) $y = \sin 2x$

(5) $y = \tan x$ (6) $y = \sin e^x$

2. $f(x) = e^x \sin x$ 일 때, $f^{(4)}(x)$ 를 구하라.

3. $f(x) = x^{10}$ 에 대하여 다음을 구하라.

(1) $f^{(9)}(x)$ (2) $f^{(10)}(x)$

(3) $f^{(11)}(x)$

4. $f(x) = \cos x$ 에 대하여 다음을 구하라.

(1) $f^{(25)}(x)$ (2) $f^{(27)}(x)$

5. $3x^4 + y^4 = 9$ 에서 y'' 을 구하라.

6. 다음의 함수 $f(x)$ 에 대하여 $f^{(n)}(x)$ 를 구하라.

(1) $f(x) = \ln x$ (2) $f(x) = \dfrac{1}{x+1}$

연습문제 해답

1. (1) $y'''=6$

(2) $y'''=3^3e^{3x}$

(3) $y'''=\dfrac{2}{x^3}$

(4) $y'''=-2^3\cos 2x$

(5) $y'''=2(1+4\tan^2 x+3\tan^4 x)$

(6) $y'''=(e^x-e^{3x})\cos e^x-3e^{2x}\sin e^x$

2. $f^{(4)}(x)=-4e^x\sin x$

3. (1) $f^{(9)}(x)=(10\cdot 9\cdot \cdots \cdot 2)x=(10!)x$

(2) $f^{(10)}(x)=10!$

(3) $f^{(11)}(x)=0$

4. (1) $f^{(25)}(x)=-\sin x$

(2) $f^{(27)}(x)=\sin x$

5. $y''=\dfrac{-9(x^2y^4+3x^6)}{y^7}=-\dfrac{81x^2}{y^7}$

6. (1) $f^{(n)}(x)=\dfrac{(-1)^{n-1}(n-1)!}{x^n}\quad (n\geq 1)$

(2) $f^{(n)}(x)=\dfrac{(-1)^n\, n!}{(x+1)^{n+1}}$

Engineering
Mathematics

CHAPTER
03

도함수의 응용

3.1 미분과 근사값

이 절에서는 함수의 근사값을 구하는데 이용되는 미분과 선형근사에 대해 알아본다. 함수 $y=f(x)$가 미분가능이라 하면 $f'(x)$는 그림 3.1에서와 같이 점 $P(x, f(x))$에서 곡선 $y=f(x)$에 접하는 접선 L의 기울기이다. 또한 x 값의 증분 Δx에 따른 y 값의 증분

$$\Delta y = f(x+\Delta x) - f(x)$$

는 Δx가 충분히 작다면 선분 QR의 길이에 근사하다. 즉, $\Delta y \approx |QR|$이다. $\dfrac{|QR|}{\Delta x}$은 접선 L의 기울기로 $\dfrac{|QR|}{\Delta x} = f'(x)$이고, $|QR| = f'(x)\Delta x$이다. 따라서

$$\Delta y \approx |QR| = f'(x)\Delta x \tag{3-1}$$

이다. 여기에서 $|QR| = f'(x)\Delta x$을 $y=f(x)$의 미분이라 한다.

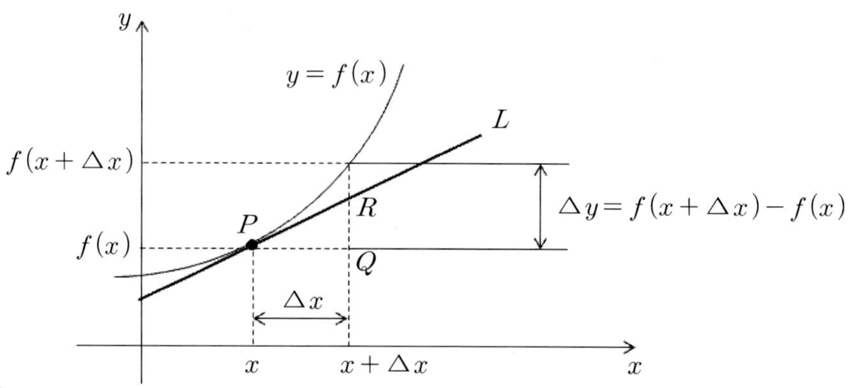

[그림 3-1] x의 증분 Δx와 y의 증분 Δy

정의 **미분**

함수 $y=f(x)$가 미분가능일 때

$$dy = f'(x)\,\Delta x \tag{3-2}$$

를 x의 증분 Δx에 대한 y의 **미분(differential)**이라 한다.

위의 정의에서 $f(x)=x$이면 $dx = f'(x)\Delta x = 1 \cdot \Delta x = \Delta x$이므로 y의 미분을

$$dy = f'(x)\,dx \tag{3-3}$$

로 나타낼 수 있다.

예제 3.1.1

다음 함수의 미분을 구하라.

(1) $y = x^2 - 3x$ (2) $y = e^x$

(3) $y = \ln x$ (4) $y = \tan 2x$

풀이 (1) $y' = 2x - 3$ 이므로 y 의 미분은 $dy = (2x-3)\triangle x$ 또는 $dy = (2x-3)dx$ 이다.

(2) $y' = e^x$ 이므로 y 의 미분은 $dy = e^x \triangle x$ 또는 $dy = e^x dx$ 이다.

(3) $y' = \dfrac{1}{x}$ 이므로 y 의 미분은 $dy = \dfrac{1}{x}\triangle x$ 또는 $dy = \dfrac{1}{x}dx$ 이다.

(4) $y' = 2\sec^2 2x$ 이므로 y 의 미분은 $dy = 2\sec^2 2x \triangle x$ 또는 $dy = 2\sec^2 2x\, dx$ 이다.

어떤 원하는 점에서의 함수값을 구하기가 어려운 경우에 그 근방의 점에 대한 함수값을 이용하여 그 함수값의 근사값을 구할 수 있다. 그림 3.1에서와 같이 $f(x + \triangle x)$ 에서의 함수 값은

$$f(x + \triangle x) = f(x) + \triangle y$$

이고, 식 (3–1)로부터 $\triangle y \approx f'(x)\triangle x$ 이다. 따라서 $f(x + \triangle x)$ 의 근사값을

$$f(x + \triangle x) \approx f(x) + f'(x)\triangle x \tag{3–4}$$

로 구할 수 있다. 여기에서 $\triangle x$ 의 값이 작을수록 $f'(x)\triangle x$ 의 값이 $\triangle y$ 에 가깝기 때문에 $\triangle x$ 의 값이 작을수록 그 근사값의 오차가 작아진다는 것을 알 수 있다.

예제 3.1.2

미분을 이용하여 $\sqrt{4.02}$ 의 근사값을 구하라.

풀이 $f(x) = \sqrt{x}$ 라 하면 $f'(x) = \dfrac{1}{2\sqrt{x}}$ 이다. 식 (3–4)를 이용하여 $f(x) = \sqrt{x}$ 에 대한 근사식을 만들면

$$\sqrt{x + \triangle x} \approx \sqrt{x} + \frac{1}{2\sqrt{x}}\triangle x$$

이다. 여기에서 $x = 4$, $\triangle x = 0.02$ 라 하면

$$\sqrt{4 + 0.02} \approx \sqrt{4} + \frac{1}{2\sqrt{4}} \cdot 0.02 = 2 + \frac{0.02}{4} = 2.005$$

이다. 따라서 $\sqrt{4.02}$ 의 근사값을 2.005 로 구할 수 있다. 소수점 5자리까지 $\sqrt{4.02}$ 의 값을 구하면 2.00499 로 이 근사값은 0.00001 보다 작은 오차를 갖는다.

예제 3.1.3

$f(x) = x^4 - 3x^3 + x^2 - 4$ 일 때 미분을 이용하여 $f(2.999)$ 의 근사값을 구하라.

풀이 주어진 함수 f 의 도함수는 $f'(x) = 4x^3 - 9x^2 + 2x$ 이다. $2.999 = 3 - 0.001$ 이므로 $x = 3$, $\triangle x = -0.001$ 이라 하면

$$f(3) = 3^4 - 3 \cdot 3^3 + 3^2 - 4 = 5\,, \quad f'(3) = 4 \cdot 3^3 - 9 \cdot 3^2 + 2 \cdot 3 = 33$$

이고, 식 (3-4)로부터

$$f(3 - 0.001) \approx f(3) + f'(3) \cdot (-0.001) = 5 - 33 \cdot (0.001) = 4.967$$

이다. 따라서 $f(2.999)$ 의 근사값을 4.967 로 구할 수 있다.

곡선 $y = f(x)$ 위의 점 $P(a, f(a))$ 에서 이 곡선에 접하는 접선 L 의 방정식을 구하면

$$y = f(a) + f'(a)(x - a)$$

이다. 그림 3-2에서 보는바와 같이 점 $P(a, f(a))$ 에 근접한 영역에서 곡선 $f(x)$ 와 접선 L 이 근접해 있음을 알 수 있다. 즉, x 가 a 에 충분히 가깝다면

$$f(x) \approx f(a) + f'(a)(x - a)$$

이고, 이를 이용하여 $f(x)$ 의 근사값을 구할 수 있다. 이 근사식의 우변을

$$L(x) = f(a) + f'(a)(x - a) \tag{3-5}$$

로 나타내고 이 식을 $x = a$ 에서 $f(x)$ 의 **선형화 함수**라 한다. 여기에서 x 가 a 에 충분히 근접해 있다면 $f(x) \approx L(x)$ 이다.

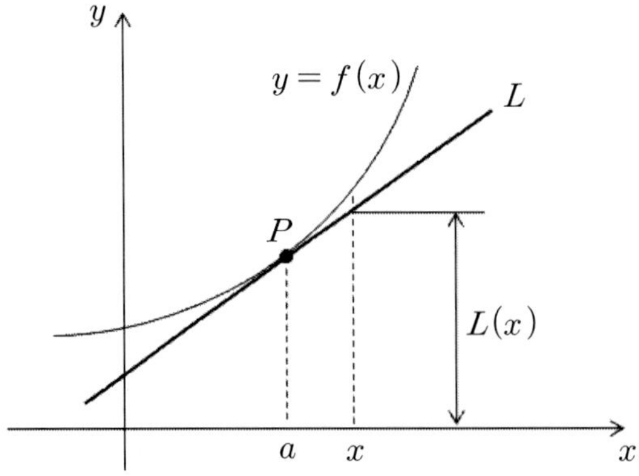

[그림 3-2] 곡선 $y - f(x)$ 와 접선 L

예제 3.1.4

$x=4$ 에서 함수 $f(x)=\sqrt{x}$ 의 선형화 함수를 구하고, $\sqrt{3.98}$ 과 $\sqrt{4.02}$ 의 근사값을 구하라.

▌풀이▌ $f(x)=\sqrt{x}$ 이므로 $f'(x)=\dfrac{1}{2\sqrt{x}}$ 이고, $f(4)=2$, $f'(4)=\dfrac{1}{4}$ 이다. 식 (3-5)를 이용하여 $x=4$ 에서 $f(x)=\sqrt{x}$ 의 선형화 함수를 구하면

$$L(x)=f(4)+f'(4)(x-4)=2+\frac{1}{4}(x-4)=\frac{x}{4}+1$$

이다. $\sqrt{x}=f(x)\approx L(x)=\dfrac{x}{4}+1$ 이고, 이를 이용하여 주어진 근사값을 구할 수 있다.

$$\sqrt{3.98}\approx\frac{3.98}{4}+1\approx 1.995,\qquad \sqrt{4.02}\approx\frac{4.02}{4}+1\approx 2.005$$

예제 3.1.5

$x=0$ 에서 함수 $f(x)=(1+x)^n$ 의 선형화 함수를 이용하여 근사공식

$$(1+x)^n\approx 1+nx \tag{3-6}$$

을 유도하라.

▌풀이▌ $f(x)=(1+x)^n$ 이면 $f'(x)=n(1+x)^{n-1}$ 이고 $f(0)=1$, $f'(0)=n$ 이므로 $x=0$ 에서 $f(x)$ 의 선형화 함수는

$$L(x)=f(0)+f'(0)(x-0)=1+nx$$

이다. x 가 0 에 충분히 가깝다면 $f(x)\approx L(x)$ 이므로 근사공식

$$(1+x)^n\approx 1+nx$$

을 얻을 수 있다.

예제 3.1.6

예제 3.1.5의 근사공식을 이용하여 1.02^{10} 의 근사값을 구하라.

▌풀이▌ $1.02^{10}=(1+0.02)^{10}\approx 1+10\cdot 0.02=1+0.2=1.2$

이차방정식 $ax^2+bx+c=0$ 는 근의 공식을 이용하면 그 근을 찾을 수 있다. 그러나 삼차, 사차방정식의 경우에 근을 찾는 공식이 있으나 매우 복잡하고 오차이상의 방정식과 초월함수로 구성된 방정식의 경우에는 그 근을 찾는 알려진 공식이 없다. 이렇게 근을 구하기 어려운 방정식의 경우에 접선을 이용하여 근의 근사값을 구할 수 있다.

방정식 $f(x)=0$ 의 근을 r 이라 할 때, r 근방의 점 x_1 을 첫 번째 근사값으로 선택하고 점 $(x_1, f(x_1))$ 에서 곡선 $y=f(x)$ 에 접하는 접선 L_1 의 방정식을 구하면

$$y-f(x_1)=f'(x_1)(x-x_1)$$

이다. 접선 L_1 이 x 축과 만나는 점, 즉 x–절편을 x_2 라 하면 $0-f(x_1)=f'(x_1)(x_2-x_1)$ 이므로

$$x_2=x_1-\frac{f(x_1)}{f'(x_1)}$$

이다. 또한 점 $(x_2, f(x_2))$ 에서 곡선 $y=f(x)$ 에 접하는 접선 L_2 의 방정식은

$$y-f(x_2)=f'(x_2)(x-x_2)$$

이고, 접선 L_2 의 x–절편을 x_3 라 하면

$$x_3=x_2-\frac{f(x_2)}{f'(x_2)}$$

이다. 이와 같은 과정을 반복하여 x_4, x_5, $\cdots$ 를 구할 수 있고, 이 x_n 들은 그림 3–3과 같이 n 이 증가함에 따라 방정식 $f(x)=0$ 의 근 r 에 가까워짐을 알 수 있다. 또한 위에 주어진 x–절편 x_2, x_3 에 대한 식의 규칙을 파악하면 임의의 n 에 대한 $n+1$ 번째 근사값 x_{n+1} 을 구하는 점화식

$$x_{n+1}=x_n-\frac{f(x_n)}{f'(x_n)} \qquad (3\text{–}7)$$

을 구할 수 있다. 이를 **뉴턴의 방법**이라 한다. 여기에서 $f'(x_n)$ 의 값이 0 이거나 0 에 가까운 경우에 기대하는 결과를 얻지 못할 수도 있다.

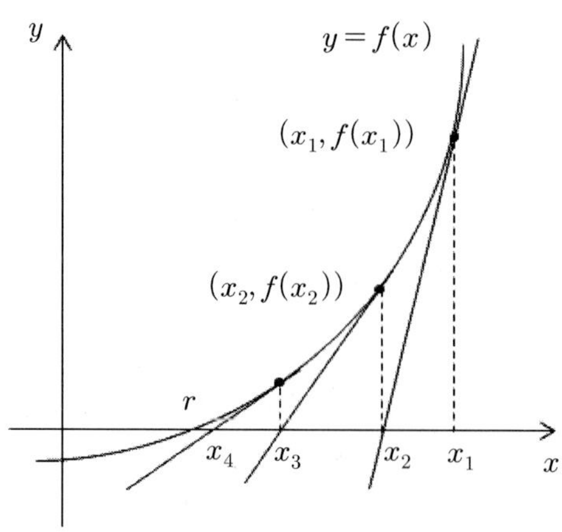

[그림 3–3] 뉴턴의 방법

예제 3.1.7

뉴턴의 방법으로 방정식 $x^2+3x-3=0$ 의 근에 대한 근사값을 구하려 한다. 첫째 근사값을 $x_1=1$ 로 할 때, 셋째 근사값 x_3 를 구하라.

풀이 $f(x)=x^2+3x-3$ 이라 하면 $f'(x)=2x+3$ 이다. 식 (3-7)로부터

$$x_{n+1}=x_n-\frac{f(x_n)}{f'(x_n)}=x_n-\frac{x_n^2+3x_n-3}{2x_n+3}$$

이다. 따라서

$$x_2=1-\frac{1^2+3\cdot 1-3}{2\cdot 1+3}=1-\frac{1}{5}=0.8,$$

$$x_3=0.8-\frac{(0.8)^2+3\cdot 0.8-3}{2\cdot 0.8+3}\approx 0.7913$$

이다. 이 근사값은 실제의 근 $r=\frac{-3+\sqrt{21}}{2}$ 과 소수점이하 셋째 자리까지 정확한 값이며, 이 값을 이용하여 넷째 근사값 x_4 를 구하면 0.7912878475 로 이 값은 실제의 근과 소수점이하 9자리까지 일치하는 값이다.

뉴턴의 방법으로 구한 근사값의 수열 $x_1,\ x_2,\ x_3,\ \cdots$ 에서 x_n 과 x_{n+1} 이 일치하는 값은 실제의 근과도 일치하는 것으로 알려져 있다. 즉, x_n 과 x_{n+1} 이 소수점 이하 k 자리까지 일치한다면 근사값 x_{n+1} 은 실제의 근과도 소수점이하 k 자리까지 일치하는 값이다.

예제 3.1.8

$\sqrt{2}$ 의 값을 소수점이하 5자리까지 정확하게 찾아라.

풀이 $f(x)=x^2-2$ 라 하면 $\sqrt{2}$ 는 방정식 $f(x)=0$ 의 근이다. $f'(x)=2x$ 이므로

$$x_{n+1}=x_n-\frac{x_n^2-2}{2x_n}=\frac{x_n^2+2}{2x_n}$$

이다. $x_1=2$ 라 하면

$$x_2=\frac{2^2+2}{2\cdot 2}=1.5$$

$$x_3=\frac{(1.5)^2+2}{2\cdot 1.5}\approx 1.41666667$$

$$x_4\approx 1.41421569$$

$$x_5\approx 1.41421356$$

이고, x_4 와 x_5 는 소수점 이하 5자리까지 일치하는 값이다. 따라서 근사값 x_4 또는 x_5 는 $\sqrt{2}$ 의 실제값과 소수점 이하 5자리까지 일치한다. 즉 $\sqrt{2}$ 의소수점 5자리까지 정확한 값은 1.41421 이다.

3.1 연습문제

1. 다음 함수의 미분을 구하라.

(1) $y = x^3 - 2x^2 + 3$　　(2) $y = \ln x^2$

(3) $y = e^{5x}$　　(4) $y = \sec 3x$

2. 미분을 이용하여 다음의 근사 값을 구하라.

(1) $\sqrt{17}$　　(2) $\sqrt{8.97}$

(3) $(2.999)^3$　　(4) $\sqrt[3]{63}$

(5) $\ln 4.1$ (단, $\ln 2 \approx 1.3863$)　　(6) $\sin 61^\circ$ (단, $1^\circ \approx 0.0175\,(\mathrm{rad})$)

3. 다음의 함수에 대한 $x = 1$ 에서의 선형화 함수를 구하라.

(1) $f(x) = \sqrt[3]{x}$　　(2) $f(x) = x^3 + x^2 - 3x + 1$

(3) $f(x) = \ln x$　　(4) $f(x) = 3x^2 + \dfrac{4}{x^3}$

4. $x = 0$ 에서 함수 $f(x) = (3 + x)^3$ 의 선형화 함수를 구하고, 이를 이용하여 $(2.999)^3$ 의 근사값을 구하라.

5. 공의 반지름을 측정하였더니 16cm이고, 이 측정에서 측정오차는 0.1cm이다. 이 반지름을 이용하여 공의 부피를 계산할 때 나타날 수 있는 최대오차를 구하라. 반지름이 r 인 구의 부피는 $V(r) = \dfrac{4}{3}\pi r^3$ 이다. (Hint. $V(r \pm \Delta r) - V(r) \approx V'(r)\Delta r$)

6. 뉴턴의 방법을 이용하여 다음 방정식의 근에 대한 세 번째 근사값 x_3 을 구하라. 단, 초기값으로 $x_1 = 1$ 을 이용하고, 소수점 이하 4자리까지 구하라.

(1) $x^2 + 2x = 1$ $(x_1 = 1)$　　(2) $x^3 + x = 1$

(3) $x^5 + x^3 + 2x = 5$ $(x_1 = 1)$　　(4) $\cos x = x$

7. 뉴턴의 방법을 이용하여 방정식 $\ln x = 1$ 의 근 e 에 대한 근사값을 구하는 점화식을 만들고, 소수점 이하 11자리까지 정확한 근사값을 구하라.

연습문제 해답

1. (1) $dy=(3x^2-4x)\,dx$ (2) $dy=\frac{2}{x}dx$

(3) $dy=5e^{5x}\,dx$ (4) $dy=(3\sec 3x\tan 3x)\,dx$

2. (1) $\sqrt{17}\approx 4+\frac{1}{8}=4.125$ (2) $\sqrt{8.97}\approx 3+\frac{1}{6}\times 0.03=3.005$

(3) $(2.999)^3\approx 27+27\times(-0.001)=26.973$ (4) $\sqrt[3]{63}\approx 4-\frac{1}{48}\approx 3.9792$

(5) $\ln 4.1\approx \ln 4+\frac{0.1}{4}\approx 1.4113$ (6) $\sin 61^\circ\approx\frac{\sqrt{3}}{2}+\frac{0.0175}{2}\approx 0.8748$

3. (1) $L(x)=\frac{x+2}{3}$ (2) $L(x)=2(x-1)$

(3) $L(x)=x-1$ (4) $L(x)=13-6x$

4. 선형화함수 : $L(x)=27+27x$, 근사값 : $L(-0.001)=26.973$

5. $\triangle V=321.536\,cm^3$

6. (1) 0.4167 (2) 0.6860

(3) 1.0891 (4) 0.7391

7. 근사공식 : $x_{n+1}=2x_n-x_n\ln x_n$, 근사값 : 2.71828182845

3.2 평균값의 정리

이 절에서는 방정식의 근의 존재성과 로피탈의 정리 등과 같이 미적분학의 응용에서 유용하게 사용될 수 있는 몇 가지 정리를 소개한다.

정리 3.2.1 Rolle의 정리

함수 f 가 폐구간 $[a, b]$ 에서 연속이고 개구간 (a, b) 에서 미분가능일 때, $f(a)=f(b)$ 이면 $f'(c)=0$ 인 c 가 (a, b) 내에 적어도 하나 존재한다.

함수 f가 구간 $[a,b]$ 에서 연속이고 $f(a)=f(b)$이면 그림 3-4와 같이 접선 L이 x 축과 평행한 점 $P(c,f(c))$가 존재하고, 점 P에서 미분가능이면 $f'(c)=0$이다.

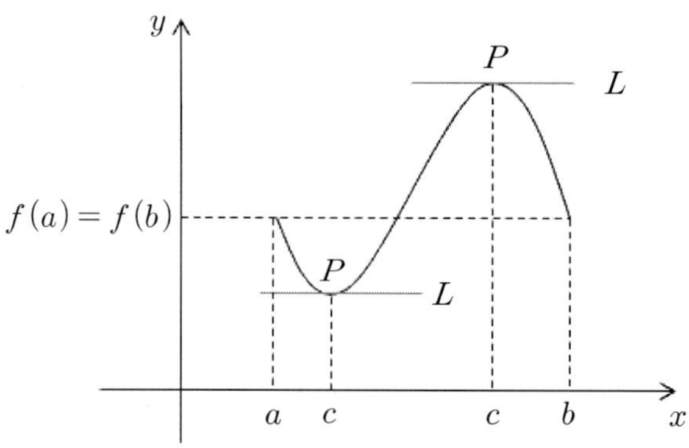

[그림 3-4] Rolle의 정리

예제 3.2.2

$f(x)=x^3-4x$ 일 때, 구간 $(-2,2)$ 에서 $f'(c)=0$ 인 c 를 모두 구하라.

▌풀이▌ $f(x)=x^3-4x$ 는 다항함수로 구간 $[-2,2]$ 에서 연속이고, 구간 $(-2,2)$ 에서 미분가능이다. 또한 $f(-2)=-8+8=0$, $f(2)=8-8=0$ 으로 $f(-2)=f(2)$ 를 만족한다. 따라서 Rolle의 정리에 의해 $f'(c)=0$ 인 c가 구간 $(-2,2)$ 안에 존재한다.

$f'(x)=3x^2-4$ 이므로 $f'(c)=3c^2-4=0$ 이라 하면 $c^2=\frac{4}{3}$ 이고, $c=\frac{\pm 2}{\sqrt{3}}$ 이다.

Rolle의 정리는 어떤 구간 안에 존재하는 방정식의 근이 유일하다는 사실을 입증하는데 이용될 수 있다.

예제 3.2.3

방정식 $x^5+x^3+2x-5=0$ 이 구간 $(1,2)$ 에서 정확히 하나의 실근을 가짐을 보여라.

풀이 $f(x)=x^5+x^3+2x-5$ 라 하면 f 는 다항함수이므로 구간 $[1,2]$ 에서 연속이다. 또한

$$f(1)=1+1+2-5=-1,\ f(2)=32+8+4-5=39$$

로 $f(1)<0<f(2)$ 이므로 중간값 정리(정리 2.2.8)로부터 구간 $(1,2)$ 안에 $f(c)=0$ 을 만족하는 c 가 존재한다. 즉, 방정식 $x^5+x^3+2x-5=0$ 의 근이 구간 $(1,2)$ 안에 존재한다. 또한 이 방정식이 구간 $(1,2)$ 안에 $a<b$ 인 두 개의 실근 a 와 b 를 갖는다고 하면

$$f(a)=0=f(b)$$

이다. f 는 다항식으로 구간 $[a,b]$ 에서 연속이고, 구간 (a,b) 에서 미분가능이므로 Rolle의 정리의 가정을 만족한다. 따라서 $f'(c)=0$ 을 만족하는 c 가 구간 (a,b) 안에 존재한다. 그러나 이는 모든 $x\in(1,2)$ 에 대하여

$$f'(x)=5x^4+3x^2+2\geq 2>0$$

이라는 사실에 모순이다. 따라서 방정식은 두 개 이상의 실근을 갖지 않는다.

정리 3.2.4 평균값 정리

함수 f 가 폐구간 $[a,\ b]$ 에서 연속이고 개구간 $(a,\ b)$ 에서 미분가능이면

$$f'(c)=\frac{f(b)-f(a)}{b-a} \tag{3-8}$$

를 만족하는 c 가 구간 $(a,\ b)$ 안에 적어도 하나 존재한다.

식 (3-8)의 우변은 그림 3-5에서 직선 $\overline{AB}$ 의 기울기이고 좌변은 점 $P(c, f(c))$ 에서 접선의 기울기이다. 따라서 평균값정리는 직선 $\overline{AB}$ 와 평행한 접선을 갖는 곡선상의 점 P 가 항상 존재한다는 것을 의미한다.

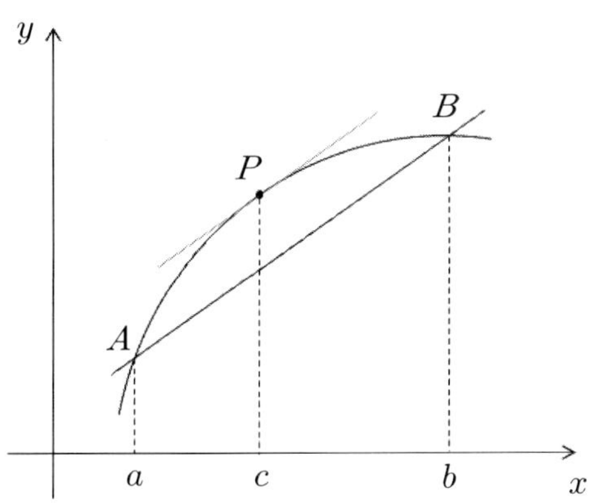

[그림 3-5] 평균값 정리

예제 3.2.5

함수 $f(x)=\sqrt{x+1}$ 가 평균값 정리를 만족하는 점 c를 구간 $(0,3)$에서 구하라.

풀이 함수 $f(x)=\sqrt{x+1}$ 은 구간 $[0,3]$에서 연속이고 $(0,3)$에서 미분가능이다. 따라서 평균값 정리를 만족하는 c가 구간 $(0,3)$에 존재한다. $a=0$, $b=3$ 이라하면

$$\frac{f(b)-f(a)}{b-a}=\frac{2-1}{3-0}=\frac{1}{3}$$

이고 $f'(x)=\dfrac{1}{2\sqrt{x+1}}$ 이다. $\dfrac{1}{2\sqrt{c+1}}=\dfrac{1}{3}$ 이라 하면 $2\sqrt{c+1}=3$, $\sqrt{c+1}=\dfrac{3}{2}$ 이다.

따라서 $c=\dfrac{5}{4}$ 이다.

예제 3.2.6

함수 $f(x)=\dfrac{1}{x-1}$ 가 평균값 정리를 만족하는 점 c가 구간 $(0,2)$에 존재하지 않음을 보이고 그 이유를 설명하여라.

풀이 $a=0$, $b=2$ 라 하면

$$\frac{f(b)-f(a)}{b-a}=\frac{1+1}{2-0}=1$$

이고, $f'(x)=\dfrac{-1}{(x-1)^2}$ 이다. 평균값정리를 만족하는 점을 구하기 위해 $\dfrac{-1}{(c-1)^2}=1$ 이라 하면 $(c-1)^2=-1$ 이고, 이를 만족시키는 c는 존재하지 않는다. 그 이유는 주어진 함수 f는 $x=1$에서 미분가능하지 않으므로 구간 $(0,2)$에서 미분가능하지 않다. 즉, 구간 $(0,2)$에서 평균값정리의 가정을 만족시키지 못한다.

평균값 정리를 이용하면 미분법에 관련된 다음의 중요한 성질들을 입증할 수 있다.

정리 3.2.7

구간 (a,b) 안의 모든 x에 대하여 $f'(x)=0$ 이면, f 는 구간 (a,b)에서 상수함수이다. 즉, 모든 $x\in(a,b)$에 대하여 $f(x)=c$ 이다.

따름정리 3.2.8

구간 (a,b) 안의 모든 x에 대하여 $f'(x)=g'(x)$이면, 모든 $x\in(a,b)$에 대하여 $f(x)=g(x)+c$ (c : 상수)이다.

정리 3.2.9 Cauchy의 평균값의 정리

함수 f 와 g 가 구간 $[a, b]$ 에서 연속이고 구간 (a, b) 에서 미분가능이라 하자. $g'(x) \neq 0$ 이면

$$\frac{f'(c)}{g'(c)} = \frac{f(b) - f(a)}{g(b) - g(a)} \tag{3-9}$$

인 c 가 구간 (a, b) 안에 적어도 하나 존재한다.

위의 정리에서 $g(x) = x$ 라 하면 이 정리는 평균값 정리이다. 즉, 이 정리는 평균값 정리를 일반화한 정리로 로피탈의 법칙을 유도할 때 이용된다.

3.2 연습문제

1. 다음의 함수가 Rolle의 정리를 만족하는 점 c를 구간 $(0, \pi)$에서 모두 구하라.

   (1) $f(x) = \sin x$　　(2) $f(x) = \sin 2x$

2. 다음의 함수가 평균값 정리를 만족하는 점 c를 주어진 구간에서 모두 구하라.

   (1) $f(x) = x^2 - 3x + 2,\ (1, 3)$　　(2) $f(x) = x^3 - x,\ (-2, 2)$

   (3) $f(x) = \sqrt{x+1},\ (-1, 0)$　　(4) $f(x) = \sqrt{1 + \sin x},\ (0, \pi)$

3. 다음의 방정식이 주어진 구간에서 단 하나의 실근를 가짐을 보여라.

   (1) $x^2 + x - 3 = 0,\ (1, 2)$　　(2) $x^3 - 3x + 1 = 0,\ (0, 1)$

   (3) $\cos x = x,\ \left(0, \dfrac{\pi}{2}\right)$　　(4) $\tan x = 1 - x,\ \left(0, \dfrac{\pi}{4}\right)$

4. 함수 f가 모든 실수 x에서 미분가능이고 $f'(x) \le 5$이다. $f(0) = -3$일 때, $f(2)$의 값 중에 가장 큰 값을 구하라.

5. 평균값 정리를 이용하여 다음의 부등식을 증명하라.

   $$|\sin b - \sin a| \le |b - a|$$

6. 정리 3.2.7을 증명하라.

연습문제 해답

1. (1) $c=\frac{\pi}{2}$ (2) $c=\frac{\pi}{4},\ \frac{3\pi}{4}$

2. (1) $c=2$ (2) $c=\frac{2}{\sqrt{3}},\ \frac{-2}{\sqrt{3}}$ (3) $c=-\frac{3}{4}$ (4) $c=\frac{\pi}{2}$

3. (1) $f(x)=x^2+x-3$ 이라 하면 $f(1)=-1<0<3=f(2)$ 이므로 중간값정리에 의해 구간 $(1,2)$ 안에 $f(c)=0$ 인 실근 c 를 갖는다. 주어진 방정식 $f(x)=0$ 가 구간 $(1,2)$ 안에 $a<b$ 인 두 개의 실근 a 와 b 를 갖는다면 $f(a)=0=f(b)$ 이므로 Rolle의 정리에 의해 $f'(c)=0$ 인 c 가 (a,b) 안에 존재한다. 그러나 구간 $(1,2)$ 안의 모든 x 에 대하여
$f'(x)=2x+1>1$
이므로 이는 모순이다. 따라서 주어진 방정식은 구간 $(1,2)$ 안에 두 개 이상의 실근을 갖지 않는다.
(2) $f(x)=x^3-3x+1$ 이라 하면 $f(0)=1>0>-1=f(1)$ 이므로 중간값정리에 의해 구간 $(0,1)$ 안에 $f(c)=0$ 인 실근 c 를 갖는다. 주어진 방정식 $f(x)=0$ 가 구간 $(0,1)$ 안에 $a<b$ 인 두 개의 실근 a 와 b 를 갖는다면 $f(a)=0=f(b)$ 이므로 Rolle의 정리에 의해 $f'(c)=0$ 인 c 가 (a,b) 안에 존재한다. 그러나 구간 $(0,1)$ 안의 모든 x 에 대하여
$f'(x)=3x^2-3=3(x^2-1)<0$
이므로 이는 모순이다. 따라서 주어진 방정식은 구간 $(0,1)$ 안에 두 개 이상의 실근을 갖지 않는다.
(3) $f(x)=x-\cos x$ 라 하면 $f(0)=-1<0<\frac{\pi}{2}=f\left(\frac{\pi}{2}\right)$ 이므로 중간값정리에 의해 구간 $\left(0,\frac{\pi}{2}\right)$ 안에 $f(c)=0$ 즉, $\cos c=c$ 인 실근 c 가 존재한다. 주어진 방정식 $f(x)=0$ 가 구간 $\left(0,\frac{\pi}{2}\right)$ 안에 $a<b$ 인 두 개의 실근 a 와 b 를 갖는다면 $f(a)=0=f(b)$ 이므로 Rolle의 정리에 의해 $f'(c)=0$ 인 c 가 (a,b) 안에 존재한다. 그러나 구간 $\left(0,\frac{\pi}{2}\right)$ 안의 모든 x 에 대하여
$f'(x)=1+\sin x>1$
이므로 이는 모순이다. 따라서 주어진 방정식은 구간 $\left(0,\frac{\pi}{2}\right)$ 안에 두 개 이상의 실근을 갖지 않는다.
(4) $f(x)=\tan x+x-1$ 라 하면 $f(0)=-1<0<\frac{\pi}{4}=f\left(\frac{\pi}{4}\right)$ 이므로 중간값정리에 의해 구간 $\left(0,\frac{\pi}{4}\right)$ 안에 $f(c)=0$ 즉, $\tan c=1-c$ 인 실근 c 가 존재한다. 주어진 방정식 $f(x)=0$ 가 구간 $\left(0,\frac{\pi}{4}\right)$ 안에 $a<b$ 인 두 개의 실근 a 와 b 를 갖는다면 $f(a)=0=f(b)$ 이므로 Rolle의 정리에 의해 $f'(c)=0$ 인 c 가 (a,b) 안에 존재한다. 그러나 구간 $\left(0,\frac{\pi}{4}\right)$ 안의 모든 x 에 대하여
$f'(x)=\sec^2 x+1>1$
이므로 이는 모순이다. 따라서 주어진 방정식은 구간 $\left(0,\frac{\pi}{4}\right)$ 안에 두 개 이상의 실근을 갖지 않는다.

4. 함수 f 가 모든 실수에서 미분가능이므로 모든 실수에서 연속이다. 따라서 구간 $[0, 2]$ 에서 평균값 정리를 적용하면

$$\frac{f(2)-f(0)}{2-0}=\frac{f(2)+3}{2}=f'(c)$$

인 $c\in(0,2)$ 가 존재한다. 위의 식을 정리하면

$$f(2)+3=2f'(c)$$

이고, 모든 실수 x 에 대하여 $f'(x)\le 5$ 이므로 $f'(c)\le 5$ 이다. 따라서 $f(2)+3\le 10$이고 $f(2)\le 7$ 이다. $f(2)$ 의 값으로 가장 큰 값은 7 이다.

5. 임의의 두 실수 a 와 b 에 대하여 $a\le b$ 라 하자. $a=b$ 이면 $|\sin b-\sin a|=0=|b-a|$로 주어진 식은 만족된다. $a<b$ 라 하고 $f(x)=\sin x$ 라 하면 f 는 $[a,b]$ 에서 연속이고 (a,b) 에서 미분가능이다. 따라서 평균값정리에 의해

$$\frac{\sin b-\sin a}{b-a}=\frac{f(b)-f(a)}{b-a}=f'(c)=\cos c$$

인 c 가 구간 (a,b) 안에 존재한다. $|\cos c|\le 1$ 이므로

$$\left|\frac{\sin b-\sin a}{b-a}\right|=|\cos c|\le 1.$$

따라서 $|\sin b-\sin a|\le|b-a|$가 성립한다.

6. 구간 (a,b) 안의 모든 x 에 대하여 $f(x)$ 가 항상 같음을 보인다. x_1 과 x_2 를 구간 (a,b) 안의 수로 $x_1<x_2$ 라 하자. 모든 $x\in(a,b)$ 에 대하여 $f'(x)=0$ 이므로 f 는 구간 $[x_1,x_2]$ 안의 모든 점에서 미분가능이다. 즉, f 는 구간 $[x_1,x_2]$ 에서 연속이고 (x_1,x_2) 에서 미분가능이다. 따라서 평균값 정리에 의해

$$\frac{f(x_2)-f(x_1)}{x_2-x_1}=f'(c)$$

인 $c\in(x_1,x_2)$ 가 존재한다. 가정에서 $f'(c)=0$ 이므로 $f(x_2)-f(x_1)=0$이고 $f(x_2)=f(x_1)$ 이다. 따라서 구간 (a,b) 안에서 함수 f 의 값은 항상 같은 값을 갖는다.

3.3 도함수와 그래프

함수 f의 도함수를 이용하면 함수의 증가, 감소상태를 포함하여 그 함수의 그래프에 대한 개략적인 형태를 파악할 수 있다.

정의 증가함수, 감소함수

구간 I 안에 있는 임의의 점을 x_1, x_2라 하자.

(1) $x_1 < x_2$일 때 $f(x_1) < f(x_2)$이면 함수 f는 구간 I에서 **증가한다(increase)**고 한다.

(2) $x_1 < x_2$일 때 $f(x_1) > f(x_2)$이면 함수 f는 구간 I에서 **감소한다(decrease)**고 한다.

정의역에서 증가하는 함수를 **증가함수(increasing function)**, 감소하는 함수를 **감소함수(decreasing function)**라 한다.

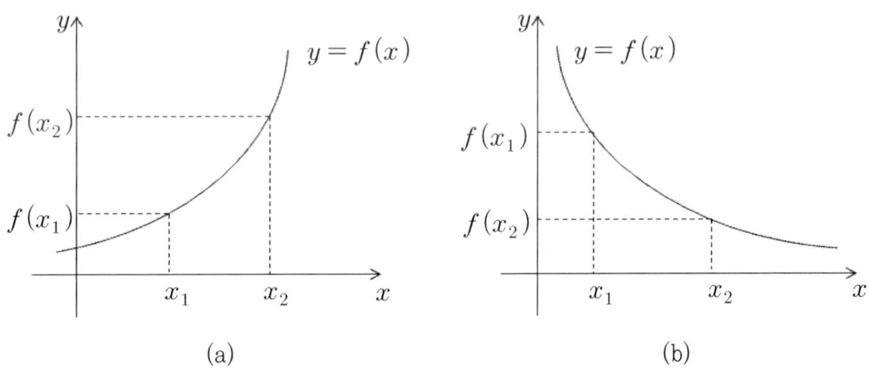

[그림 3-6] (a) 증가함수, (b) 감소함수

정리 3.3.1 미분과 함수의 증가 및 감소

함수 f가 구간 $[a, b]$에서 연속이고, 구간 (a, b)에서 미분가능이라 하자.

(1) 모든 $x \in (a, b)$에 대하여 $f'(x) > 0$이면 $f(x)$는 구간 $[a, b]$에서 증가한다.

(2) 모든 $x \in (a, b)$에 대하여 $f'(x) < 0$이면 $f(x)$는 구간 $[a, b]$에서 감소한다.

예제 3.3.2

다음의 함수 f가 증가하는 구간과 감소하는 구간을 구하라.

(1) $f(x) = x^2 - x - 2$

(2) $f(x) = x^3 - 3x^2 - 9x + 2$

풀이 (1) $f'(x) = 2x - 1$ 이다. $f'(x) = 2x - 1 > 0$ 이면 증가하므로, $x > \frac{1}{2}$ 일 때 함수 f는 증가한다. 즉, 구간 $\left(\frac{1}{2}, \infty\right)$ 에서 함수 f는 증가한다. 또한 $f'(x) = 2x - 1 < 0$이면 함수 f는 감소하므로, $x < \frac{1}{2}$ 일 때 함수 f는 감소한다. 즉, 구간 $\left(-\infty, \frac{1}{2}\right)$ 에서 함수 f는 감소한다.

(2) $f'(x) = 3x^2 - 6x - 9 = 3(x^2 - 2x - 3) = 3(x+1)(x-3)$ 이다. $x < -1$ 또는 $3 < x$ 일 때 $f'(x) > 0$ 이므로 구간 $(-\infty, -1) \cup (3, \infty)$ 에서 함수 f는 증가하고, $-1 < x < 3$ 일 때 $f'(x) < 0$ 이므로 구간 $(-1, 3)$ 에서 함수 f는 감소한다.

정의 **최대값과 최소값**

함수 f의 정의역이 D이고 $c \in D$라 하자.

(1) 모든 $x \in D$에 대하여 $f(x) \le f(c)$이면 $f(c)$를 f의 **최대값(maximum)**이라 한다.

(2) 모든 $x \in D$에 대하여 $f(x) \ge f(c)$이면 $f(c)$를 f의 **최소값(minimum)**이라 한다.

정의 **극대값과 극소값**

함수 f의 정의역이 D이고 $c \in D$라 하자.

(1) c의 적당한 근방 I가 존재하여 모든 $x \in I$에 대하여 $f(x) \le f(c)$이면, $f(c)$를 f의 **극대값(local maximum)**이라 한다.

(2) c의 적당한 근방 I가 존재하여 모든 $x \in I$에 대하여 $f(x) \ge f(c)$이면 $f(c)$를 f의 **극소값(local minimum)**이라 한다.

(3) 극대값 또는 극소값을 f의 **극값(local extreme value)**이라 한다.

그림 3-7에서 함수 f의 정의역이 $D = [a, b]$라 할 때, 함수 f는 x_1, x_3에서 극소값, x_2, x_4에서 극대값을 가지며, x_2에서 최대값, b에서 최소값을 갖는다.

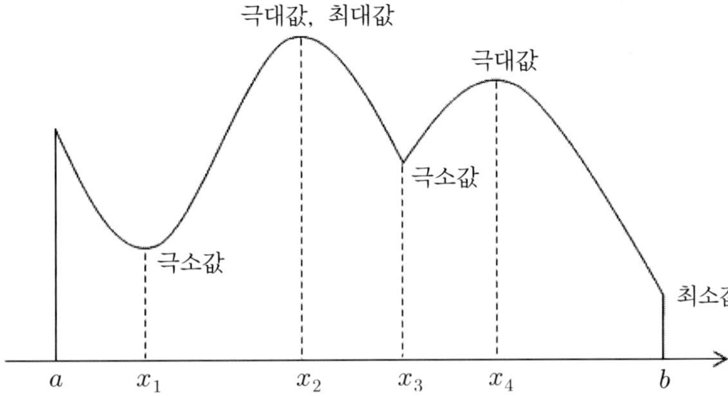

[그림 3-7] 최대값, 최소값, 극대값, 극소값

정리 3.3.3

함수 f가 $x=c$에서 미분가능이고 $x=c$에서 극값을 가지면 $f'(c)=0$이다.

정의 **임계점**

$f'(c)=0$ 또는 $f'(c)$가 존재하지 않는 정의역내의 실수 c를 f의 **임계점(critical point)**이라 한다.

정리 3.3.4 **1계 도함수에 의한 극값 판정법**

함수 f가 c의 근방에서 미분가능이고, c가 f의 임계점이라 하자.
(1) c에서 $f'(x)$의 값이 양수에서 음수로 바뀌면 $x=c$에서 극대값 $f(c)$를 가진다.
(2) c에서 $f'(x)$의 값이 음수에서 양수로 바뀌면 $x=c$에서 극소값 $f(c)$를 가진다.
(3) c에서 $f'(x)$의 부호가 바뀌지 않으면 $f(c)$는 극값이 아니다.

예제 3.3.5

다음의 함수에서 극값을 구하라.

(1) $f(x)=2x^3-3x^2-12x+8$ (2) $f(x)=\dfrac{1}{x^2-1}$ (3) $f(x)=(x^2-2x)^{\frac{2}{3}}$

| 풀이 | (1) 함수 f의 도함수는

$$f'(x)=6x^2-6x-12=6(x^2-x-2)=6(x-2)(x+1)$$

이다. $x=-1$과 $x=2$일 때 $f'(x)=0$이므로 함수 f의 임계점은 -1과 2이다. 정리 3.3.1을 이용하여 두 임계점을 중심으로 함수의 증가와 감소를 조사하면 다음의 표와 같다.

x		-1		2	
$f'(x)$	$+$	0	$-$	0	$+$
$f(x)$	증가	15	감소	-12	증가

따라서 정리 3.3.4로부터 함수 f 는 $x=-1$ 에서 극대값 $f(-1)=15$ 를 갖고, $x=2$ 에서 극소값 $f(2)=-12$ 를 갖는다.

(2) 주어진 함수 $f(x)=\dfrac{1}{x^2-1}$ 의 정의역은 $D=\{x|x\neq\pm 1\}$ 이고, 도함수는

$$f'(x)=\frac{-2x}{(x^2-1)^2}=\frac{-2x}{(x-1)^2(x+1)^2}$$

이다. $f'(0)=0$ 이고 $f'(1)$ 과 $f'(-1)$ 은 존재하지 않으나 1, -1 은 정의역내에 있지 않으므로 함수 f 는 유일한 임계점 0 를 갖는다. 이 임계점을 중심으로 함수의 증감을 조사하면 다음과 같다.

x		0	
$f'(x)$	$+$	0	$-$
$f(x)$	증가	-1	감소

임계점 $x=0$ 를 중심으로 $f'(x)$ 의 값이 양수에서 음수로 바뀌므로 함수 f 는 $x=0$ 에서 극대값 $f(0)=-1$ 을 갖는다.

(3) 함수 f 의 도함수는

$$f'(x)=\frac{2}{3}(x^2-2x)^{-\frac{1}{3}}(2x-2)=\frac{4(x-1)}{3\sqrt[3]{x^2-2x}}=\frac{4(x-1)}{3\sqrt[3]{x(x-2)}}$$

이므로 $f'(1)=0$이고 $f'(0)$ 와 $f'(2)$ 는 존재하지 않는다. 따라서 함수 f 는 세 개의 임계점 1, 0, 2 를 갖는다. 이 임계점들을 중심으로 함수의 증감을 조사하면 다음의 표와 같다.

x		0		1		2	
$f'(x)$	$-$		$+$	0	$-$		$+$
$f(x)$	감소	0	증가	1	감소	0	증가

$x=0$ 과 $x=2$ 를 중심으로 함수 값이 음수에서 양수로 바뀌므로 $x=0$ 과 $x=2$ 에서 극소값 $f(0)=f(2)=0$ 을 갖고, $x=1$ 을 중심으로 함수 값이 양수에서 음수로 바뀌므로 $x=1$ 에서 극대값 $f(1)=1$ 을 갖는다.

연속함수 f 는 임계점에서 극대값이나 극소값을 갖는다. 따라서 폐구간 $[a,b]$ 에서 정의된 연속함수 f 는 임계점이나 구간의 양 끝점 a 또는 b 에서 최대값이나 최소값을 갖는다. 즉, 어떤 연속함수의 최대값이나 최소값은 임계점이나 끝점에서의 함수값을 비교하여 구할 수 있다.

예제 3.3.6

함수 $f(x)=\sqrt{4x-x^2}$ 의 최대값 또는 최소값을 구하라.

풀이 주어진 함수 $f(x)=\sqrt{4x-x^2}$ 는 $4x-x^2 \geq 0$ 일 때 정의된다. 즉, 함수 f 의 정의역은 $[0, 4]$ 이고, f 의 도함수는

$$f'(x)=\frac{4-2x}{2\sqrt{4x-x^2}}=\frac{2-x}{\sqrt{4x-x^2}}=\frac{2-x}{\sqrt{x(4-x)}}$$

이다. $f'(2)=0$ 이므로 함수 f 의 임계점은 2이다. 정의역의 양 끝점 0, 4 와 임계점 2 에서의 함수 값은 $f(0)=f(4)=0$, $f(2)=2$ 이다. 따라서 주어진 함수는 $x=2$ 에서 최대값 2 를 갖고, $x=0$ 또는 4에서 최소값 0을 갖는다.

함수 f 가 개구간 I 에서 미분가능이고 $c \in I$ 라 하자. $x=c$ 의 근방에서 곡선 $y=f(x)$ 가 점 $P(c, f(c))$ 에서의 접선보다 위쪽에 있으면 이 곡선은 점 P 에서 **위로 오목**(concave upward) 또는 **아래로 볼록**(convex downward)하다고 하고, 접선보다 아래쪽에 있으면 점 P 에서 **아래로 오목**(concave downward) 또는 **위로 볼록**(convex upward)하다고 한다. 곡선의 오목 방향이 바뀌는 점 $P(c, f(c))$ 을 곡선의 **변곡점**(inflection point)이라 한다.

그림 3-8의 곡선 $y=f(x)$ 는 점 P 에서 위로 오목, 점 Q 에서는 아래로 오목이고 점 $R(c, f(c))$는 변곡점이다.

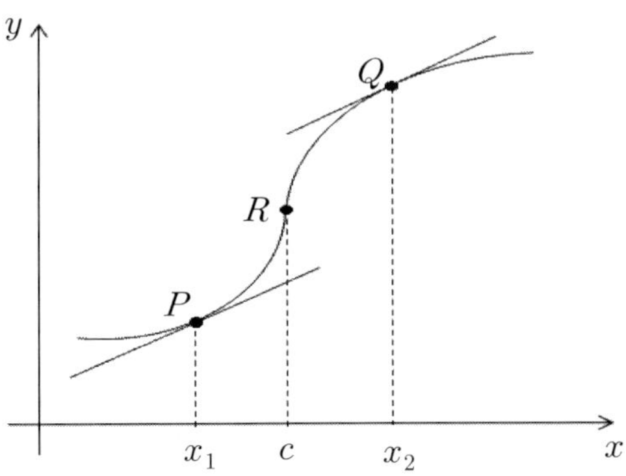

[그림 3-8] 곡선의 오목성과 변곡점

정리 3.3.7 오목성의 판정법

구간 I 의 모든 x 에 대하여 함수 f 의 2계도함수 $f''(x)$가 존재한다고 하자.

(1) 모든 $x \in I$에 대하여 $f''(x)>0$ 이면 f 는 구간 I 에서 위로 오목하다.

(2) 모든 $x \in I$에 대하여 $f''(x)<0$ 이면 f 는 구간 I 에서 아래로 오목하다.

(3) 점 $c \in I$에 대하여 $f''(c)=0$이고 c 에서 $f''(x)$의 부호가 바뀌면 점 $(c,\ f(c))$는 f 의 변곡점이다.

예제 3.3.8

곡선 $y = x^3 - 3x^2 + 6$ 이 위로 오목한 구간과 아래로 오목한 구간을 구하고, 곡선의 변곡점을 구하라.

풀이 $y' = 3x^2 - 6x$, $y'' = 6x - 6 = 6(x-1)$ 이므로 $x > 1$ 이면 $y'' > 0$ 이고, $x < 1$ 이면 $y'' < 0$ 이다. 따라서 이 곡선은 구간 $(1,\infty)$ 에서 위로 오목하고, 구간 $(-\infty,1)$ 에서 아래로 오목하다. 또한 $x = 1$ 일 때, $y'' = 0$ 이고 y'' 의 부호가 음에서 양으로 바뀌므로 변곡점은 점 $(1,4)$ 이다.

정리 3.3.9 **2계 도함수에 의한 극값 판정법**

함수 f 가 c 를 포함하는 개구간 (a,b) 에서 2계 미분가능하고, $f'(c) = 0$ 이라 하자.

(1) $f''(c) < 0$ 이면 $x = c$ 에서 극대값 $f(c)$ 를 가진다.

(2) $f''(c) > 0$ 이면 $x = c$ 에서 극소값 $f(c)$ 를 가진다.

예제 3.3.10

함수 $f(x) = -x^3 + 3x^2 + 9x$ 의 극대값과 극소값을 구하라.

풀이 $f'(x) = -3x^2 + 6x + 9 = -3(x-3)(x+1)$, $f''(x) = -6x + 6 = -6(x-1)$ 이므로 $x = 3$ 또는 $x = -1$ 에서 $f'(x) = 0$ 이고, $f''(3) = -12 < 0$, $f''(-1) = 12 > 0$ 이다. 따라서 함수 f 는 $x = 3$ 에서 극대값 $f(3) = 27$, $x = -1$ 에서 극소값 $f(-1) = -5$ 를 갖는다.

3.3 연습문제

1. 다음의 함수 f가 증가하는 구간과 감소하는 구간을 구하라.

(1) $f(x)=x^2-3x+2$

(2) $f(x)=x^3-3x^2$

(3) $f(x)=x+2\cos x \quad (0 \le x \le 2\pi)$

(4) $f(x)=xe^{-x}$

2. 다음의 함수에서 극값을 구하라.

(1) $f(x)=x^3-3x$

(2) $f(x)=x^2e^{-x}$

(3) $f(x)=\dfrac{x}{2}+\sin x \quad (0 \le x \le 2\pi)$

(4) $f(x)=x-2\tan^{-1}x$

(5) $f(x)=x+\dfrac{1}{x-1}$

(6) $f(x)=\sqrt{x^3}-3\sqrt{x}$

3. 다음의 함수가 주어진 구간에서 갖는 최대값과 최소값을 구하라.

(1) $f(x)=x^3-3x^2-9x,\ [-4, 4]$

(2) $f(x)=\sqrt{4x-x^2},\ [0, 4]$

(3) $f(x)=x^2+\dfrac{2}{x},\ (0, \infty)$

(4) $f(x)=e^{-(x-2)^2},\ (-\infty, \infty)$

4. 다음 함수의 변곡점을 모두 구하라.

(1) $f(x)=x^3-6x^2+9x-1$

(2) $f(x)=(x+1)(x-2)^2$

(3) $y=\tan x \quad (\dfrac{\pi}{2}< x < \dfrac{\pi}{2})$

(4) $f(x)=\sin x+\cos x \quad (0 \le x \le 2\pi)$

(5) $f(x)=e^{-x^2}$

(6) $y=xe^x$

5. 넓이가 같은 직사각형들 중에서 둘레가 가장 작은 것은 정사각형임을 보여라.

6. 두께가 일정한 금속을 이용하여 부피가 $1m^3$ 인 원기둥 모양의 통을 만들 때, 사용된 금속의 양이 최소가 되게 하는 원통의 높이와 밑면의 반지름을 구하라.

연습문제 해답

1. (1) $\left(-\infty, \frac{3}{2}\right)$: 감소, $\left(\frac{3}{2}, \infty\right)$: 증가
   (2) $(-\infty, 0) \cup (2, \infty)$: 증가, $(0, 2)$: 감소
   (3) $\left(0, \frac{\pi}{6}\right) \cup \left(\frac{5\pi}{6}, 2\pi\right)$: 증가, $\left(\frac{\pi}{6}, \frac{5\pi}{6}\right)$: 감소
   (4) $(-\infty, 1)$: 증가, $(1, \infty)$: 감소

2. (1) $f(-1)=2$: 극대값, $f(1)=2$: 극소값
   (2) $f(0)=0$: 극소값, $f(2)=4e^{-2}$: 극대값
   (3) $f\left(\frac{2\pi}{3}\right)=\frac{\pi}{3}+\frac{\sqrt{3}}{2}$: 극대값, $f\left(\frac{4\pi}{3}\right)=\frac{2\pi}{3}-\frac{\sqrt{3}}{2}$: 극소값
   (4) $f(-1)=\frac{\pi}{2}-1$: 극대값, $f(1)=1-\frac{\pi}{2}$: 극소값
   (5) $f(0)=-1$: 극대값, $f(2)=3$: 극소값
   (6) $f(1)=-2$: 극소값, 극대값은 존재하지 않는다.

3. (1) $f(-4)=-76$: 최소값, $f(-1)=5$: 최대값
   (2) $f(0)=f(4)=0$: 최소값, $f(2)=2$: 최소값
   (3) $f(1)=3$: 최소값, 최대값은 존재하지 않는다.
   (4) $f(2)=1$: 최대값, 최소값은 존재하지 않는다.

4. (1) $(2, 1)$
   (2) $(1, 2)$
   (3) $(0, 0)$
   (4) $\left(\frac{3\pi}{4}, 0\right)$, $\left(\frac{7\pi}{4}, 0\right)$
   (5) $\left(-\frac{1}{\sqrt{2}}, e^{-\frac{1}{2}}\right)$, $\left(\frac{1}{\sqrt{2}}, e^{-\frac{1}{2}}\right)$
   (6) $(-2, -2e^{-2})$

5. 직사각형의 가로와 세로를 각각 x 와 y $(0<x, y)$라 하고, 직사각형의 넓이를 A 라 하면 $xy=A$ 이다. 또한 직사각형의 둘레를 R 이라 하면 $R=2(x+y)$ 이다. $y=\frac{A}{x}$ 이므로 $R(x)=2\left(x+\frac{A}{x}\right)$이다. 이를 미분하면

$$R'(x)=2\left(1-\frac{A}{x^2}\right)=2\left(\frac{x^2-A}{x^2}\right)=\frac{2}{x^2}(x-\sqrt{A})(x+\sqrt{A})$$

이다. $x>0$ 인 x 에 대하여 $x<\sqrt{A}$ 이면 $R'(x)<0$ 이므로 $R(x)$ 는 감소하고, $\sqrt{A}<x$ 이면 $R'(x)>0$ 이므로 $R(x)$ 는 증가한다. 따라서 $x=\sqrt{A}$ 일 때 $R(x)$ 는 극소값, 즉 최소값을 갖는다. $x=\sqrt{A}$ 이면 $y=\sqrt{A}$ 이므로 $x=y=\sqrt{A}$ 일 때 둘레 $R(x)$ 는 최소값을 갖는다.

6. 밑면의 반지름은 $\frac{1}{\sqrt[3]{2\pi}}$ 이고 높이는 $\sqrt[3]{\frac{4}{\pi}}$ 이다.

3.4 로피탈의 정리

이절에서는 함수의 극한이 $\frac{0}{0}$, $\frac{\infty}{\infty}$, $0 \cdot \infty$, 또는 0^0 등과 같은 형태의 부정형일 때 도함수를 이용하여 그 극한값을 구하는 방법인 **로피탈**(L'Hospital)**정리**를 알아본다.

정리 3.4.1 로피탈의 정리

a 를 포함한 개구간 I 에서 함수 f 와 g 가 미분가능이고, $g'(x) \neq 0$ 이라 하자.

$$\lim_{x \to a} f(x) = \lim_{x \to a} g(x) = 0 \text{ 또는 } \lim_{x \to a} f(x) = \pm\infty,\ \lim_{x \to a} g(x) = \pm\infty$$

이고, $\lim_{x \to a} \frac{f'(x)}{g'(x)}$ 가 존재하면 다음이 성립한다.

$$\lim_{x \to a} \frac{f(x)}{g(x)} = \lim_{x \to a} \frac{f'(x)}{g'(x)} \tag{3-10}$$

예제 3.4.1

로피탈의 정리를 이용하여 다음의 극한값을 구하라.

(1) $\lim_{x \to 1} \frac{x^2 - 3x + 2}{x - 1}$ (2) $\lim_{x \to 0} \frac{\sin x}{x}$

(3) $\lim_{x \to 0} \frac{x}{e^x - 1}$ (4) $\lim_{x \to 0} x \ln x^2$

▌풀이▐ (1) $\lim_{x \to 1}(x^2 - 3x + 2) = 0$ 이고 $\lim_{x \to 1}(x - 1) = 0$ 이므로 주어진 극한은 $\frac{0}{0}$ 의 부정형이다. 따라서 로피탈의 정리에 의해

$$\lim_{x \to 1} \frac{x^2 - 3x + 2}{x - 1} = \lim_{x \to 1} \frac{2x - 3}{1} = \lim_{x \to 1}(2x - 3) = -1$$

(2) $\lim_{x \to 0} \sin x = 0$, $\lim_{x \to 0} x = 0$ 이므로 주어진 극한은 $\frac{0}{0}$ 의 부정형이다. 따라서 로피탈의 정리에 의해

$$\lim_{x \to 0} \frac{\sin x}{x} = \lim_{x \to 0} \frac{\cos x}{1} = 1$$

(3) $\lim_{x \to 0} x = 0$, $\lim_{x \to 0}(e^x - 1) = 0$ 이므로

$$\lim_{x\to 0}\frac{x}{e^x-1}=\lim_{x\to 0}\frac{1}{e^x}=1$$

(4) $\lim_{x\to 0} x\ln x^2=\lim_{x\to 0}\frac{\ln x^2}{x^{-1}}$ 이고, $\lim_{x\to 0}\ln x^2=-\infty$, $\lim_{x\to 0} x^{-1}=\infty$ 이므로 주어진 극한은 $\frac{-\infty}{\infty}$ 의 부정형이다. 따라서 로피탈의 정리에 의해

$$\lim_{x\to 0} x\ln x^2=\lim_{x\to 0}\frac{\ln x^2}{x^{-1}}=\lim_{x\to 0}\frac{\frac{2x}{x^2}}{-x^{-2}}=\lim_{x\to 0}(-2x)=0$$

자연수 n 에 대하여 함수 f 와 g 가 n 계 미분가능이고 $f^{(k)}(x)$와 $g^{(k)}(x)$ $(1\le k\le n)$ 가 정리 3.4.1의 가정을 만족하면 로피탈의 정리를 다음과 같이 반복하여 적용할 수 있다.

$$\lim_{x\to a}\frac{f(x)}{g(x)}=\lim_{x\to a}\frac{f'(x)}{g'(x)}=\lim_{x\to a}\frac{f''(x)}{g''(x)}=\cdots=\lim_{x\to a}\frac{f^{(n)}(x)}{g^{(n)}(x)} \tag{3-11}$$

예제 3.4.2

로피탈의 정리를 이용하여 다음의 극한값을 구하라.

(1) $\lim_{x\to 0}\frac{x^3-2x^2}{2x^3+x^2}$ (2) $\lim_{x\to 0}\frac{\sin^2 x}{x^2}$

풀이 (1) $\lim_{x\to 0}(x^3-2x^2)=0$, $\lim_{x\to 0}(2x^3+x^2)=0$ 이므로

$$\lim_{x\to 0}\frac{x^3-2x^2}{2x^3+x^2}=\lim_{x\to 0}\frac{3x^2-4x}{6x^2+2x}$$

이고, $\lim_{x\to 0}(3x^2-4x)=0$, $\lim_{x\to 0}(6x^2+2x)=0$ 이므로 로피탈의 정리를 다시 적용하면

$$\lim_{x\to 0}\frac{3x^2-4x}{6x^2+2x}=\lim_{x\to 0}\frac{6x-4}{12x+2}=\frac{-4}{2}=-2$$

이다. 따라서 $\lim_{x\to 0}\frac{x^3-2x^2}{2x^3+x^2}=-2$

(2) 주어진 식에 로피탈의 정리를 적용하여 다음과 같이 그 극한값을 구할 수 있다.

$$\lim_{x\to 0}\frac{\sin^2 x}{x^2}=\lim_{x\to 0}\frac{2\sin x\cos x}{2x}=\lim_{x\to 0}\frac{\sin x\cos x}{x}=\lim_{x\to 0}\frac{\cos^2 x-\sin^2 x}{1}=1$$

로피탈의 정리는 우극한, 좌극한 또는 무한대의 극한, 즉 $x\to a^+$, $x\to a^-$, $x\to\infty$, $x\to-\infty$ 일 때의 극한을 구하는 문제에도 적용될 수 있다.

예제 3.4.3

다음의 극한값을 구하라.

(1) $\lim_{x\to\infty}\frac{\ln x}{x}$ (2) $\lim_{x\to\infty}\frac{x^2}{e^x}$

풀이 (1) $\lim_{x\to\infty}\ln x=\lim_{x\to\infty}x=\infty$ 이므로 주어진 극한은 $\frac{\infty}{\infty}$ 의 부정형이다. 따라서 로피탈의 정리를 적용하면

$$\lim_{x\to\infty}\frac{\ln x}{x}=\lim_{x\to\infty}\frac{\frac{1}{x}}{1}=\lim_{x\to\infty}\frac{1}{x}=0$$

(2) $\lim_{x\to\infty}x^2=\lim_{x\to\infty}e^x=\infty$ 이므로 주어진 극한은 $\frac{\infty}{\infty}$ 의 부정형이다. 따라서 로피탈의 정리를 적용할 수 있다. 이 예는 로피탈의 정리를 두 번 적용한 예이다.

$$\lim_{x\to\infty}\frac{x^2}{e^x}=\lim_{x\to\infty}\frac{2x}{e^x}=\lim_{x\to\infty}\frac{2}{e^x}=0$$

$\lim_{x\to a}f(x)=0$ 이고 $\lim_{x\to a}g(x)=\infty$ (또는 $-\infty$)일 때, $\lim_{x\to a}f(x)g(x)$는 $0\cdot\infty$ 형태의 부정형이다. 이러한 경우 $f(x)g(x)$ 를

$$f(x)g(x)=\frac{f(x)}{\frac{1}{g(x)}} \quad \text{또는} \quad f(x)g(x)=\frac{g(x)}{\frac{1}{f(x)}} \tag{3-12}$$

로 변형하면 $\frac{0}{0}$ 이나 $\frac{\infty}{\infty}$ 의 부정형이 되어 로피탈의 정리를 적용할 수 있다.

예제 3.4.4

$\lim_{x\to 0^+}x\ln x$ 를 구하라.

풀이 $x\ln x=\frac{\ln x}{x^{-1}}$ 로 변형하면 $\lim_{x\to 0^+}\ln x=-\infty$, $\lim_{x\to 0^+}x^{-1}=\infty$ 이므로 로피탈의 정리에 의해

$$\lim_{x\to 0^+}x\ln x=\lim_{x\to 0^+}\frac{\ln x}{x^{-1}}=\lim_{x\to 0^+}\frac{x^{-1}}{-x^{-2}}=\lim_{x\to 0^+}(-x)=0$$

함수 $f(x)^{g(x)}$ 의 극한이 0^0, ∞^0 또는 1^∞ 인 부정형일 때

$$f(x)^{g(x)}=e^{g(x)\ln f(x)} \tag{3-13}$$

로 변형하면 $g(x)\ln f(x)$는 $0\cdot\infty$ 의 부정형이 되어 로피탈의 정리를 이용할 수 있다.

예제 3.4.5

다음의 극한값을 구하라.

(1) $\lim_{x \to 0^+} x^x$　　(2) $\lim_{x \to \infty} \left(1 + \frac{1}{x}\right)^x$

풀이 (1) $\lim_{x \to 0^+} x^x = \lim_{x \to 0^+} e^{\ln x^x} = \lim_{x \to 0^+} e^{x \ln x}$ 이다. 예제 3.4.4로 부터 $\lim_{x \to 0^+} x \ln x = 0$ 이므로

$$\lim_{x \to 0^+} x^x = \lim_{x \to 0^+} e^{x \ln x} = e^0 = 1$$

(2) $\lim_{x \to \infty} \left(1 + \frac{1}{x}\right)^x = \lim_{x \to \infty} (1 + x^{-1})^x = \lim_{x \to \infty} e^{\ln(1 + x^{-1})^x} = \lim_{x \to \infty} e^{x \ln(1 + x^{-1})}$ 이다.

$$\lim_{x \to \infty} x \ln(1 + x^{-1}) = \lim_{x \to \infty} \frac{\ln(1 + x^{-1})}{x^{-1}} = \lim_{x \to \infty} \frac{\frac{-x^{-2}}{1 + x^{-1}}}{-x^{-2}} = \lim_{x \to \infty} \frac{1}{1 + x^{-1}} = 1$$

이므로 $\lim_{x \to \infty} \left(1 + \frac{1}{x}\right)^x = \lim_{x \to \infty} e^{\ln(1 + x^{-1})^x} = e^1 = e$ 이다.

함수 $f(x) - g(x)$의 극한이 $\infty - \infty$ 의 부정형이면 이를 $\frac{0}{0}$ 또는 $\frac{\infty}{\infty}$ 형의 부정형으로 변형하여 로피탈의 정리를 적용한다.

예제 3.4.6

$\lim_{x \to 1} \left(\frac{1}{x - 1} - \frac{2}{x^2 - 1}\right)$를 구하라.

풀이 $\lim_{x \to 1} \left(\frac{1}{x - 1} - \frac{2}{x^2 - 1}\right) = \lim_{x \to 1} \frac{x + 1 - 2}{x^2 - 1} = \lim_{x \to 1} \frac{x - 1}{x^2 - 1}$ 이고, 이 식에 로피탈의 정리를 적용하면

$$\lim_{x \to 1} \left(\frac{1}{x - 1} - \frac{2}{x^2 - 1}\right) = \lim_{x \to 1} \frac{x - 1}{x^2 - 1} = \lim_{x \to 1} \frac{1}{2x} = \frac{1}{2}$$

3.4 연습문제

1. 다음의 극한값을 구하라.

(1) $\lim_{x \to 1} \frac{\ln x}{1-x}$　　(2) $\lim_{x \to \infty} \frac{\ln x}{x}$

(3) $\lim_{x \to \infty} \frac{\ln x}{\sqrt[3]{x}}$　　(4) $\lim_{x \to 0} \frac{2^x - 1}{x}$

(5) $\lim_{x \to 0^+} x \cot x$　　(6) $\lim_{x \to 0} \frac{1-\sin x}{x}$

2. 다음의 극한값을 구하라.

(1) $\lim_{x \to 0} \frac{1-\cos x}{x^2}$　　(2) $\lim_{x \to \infty} x^3 e^{-x}$

(3) $\lim_{x \to 0} \frac{x-\sin x}{x^3}$　　(4) $\lim_{x \to 0} \frac{x-\tan x}{x^2}$

3. 다음의 극한값을 구하라.

(1) $\lim_{x \to -\infty} x e^x$　　(2) $\lim_{x \to \infty} x \tan \frac{1}{x}$

(3) $\lim_{x \to \infty} x^{\frac{1}{x}}$　　(4) $\lim_{x \to \infty} \left(1 + \frac{2}{x}\right)^{3x}$

(5) $\lim_{x \to 0^+} (\cot x - \csc x)$　　(6) $\lim_{x \to 1^+} \left(\frac{1}{x-1} - \frac{1}{\ln x}\right)$

연습문제 해답

1. (1) -1 (2) 0 (3) 0 (4) $\ln 2$ (5) 1 (6) -1

2. (1) $\frac{1}{2}$ (2) 0 (3) $\frac{1}{6}$ (4) 0

3. (1) 0 (2) 1 (3) 1 (4) 6 (5) 0 (6) $-\frac{1}{2}$

3.5 Taylor 급수와 Maclaurin 급수

이 절에서는 특정 함수를 다항식의 무한급수로 나타내는 방법으로 테일러(Taylor) 급수와 매크로린(Maclaurin) 급수를 알아본다.

정의 **멱급수**

변수 x 를 포함하는 무한급수

$$\sum_{n=0}^{\infty} a_n (x-c)^n = a_0 + a_1(x-c) + a_2(x-c)^2 + \cdots + a_n(x-c)^n + \cdots \tag{3-14}$$

를 $x-c$ 에 관한 **멱급수(power series)**라 한다. 특히 $c=0$ 인 멱급수

$$\sum_{n=0}^{\infty} a_n x^n = a_0 + a_1 x + a_2 x^2 + \cdots + a_n x^n + \cdots \tag{3-15}$$

를 x 에 관한 멱급수라 한다. 여기에서 상수 $a_i(i=0,1,2,\cdots)$ 를 이 멱급수의 계수라 한다.

함수 f 가 다음과 같이 멱급수로 표현할 수 있는 함수라 하자.

$$f(x) = a_0 + a_1(x-c) + a_2(x-c)^2 + a_3(x-c)^3 + \cdots + a_n(x-c)^n + \cdots$$

이 함수의 계수 a_i 를 구하기 위해 이 함수의 고계도함수를 구하면

$$\begin{aligned}
f'(x) &= a_1 + 2a_2(x-c) + 3a_3(x-c)^2 + \cdots + na_n(x-c)^{n-1} + \cdots \\
f''(x) &= 2a_2 + 3 \cdot 2a_3(x-c) + \cdots + n(n-1)a_n(x-c)^{n-2} + \cdots \\
f'''(x) &= 3 \cdot 2a_3 + 4 \cdot 3 \cdot 2a_4(x-c) + \cdots + n(n-1)(n-2)a_n(x-c)^{n-3} + \cdots \\
f^{(4)}(x) &= 4 \cdot 3 \cdot 2a_4 + 5 \cdot 4 \cdot 3 \cdot 2a_5(x-c) + \cdots \\
&\quad + n(n-1)(n-2)(n-3)a_n(x-c)^{n-4} + \cdots \\
&\vdots \qquad\qquad \vdots
\end{aligned}$$

이다. 위의 각 함수들에 $x=c$ 를 대입하면

$$f(c) = a_0,\ f'(c) = a_1,\ f''(c) = 2a_2,\ f'''(c) = 3 \cdot 2a_3 = 3!a_3,$$
$$f^{(4)}(c) = 4 \cdot 3 \cdot 2a_4 = 4!a_4,\ \cdots$$

이고 임의의 n 에 대하여

$$f^{(n)}(c) = n(n-1)\cdots 2a_n = n!\,a_n$$

이다. 따라서 각각의 $n=0, 1, 2, \cdots$ 에 대하여 멱급수의 계수는 다음과 같다.

$$a_n = \frac{f^{(n)}(c)}{n!}$$

정리 3.5.1

함수 f 가 $x-c$ 에 관한 멱급수로 전개된다면 그 멱급수는 다음과 같다.

$$\begin{aligned} f(x) &= \sum_{k=0}^{\infty} \frac{f^{(k)}(c)}{k!}(x-c)^k \\ &= f(c)+f'(c)(x-c)+\frac{f''(c)}{2!}(x-c)^2+\cdots+\frac{f^{(n)}(c)}{n!}(x-c)^n+\cdots \quad (3\text{-}16) \end{aligned}$$

식 (3-16)을 중심이 c 인 f 의 **테일러급수**라 한다. 특히 중심이 0 인 Taylor 급수

$$f(x)=\sum_{k=0}^{\infty} \frac{f^{(k)}(0)}{k!}x^k = f(0)+f'(0)x+\frac{f''(0)}{2!}x^2+\cdots+\frac{f^{(n)}(0)}{n!}x^n+\cdots \quad (3\text{-}17)$$

를 f 의 **매클로린급수**라 한다.

예제 3.5.2

함수 $f(x)=e^x$ 의 중심이 $c=1$ 인 테일러급수를 구하라.

풀이 각각의 $n=1, 2, 3, \cdots$ 에 대하여 $f^{(n)}(x)=e^x$ 이고 $f^{(n)}(1)=e$ 이므로 $c=1$ 인 f 의 테일러급수는 다음과 같다.

$$\begin{aligned} e^x &= f(1)+f'(1)(x-1)+\frac{f''(1)}{2!}(x-1)^2+\cdots+\frac{f^{(n)}(1)}{n!}(x-1)^n+\cdots \\ &= e+e(x-1)+\frac{e}{2!}(x-1)^2+\cdots+\frac{e}{n!}(x-1)^n+\cdots \\ &= e\left(1+(x-1)+\frac{(x-1)^2}{2!}+\frac{(x-1)^3}{3!}+\cdots+\frac{(x-1)^n}{n!}+\cdots\right) \\ &= e\sum_{k=0}^{\infty}\frac{1}{k!}(x-1)^k \end{aligned}$$

중심이 c 인 f 의 테일러급수에서 $n+1$ 항까지의 유한 합

$$P_n(x)=f(c)+f'(c)(x-c)+\frac{f''(c)}{2!}(x-c)^2+\cdots+\frac{f^{(n)}(c)}{n!}(x-c)^n$$

을 $x=c$ 에서 f 의 n 차 **테일러 다항식**(nth-degree Taylor polynomial)이라 한다. 여기에서

$$R_n(x)=f(x)-P_n(x)$$

이라 하면

$$f(x)=P_n(x)+R_n(x)$$

이고, $\lim_{n\to\infty} R_n(x)=0$ 이면

$$\lim_{n\to\infty} P_n(x)=\lim_{n\to\infty}(f(x)-R_n(x))=f(x)-\lim_{n\to\infty} R_n(x)=f(x)$$

이므로 다음 정리를 얻을 수 있다.

정리 3.5.3

함수 f 가 c 를 포함하는 구간 I 에서 고계 미분가능이고,

$$f(x)=P_n(x)+R_n(x)$$

라 하자. 구간 I 에서

$$\lim_{n\to\infty} R_n(x)=0 \tag{3-18}$$

이면 함수 f 는 구간 I 에서 테일러급수로 전개할 수 있다.

어떤 함수 $f(x)$ 가 테일러급수나 매클로린급수로 전개 가능한지를 판단하기 위해서는 나머지 $R_n(x)$ 가 식 (3–18)을 만족하는가를 확인하여야 한다. 다음의 정리들은 이를 확인하기 위해 유용한 식을 정리한 것이다.

정리 3.5.4

임의의 실수 x 에 대하여 $\lim_{n\to\infty}\dfrac{x^n}{n!}=0$ 이다.

정리 3.5.5 **라그랑주의 나머지**

함수 f 가 c 를 포함하는 구간 I 에서 $n+1$ 계 도함수를 가지면 구간 I 의 x 에 대하여

$$R_n(x)=\frac{f^{(n+1)}(z)}{(n+1)!}(x-c)^{n+1} \tag{3-19}$$

인 z 가 x 와 c 사이에 존재한다. 이를 **라그랑주의 나머지(Lagrange's remainder)**라 한다.

예제 3.5.6

함수 $f(x)=e^x$ 가 중심이 c 인 테일러급수로 전개 가능함을 보여라.

| 풀이 | 라그랑주의 나머지를 이용하여 $R_n(x)$ 를 구하면 $f^{(n+1)}(x)=e^x$ 이므로

$$R_n(x)=\frac{f^{(n+1)}(z)}{(n+1)!}(x-c)^{n+1}=\frac{e^z}{(n+1)!}(x-c)^{n+1}$$

이다. 따라서

$$\lim_{n\to\infty}R_n(x)=\lim_{n\to\infty}\frac{e^z}{(n+1)!}(x-c)^{n+1}=e^z\lim_{n\to\infty}\frac{(x-c)^{n+1}}{(n+1)!}$$

이고, 정리 3.5.4에 의해

$$\lim_{n\to\infty}\frac{(x-c)^{n+1}}{(n+1)!}=0$$

이다. $\lim_{n\to\infty}R_n(x)=0$ 이므로 $f(x)=e^x$ 는 중심이 c 인 테일러급수로 전개 가능하고, 중심이 c 인 테일러급수는 다음과 같다.

$$\begin{aligned}e^x&=f(c)+f'(c)(x-c)+\frac{f''(c)}{2!}(x-c)^2+\frac{f'''(c)}{3!}(x-c)^3+\cdots\\&\quad+\frac{f^{(n)}(c)}{n!}(x-c)^n+\cdots\\&=e^c+e^c(x-c)+\frac{e^c}{2!}(x-c)^2+\frac{e^c}{3!}(x-c)^3+\cdots+\frac{e^c}{n!}(x-c)^n+\cdots\end{aligned}$$

매클로린급수는 중심이 $c=0$ 인 테일러급수이므로 정리 3.5.5를 매클로린급수에 적용하면 다음의 정리를 얻을 수 있다.

정리 3.5.7

함수 f 가 0 을 포함하는 구간 I 에서 $n+1$ 계 도함수를 가지면 구간 I 의 x 에 대하여

$$R_n(x)=\frac{f^{(n+1)}(z)}{(n+1)!}x^{n+1} \tag{3-20}$$

인 z 가 0 과 x 사이에 존재한다.

예제 3.5.3

함수 $f(x)=e^x$ 가 매클로린급수로 전개 가능함을 보이고 매클로린급수를 구하라.

풀이 $f^{(n+1)}(x)=e^x$ 이므로

$$R_n(x)=\frac{f^{(n+1)}(z)}{(n+1)!}x^{n+1}=\frac{e^z}{(n+1)!}x^{n+1}$$

이고,

$$\lim_{n\to\infty}R_n(x)=\lim_{n\to\infty}\frac{e^z}{(n+1)!}x^{n+1}=e^z\lim_{n\to\infty}\frac{x^{n+1}}{(n+1)!}$$

이다. 정리 3.5.4에 의해

$$\lim_{n\to\infty}\frac{x^{n+1}}{(n+1)!}=0$$

이므로 $\lim_{n\to\infty}R_n(x)=0$이고 $f(x)=e^x$는 매클로린급수로 전개 가능하다. 또한 각각의 $n=1,2,3,\cdots$에 대하여

$$f^{(n)}(x)=e^x,\quad f^{(n)}(0)=1$$

이므로 매클로린급수는 다음과 같다.

$$\begin{aligned}e^x&=f(0)+\frac{f'(0)}{1!}x+\frac{f''(0)}{2!}x^2+\cdots+\frac{f^{(n)}(0)}{n!}x^n+\cdots\\&=1+x+\frac{1}{2!}x^2+\cdots+\frac{1}{n!}x^n+\cdots\\&=\sum_{k=0}^{\infty}\frac{1}{k!}x^k\end{aligned}$$

위의 예제에서 e^x 의 매클로린급수는

$$e^x=1+x+\frac{1}{2!}x^2+\cdots+\frac{1}{n!}x^n+\cdots$$

이므로 자연상수 e 는 다음의 무한급수의 합으로 표현할 수 있다.

$$e=1+1+\frac{1}{2!}+\frac{1}{3!}+\cdots+\frac{1}{n!}+\cdots$$

예제 3.5.9

함수 $f(x)=\sin x$를 매클로린급수로 전개하라.

풀이 $f'(x)=\cos x$, $f''(x)=-\sin x$, $f'''(x)=-\cos x$, $f^{(4)}(x)=\sin x$, $\cdots$ 이므로

$$f(0)=0,\ f'(0)=1,\ f''(0)=0,\ f'''(0)=-1,\ f^{(4)}(0)=0,\ \cdots$$

이다. 따라서

$$\begin{aligned}\sin x &= f(0)+\frac{f'(0)}{1!}x+\frac{f''(0)}{2!}x^2+\frac{f'''(0)}{3!}x^3+\frac{f^{(4)}(0)}{4!}x^4 \\ &\quad +\frac{f^{(5)}(0)}{5!}x^5+\cdots \\ &= x-\frac{x^3}{3!}+\frac{x^5}{5!}-\frac{x^7}{7!}+\cdots \\ &= \sum_{k=0}^{\infty}(-1)^k\frac{x^{2k+1}}{(2k+1)!}\end{aligned}$$

이다. 또한 $f^{(n+1)}(x)=\pm\sin x$ 또는 $\pm\cos x$ 이므로 $|f^{(n+1)}(x)|\leqq 1$ 이다. 따라서

$$|R_n(x)|=\frac{|f^{(n+1)}(z)|}{(n+1)!}|x^{n+1}|\leqq\frac{|x|^{n+1}}{(n+1)!}$$

이고, 정리 3.5.4에 의해 $\lim_{n\to\infty}\frac{|x|^{n+1}}{(n+1)!}=0$ 이다. $\lim_{n\to\infty}R_n(x)=0$이므로 $\sin x$ 는 위에서 구한 매클로린급수로 전개될 수 있다.

예제 3.5.10

$f(x)=\cos x$ 의 매클로린급수를 구하라.

풀이 $\cos x=(\sin x)'$ 이므로 예제 3.5.9를 이용하여 다음과 같이 구할 수 있다.

$$\begin{aligned}\cos x &= \left(x-\frac{1}{3!}x^3+\frac{1}{5!}x^5-\frac{1}{7!}x^7+\frac{1}{9!}x^9-\cdots\right)' \\ &= 1-\frac{1}{2!}x^2+\frac{1}{4!}x^4-\frac{1}{6!}x^6+\frac{1}{8!}x^8-\cdots \\ &= \sum_{k=0}^{\infty}\frac{(-1)^k}{(2k)!}x^{2k}\end{aligned}$$

예제 3.5.11

매클로린급수를 이용하여 다음이 참임을 보여라.

$$e^{ix} = \cos x + i\sin x \quad (\text{단, } i = \sqrt{-1})$$

풀이 예제 3.5.3으로부터

$$e^{x} = 1 + x + \frac{1}{2!}x^2 + \frac{1}{3!}x^3 + \frac{1}{4!}x^4 + \frac{1}{5!}x^5 + \frac{1}{6!}x^6 + \frac{1}{7!}x^7 + \cdots$$

이다. x 에 ix 를 대입하면

$$\begin{aligned} e^{ix} &= 1 + ix + \frac{1}{2!}(ix)^2 + \frac{1}{3!}(ix)^3 + \frac{1}{4!}(ix)^4 + \frac{1}{5!}(ix)^5 + \frac{1}{6!}(ix)^6 + \frac{1}{7!}(ix)^7 + \cdots \\ &= 1 + ix - \frac{1}{2!}x^2 - i\frac{1}{3!}x^3 + \frac{1}{4!}x^4 + i\frac{1}{5!}x^5 - \frac{1}{6!}x^6 - i\frac{1}{7!}x^7 + \cdots \\ &= \left(1 - \frac{1}{2!}x^2 + \frac{1}{4!}x^4 - \frac{1}{6!}x^6 + \cdots\right) + i\left(x - \frac{1}{3!}x^3 + \frac{1}{5!}x^5 - \frac{1}{7!}x^7 + \cdots\right) \end{aligned}$$

이고, 예제 3.5.9와 3.5.10에 의해

$$\cos x = 1 - \frac{1}{2!}x^2 + \frac{1}{4!}x^4 - \frac{1}{6!}x^6 + \cdots$$

$$\sin x = x - \frac{1}{3!}x^3 + \frac{1}{5!}x^5 - \frac{1}{7!}x^7 + \cdots$$

이므로 $e^{ix} = \cos x + i\sin x$ 이다.

위의 예제 3.5.11에서 증명한 식 $e^{ix} = \cos x + i\sin x$ 를 **오일러(Euler)의 공식**이라 한다. 이 오일러 공식의 x 에 π 를 대입하면 $e^{i\pi} = \cos\pi + i\sin\pi = -1$ 이므로 오일러의 등식

$$e^{i\pi} + 1 = 0$$

를 얻을 수 있다.

3.5 연습문제

1. 본문에서 유도한 e^x, $\sin x$ 또는 $\cos x$ 의 매클로린급수를 이용하여 다음 함수의 매클로린급수를 구하라.

(1) $f(x) = e^{2x}$

(2) $f(x) = e^{-x^2}$

(3) $f(x) = \sin(\pi x)$

(4) $f(x) = \cos x^2$

(5) $f(x) = \sinh x$

(6) $f(x) = \cosh x$

2. 다음 함수의 매클로린급수를 구하라.

(1) $f(x) = \dfrac{1}{1-x}$

(2) $f(x) = \tan^{-1} x$

(3) $f(x) = \ln(1+x)$

(4) $f(x) = (1+x)^n$ (n : 실수)

3. 다음 함수 f 의 주어진 중심 c 에 대한 테일러급수를 구하라.

(1) $f(x) = x^2 - 2x + 1$, $c = 2$

(2) $f(x) = x^4 - 2x^3 + x$, $c = -1$

(3) $f(x) = e^{3x}$, $c = 2$

(4) $f(x) = \sin x$, $c = \dfrac{\pi}{4}$

연습문제 해답

1. (1) $\displaystyle\sum_{k=0}^{\infty}\frac{2^k}{k!}x^k=1+2x+\frac{2^2}{2!}x^2+\frac{2^3}{3!}x^3+\cdots$

(2) $\displaystyle\sum_{k=0}^{\infty}\frac{(-1)^k}{k!}x^{2k}=1-x^2+\frac{1}{2!}x^4-\frac{1}{3!}x^6+\cdots$

(3) $\displaystyle\sum_{k=0}^{\infty}\frac{(-1)^k\pi^{2k+1}}{(2k+1)!}x^{2k+1}=\pi x-\frac{\pi^3}{3!}x^3+\frac{\pi^5}{5!}x^5-\frac{\pi^7}{7!}x^7+\cdots$

(4) $\displaystyle\sum_{k=0}^{\infty}\frac{(-1)^k}{(2k)!}x^{4k}=1-\frac{1}{2!}x^4+\frac{1}{4!}x^8-\frac{1}{6!}x^{12}+\cdots$

(5) $\displaystyle\sum_{k=0}^{\infty}\frac{1}{(2k+1)!}x^{2k+1}=x+\frac{1}{3!}x^3+\frac{1}{5!}x^5+\frac{1}{7!}x^7+\cdots$

(6) $\displaystyle\sum_{k=0}^{\infty}\frac{1}{(2k)!}x^{2k}=1+\frac{1}{2!}x^2+\frac{1}{4!}x^4+\frac{1}{6!}x^6+\cdots$

2. (1) $\displaystyle\sum_{k=0}^{\infty}x^k=1+x+x^2+x^3+\cdots$

(2) $\displaystyle\sum_{k=0}^{\infty}\frac{(-1)^k}{2k+1}x^{2k+1}=x-\frac{1}{3}x^3+\frac{1}{5}x^5-\frac{1}{7}x^7+\cdots$

(3) $\displaystyle\sum_{k=0}^{\infty}\frac{(-1)^k}{k+1}x^{k+1}=x-\frac{1}{2}x^2+\frac{1}{3}x^3-\frac{1}{4}x^4+\cdots$

(4) $\displaystyle\sum_{k=0}^{\infty}{}_nC_k\,x^k=1+nx+\frac{n(n-1)}{2!}x^2+\frac{n(n-1)(n-2)}{3!}x^3+\cdots$

3. (1) $1+2(x-2)+(x-2)^2$

(2) $2-9(x+1)+12(x+1)^2-6(x+1)^3+(x+1)^4$

(3) $\displaystyle e^6\left(1+3(x-2)+\frac{3^2}{2!}(x-2)^2+\frac{3^3}{3!}(x-2)^3+\cdots\right)$

(4) $\displaystyle\frac{\sqrt{2}}{2}\left(1+(x-\pi/4)-\frac{(x-\pi/4)^2}{2!}-\frac{(x-\pi/4)^3}{3!}+\frac{(x-\pi/4)^4}{4!}+\cdots\right)$

Engineering
Mathematics

CHAPTER 04

적분법

4.1 부정적분

어떤 물체가 움직이는 속도나 그 물체에 가해지는 힘 또는 환경변화에 따른 어떤 물질의 반응율과 같은 많은 물리적 현상들은 함수의 도함수를 포함하는 방정식인 미분방정식으로 표현된다. 이러한 미분방정식을 만족하는 함수를 구하려 할 때 미분의 역과정인 부정적분을 이용하게 된다. 이 장에서는 우리가 알고 있는 다양한 함수들의 부정적분 법을 알아보고 그의 응용을 소개한다.

함수 $F(x)$의 도함수가 $f(x)$로 존재할 때, 이 함수 $F(x)$를 $f(x)$의 역도함수라 한다. 예를 들어 함수 $F(x)=x^2$의 도함수는 $f(x)=2x$이므로 x^2은 $2x$의 한 역도함수이다. 또한 $F(x)=\sin x$의 도함수는 $f(x)=\cos x$이므로 $\sin x$는 $\cos x$의 한 역도함수이다. 그러나 상수의 도함수가 0인 도함수의 성질로부터 역도함수는 유일하지 않다. 즉, x^2+3이나 $x^2-\sqrt{5}$는 모두 $2x$의 역도함수이다. 이와 같이 임의의 상수 C에 대하여 함수 $F(x)=x^2+C$는 모두 함수 $f(x)=2x$의 역도함수가 된다. 따라서 한 함수의 역도함수는 상수 값의 변화에 따라 무수히 많은데 이러한 함수의 모든 역도함수를 그 함수의 부정적분이라 한다.

정의

두 함수 $f(x)$와 $F(x)$가 어떤 구간에서 정의된 함수라 하자. $F(x)$의 도함수가 $f(x)$일 때, 즉

$$F'(x)=f(x)$$

일 때 $F(x)$를 $f(x)$의 **역도함수**(antiderivation) 또는 **원시함수**(primitive function)라 한다. 또한 함수 $F(x)$가 $f(x)$의 한 역도함수일 때 $F(x)+C$ (C : 상수)를 $f(x)$의 **부정적분**(indefinite integral)이라 하고

$$\int f(x)\,dx$$

로 나타낸다. 여기에서 상수 C를 **적분상수**(constant of integration)라 하고, $f(x)$를 **피적분함수**라 한다.

위의 정의로부터 함수 $F(x)$가 $f(x)$의 한 역도함수이면

$$\int f(x)\,dx = F(x)+C \tag{4-1}$$

이다. 2장에서 다룬 도함수와 부정적분의 정의로부터 다음의 기본적인 부정적분공식을 얻을 수 있다.

정리 4.1.1 부정적분의 기본공식

(1) $\int dx = x + C$ (여기에서 $\int dx$ 는 $\int 1\,dx$ 를 나타낸다.)

(2) $\int x^n\,dx = \frac{1}{n+1}x^{n+1} + C \quad (n \neq -1)$

(3) $\int \frac{1}{x}\,dx = \ln|x| + C$

(4) $\int a^x\,dx = \frac{a^x}{\ln a} + C \quad (a > 0,\ a \neq 1)$

(5) $\int e^x\,dx = e^x + C$

(6) $\int \sin x\,dx = -\cos x + C$

(7) $\int \cos x\,dx = \sin x + C$

(8) $\int \sec^2 x\,dx = \tan x + C$

(9) $\int \csc^2 x\,dx = -\cot x + C$

(10) $\int \sec x \tan x\,dx = \sec x + C$

(11) $\int \csc x \cot x\,dx = -\csc x + C$

(12) $\int \sinh x\,dx = \cosh x + C$

(13) $\int \cosh x\,dx = \sinh x + C$

(14) $\int \frac{1}{\sqrt{1-x^2}}\,dx = \sin^{-1} x + C$

(15) $\int \frac{1}{1+x^2}\,dx = \tan^{-1} x + C$

앞으로 다룰 대부분의 적분방법은 주어진 피적분함수를 위의 기본공식으로 변형하여 적분하는 것으로 정리 4.1.1에 나열한 기본적분공식을 알아둘 필요가 있다.

예제 4.1.2

다음의 부정적분을 구하라.

(1) $\int x\,dx$

(2) $\int x^6\,dx$

(3) $\int \sqrt{x}\,dx$

(4) $\int \frac{1}{x^3}\,dx$

풀이 정리 4.1.1의 (2)를 이용하여 구할 수 있다.

(1) $\int x\,dx = \frac{1}{1+1}x^{1+1} + C = \frac{1}{2}x^2 + C$

(2) $\int x^6\,dx = \frac{1}{6+1}x^{6+1} + C = \frac{1}{7}x^7 + C$

(3) $\int \sqrt{x}\,dx = \int x^{\frac{1}{2}}\,dx = \frac{1}{\frac{1}{2}+1}x^{\frac{1}{2}+1} + C = \frac{1}{\frac{3}{2}}x^{\frac{3}{2}} + C = \frac{2}{3}x^{\frac{3}{2}} + C$

(4) $\int \frac{1}{x^3}\,dx = \int x^{-3}\,dx = \frac{1}{-3+1}x^{-3+1} + C = -\frac{1}{2}x^{-2} + C = -\frac{1}{2x^2} + C$

정리 4.1.3

함수 $f(x)$, $g(x)$와 상수 k에 대하여 다음이 성립한다.

(1) $\int (f(x)+g(x))\,dx = \int f(x)\,dx + \int g(x)\,dx$

(2) $\int kf(x)\,dx = k\int f(x)\,dx$

예제 4.1.4

다음의 부정적분을 구하라.

(1) $\int 2x^4\,dx$

(2) $\int 5\cos x\,dx$

(3) $\int (2x^2 - 3x - 5)\,dx$

(4) $\int (2x-3)^2\,dx$

(5) $\int (2\sin x + 3\sec^2 x)\,dx$

(6) $\int \frac{x^3+x+2}{x^2+1}\,dx$

풀이 정리 4.1.1과 정리 4.1.3을 이용하여 구할 수 있다.

(1) $\int 2x^4\,dx = 2\int x^4\,dx = 2\left(\frac{1}{5}x^5\right) + C = \frac{2}{5}x^5 + C$

(2) $\int 5\cos x\,dx = 5\int \cos x\,dx = 5\sin x + C$

(3) $\int (2x^2-3x-5)\,dx = 2\int x^2\,dx + (-3)\int x\,dx + (-5)\int dx = \frac{2}{3}x^3 - \frac{3}{2}x^2 - 5x + C$

(4) $\int (2x-3)^2\,dx = \int (4x^2-12x+9)\,dx = 4\int x^2\,dx - 12\int x\,dx + 9\int dx$

$= \frac{4}{3}x^3 - \frac{12}{2}x^2 + 9x + C = \frac{4}{3}x^3 - 6x^2 + 9x + C.$

(5) $\int (2\sin x + 3\sec^2 x)\,dx = 2\int \sin x\,dx + 3\int \sec^2 x\,dx = -2\cos x + 3\tan x + C$

(6) $\int \frac{x^3+x+2}{x^2+1}\,dx = \int \frac{x(x^2+1)+2}{x^2+1}\,dx = \int \left(x + \frac{2}{x^2+1}\right)dx$

$= \int x\,dx + 2\int \frac{1}{x^2+1}\,dx = \frac{1}{2}x^2 + 2\tan^{-1}x + C$

다음은 가장 많이 사용되는 적분법 중의 하나인 치환적분법으로 피적분함수의 일부를 치환하여 간단한 함수로 변형하고 이를 적분하는 것이다.

정리 4.1.5 치환적분법

함수 $u = g(x)$ 가 미분가능이면 다음의 식이 성립한다.

$$\int f(g(x))\,g'(x)\,dx = \int f(u)\,du \qquad (4\text{–}2)$$

위의 치환적분법은 정리 2.4.6에서 다룬 연쇄법칙, 즉 합성함수의 미분을 이용하면 증명할 수 있다. 또한 3장의 1절에서 다룬 미분을 이용하여 문제풀이에 쉽게 적용할 수 있다. 부정적분 $\int f(g(x))g'(x)\,dx$ 에서 $u = g(x)$ 라 하면 미분의 정의에 의해 $du = g'(x)\,dx$ 이므로

$$\int f(g(x))\,g'(x)\,dx = \int f(u)\,du$$

로 치환된다.

예제 4.1.6

다음의 부정적분을 구하라.

(1) $\int 2x(x^2+3)^5\,dx$ (2) $\int x^2(x^3-2)^8\,dx$

(3) $\int x\sqrt{x^2-4}\,dx$ (4) $\int \frac{1}{x}(\ln x)^2\,dx$

(5) $\int 2\cos 2x\,dx$ (6) $\int \sec^2 3x\,dx$

(7) $\int 5e^{5x}\,dx$ (8) $\int xe^{x^2}\,dx$

❚풀이❚ (1) $u = x^2+3$ 이라 하면 $du = 2x\,dx$ 이다. 따라서

$$\int 2x(x^2+3)^5\,dx = \int (x^2+3)^5\,2x\,dx = \int u^5\,du = \frac{1}{6}u^6 + C = \frac{1}{6}(x^2+3)^6 + C$$

(2) $u = x^3-2$ 라 하면 $du = 3x^2\,dx$ 이다. 따라서

$$\int x^2(x^3-2)^8\,dx = \frac{1}{3}\int (x^3-2)^8\,3x^2\,dx = \frac{1}{3}\int u^8\,du = \frac{1}{3}\cdot\frac{1}{9}u^9 + C$$
$$= \frac{1}{27}(x^3-2)^9 + C$$

(3) $u = x^2 - 4$ 라 하면 $du = 2x\,dx$ 이다. 따라서

$$\int x\sqrt{x^2-4}\,dx = \frac{1}{2}\int \sqrt{x^2-4}\,2x\,dx = \frac{1}{2}\int \sqrt{u}\,du = \frac{1}{2}\int u^{\frac{1}{2}}\,du$$
$$= \frac{1}{2}\cdot\frac{2}{3}u^{\frac{3}{2}} + C = \frac{1}{3}(x^2-4)^{\frac{3}{2}} + C$$

(4) $u = \ln x$ 라 하면 $du = \frac{1}{x}dx$ 이다. 따라서

$$\int \frac{1}{x}(\ln x)^2 dx = \int u^2 du = \frac{1}{3}u^3 + C = \frac{1}{3}(\ln x)^3 + C$$

(5) $u = 2x$ 라 하면 $du = 2\,dx$ 이다. 따라서

$$\int 2\cos 2x\,dx = \int \cos u\,du = \sin u + C = \sin 2x + C$$

(6) $u = 3x$ 라 하면 $du = 3\,dx$ 이다. 따라서

$$\int \sec^2 3x\,dx = \frac{1}{3}\int(\sec^2 3x)\,3\,dx = \frac{1}{3}\int(\sec^2 u)\,du = \frac{1}{3}\tan u + C$$
$$= \frac{1}{3}\tan 3x + C$$

(7) $u = 5x$ 라 하면 $du = 5\,dx$ 이다. 따라서

$$\int 5e^{5x}\,dx = \int e^u\,du = e^u + C = e^{5x} + C$$

(8) $u = x^2$ 이라 하면 $du = 2x\,dx$ 이다. 따라서

$$\int x e^{x^2}dx = \frac{1}{2}\int e^{x^2}2x\,dx = \frac{1}{2}\int e^u\,du = \frac{1}{2}e^u + C = \frac{1}{2}e^{x^2} + C$$

부정적분 결과의 진위여부는 결과의 식을 거꾸로 미분하여 검증할 수 있다. 예를 들어 위의 예제 (8)에서 계산한 부정적분이 타당한지는 결과의 식 $\frac{1}{2}e^{x^2} + C$ 을 미분하여 검증할 수 있다. 즉

$$\frac{d}{dx}\left(\frac{1}{2}e^{x^2} + C\right) = \frac{1}{2}e^{x^2}\frac{d}{dx}x^2 = \frac{1}{2}e^{x^2}2x = xe^{x^2}$$

으로 위의 예제 (8)의 피적분함수와 같으므로 이 부정적분의 결과는 참이다.

아래의 예제와 같은 일부 무리함수나 지수함수는 치환적분법을 이용하여 적분할 수 있다.

예제 4.1.7

다음의 부정적분을 구하라.

(1) $\int x^2 \sqrt{x-2}\, dx$ (2) $\int 2^x e^x\, dx$

풀이 (1) $u = x-2$ 라 하면 $du = dx$ 이고 $x = u+2$ 이다. 따라서

$$\begin{aligned}\int x^2 \sqrt{x-2}\, dx &= \int (u+2)^2 \sqrt{u}\, du = \int (u^2+4u+4)\, u^{\frac{1}{2}}\, du \\ &= \int \left(u^{\frac{5}{2}} + 4u^{\frac{3}{2}} + 4u^{\frac{1}{2}}\right) du = \frac{2}{7}u^{\frac{7}{2}} + \frac{8}{5}u^{\frac{5}{2}} + \frac{8}{3}u^{\frac{3}{2}} + C \\ &= \frac{2}{7}(x-2)^{\frac{7}{2}} + \frac{8}{5}(x-2)^{\frac{5}{2}} + \frac{8}{3}(x-2)^{\frac{3}{2}} + C\end{aligned}$$

(2) 피적분함수 $2^x e^x$ 은 $2^x e^x = e^{x\ln 2} e^x = e^{x(\ln 2+1)}$ 이다. 여기에서 $u = x(\ln 2+1)$ 이라 하면

$$du = (\ln 2+1)\, dx, \quad dx = \frac{1}{\ln 2+1} du$$

이므로

$$\begin{aligned}\int 2^x e^x\, dx &= \int e^{x(\ln 2+1)} dx = \int e^u \frac{1}{\ln 2+1}\, du = \frac{1}{\ln 2+1} \int e^u\, du \\ &= \frac{1}{\ln 2+1} e^u + C = \frac{1}{\ln 2+1} e^{x(\ln 2+1)} + C \\ &= \frac{1}{\ln 2+1} e^{x\ln 2} e^x + C = \frac{1}{\ln 2+1} 2^x e^x + C\end{aligned}$$

치환적분법을 이용하여 다음의 식을 유도할 수 있다. 이 식들을 이용하면 계산과정에서 치환이 생략되므로 쉽게 부정적분을 구할 수 있다.

정리 4.1.8

(1) $\int f(x)\, dx = F(x) + C$ 이면 상수 $a\ (\neq 0)$에 대하여 다음이 성립한다.

$$\int f(ax)\, dx = \frac{1}{a} F(ax) + C \tag{4-3}$$

(2)
$$\int \frac{f'(x)}{f(x)}\, dx = \ln|f(x)| + C \tag{4-4}$$

(3)
$$\int (f(x))^n f'(x)\, dx = \frac{1}{n+1}(f(x))^{n+1} + C \quad (n \neq -1) \tag{4-5}$$

예제 4.1.9

다음의 부정적분을 구하라.

(1) $\int \cos 3x\,dx$　　(2) $\int e^{2x}\,dx$

(3) $\int \frac{3}{x-4}\,dx$　　(4) $\int \frac{x}{x^2+2}\,dx$

(5) $\int \tan x\,dx$　　(6) $\int 2x(x^2+3)^6\,dx$

(7) $\int \sin^3 x\cos x\,dx$　　(8) $\int \sec^5 x\tan x\,dx$

풀이 (1) $\int \cos x\,dx = \sin x + C$ 이므로 식 (4-3)으로부터

$$\int \cos 3x\,dx = \frac{1}{3}\sin 3x + C$$

(2) $\int e^x\,dx = e^x + C$ 이므로 식 (4-3)으로부터

$$\int e^{2x}\,dx = \frac{1}{2}e^{2x} + C$$

(3) $(x-4)' = 1$ 이므로 식 (4-4)를 이용하여 부정적분을 구할 수 있다.

$$\int \frac{3}{x-4}\,dx = 3\int \frac{1}{x-4}\,dx = 3\ln|x-4| + C$$

(4) $(x^2+2)' = 2x$ 이므로 식 (4-4)를 이용하면

$$\int \frac{x}{x^2+2}\,dx = \frac{1}{2}\int \frac{2x}{x^2+2}\,dx = \frac{1}{2}\ln|x^2+2| + C = \frac{1}{2}\ln(x^2+2) + C$$

(5) $\tan x = \frac{\sin x}{\cos x}$ 이고 $(\cos x)' = -\sin x$ 이므로 식 (4-4)를 이용하면

$$\int \tan x\,dx = \int \frac{\sin x}{\cos x}\,dx = -\int \frac{-\sin x}{\cos x}\,dx$$
$$= -\ln|\cos x| + C = \ln\left|\frac{1}{\cos x}\right| + C = \ln|\sec x| + C$$

(6) $(x^2+3)' = 2x$ 이므로 식 (4-5)를 이용하여 부정적분을 구할 수 있다.

$$\int 2x(x^2+3)^6\,dx = \int (x^2+3)^6 2x\,dx = \int (x^2+3)^6 (x^2+3)'\,dx$$
$$= \frac{1}{7}(x^2+3)^7 + C$$

(7) $(\sin x)' = \cos x$ 이므로 식 (4-5)를 이용하면

$$\int \sin^3 x\cos x\,dx = \int \sin^3 x(\sin x)'\,dx = \frac{1}{4}\sin^4 x + C$$

(8) $(\sec x)' = \sec x \tan x$ 이므로 식 (4-5)를 이용하면

$$\int \sec^5 x \tan x\, dx = \int \sec^4 x \sec x \tan x\, dx = \int \sec^4 x (\sec x)'\, dx = \frac{1}{5}\sec^5 x + C$$

정리 4.1.10 부분적분법

두 함수 $f(x)$와 $g(x)$가 미분가능 함수이면 다음의 식이 성립한다.

$$\int f(x)g'(x)\,dx = f(x)g(x) - \int f'(x)g(x)\,dx \qquad (4\text{-}6)$$

함수 x^n 이나 $\ln x$ 와 같이 미분하면 x^n 형으로 그 차수가 줄어들거나 $\sin x$, $\cos x$, e^x 등과 같이 미분이나 적분을 통하여 그 형태가 반복되는 함수들의 곱이 피적분 함수인 부정적분은 부분적분법을 이용하여 적분할 수 있다.

예제 4.1.11

다음의 부정적분을 구하라.

(1) $\int x e^x\, dx$

(2) $\int x \sin x\, dx$

(3) $\int x^2 e^x\, dx$

(4) $\int \ln x\, dx$

(5) $\int x^2 \ln x\, dx$

(6) $\int e^x \cos x\, dx$

풀이 (1) $f(x)=x$, $g'(x)=e^x$ 라 하면, $f'(x)=1$, $g(x)=e^x$ 이므로 식 (4-6)을 이용하여 부정적분을 구할 수 있다.

$$\int x e^x\, dx = xe^x - \int e^x\, dx = xe^x - e^x + C$$

(2) $f(x)=x$, $g'(x)=\sin x$ 라 하면, $f'(x)=1$, $g(x)=-\cos x$ 이므로 식 (4-6)을 이용하여 부정적분을 구할 수 있다.

$$\int x \sin x\, dx = -x\cos x + \int \cos x\, dx = -x\cos x + \sin x + C$$

(3) $f(x)=x^2$, $g'(x)=e^x$ 라 하면, $f'(x)=2x$, $g(x)=e^x$ 이다. 따라서 식 (4-6)으로부터

$$\int x^2 e^x\, dx = x^2 e^x - \int 2xe^x\, dx = x^2 e^x - 2\int xe^x\, dx$$

이다. 또한 마지막의 부정적분 $\int x e^x\, dx$ 도 부분적분법을 이용하여 구할 수 있다.

$$\int x^2 e^x\, dx = x^2e^x - 2\int xe^x\, dx = x^2e^x - 2\left(xe^x - \int e^x\, dx\right)$$
$$= x^2e^x - 2xe^x + 2e^x + C$$

(4) $f(x)=\ln x$, $g'(x)=1$ 이라 하면, $f'(x)=\frac{1}{x}$, $g(x)=x$ 이다. 따라서 식 (4-6)으로부터

$$\int \ln x\,dx = x\ln x - \int \frac{1}{x}x\,dx = x\ln x - \int dx = x\ln x - x + C$$

(5) $f(x)=\ln x$, $g'(x)=x^2$ 이라 하면, $f'(x)=\frac{1}{x}$, $g(x)=\frac{1}{3}x^3$ 이다. 따라서 식 (4-6)으로 부터

$$\begin{aligned}\int x^2\ln x\,dx &= \frac{1}{3}x^3\ln x - \frac{1}{3}\int \frac{1}{x}x^3\,dx = \frac{1}{3}x^3\ln x - \frac{1}{3}\int x^2\,dx \\ &= \frac{1}{3}x^3\ln x - \frac{1}{9}x^3 + C\end{aligned}$$

(6) $f(x)=e^x$, $g'(x)=\cos x$ 라 하면, $f'(x)=e^x$, $g(x)=\sin x$ 이므로 식(4-6)으로 부터

$$\int e^x\cos x\,dx = e^x\sin x - \int e^x\sin x\,dx$$

이다. 우변의 부정적분 $\int e^x\sin x\,dx$ 에 다시 부분적분법을 적용하기 위해 $f(x)=e^x$, $g'(x)=\sin x$ 라 하면, $f'(x)=e^x$, $g(x)=-\cos x$ 이다. 따라서

$$\begin{aligned}\int e^x\cos x\,dx &= e^x\sin x - \left(-e^x\cos x + \int e^x\cos x\,dx\right) \\ &= e^x\sin x + e^x\cos x - \int e^x\cos x\,dx\end{aligned}$$

이다. 위의 식에서 마지막 부정적분 $\int e^x\cos x\,dx$ 를 좌변으로 이항하여 정리하면

$$2\int e^x\cos x\,dx = e^x\sin x + e^x\cos x$$

이다. 여기에서 상수 2 를 이항하고 적분상수를 더하여 다음의 부정적분을 구할 수 있다.

$$\int e^x\cos x\,dx = \frac{1}{2}e^x(\sin x + \cos x) + C$$

정리 4.1.10의 부분적분법에서 $u=f(x)$, $v=g(x)$ 라 하면, $du=f'(x)dx$, $dv=g'(x)dx$ 이고, 이를 이용하면 식 (4-6)을 다음의 간단한 식으로 변형할 수 있다.

$$\int u\,dv = uv - \int v\,du \tag{4-7}$$

위의 식 (4-7)은 다음의 예제와 같이 이용될 수 있다.

예제 4.1.12

다음의 부정적분을 구하라.

(1) $\int x\,e^{3x}\,dx$ (2) $\int \tan^{-1}x\,dx$

풀이 (1) $u=x$, $dv=e^{3x}\,dx$ 라 하면, $du=dx$, $v=\frac{1}{3}e^{3x}$ 이다. 따라서 식 (4-7)을 이용하면

$$\int x\,e^{3x}\,dx=\frac{1}{3}xe^{3x}-\frac{1}{3}\int e^{3x}\,dx=\frac{1}{3}xe^{3x}-\frac{1}{9}e^{3x}+C$$

(2) $u=\tan^{-1}x$, $dv=dx$ 라 하면, $du=\frac{1}{1+x^2}dx$, $v=x$ 이다. 따라서 식 (4-7)을 이용하면

$$\int \tan^{-1}x\,dx=x\tan^{-1}x-\int\frac{x}{1+x^2}\,dx$$

이고, 마지막의 부정적분은 치환적분으로 식 (4-4)을 이용하면

$$\int\frac{x}{1+x^2}\,dx=\frac{1}{2}\int\frac{2x}{1+x^2}\,dx=\frac{1}{2}\ln|1+x^2|+C=\frac{1}{2}\ln(1+x^2)+C$$

이다. 따라서

$$\int \tan^{-1}x\,dx=x\tan^{-1}x-\frac{1}{2}\ln(1+x^2)+C$$

4.1 연습문제

1. 다음의 부정적분을 구하라.

(1) $\int 3x^{-4}\,dx$

(2) $\int (x^3 - 2x^2 - 4)\,dx$

(3) $\int (x^2 + 1)^2\,dx$

(4) $\int \frac{3 - 2x^3}{x}\,dx$

(5) $\int x\left(\frac{1}{x} - x\right)^3 dx$

(6) $\int \sqrt{x}\left(x + \frac{1}{x}\right) dx$

(7) $\int \frac{(1 + \sqrt{3x})^2}{\sqrt{x}}\,dx$

(8) $\int \sqrt{x^3 + 2x^2 + x}\,dx$

2. 치환적분법을 이용하여 다음의 부정적분을 구하라.

(1) $\int 4x^3 (x^4 - 2)^9\,dx$

(2) $\int x\sqrt{x^2 - 9}\,dx$

(3) $\int \sin 5x\,dx$

(4) $\int x^3 \cos(x^4 + 2)\,dx$

(5) $\int \cot x\,dx$

(6) $\int e^{3x}\,dx$

(7) $\int x^2 e^{x^3}\,dx$

(8) $\int \frac{\ln x}{x}\,dx$

(9) $\int \frac{2\cos x}{1 + \sin x}\,dx$

(10) $\int \frac{2x - 3}{x^2 - 3x}\,dx$

(11) $\int \frac{1}{2x + 3}\,dx$

(12) $\int \frac{x + 1}{(x^2 + 2x)^2}\,dx$

3. 부분적분법을 이용하여 다음의 부정적분을 구하라.

(1) $\int x \ln x\,dx$

(2) $\int x e^{2x}\,dx$

(3) $\int x \cos x\,dx$

(4) $\int x^2 \cos x\,dx$

(5) $\int e^x \sin x\,dx$

(6) $\int \sin^{-1} x\,dx$

4. 식 (4-3)을 증명하라.

5. 식 (4-4)를 증명하라.

연습문제 해답

1. (1) $-x^{-3}+C$

(2) $\dfrac{x^4}{4}-\dfrac{2x^3}{3}-4x+C$

(3) $\dfrac{x^5}{5}+\dfrac{2x^3}{3}+x+C$

(4) $3\ln|x|-\dfrac{2}{3}x^3+C$

(5) $-\dfrac{1}{x}-3x+x^3-\dfrac{1}{5}x^5+C$

(6) $\dfrac{2}{5}x^2\sqrt{x}+2\sqrt{x}+C$

(7) $2(\sqrt{x}+\sqrt{3}\,x+x\sqrt{x})+C$

(8) $\dfrac{2}{5}x^2\sqrt{x}+\dfrac{2}{3}x\sqrt{x}+C$

2. (1) $\dfrac{1}{10}(x^4-2)^{10}+C$

(2) $\dfrac{1}{3}(x^2-9)^{\frac{3}{2}}+C$

(3) $-\dfrac{1}{5}\cos 5x+C$

(4) $\dfrac{1}{4}\sin(x^4+2)+C$

(5) $\ln|\sin x|+C$

(6) $\dfrac{1}{3}e^{3x}+C$

(7) $\dfrac{1}{3}e^{x^3}+C$

(8) $\dfrac{1}{2}(\ln x)^2+C$

(9) $2\ln|1+\sin x|+C$

(10) $\ln|x^2-3x|+C$

(11) $\dfrac{1}{2}\ln|2x+3|+C$

(12) $-\dfrac{1}{2(x^2+2x)}+C$

3. (1) $\dfrac{1}{2}x^2\ln x-\dfrac{1}{4}x^2+C$

(2) $\dfrac{1}{2}xe^{2x}-\dfrac{1}{4}e^{2x}+C$

(3) $x\sin x+\cos x+C$

(4) $x^2\sin x+2x\cos x-2\sin x+C$

(5) $\dfrac{1}{2}e^x(\sin x-\cos x)+C$

(6) $x\sin^{-1}x+\sqrt{1-x^2}+C$

4. $u=ax$ 라 하면 $du=a\,dx$ 이다. 따라서

$$\int f(ax)\,dx=\frac{1}{a}\int af(ax)\,dx=\frac{1}{a}\int f(u)\,du=\frac{1}{a}F(u)+C=\frac{1}{a}F(ax)+C$$

5. $u=f(x)$ 라 하면 $du=f'(x)dx$ 이다. 따라서

$$\int\frac{f'(x)}{f(x)}\,dx=\int\frac{1}{u}\,du=\ln|u|+C=\ln|f(x)|+C$$

4.2 유리함수의 적분법

다항함수 $f(x)$와 $g(x)\,(g(x) \neq 0)$에 대하여 $\dfrac{f(x)}{g(x)}$를 유리함수(rational function)라 한다. 유리함수에 대해서는 1.3절의 유리함수에서 다룬바 있지만, 유리함수의 적분에 필요한 기법을 간단히 소개한다. 유리함수 $\dfrac{f(x)}{g(x)}$에서 $f(x)$의 차수가 $g(x)$의 차수보다 큰 경우에 분자 $f(x)$를 분모 $g(x)$로 나누어 몫 $q(x)$와 나머지 $r(x)$를 구하고, $f(x)$를 이들로 나타내면 $f(x)=q(x)g(x)+r(x)$이다. 따라서

$$\frac{f(x)}{g(x)}=\frac{q(x)g(x)+r(x)}{g(x)}=q(x)+\frac{r(x)}{g(x)}$$

이다. 여기에서 $q(x)$는 다항함수이고 $\dfrac{r(x)}{g(x)}$는 $r(x)$의 차수가 $g(x)$의 차수보다 작은 유리함수이다. 이렇게 분자의 차수가 분모의 차수보다 작은 유리함수를 **진유리함수(proper rational function)**라 한다. 예를 들어 유리함수 $\dfrac{x^2+4x+5}{x+1}$는 분자의 차수가 2, 분모의 차수가 1로 분자의 차수가 크다. 따라서 분자 x^2+4x+7을 분모 $x+1$로 나누면 몫이 $x+3$이고 나머지가 2이다. 즉

$$x^2+4x+5=(x+1)(x+3)+2$$

이다. 이를 이용하여 주어진 유리함수를 변형하면

$$\frac{x^2+4x+5}{x+1}=\frac{(x+1)(x+3)+2}{x+1}=x+3+\frac{2}{x+1}$$

로 주어진 유리함수는 다항식 $x+3$과 진유리함수 $\dfrac{2}{x+1}$의 합으로 나타낼 수 있다.

유리함수를 위와 같이 다항함수와 진유리함수의 합으로 분해하여 적분하면

$$\int \frac{f(x)}{g(x)}\,dx=\int q(x)\,dx+\int \frac{r(x)}{g(x)}\,dx$$

로 다항함수의 적분과 진유리함수의 적분이 된다.

예제 4.2.1

다음의 부정적분을 구하라.

(1) $\displaystyle\int \frac{x^2+4x+5}{x+1}\,dx$ (2) $\displaystyle\int \frac{2x^2-5x+3}{x-2}\,dx$

(3) $\displaystyle\int \frac{x^3-2x^2-3}{x+1}\,dx$ (4) $\displaystyle\int \frac{2x^3+x^2+2x-2}{x^2+1}\,dx$

풀이 (1) 분자 x^2+4x+5 를 분모 $x+1$ 로 나누면 몫이 $x+3$ 이고 나머지가 2 이다. 따라서

$$\begin{aligned}\int \frac{x^2+4x+5}{x+1}\,dx &= \int \frac{(x+3)(x+1)+2}{x+1}\,dx = \int \left(x+3+\frac{2}{x+1}\right)dx \\ &= \int (x+3)\,dx + \int \frac{2}{x+1}\,dx = \frac{1}{2}x^2+3x+2\int \frac{1}{x+1}\,dx\end{aligned}$$

이다. 마지막의 적분 $\displaystyle\int \frac{1}{x+1}\,dx$ 는 치환적분으로 식 (4-6)을 이용하여 적분한다.

$$\int \frac{x^2+4x+5}{x+1}\,dx = \frac{1}{2}x^2+3x+2\ln|x+1|+C$$

(2) 분자 $2x^2-5x+3$ 을 분모 $x-2$ 로 나누면 몫이 $2x-1$ 이고 나머지는 1 이다. 따라서

$$\begin{aligned}\int \frac{2x^2-5x+3}{x-2}\,dx &= \int \frac{(2x-1)(x-2)+1}{x-2}\,dx \\ &= \int \left(2x-1+\frac{1}{x-2}\right)dx \\ &= \int (2x-1)\,dx + \int \frac{1}{x-2}\,dx \\ &= x^2-x+\ln|x-2|+C\end{aligned}$$

(3) 분자 x^3-2x^2-3 을 분모 $x+1$ 로 나누면 몫이 x^2-3x+3 이고 나머지는 -6 이다. 따라서

$$\begin{aligned}\int \frac{x^3-2x^2-3}{x+1}\,dx &= \int \frac{(x^2-3x+3)(x+1)-6}{x+1}\,dx \\ &= \int (x^2-3x+3)\,dx - \int \frac{6}{x+1}\,dx \\ &= \frac{1}{3}x^3-\frac{3}{2}x^2+3x-6\ln|x+1|+C\end{aligned}$$

(4) 분자 $2x^3+x^2+2x-2$ 를 분모 x^2+1 로 나누면 몫이 $2x+1$ 이고 나머지가 -3 이다. 따라서

$$\begin{aligned}\int \frac{2x^3+x^2+2x-2}{x^2+1}\,dx &= \int \frac{(2x+1)(x^2+1)-3}{x^2+1}\,dx \\ &= \int (2x+1)\,dx - 3\int \frac{1}{x^2+1}\,dx \\ &= x^2+x-3\tan^{-1}x+C\end{aligned}$$

여기에서 마지막 적분은 부정적분의 기본공식 15이다.

위와 같이 모든 유리함수는 다항함수와 진유리함수의 합으로 표현되고 다항함수는 쉽게 적분할 수 있으므로 유리함수의 적분에서 문제가 되는 것은 진유리함수 $\dfrac{r(x)}{g(x)}$ 의 적분이

다. 따라서 이 절의 나머지 부분은 진유리함수의 적분법에 대해 알아본다.

모든 다항식은 2차이하의 다항식, 1차 또는 2차 다항식으로 인수분해된다. 따라서 $\dfrac{f(x)}{g(x)}$가 진유리함수일 때 분모 $g(x)$도 2차 이하의 다항식으로 인수분해할 수 있고

$$g(x)=(x+a_1)^{s_1}\cdots(x+a_n)^{s_n}(x^2+b_1x+c_1)^{t_1}\cdots(x^2+b_mx+c_m)^{t_m}$$

으로 인수분해 되었다면

$$\begin{aligned}\frac{f(x)}{g(x)}&=\frac{f(x)}{(x+a_1)^{s_1}\cdots(x+a_n)^{s_n}(x^2+b_1x+c_1)^{t_1}\cdots(x^2+b_mx+c_m)^{t_m}}\\&=\frac{h_1(x)}{(x+a_1)^{s_1}}+\cdots+\frac{h_n(x)}{(x+a_n)^{s_n}}+\frac{k_1(x)}{(x^2+b_1x+c_1)^{t_1}}+\cdots+\frac{k_m(x)}{(x^2+b_mx+c_m)^{t_m}}\end{aligned} \quad (4\text{-}8)$$

와 같이 유리함수의 합으로 분해될 수 있다. 여기에서 식 (4-8)의 각 항은

$$\frac{h(x)}{(x+a)^n} \quad \text{또는} \quad \frac{k(x)}{(x^2+bx+c)^n}$$

의 형태를 갖는 유리함수임을 알 수 있다. 또한 이 항들은 각각

$$\frac{h(x)}{(x+a)^n}=\frac{A_1}{x+a}+\frac{A_2}{(x+a)^2}+\cdots+\frac{A_n}{(x+a)^n} \quad (4\text{-}9)$$

$$\frac{k(x)}{(x^2+bx+c)^n}=\frac{B_1x+C_1}{x^2+bx+c}+\frac{B_2x+C_2}{(x^2+bx+c)^2}+\cdots+\frac{B_nx+C_n}{(x^2+bx+c)^n} \quad (4\text{-}10)$$

으로 분해할 수 있다. 즉 주어진 유리함수 $\dfrac{f(x)}{g(x)}$는 식 (4-9)와 식 (4-10)의 우변에 있는 유리함수들의 합으로 분해할 수 있다. 예를 들어

$$\frac{2x-4}{(x-1)^2(x^2+1)}=\frac{2x-3}{(x-1)^2}-\frac{2x+1}{x^2+1}$$

의 형태로도 분해되지만

$$\frac{2x-4}{(x-1)^2(x^2+1)}=\frac{2}{x-1}-\frac{1}{(x-1)^2}-\frac{2x+1}{x^2+1}$$

으로 분해할 수도 있다. 위의 식은 식 (4-9)와 식(4-10)의 우변에 있는 유리함수의 형태로 분해되었다. 이와 같이 어떤 유리함수를 식 (4-9)와 식 (4-10)의 우변에 있는 형태의 유리함수로 분해하는 것을 **부분분수분해**라 한다. 진유리함수를 적분할 때 그 유리함수를 위와 같이 부분분수로 분해하여 적분하면 그 부정적분을 구할 수 있다. 다음의 예제를 통하여 부분분수분해 방법을 알아본다.

예제 4.2.2

다음의 유리함수를 부분분수분해하라.

(1) $\dfrac{x+1}{x^2+x-2}$ (2) $\dfrac{4}{(x-1)^2(x+1)^2}$

(3) $\dfrac{4x^2+6}{(x+1)^2(x^2-2x+2)}$ (4) $\dfrac{-4x^3+8}{(x^2+1)(x^2+2x+5)}$

풀이 (1) 주어진 유리함수의 분모는 $x^2+x-2=(x-1)(x+2)$ 로 인수분해된다. 따라서

$$\frac{x+1}{x^2+x-2}=\frac{x+1}{(x-1)(x+2)}=\frac{A}{x-1}+\frac{B}{x+2}$$

라 하고, 우변을 통분하여 정리하면

$$\frac{x+1}{(x-1)(x+2)}=\frac{A(x+2)+B(x-1)}{(x-1)(x+2)}$$

이다. 위의 두 식이 같으므로

$$x+1=A(x+2)+B(x-1) \quad ----- \ (*)$$

이어야 한다. 이 식으로부터 A와 B를 구하면 $A=\dfrac{2}{3}$, $B=\dfrac{1}{3}$ 이다. 따라서 주어진 유리함수는

$$\frac{x+1}{x^2+x-2}=\frac{2/3}{x-1}+\frac{1/3}{x+2}$$

로 부분분수분해된다.

위의 식 (*)로부터 미지수 A, B 를 구하는 방법으로는 계수비교법과 수치대입법이 있다. 먼저 수치대입법은 식 (*)의 좌변과 우변이 항상 같아야 하므로 $x=1$ 일 때도 같아야 한다. 따라서 위의 식(*)에 $x=1$ 을 대입하면 $2=3A$ 이므로 $A=\dfrac{2}{3}$ 이고, 같은 방법으로 $x=-2$ 를 대입하면 $-1=-3B$ 이므로 $B=\dfrac{1}{3}$ 이다. 이와 같이 A 와 B 의 값을 구하는 방법을 수치대입법이라 한다. 수치대입법은 미지수를 구하는 방법이 간단하여 선호되지만 위의 예와 같이 소거할 수 있는 항이 있는 특수한 경우에만 적용할 수 있으므로 그 사용이 제한될 수 있다. 이보다 일반적인 방법은 계수비교법으로 양변의 계수를 비교하여 연립방정식을 만드는 것이다. 즉 식 (*)의 우변을 x 의 차수에 따라 정리하면

$$x+1=A(x+2)+B(x-1)=(A+B)x+2A-B$$

이고 x 항의 계수와 상수항이 같아야 하므로 연립방정식

$$\begin{cases} A+B=1 \\ 2A-B=1 \end{cases}$$

을 얻을 수 있다. 이 연립방정식을 풀면 $A=\dfrac{2}{3}$, $B=\dfrac{1}{3}$ 로 미지수 A, B 를 구할 수 있다. 때에 따라 수치대입법과 계수비교법 중에서 한 가지 방법만을 사용하는 것보다는 두 방법을 병행하여 사용하면 편리하다.

(2) 유리함수 $\dfrac{4}{(x-1)^2(x+1)^2}$ 를 부분분수분해하기 위해

$$\frac{4}{(x-1)^2(x+1)^2}=\frac{A}{x-1}+\frac{B}{(x-1)^2}+\frac{C}{x+1}+\frac{D}{(x+1)^2}$$

라 하자. 우변을 통분하면

$$\frac{4}{(x-1)^2(x+1)^2}=\frac{A(x-1)(x+1)^2+B(x+1)^2+C(x-1)^2(x+1)+D(x-1)^2}{(x-1)^2(x+1)^2}$$

이다. 따라서

$$A(x-1)(x+1)^2+B(x+1)^2+C(x-1)^2(x+1)+D(x-1)^2=4$$

이고, 수치대입법과 계수비교법을 이용하여 미지수를 구하면 $A=-1$, $B=C=D=1$ 이다. 따라서

$$\frac{4}{(x-1)^2(x+1)^2}=\frac{-1}{x-1}+\frac{1}{(x-1)^2}+\frac{1}{x+1}+\frac{1}{(x+1)^2}$$

로 부분분수분해된다.

(3) 유리함수 $\dfrac{4x^2+6}{(x+1)^2(x^2-2x+2)}$ 을 부분분수분해하기 위해

$$\frac{4x^2+6}{(x+1)^2(x^2-2x+2)}=\frac{A}{x+1}+\frac{B}{(x+1)^2}+\frac{Cx+D}{x^2-2x+2}$$

이라 하고 우변을 통분하여 정리하면

$$\frac{4x^2+6}{(x+1)^2(x^2-2x+2)}=\frac{A(x+1)(x^2-2x+2)+B(x^2-2x+2)+(Cx+D)(x+1)^2}{(x+1)^2(x^2-2x+2)}$$

이다. 따라서

$$A(x+1)(x^2-2x+2)+B(x^2-2x+2)+(Cx+D)(x+1)^2=4x^2+6$$

이고, 좌변을 미지수 A, B, C, D에 대하여 정리하면

$$A(x^3-x^2+2)+B(x^2-2x+2)+C(x^3+2x^2+x)+D(x^2+2x+1)=4x^2+6$$

이다. 양변의 계수를 비교하여 연립방정식

$$\begin{cases} A \qquad\;\; +\; C \qquad\;\; = 0 \\ -A+\;B+2C+\;D=4 \\ \qquad -2B+\;C+2D=0 \\ 2A\;+2B \qquad\; +\;D=6 \end{cases}$$

을 얻을 수 있다. 이 연립방정식을 풀면 $A=C=0$, $B=D=2$ 이고 주어진 유리함수는

$$\frac{4x^2+6}{(x+1)^2(x^2-2x+2)}=\frac{2}{(x+1)^2}+\frac{2}{x^2-2x+2}$$

로 부분분수분해된다.

(4) 유리함수 $\dfrac{-4x^3+8}{(x^2+1)(x^2+2x+5)}$ 을 부분분수분해하기 위해

$$\frac{-4x^3+8}{(x^2+1)(x^2+2x+5)}=\frac{Ax+B}{x^2+1}+\frac{Cx+D}{x^2+2x+5}$$

라 하자. 우변을 정리하면 통분하고 정리하면

$$\frac{-4x^3+8}{(x^2+1)(x^2+2x+5)}=\frac{(Ax+B)(x^2+2x+5)+(Cx+D)(x^2+1)}{(x^2+1)(x^2+2x+5)}$$

이다. 따라서

$$\begin{aligned}-4x^3+8&=(Ax+B)(x^2+2x+5)+(Cx+D)(x^2+1)\\&=A(x^3+2x^2+5x)+B(x^2+2x+5)+C(x^3+x)+D(x^2+1)\end{aligned}$$

이다. 우변과 좌변의 계수를 비교하여 연립방정식을 구하면

$$\begin{cases}A+C=-4\\2A+B+D=0\\5A+2B+C=0\\5B+D=8\end{cases}$$

이다. 이 연립방정식에서 A, B, C, D를 구하면 $A=0$, $B=2$, $C=-4$, $D=-2$이므로 주어진 유리함수는

$$\frac{-4x^3+8}{(x^2+1)(x^2+2x+5)}=\frac{2}{x^2+1}-\frac{4x+2}{x^2+2x+5}$$

로 부분분수분해된다.

진유리함수의 부정적분은 위에서 다룬 부분분수분해를 이용하여 분모가 1차 또는 2차인 유리함수로 분해하여 구할 수 있다.

예제 4.2.3

다음의 부정적분을 구하라.

(1) $\displaystyle\int\frac{1}{2x^2+x-6}\,dx$

(2) $\displaystyle\int\frac{3}{(x-1)(x+2)^2}\,dx$

(3) $\displaystyle\int\frac{4x^2+6}{(x+1)^2(x^2-2x+2)}\,dx$

(4) $\displaystyle\int\frac{-4x^3+8}{(x^2+1)(x^2+2x+5)}\,dx$

풀이 (1) 주어진 피적분함수의 분모는 $2x^2+x-6=(x+2)(2x-3)$ 으로 인수분해된다. 따라서

$$\frac{1}{2x^2+x-6}=\frac{1}{(x+2)(2x-3)}$$

이고, 이를 부분분수로 분해하기 위해

$$\frac{1}{(x+2)(2x-3)}=\frac{A}{x+2}+\frac{B}{2x-3}$$

이라 하자. 우변을 통분하여 정리하면

$$\frac{1}{(x+2)(2x-3)}=\frac{A(2x-3)+B(x+2)}{(x+2)(2x-3)}$$

이므로

$$A(2x-3)+B(x+2)=1$$

이다. 수치대입법을 이용하여 $x=\frac{3}{2}$ 이라하면 $\frac{7}{2}B=1$이므로 $B=\frac{2}{7}$, $x=-2$ 라 하면 $-7A=1$ 이므로 $A=-\frac{1}{7}$ 이다. 따라서 주어진 유리함수는

$$\frac{1}{(x+2)(2x-3)}=\frac{-1/7}{x+2}+\frac{2/7}{2x-3}$$

로 부분분수 분해된다. 이를 적분하면

$$\begin{aligned}\int\frac{1}{(x+2)(2x-3)}dx&=\int\frac{-1/7}{x+2}dx+\int\frac{2/7}{2x-3}dx\\&=-\frac{1}{7}\int\frac{1}{x+2}dx+\frac{1}{7}\int\frac{2}{2x-3}dx\\&=-\frac{1}{7}\ln|x+2|+\frac{1}{7}\ln|2x-3|+C\end{aligned}$$

(2) 주어진 피적분함수를 부분분수로 분해하기 위해

$$\frac{3}{(x-1)(x+2)^2}=\frac{A}{x-1}+\frac{B}{x+2}+\frac{C}{(x+2)^2}$$

라 하면

$$\frac{3}{(x-1)(x+2)^2}=\frac{A(x+2)^2+B(x-1)(x+2)+C(x-1)}{(x-1)(x+2)^2}$$

이므로

$$A(x+2)^2+B(x-1)(x+2)+C(x-1)=3$$

이다. $x=1$ 이라하면 $9A=3$이므로 $A=\frac{1}{3}$, $x=-2$ 라 하면 $-3C=3$ 이므로 $C=-1$ 이다. 또한 x^2 항의 계수를 비교하면

$$A+B=0$$

이므로 $A=\frac{1}{3}$을 대입하면 $B=-\frac{1}{3}$ 이다. 따라서 주어진 유리함수는

$$\frac{3}{(x-1)(x+2)^2}=\frac{1}{3(x-1)}-\frac{1}{3(x+2)}-\frac{1}{(x+2)^2}$$

로 부분분수 분해된다. 이를 적분하면

$$\int \frac{3}{(x-1)(x+2)^2}dx = \frac{1}{3}\int \frac{1}{x-1}dx - \frac{1}{3}\int \frac{1}{x+2}dx - \int \frac{1}{(x+2)^2}dx$$
$$= \frac{1}{3}\ln|x-1| - \frac{1}{3}\ln|x+2| - \int \frac{1}{(x+2)^2}dx$$

이다. 마지막의 부정적분은 치환적분으로 $u=x+2$ 라 하면 $du=dx$ 이므로

$$\int \frac{1}{(x+2)^2}dx = \int (x+2)^{-2}dx = \int u^{-2}du = -u^{-1}+C = -\frac{1}{x+2}+C$$

이다. 따라서 주어진 부정적분은 다음과 같다.

$$\int \frac{3}{(x-1)(x+2)^2}dx = \frac{1}{3}\ln|x-1| - \frac{1}{3}\ln|x+2| + \frac{1}{x+2}+C$$

(3) 예제 4.2.2의 (3)에서 주어진 피적분함수를 부분분수분해하였다. 따라서

$$\int \frac{4x^2+6}{(x+1)^2(x^2-2x+2)}dx = 2\int \frac{1}{(x+1)^2}dx + 2\int \frac{1}{x^2-2x+2}dx$$

이고, 첫 번째 부정적분 $\int \frac{1}{(x+1)^2}dx$ 은 치환적분법을 이용하여 구할 수 있다. $u=x+1$ 이라 하면 $du=dx$ 이므로

$$\int \frac{1}{(x+1)^2}dx = \int \frac{1}{u^2}du = -\frac{1}{u}+C = -\frac{1}{x+1}+C$$

이다. 또한 두 번째 부정적분 $\int \frac{1}{x^2-2x+2}dx$ 는 분모를 완전제곱형으로 변형하고 이를 치환하여 구할 수 있다.

$$\int \frac{1}{x^2-2x+2}dx = \int \frac{1}{(x-1)^2+1}dx$$

이고, $u=x-1$ 이라 하면 $du=dx$ 이므로

$$\int \frac{1}{x^2-2x+2}dx = \int \frac{1}{(x-1)^2+1}dx = \int \frac{1}{u^2+1}du = \tan^{-1}u+C$$
$$= \tan^{-1}(x-1)+C$$

이다. 따라서

$$\int \frac{4x^2+6}{(x+1)^2(x^2-2x+2)}dx = -\frac{2}{x+1} + 2\tan^{-1}(x-1)+C$$

(4) 예제 4.2.2의 (4)에서 주어진 피적분함수를 부분분수분해하였다. 따라서

$$\int \frac{-4x^3+8}{(x^2+1)(x^2+2x+5)}dx = 2\int \frac{1}{x^2+1}dx - 2\int \frac{2x+1}{x^2+2x+5}dx$$

이고, 첫 번째 부정적분은

$$\int \frac{1}{x^2+1}dx = \tan^{-1}x+C$$

이다. 두 번째 부정적분은 다음과 같이 변형된다.

$$\int \frac{2x+1}{x^2+2x+5}dx = \int \frac{2x+2-1}{x^2+2x+5}dx = \int \frac{2x+2}{x^2+2x+5}dx - \int \frac{1}{x^2+2x+5}dx$$

우변의 첫 번째 부정적분은 치환적분법으로 $u = x^2+2x+5$ 라 하면 $du = 2x+2$ 이므로

$$\int \frac{2x+2}{x^2+2x+5}dx = \int \frac{1}{u}du = \ln|u| + C = \ln|x^2+2x+5| + C$$

이고, 두 번째 부정적분을 완전제곱형으로 변형하면

$$\begin{aligned}\int \frac{1}{x^2+2x+5}dx &= \int \frac{1}{(x^2+2x+1)+4}dx = \int \frac{1}{(x+1)^2+4}dx \\ &= \frac{1}{4}\int \frac{1}{\left(\frac{x+1}{2}\right)^2+1}dx\end{aligned}$$

이고, $u = \frac{x+1}{2}$ 라 하면 $du = \frac{1}{2}dx$, $2du = dx$ 이므로

$$\begin{aligned}\int \frac{1}{x^2+2x+5}dx &= \frac{1}{4}\int \frac{2}{u^2+1}du \\ &= \frac{1}{2}\int \frac{1}{u^2+1}du \\ &= \frac{1}{2}\tan^{-1}u + C \\ &= \frac{1}{2}\tan^{-1}\frac{x+1}{2} + C\end{aligned}$$

이다. 따라서 주어진 유리함수의 부정적분은 다음과 같다.

$$\begin{aligned}\int \frac{-4x^3+8}{(x^2+1)(x^2+2x+5)}dx &= 2\tan^{-1}x - 2\left(\ln|x^2+2x+5| - \frac{1}{2}\tan^{-1}\frac{x+1}{2}\right) + C \\ &= 2\tan^{-1}x - 2\ln|x^2+2x+5| + \tan^{-1}\frac{x+1}{2} + C\end{aligned}$$

위의 예제에서와 같이 진유리함수는 부분분수분해와 치환을 통하여 세 가지 형태의 유리함수

(1) $\frac{1}{(x+a)^n}$ (2) $\frac{x}{(x^2+a)^n}$ (3) $\frac{1}{(x^2+a^2)^n}$

로 변형할 수 있으며 이 세 가지 형태의 부정적분은 각각 다음과 같다.

$$\int \frac{1}{(x+a)^n}dx = \begin{cases} \ln|x+a| + C, & n = 1 \\ \dfrac{-1}{(n-1)(x+a)^{n-1}}, & n \neq 1 \end{cases} \tag{4-11}$$

$$\int \frac{x}{(x^2+a)^n}dx = \begin{cases} \dfrac{1}{2}\ln|x^2+a| + C, & n = 1 \\ \dfrac{-1}{2(n-1)(x^2+a)^{n-1}} + C, & n \neq 1 \end{cases} \tag{4-12}$$

$$\int \frac{1}{(x^2+a^2)^n}\,dx = \begin{cases} \dfrac{1}{a}\tan^{-1}\dfrac{x}{a} + C, & n = 1 \\ \dfrac{x}{2a^2(n-1)(x^2+a^2)^{n-1}} + \dfrac{2n-3}{2a^2(n-1)} I_{n-1}, & n \neq 1 \end{cases} \qquad (4\text{–}13)$$

여기에서 $I_{n-1} = \int \frac{1}{(x^2+a^2)^{n-1}}dx$ 이다. 식 (4–11), (4–12)와 (4–13)의 $n = 1$ 인 경우는 치환적분법을 이용하여 쉽게 유도할 수 있다. 식 (4–13)의 $n \neq 1$ 인 경우는 다음의 예제와 같이 유도할 수 있다.

예제 4.2.4

$I_n = \int \frac{1}{(x^2+a^2)^n}\,dx$ $(n \neq 1)$라 하면

$$I_n = \frac{x}{2a^2(n-1)(x^2+a^2)^{n-1}} + \frac{2n-3}{2a^2(n-1)} I_{n-1}$$

| 풀이 | $n \neq 1$ 이고 $I_n = \int \frac{1}{(x^2+a^2)^n}\,dx$ 라 하면, $I_{n-1} = \int \frac{1}{(x^2+a^2)^{n-1}}\,dx$ 이다. 이 I_{n-1} 에 부분적분법을 적용하기 위하여 $f(x) = \frac{1}{(x^2+a^2)^{n-1}}$, $g'(x) = 1$ 이라 하면

$$f'(x) = -\frac{2(n-1)x}{(x^2+a^2)^n}, \qquad g(x) = x$$

이므로

$$\begin{aligned} I_{n-1} &= \int \frac{1}{(x^2+a^2)^{n-1}}\,dx \\ &= \frac{x}{(x^2+a^2)^{n-1}} + 2(n-1)\int \frac{x^2}{(x^2+a^2)^n}dx \\ &= \frac{x}{(x^2+a^2)^{n-1}} + 2(n-1)\int \frac{(x^2+a^2)-a^2}{(x^2+a^2)^n}dx \\ &= \frac{x}{(x^2+a^2)^{n-1}} + 2(n-1)\int \frac{1}{(x^2+a^2)^{n-1}}dx - 2a^2(n-1)\int \frac{1}{(x^2+a^2)^n}dx \\ &= \frac{x}{(x^2+a^2)^{n-1}} + 2(n-1)I_{n-1} - 2a^2(n-1)I_n \end{aligned}$$

따라서

$$2a^2(n-1)I_n = \frac{x}{(x^2+a^2)^{n-1}} + (2n-3)I_{n-1}$$

이고, 주어진 부정적분 I_n 은 다음과 같다.

$$I_n = \frac{x}{2a^2(n-1)(x^2+a^2)^{n-1}} + \frac{2n-3}{2a^2(n-1)} I_{n-1}$$

4.2 연습문제

1. 다음의 부정적분을 구하라.

(1) $\int \frac{x^3-2}{x+1}\,dx$ (2) $\int \frac{1}{x^2-1}\,dx$

(3) $\int \frac{1}{x^2-5x-6}\,dx$ (4) $\int \frac{x-2}{(x+1)(x-3)}\,dx$

(5) $\int \frac{4x+2}{x^2+x-6}\,dx$ (6) $\int \frac{x+4}{x^2+3x+2}$

(7) $\int \frac{2x^2-x+2}{x(x^2+1)}\,dx$ (8) $\int \frac{x^2+x+4}{x^3+4x}\,dx$

(9) $\int \frac{1}{x(x+1)^2}\,dx$ (10) $\int \frac{1}{x^3+1}\,dx$

2. 다음의 부정적분을 구하라.

(1) $\int \frac{1}{(x+3)^2}\,dx$ (2) $\int \frac{1}{(3x-2)^3}\,dx$

(3) $\int \frac{x}{x^2-5}\,dx$ (4) $\int \frac{2x}{(x^2+3)^3}\,dx$

(5) $\int \frac{3}{x^2+9}\,dx$ (6) $\int \frac{1}{(x^2+4)^2}\,dx$

3. 다음을 증명하라.

$$\int \frac{1}{x^2+a^2}\,dx = \frac{1}{a}\tan\frac{x}{a} + C \quad (a>0)$$

4. 다음의 부정적분을 구하라.

(1) $\int \frac{1}{x^2+2x+5}\,dx$ (2) $\int \frac{1}{3x^2+6x+7}\,dx$

연습문제 해답

1. (1) $\frac{1}{3}x^3 - \frac{1}{2}x^2 + x - 3\ln(x+1) + C$

(2) $\frac{1}{2}(\ln|x-1| - \ln|x+1|) + C$

(3) $\frac{1}{7}(\ln|x-6| - \ln|x+1|) + C$

(4) $\frac{3}{4}\ln|x+1| + \frac{1}{4}\ln|x-3| + C$

(5) $2(\ln|x-2| + \ln|x+3|) + C$

(6) $3\ln|x+1| - 2\ln|x+2| + C$

(7) $2\ln|x| - \tan^{-1}x + C$

(8) $\ln|x| + \frac{1}{2}\tan^{-1}\frac{x}{2} + C$

(9) $\ln\left|\frac{x}{x+1}\right| + \frac{1}{x+1} + C$

(10) $\frac{1}{6}\ln\frac{(x+1)^2}{|x^2-x+1|} + \frac{1}{\sqrt{3}}\tan^{-1}\left[\frac{2}{\sqrt{3}}\left(x - \frac{1}{2}\right)\right] + C$

2. (1) $-\frac{1}{x+3} + C$

(2) $\frac{-1}{6(3x-2)^2} + C$

(3) $\frac{1}{2}\ln|x^2-5| + C$

(4) $\frac{-1}{2(x^2+3)^2} + C$

(5) $\tan^{-1}\frac{x}{3} + C$

(6) $\frac{x}{8(x^2+4)} + \frac{1}{16}\tan^{-1}\frac{x}{2} + C$

3. 주어진 부정적분을 변형하면

$$\int \frac{1}{x^2+a^2}\,dx = \frac{1}{a^2}\int \frac{1}{(x/a)^2+1}\,dx$$

위의 식에서 $u = \frac{x}{a}$ 로 치환하면 $du = \frac{1}{a}dx$. 따라서

$$\int \frac{1}{x^2+a^2}\,dx = \frac{1}{a}\int \frac{1}{u^2+1}\,du = \frac{1}{a}\tan^{-1}u + C = \frac{1}{a}\tan^{-1}\frac{x}{a} + C.$$

4. (1) $\frac{1}{2}\tan^{-1}\frac{x+1}{2} + C$

(2) $\frac{1}{2\sqrt{3}}\tan^{-1}\frac{\sqrt{3}(x+1)}{2} + C$

4.3 삼각함수 적분법

삼각함수의 곱 또는 삼각함수의 분수함수를 피적분함수로 갖는 부정적분은 피적분함수의 형태에 따라 삼각함수의 성질을 이용한 변형이나 치환을 통하여 적분할 수 있다. 다음의 두 예제는 피적분함수의 간단한 변형으로 쉽게 구할 수 있는 예로 삼각함수의 적분에서 기본공식으로 자주 사용된다.

예제 4.3.1

$\int \tan x\, dx$ 를 구하라.

풀이 정리 4.1.8의 (2)를 이용하여 구할 수 있다.

$$\int \tan x\, dx = \int \frac{\sin x}{\cos x} dx = -\int \frac{(\cos x)'}{\cos x} dx = -\ln|\cos x| + C = \ln|\sec x| + C$$

예제 4.3.2

$\int \sec x\, dx = \ln|\sec x + \tan x| + C$ 임을 보여라.

풀이 정리 4.1.8의 (2)를 이용하여 다음을 구할 수 있다.

$$\int \sec x\, dx = \int \frac{\sec x(\sec x + \tan x)}{\sec x + \tan x} dx = \int \frac{(\sec x + \tan x)'}{\sec x + \tan x} dx$$
$$= \ln|\sec x + \tan x| + C$$

다음은 삼각함수들을 피적분함수로 갖는 부정적분들로 피적분 함수의 형태에 따라 적분하는 방법을 나열하였다.

[1] $\int \sin^m x \cos^n x\, dx$

(1) m 또는 n 중의 하나가 홀수인 경우

m 이 홀수일 때 피적분함수를 정리하면 다음과 같다.

$$\begin{aligned} \sin^m x \cos^n x &= (\sin^2 x)^{\frac{m-1}{2}} \cos^n x \sin x \\ &= (1-\cos^2 x)^{\frac{m-1}{2}} \cos^n x \sin x \end{aligned} \qquad (4\text{–}14)$$

여기에서 $t = \cos x$ 로 치환하면 주어진 부정적분은 t 에 관한 다항식의 적분이 된다. n 이 홀수인 경우도 같은 방법으로 해결할 수 있다.

예제 4.3.3

다음의 부정적분을 구하라.

(1) $\int \sin x \cos x\, dx$　　　　(2) $\int \sin^2 x \cos^3 x\, dx$

풀이 (1) $t = \sin x$ 라 하면 $dt = \cos x\, dx$ 이므로

$$\int \sin x \cos x\, dx = \int t\, dt = \frac{1}{2}t^2 + C = \frac{1}{2}\sin^2 x + C$$

(2) 주어진 부정적분의 피적분함수를 식 (4-14)와 같이 정리하면 다음과 같다.

$$\int \sin^2 x \cos^3 x\, dx = \int \sin^2 x \cos^2 x \cos x\, dx$$
$$= \int \sin^2 x (1 - \sin^2 x) \cos x\, dx$$

$t = \sin x$ 라 하면 $dt = \cos x\, dx$ 이므로

$$\int \sin^2 x \cos^3 x\, dx = \int t^2(1-t^2)dt = \int (t^2 - t^4)dt = \frac{1}{3}t^3 - \frac{1}{5}t^5 + C$$
$$= \frac{1}{3}\sin^3 x - \frac{1}{5}\sin^5 x + C$$

(2) m 과 n 이 모두 짝수인 경우

다음의 식을 이용하여 피적분함수를 변형할 수 있다.

$$2\sin x \cos x = \sin 2x \tag{4-15}$$

$$\sin^2 x = \frac{1}{2}(1 - \cos 2x) \tag{4-16}$$

$$\cos^2 x = \frac{1}{2}(1 + \cos 2x) \tag{4-17}$$

예제 4.3.4

다음의 부정적분을 구하라.

(1) $\int \cos^2 x\, dx$　　　　(2) $\int \sin^2 x \cos^2 x\, dx$

풀이 (1) 식 (4-17)을 이용하여 피적분함수를 변형하면

$$\int \cos^2 x\, dx = \frac{1}{2}\int (1 + \cos 2x)\, dx = \frac{1}{2}x + \frac{1}{2}\int \cos 2x\, dx$$

$\int \cos 2x\, dx$ 에서 $t = 2x$ 라 하면 $dt = 2dx$ 이므로

$$\int \cos 2x\, dx = \frac{1}{2}\int \cos t\, dt = \frac{1}{2}\sin t + C = \frac{1}{2}\sin 2x + C$$

따라서 주어진 부정적분은

$$\int \cos^2 x\,dx = \frac{1}{2}x + \frac{1}{4}\sin 2x + C.$$

(2) 식 (4-15)를 이용하여 피적분함수를 변형하면

$$\int \sin^2 x \cos^2 x\,dx = \int (\sin x \cos x)^2\,dx = \frac{1}{4}\int \sin^2 2x\,dx$$

이고 식 (4-16)에 의해 $\sin^2 2x = \frac{1}{2}(1-\cos 4x)$ 이므로

$$\int \sin^2 x \cos^2 x\,dx = \frac{1}{8}\int (1-\cos 4x)\,dx = \frac{1}{8}x - \frac{1}{8}\int \cos 4x\,dx.$$

우변의 부정적분을 치환적분법으로 적분하면

$$\int \sin^2 x \cos^2 x\,dx = \frac{1}{8}x - \frac{1}{32}\sin 4x + C$$

[2] $\int \sin ax \cos bx\,dx$, $\int \sin ax \sin bx\,dx$, $\int \cos ax \cos bx\,dx$

피적분함수를 다음과 같이 변형하여 적분한다.

$$\sin ax \cos bx = \frac{1}{2}[\sin(a+b)x + \sin(a-b)x] \tag{4-18}$$

$$\sin ax \sin bx = \frac{1}{2}[\cos(a-b)x - \cos(a+b)x] \tag{4-19}$$

$$\cos ax \cos bx = \frac{1}{2}[\cos(a+b)x + \cos(a-b)x] \tag{4-20}$$

예제 4.3.5

다음의 부정적분을 구하라.

(1) $\int \sin 2x \cos x\,dx$　　　(2) $\int \cos 3x \cos 2x\,dx$

풀이 (1) 식 (4-18)을 이용하여 피적분함수를 변형하면

$$\int \sin 2x \cos x\,dx = \int \frac{1}{2}(\sin(2x+x) + \sin(2x-x))\,dx$$
$$= \frac{1}{2}\int (\sin 3x + \sin x)\,dx$$

우변을 적분하면

$$\int \sin 2x \cos x\,dx = -\frac{1}{6}\cos 3x - \frac{1}{2}\cos x + C$$

(2) 식 (4-20)을 이용하여 다음과 같이 적분할 수 있다.

$$\int \cos 3x \cos 2x\, dx = \frac{1}{2}\int (\cos 5x + \cos x)\, dx = \frac{1}{10}\sin 5x + \frac{1}{2}\sin x + C$$

[3] $\int \sin^n x\, dx$ 또는 $\int \cos^n x\, dx$

(1) n 이 홀수인 경우

피적분 함수를 각각 다음과 같이 정리한다.

$$\sin^n x = \sin^{n-1} x \sin x = (\sin^2 x)^{\frac{n-1}{2}} \sin x = (1-\cos^2 x)^{\frac{n-1}{2}} \sin x \qquad (4\text{-}21)$$

$$\cos^n x = \cos^{n-1} x \cos x = (\cos^2 x)^{\frac{n-1}{2}} \cos x = (1-\sin^2 x)^{\frac{n-1}{2}} \cos x \qquad (4\text{-}22)$$

여기에서 각각 $t = \cos x$ 또는 $t = \sin x$ 로 치환하면 t 에 관한 다항함수 적분으로 변형할 수 있다.

예제 4.3.6

$\int \sin^3 x\, dx$ 를 구하라.

▌풀이▐ 식 (4-21)과 같이 피적분함수를 변형하면

$$\int \sin^3 x\, dx = \int \sin^2 x \sin x\, dx = \int (1-\cos^2 x) \sin x\, dx$$

$t = \cos x$ 라 하면 $dt = -\sin x\, dx$ 이므로

$$\int \sin^3 x\, dx = -\int (1-t^2)\, dt = -t + \frac{1}{3}t^3 + C = -\cos x + \frac{1}{3}\cos^3 x + C$$

(2) n 이 짝수인 경우

경우 1의 (2)와 같이 적분하거나(예제 4.3.4 참조) 다음과 같은 점화식을 이용할 수도 있다.

$$\int \sin^n x\, dx = -\frac{1}{n}\sin^{n-1} x \cos x + \frac{n-1}{n}\int \sin^{n-2} x\, dx \qquad (4\text{-}23)$$

$$\int \cos^n x\, dx = \frac{1}{n}\cos^{n-1} x \sin x + \frac{n-1}{n}\int \cos^{n-2} x\, dx \qquad (4\text{-}24)$$

위의 점화식은 n 이 홀수인 경우에도 이용할 수 있다.

예제 4.3.7

$\int \sin^4 x\, dx$ 를 구하라.

풀이 점화식 (4-23)을 이용하면

$$\int \sin^4 x\,dx = -\frac{1}{4}\sin^3 x\cos x + \frac{3}{4}\int \sin^2 x\,dx$$
$$= -\frac{1}{4}\sin^3 x\cos x + \frac{3}{4}\left(-\frac{1}{2}\sin x\cos x + \frac{1}{2}\int \sin^0 x\,dx\right)$$

여기에서 $\int \sin^0 x\,dx = \int dx = x + C$ 이므로

$$\int \sin^4 x\,dx = -\frac{1}{4}\sin^3 x\cos x - \frac{3}{8}\sin x\cos x + \frac{3}{8}x + C$$

[4] $\int \tan^m x \sec^n x\,dx$, $\int \cot^m x \csc^n x\,dx$

(1) n 이 짝수인 경우

피적분함수를 다음과 같은 형태로 변형한다.

$$\tan^m x\sec^n x = \tan^m x\sec^{n-2} x\sec^2 x = \tan^m x\,(\sec^2 x)^{\frac{n-2}{2}}\sec^2 x$$
$$= \tan^m x\,(\tan^2 x + 1)^{\frac{n-2}{2}}\sec^2 x \qquad (4\text{-}25)$$

여기에서 $t = \tan x$ 로 치환하여 적분한다.

(2) n , m 이 모두 홀수인 경우

피적분함수를 다음과 같은 형태로 변형하여 적분한다.

$$\tan^m x\sec^n x = \tan^{m-1} x\sec^{n-1} x\sec x\tan x$$
$$= (\tan^2 x)^{\frac{m-1}{2}}\sec^{n-1} x\sec x\tan x$$
$$= (\sec^2 x - 1)^{\frac{m-1}{2}}\sec^{n-1} x\sec x\tan x \qquad (4\text{-}26)$$

여기에서 $t = \sec x$ 로 치환하여 적분한다.

(3) n 이 홀수, m 이 짝수인 경우

피적분함수를 다음과 같이 변형하여 $\sec^n x$ 에 대한 점화식 (4-30)을 이용한다.

$$\tan^m x\sec^n x = (\tan^2 x)^{\frac{m}{2}}\sec^n x = (\sec^2 x - 1)^{\frac{m}{2}}\sec^n x \qquad (4\text{-}27)$$

예제 4.3.8

$\int \tan^4 x \sec^4 x\, dx$ 를 구하라.

풀이 식 (4-25)와 같이 피적분함수를 변형하면

$$\int \tan^4 x \sec^4 x\, dx = \int \tan^4 x \sec^2 x \sec^2 x\, dx = \int \tan^4 x\,(\tan^2 x + 1) \sec^2 x\, dx$$

$t = \tan x$ 라 하면 $dt = \sec^2 x\, dx$ 이므로

$$\int \tan^4 x \sec^4 x\, dx = \int t^4 (t^2+1)\, dt = \int (t^6 + t^4)\, dt$$

$$= \frac{1}{7}t^7 + \frac{1}{5}t^5 + C = \frac{1}{7}\tan^7 x + \frac{1}{5}\tan^5 x + C$$

[5] $\int \tan^n x\, dx$, $\int \cot^n x\, dx$, $\int \sec^n x\, dx$, $\int \csc^n x\, dx$

(1) $\tan^n x$, $\cot^n x$ 는 다음과 같이 변형하여 식 (4-28)과 (4-29)의 점화식을 얻을 수 있다.

$$\tan^n x = \tan^{n-2} x \tan^2 x = \tan^{n-2} x\,(\sec^2 x - 1) = \tan^{n-2} x \sec^2 x - \tan^{n-2} x$$

여기에서 $\tan^{n-2} x \sec^2 x$ 항은 $t = \tan x$ 로 치환하여 적분한다.

$$\int \tan^n x\, dx = \frac{1}{n-1}\tan^{n-1} x - \int \tan^{n-2} x\, dx \qquad (4\text{-}28)$$

$$\int \cot^n x\, dx = -\frac{1}{n-1}\cot^{n-1} x - \int \cot^{n-2} x\, dx \qquad (4\text{-}29)$$

(2) $\sec^n x$, $\csc^n x$ 를 다음과 같이 변형하여 식 (4-30)과 (4-31)의 점화식을 얻을 수 있다.

$$\sec^n x = \sec^{n-2} x \sec^2 x$$

여기에서 $f(x) = \sec^{n-2} x$, $g'(x) = \sec^2 x$ 로 하여 부분적분을 한다.

$$\int \sec^n x\, dx = \frac{1}{n-1}\sec^{n-2} x \tan x + \frac{n-2}{n-1}\int \sec^{n-2} x\, dx \qquad (4\text{-}30)$$

$$\int \csc^n x\, dx = -\frac{1}{n-1}\csc^{n-2} x \cot x + \frac{n-2}{n-1}\int \csc^{n-2} x\, dx \qquad (4\text{-}31)$$

예제 4.3.9

다음의 부정적분을 구하라.

(1) $\int \sec^3 x\, dx$　　　　(2) $\int \tan^4 x\, dx$

풀이 (1) 점화식 (4-30)을 이용하여 다음과 같이 적분할 수 있다.

$$\int \sec^3 x\, dx = \frac{1}{2}\sec x \tan x + \frac{1}{2}\int \sec x\, dx$$

$\int \sec x\, dx = \ln|\sec x + \tan x| + C$ (예제 4.3.2)이므로

$$\int \sec^3 x\, dx = \frac{1}{2}\sec x \tan x + \frac{1}{2}\ln|\sec x + \tan x| + C$$

(2) 점화식 (4-28)를 이용하여 다음과 같이 적분할 수 있다.

$$\int \tan^4 x\, dx = \frac{1}{3}\tan^3 x - \int \tan^2 x\, dx = \frac{1}{3}\tan^3 x - \int (\sec^2 x - 1)\, dx$$

$$= \frac{1}{3}\tan^3 x - \tan x + x + C$$

4.3 연습문제

1. 다음의 부정적분을 구하라.

(1) $\int \sin^2 x \cos x \, dx$ (2) $\int \sin^3 x \cos^2 x \, dx$

(3) $\int \sin^2 x \, dx$ (4) $\int \cos^5 x \, dx$

(5) $\int \cos 5x \cos 3x \, dx$ (6) $\int \sin 2x \sin 3x \, dx$

(7) $\int \sin 4x \cos 2x \, dx$ (8) $\int \tan^3 x \sec^2 x \, dx$

(9) $\int \tan^3 x \sec^3 x \, dx$ (10) $\int \sin^2 x \cos^4 x \, dx$

(11) $\int \sec^4 x \, dx$ (12) $\int \tan^3 x \, dx$

2. 다음의 부정적분을 구하라

(1) $\int \cot x \, dx$ (2) $\int \csc x \, dx$

(3) $\int \sqrt{1 - \cos x} \, dx$ (4) $\int (1 + \cos x)^{\frac{3}{2}} dx$

(5) $\int \frac{1}{1 + \sin x} dx$

3. 다음의 점화식을 유도하라.

$$\int \sec^n x \, dx = \frac{1}{n-1} \sec^{n-2} x \tan x + \frac{n-2}{n-1} \int \sec^{n-2} x \, dx$$

4. 다음의 점화식을 유도하라.

$$\int \sin^n x \, dx = -\frac{1}{n} \sin^{n-1} x \cos x + \frac{n-1}{n} \int \sin^{n-2} x \, dx$$

연습문제 해답

1. (1) $\frac{1}{3}\sin^3 x + C$

(2) $-\frac{1}{3}\cos^3 x + \frac{1}{5}\cos^5 x + C$

(3) $\frac{1}{2}x - \frac{1}{4}\sin 2x + C$

(4) $\sin x - \frac{2}{3}\sin^3 x + \frac{1}{5}\sin^5 x + C$

(5) $\frac{1}{16}\sin 8x + \frac{1}{4}\sin 2x + C$

(6) $\sin x - \frac{1}{5}\sin 5x + C$

(7) $-\frac{1}{12}\cos 6x - \frac{1}{4}\cos 2x + C$

(8) $\frac{1}{4}\tan^4 x + C$

(9) $\frac{1}{5}\sec^5 x - \frac{1}{3}\sec^3 x + C$

(10) $\frac{1}{16}x - \frac{1}{64}\sin 4x + \frac{1}{48}\sin^3 2x + C$

(11) $\frac{1}{3}\sec^2 x \tan x + \frac{2}{3}\tan x + C$

(12) $\frac{1}{2}\tan^2 x + \ln|\cos x| + C$

2. (1) $\ln|\sin x| + C$

(2) $\ln|\csc x - \cot x| + C$

(3) $-2\sqrt{2}\cos\frac{x}{2} + C$

(4) $\frac{4\sqrt{2}}{3}\left(3\sin\frac{x}{2} - \sin^3\frac{x}{2}\right) + C$

(5) $\tan x - \sec x + C$

3. 피적분함수를 $\sec^n x = \sec^{n-2} x \sec^2 x$ 로 변형하여 부정적분법을 이용하여 적분한다.
$f(x) = \sec^{n-2} x$, $g'(x) = \sec^2 x$ 라 하면
$f'(x) = (n-2)\sec^{n-3} x \sec x \tan x = (n-2)\sec^{n-2} x \tan x$, $g(x) = \tan x$ 이므로

$$\int \sec^n x\,dx = \int \sec^{n-2} x \sec^2 x\,dx$$
$$= \sec^{n-2} x \tan x - (n-2)\int \sec^{n-2} x \tan^2 x\,dx$$
$$= \sec^{n-2} x \tan x - (n-2)\int \sec^{n-2} x (\sec^2 x - 1)\,dx$$
$$= \sec^{n-2} x \tan x - (n-2)\int \sec^n x\,dx + (n-2)\int \sec^{n-2} x\,dx.$$

$(n-2)\int \sec^n x\,dx$ 항을 좌변으로 이항하면

$$(n-1)\int \sec^n x\,dx = \sec^{n-2} x \tan x + (n-2)\int \sec^{n-2} x\,dx.$$

따라서

$$\int \sec^n x\,dx = \frac{1}{n-1}\sec^{n-2} x \tan x + \frac{n-2}{n-1}\int \sec^{n-2} x\,dx.$$

4. 피적분함수를 $\sin^n x = \sin^{n-1} x \sin x$ 로 변형하여 부정적분법을 이용하여 적분한다.
$f(x) = \sin^{n-1} x$, $g'(x) = \sin x$ 라 하면
$f'(x) = (n-1)\sin^{n-2} x \cos x$, $g(x) = -\cos x$
이므로

$$\int \sin^n x\,dx = \int \sin^{n-1} x \sin x\,dx$$

$$= -\sin^{n-1}x\cos x + (n-1)\int \sin^{n-2}x\cos^2 x\,dx$$
$$= -\sin^{n-1}x\cos x + (n-1)\int \sin^{n-2}x(1-\sin^2 x)\,dx$$
$$= -\sin^{n-1}x\cos x + (n-1)\int \sin^{n-2}x\,dx - (n-1)\int \sin^n x\,dx.$$

$(n-1)\int \sin^n x\,dx$ 을 좌변으로 이항하면

$$n\int \sin^n x\,dx = -\sin^{n-1}x\cos x + (n-1)\int \sin^{n-2}x\,dx.$$

따라서

$$\int \sin^n x\,dx = -\frac{1}{n}\sin^{n-1}x\cos x + \frac{n-1}{n}\int \sin^{n-2}x\,dx.$$

4.4 삼각치환의 적분법

부정적분이 $\sqrt{a^2-x^2}$, $\sqrt{a^2+x^2}$, $\sqrt{x^2-a^2}$ 형태의 피적분함수를 포함할 때 다음과 같이 치환하여 적분할 수 있다.

$\sqrt{a^2-x^2}$ 을 포함하는 경우 $x=a\sin t\left(-\frac{\pi}{2}\le t\le\frac{\pi}{2}\right)$로 치환하면

$$\sqrt{a^2-x^2}=\sqrt{a^2-a^2\sin^2 t}=\sqrt{a^2(1-\sin^2 t)}=a\cos t \qquad (4\text{–}32)$$

$\sqrt{a^2+x^2}$ 을 포함하는 경우 $x=a\tan t\left(-\frac{\pi}{2}< t<\frac{\pi}{2}\right)$로 치환하면

$$\sqrt{a^2+x^2}=\sqrt{a^2+a^2\tan^2 t}=\sqrt{a^2(1+\tan^2 t)}=a\sec t \qquad (4\text{–}33)$$

$\sqrt{x^2-a^2}$ 을 포함하는 경우 $x=a\sec t\,(0< t<\pi)$로 치환하면

$$\sqrt{x^2-a^2}=\sqrt{a^2\sec^2 t-a^2}=\sqrt{a^2(\sec^2 t-1)}=a\tan t \qquad (4\text{–}34)$$

예제 4.4.1

$\int\sqrt{9-x^2}\,dx$ 를 구하라.

풀이 $x=3\sin t$ 라 하면 $dx=3\cos t\,dt$ 이므로

$$\begin{aligned}\int\sqrt{9-x^2}\,dx&=\int\sqrt{9-9\sin^2 t}\,3\cos t\,dt\\&=\int\sqrt{9(1-\sin^2 t)}\,3\cos t\,dt\\&=9\int\cos^2 t\,dt\\&=\frac{9}{2}\int(1+\cos 2t)\,dt\\&=\frac{9}{2}\left(t+\frac{1}{2}\sin 2t\right)+C\\&=\frac{9}{2}(t+\sin t\cos t)+C\end{aligned}$$

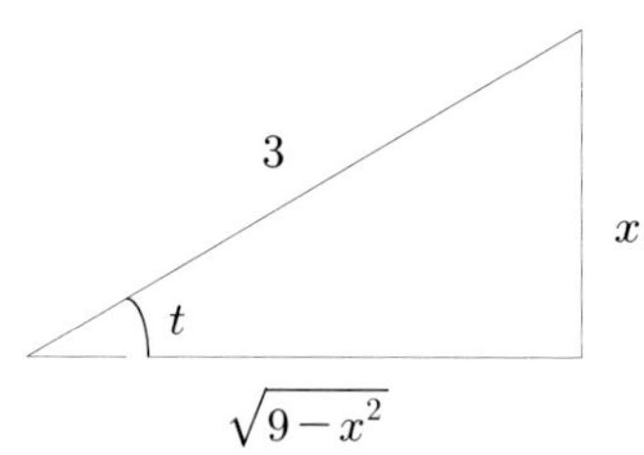

[그림 4-1] $\sin t=x/3$

$\sin t=\frac{x}{3}$ 이므로 $t=\sin^{-1}\frac{x}{3}$ 이고, 그림 4-1로 부터 $\cos t=\frac{\sqrt{9-x^2}}{3}$ 이므로

$$\int\sqrt{9-x^2}\,dx=\frac{9}{2}\sin^{-1}\frac{x}{3}+\frac{x\sqrt{9-x^2}}{2}+C$$

예제 4.4.2

$\int \frac{1}{\sqrt{9+x^2}}dx$ 를 구하라.

풀이 $x=3\tan t$ 라 하면 $dx=3\sec^2 t\,dt$ 이므로

$$\begin{aligned}\int \frac{1}{\sqrt{9+x^2}}dx &= \int \frac{1}{\sqrt{9+9\tan^2 t}}3\sec^2 t\,dt \\ &= \int \frac{3\sec^2 t}{3\sec t}dt \\ &= \int \sec t\,dt \\ &= \ln|\sec t+\tan t|+C\end{aligned}$$

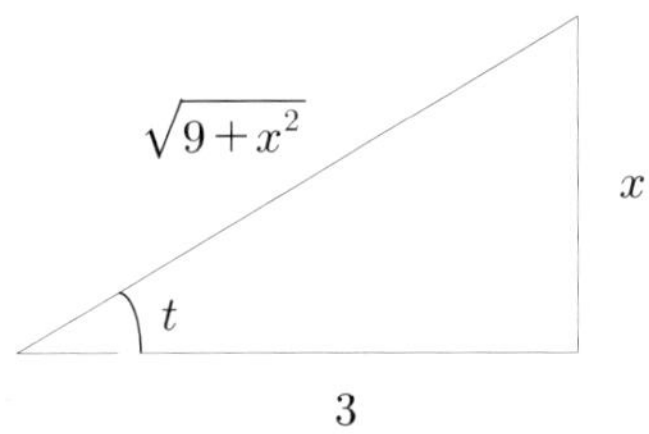

[그림 4-2] $\tan t = x/3$

$\tan t=\frac{x}{3}$ 이고 그림 4-2로부터 $\sec t=\frac{\sqrt{9+x^2}}{3}$ 이므로

$$\int \frac{1}{\sqrt{9+x^2}}dx=\ln\left|\frac{x+\sqrt{9+x^2}}{3}\right|+C$$

예제 4.4.3

$\int \frac{1}{x\sqrt{x^2-4}}dx$ 를 구하라.

풀이 $x=2\sec t$ 라 하면 $dx=2\sec t\tan t\,dt$ 이므로

$$\begin{aligned}\int \frac{1}{x\sqrt{x^2-4}}dx &= \int \frac{2\sec t\tan t}{2\sec t\sqrt{4\sec^2 t-4}}dt \\ &= \int \frac{2\sec t\tan t}{2\sec t\,2\tan t}dt \\ &= \frac{1}{2}\int dt = t+C\end{aligned}$$

$\sec t=\frac{x}{2}$ 이므로 $t=\sec^{-1}\frac{x}{2}$ 이다. 따라서

$$\int \frac{1}{x\sqrt{x^2-4}}dx=\frac{1}{2}\sec^{-1}\frac{x}{2}+C$$

예제 4.4.4

$\int \frac{x^2}{\sqrt{1-4x^2}}\,dx$ 를 구하라.

풀이 $2x = \sin t$ 라 하면 $x = \frac{1}{2}\sin t$ 이고 $dx = \frac{1}{2}\cos t\,dt$ 이므로

$$\begin{aligned}\int \frac{x}{\sqrt{1-4x^2}}\,dx &= \int \frac{\frac{1}{4}\sin^2 t}{\sqrt{1-\sin^2 t}}\,\frac{1}{2}\cos t\,dt \\ &= \frac{1}{8}\int \sin^2 t\,dt \\ &= \frac{1}{8}\cdot\frac{1}{2}\int (1-\cos 2t)\,dx \\ &= \frac{1}{16}\left(t-\frac{1}{2}\sin 2t\right)+C \\ &= \frac{1}{16}(t-\sin t\cos t)+C\end{aligned}$$

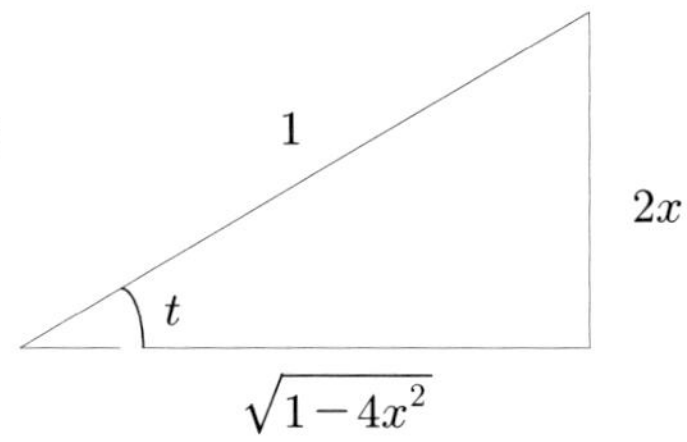

[그림 4-3] $\sin t = 2x$

$\sin t = 2x$ 이므로 $t = \sin^{-1}2x$ 이고, $\cos t = \sqrt{1-4x^2}$ 이다. 따라서

$$\int \frac{x^2}{\sqrt{1-4x^2}}\,dx = \frac{1}{16}\left(\sin^{-1}2x - 2x\sqrt{1-4x^2}\right)+C$$

4.4 연습문제

1. 다음의 부정적분을 구하라.

(1) $\int \sqrt{25-x^2}\,dx$

(2) $\int \frac{1}{x\sqrt{4+x^2}}dx$

(3) $\int \frac{1}{\sqrt{x^2-4}}\,dx$

(4) $\int \frac{x^2}{(16-x^2)^{3/2}}\,dx$

(5) $\int \frac{dx}{x^2\sqrt{9+x^2}}$

(6) $\int \frac{1}{x^3\sqrt{x^2-4}}\,dx$

2. 다음의 부정적분을 구하라.

(1) $\int \frac{1}{x\sqrt{9x^2-4}}\,dx$

(2) $\int \frac{\sqrt{9-4x^2}}{x}dx$

(3) $\int \frac{1}{\sqrt{x^2-6x+13}}\,dx$

(4) $\int \frac{dx}{(x^2-2x-3)^{3/2}}$

3. 다음의 부정적분을 증명하라.

$$\int \sqrt{a^2-x^2}\,dx = \frac{a^2}{2}\sin^{-1}\frac{x}{a} + \frac{x\sqrt{a^2-x^2}}{2} + C \quad (a>0)$$

4. 다음의 부정적분을 증명하라.

$$\int \sqrt{x^2+a^2}\,dx = \frac{x\sqrt{x^2+a^2}}{2} + \frac{a^2}{2}\ln\left|\frac{x+\sqrt{x^2+a^2}}{a}\right| + C \quad (a>0)$$

연습문제 해답

1. (1) $\frac{25}{2}\sin^{-1}\frac{x}{5}+\frac{x\sqrt{25-x^2}}{2}+C$ (2) $2\ln\left|\frac{\sqrt{4+x^2}-2}{x}\right|+C$

(3) $\ln\left|\frac{x+\sqrt{x^2-4}}{2}\right|+C$ (4) $\frac{x}{\sqrt{16-x^2}}-\sin^{-1}\frac{x}{4}+C$

(5) $-\frac{\sqrt{9+x^2}}{9x}+C$ (6) $\frac{1}{16}\sec^{-1}\frac{x}{2}+\frac{\sqrt{x^2-4}}{8x^2}+C$

2. (1) $\frac{1}{2}\sec^{-1}\frac{3x}{2}+C$ (2) $3\ln\left|\frac{3-\sqrt{9-4x^2}}{2x}\right|+\sqrt{9-4x^2}+C$

(3) $\ln\left|\frac{x-3+\sqrt{x^2-6x+13}}{2}\right|+C$ (4) $-\frac{x-1}{4\sqrt{x^2-2x-3}}+C$

3. $x=a\sin t$ 라 하면 $dx=a\cos t\,dt$ 이므로 주어진 부정적분은 다음과 같다.

$$\int\sqrt{a^2-x^2}\,dx=\int\sqrt{a^2-a^2\sin^2 t}\,a\cos t\,dt=\int a^2\sqrt{1-\sin^2 t}\cos t\,dt$$

$$=a^2\int\cos^2 t\,dt=\frac{a^2}{2}\int(1+\cos 2t)\,dt=\frac{a^2}{2}\left(t+\frac{1}{2}\sin 2t\right)+C=\frac{a^2}{2}(t+\sin t\cos t)+C$$

$\sin t=\frac{x}{a}$, $t=\sin^{-1}\frac{x}{a}$, $\cos t=\frac{\sqrt{a^2-x^2}}{a}$ 이므로

$$\int\sqrt{a^2-x^2}\,dx=\frac{a^2}{2}\left(\sin^{-1}\frac{x}{a}+\frac{x\sqrt{a^2-x^2}}{a^2}\right)+C=\frac{a^2}{2}\sin^{-1}\frac{x}{a}+\frac{x\sqrt{a^2-x^2}}{2}+C$$

4. $x=a\tan t$ 라 하면 $dx=a\sec^2 t\,dt$ 이므로

$$\int\sqrt{x^2+a^2}\,dx=\int\sqrt{a^2(\tan^2 t+1)}\,a\sec^2 t\,dt=a^2\int\sqrt{\sec^2 t}\sec^2 t\,dt=a^2\int\sec^3 t\,dt$$

4.3절의 식 (4-30)에 의해

$$\int\sqrt{x^2+a^2}\,dx=a^2\int\sec^3 t\,dt=a^2\left(\frac{1}{2}\sec t\tan t+\frac{1}{2}\int\sec t\,dt\right)$$

$$=\frac{a^2}{2}(\sec t\tan t+\ln|\sec t+\tan t|)+C$$

$\tan t=\frac{x}{a}$, $\sec t=\frac{\sqrt{x^2+a^2}}{a}$ 이므로

$$\int\sqrt{x^2+a^2}\,dx=\frac{a^2}{2}\left(\frac{x\sqrt{x^2+a^2}}{a^2}+\ln\left|\frac{x+\sqrt{x^2+a^2}}{a}\right|\right)+C$$

$$=\frac{x\sqrt{x^2+a^2}}{2}+\frac{a^2}{2}\ln\left|\frac{x+\sqrt{x^2+a^2}}{a}\right|+C$$

4.5 적분표에 의한 적분법

부정적분의 피적분함수가 적분하기 어려운 함수인 경우에 함수의 변형이나 치환을 통해 부록 B의 적분표에 있는 공식으로 변형하고 그 적분공식을 이용하여 적분할 수 있다.

예제 4.5.1

$\int \cos^3(2x-3)\,dx$ 를 구하라.

| 풀이 | $u=2x-3$ 이라 하면 $du=2\,dx$ 이고 $dx=\frac{1}{2}du$ 이다. 따라서 주어진 적분은

$$\int \cos^3(2x-3)\,dx=\frac{1}{2}\int \cos^3 u\,du$$

으로 변형되고 부록 B의 적분공식 56에 의해 다음과 같이 주어진 부정적분을 구할 수 있다.

$$\begin{aligned}\int \cos^3(2x-3)\,dx &= \frac{1}{2}\cdot\frac{1}{3}(2+\cos^2 u)\sin u+C\\ &=\frac{1}{6}(2+\cos^2(2x-3))\sin(2x-3)+C\end{aligned}$$

피적분함수가 $\sqrt{ax^2+bx+c}$ 와 같이 2차 다항식의 제곱근을 포함하는 경우에 2차 다항식을 완전제곱꼴로 변형하여 적분표를 이용하면 그 적분이 용이하다.

예제 4.5.2

$\int \sqrt{(x^2-3x+4)}\,dx$ 를 구하라.

| 풀이 | 제곱근내의 2차 다항식을 완전제곱꼴로 변형면

$$\begin{aligned}\int \sqrt{(x^2-3x+4)}\,dx &= \int \sqrt{\left(x^2-3x+\frac{9}{4}\right)+\frac{7}{4}}\,dx\\ &=\int \sqrt{\left(x-\frac{3}{2}\right)^2+\left(\frac{\sqrt{7}}{2}\right)^2}\,dx\end{aligned}$$

이다. 여기에서 $u=x-\frac{3}{2}$ 로 치환하면 $du=dx$ 이므로

$$\int \sqrt{(x^2-3x+4)}\,dx=\int \sqrt{u^2+\left(\frac{\sqrt{7}}{2}\right)^2}\,du$$

이다. 따라서 적분공식 28에 의해 주어진 적분은 다음과 같다.

$$\int \sqrt{(x^2-3x+4)}\,dx=\frac{u}{2}\sqrt{u^2+\frac{7}{4}}+\frac{7}{8}\ln\left(u+\sqrt{u^2+\frac{7}{4}}\right)+C$$
$$=\frac{1}{2}\left(x-\frac{3}{2}\right)\sqrt{x^2-3x+4}+\frac{7}{8}\ln\left(\left(x-\frac{3}{2}\right)+\sqrt{x^2-3x+4}\right)+C$$

예제 4.5.3

$\int \frac{1}{\sqrt{2x^2+4x-16}}\,dx$ 을 구하라.

풀이 주어진 부정적분을 완전제곱꼴로 변형하면

$$\begin{aligned}\int \frac{1}{\sqrt{2x^2+4x-16}}\,dx &= \frac{1}{\sqrt{2}}\int \frac{1}{\sqrt{x^2+2x-8}}\,dx \\ &= \frac{1}{\sqrt{2}}\int \frac{1}{\sqrt{(x^2+2x+1)-9}}\,dx \\ &= \frac{1}{\sqrt{2}}\int \frac{1}{\sqrt{(x+1)^2-3^2}}\,dx\end{aligned}$$

$u=x+1$ 이라 하면 $du=dx$ 이므로

$$\int \frac{1}{\sqrt{2x^2+4x-16}}\,dx = \frac{1}{\sqrt{2}}\int \frac{1}{\sqrt{u^2-3^2}}\,du$$

이다. 적분공식 39를 이용하면 부정적분은 다음과 같다.

$$\begin{aligned}\int \frac{1}{\sqrt{2x^2+4x-16}}\,dx &= \frac{1}{\sqrt{2}}\ln\left|u+\sqrt{u^2-3^2}\right|+C \\ &= \frac{1}{\sqrt{2}}\ln\left|(x+1)+\sqrt{(x+1)^2-9}\right|+C \\ &= \frac{1}{\sqrt{2}}\ln\left|(x+1)+\sqrt{x^2+2x-8}\right|+C\end{aligned}$$

예제 4.5.4

$\int \frac{1}{(x-2)\sqrt{x^2-4x+8}}\,dx$ 를 구하라.

풀이 주어진 피적분함수를 변형하면

$$\int \frac{1}{(x-2)\sqrt{x^2-4x+8}}\,dx = \int \frac{1}{(x-2)\sqrt{(x-2)^2+4}}\,dx$$

$u=x-2$ 이라 하면 $du=dx$ 이고

$$\int \frac{1}{(x-2)\sqrt{x^2-4x+8}}\,dx = \int \frac{1}{u\sqrt{u^2+4}}\,dx$$

적분공식 31에 의해

$$\begin{aligned}\int \frac{1}{(x-2)\sqrt{x^2-4x+8}}\,dx &= -\frac{1}{2}\ln\left|\frac{\sqrt{u^2+4}+2}{u}\right|+C \\ &= -\frac{1}{2}\ln\left|\frac{\sqrt{(x-2)^2+4}+2}{x-2}\right|+C \\ &= -\frac{1}{2}\ln\left|\frac{\sqrt{x^2-4x+8}+2}{x-2}\right|+C\end{aligned}$$

다음 예제의 피적분함수는 복잡한 치환과정을 통하여 적분표의 적분공식으로 변형된다.

예제 4.5.5

$\int \frac{dx}{x\sqrt{x^2+x-4}}$ 를 구하라.

풀이 $\sqrt{x^2+x-4}=u-x$ 라 하면

$$x=\frac{u^2+4}{1+2u}, \quad \sqrt{x^2+x-4}=\frac{u^2+u-4}{1+2u}$$

이고 $dx=\frac{2(u^2+u-4)}{(1+2u)^2}du$ 이므로 부정적분은 다음과 같이 변형된다.

$$\int \frac{dx}{x\sqrt{x^2+x-4}}=\int \frac{1+2u}{u^2+4}\frac{1+2u}{u^2+u-4}\frac{2(u^2+u-4)}{(1+2u)^2}du=2\int \frac{1}{u^2+4}dt$$

적분공식 17번에 의해 주어진 적분은 다음과 같다.

$$\int \frac{dx}{x\sqrt{x^2+x-4}}=2\cdot\frac{1}{2}\tan^{-1}\frac{u}{2}+C=\tan^{-1}\frac{x+\sqrt{x^2+x-4}}{2}+C$$

CHAPTER 05

정적분과 적분의 응용

5.1 정적분

함수 $f(x)$가 폐구간 $[a, b]$에서 정의된 함수라 하자. 구간 $[a, b]$에서

$$a = x_0 < x_1 < x_2 < \cdots < x_{n-1} < x_n = b$$

가 되도록 $n+1$개의 실수 x_i를 선택하면 구간 $[a, b]$는 n개의 소구간 $[x_{i-1}, x_i]$ $(i = 1, 2, \cdots, n)$로 나누어진다. 이때 각 소구간의 길이를 $\triangle x_i$라 하면

$$\triangle x_i = x_i - x_{i-1}$$

이고, 각 소구간 내의 실수 $s_i \in [x_{i-1}, x_i]$에 대하여 $f(s_i)\triangle x_i (i = 1, 2, \cdots, n)$들의 합

$$\sum_{i=1}^{n} f(s_i)\triangle x_i$$

를 함수 f의 **리만합**(Riemann sum)이라 한다.

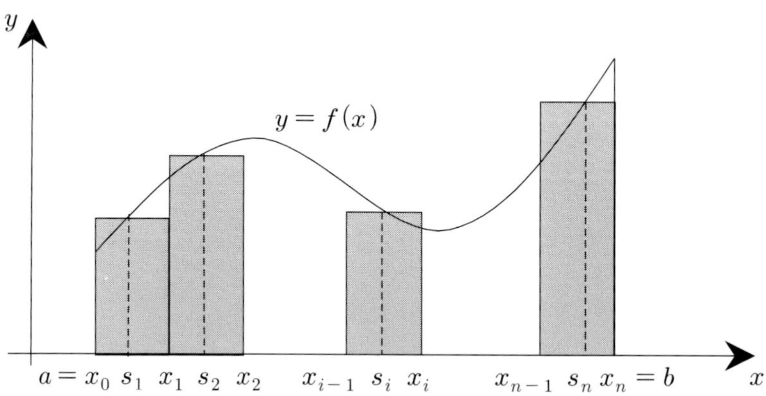

[그림 5-1] 함수 $y = f(x)$**와 리만 합**

구간 $[a, b]$에서 $f(x) \geq 0$이면 f의 리만합은 그림 5-1과 같이 각 직사각형 면적의 합이 된다. 소구간의 개수 n을 늘려 길이 $\triangle x_i$가 한없이 작아지도록 하면 각 소구간에서 직사각형의 넓이는 곡선의 넓이와 근사해 지고, 리만합 $\sum_{i=1}^{n} f(s_i)\triangle x_i$는 구간 $[a, b]$에서 곡선 $y = f(x)$와 x축 사이의 넓이와 같아진다. 즉

$$\lim_{n \to 0} \sum_{i=1}^{n} f(s_i)\triangle x_i$$

은 직선 $x = a$, $x = b$, x축과 곡선 $y = f(x)$로 둘러싸인 영역의 넓이와 같다. 이 극한값을 함수 f의 정적분이라 한다.

정의 **정적분**

함수 f 가 구간 $[a, b]$ 에서 연속이고, 구간 $[x_{i-1}, x_i]$ $(i=1, 2, \cdots, n)$가 $[a, b]$ 의 소구간이라 하자. 임의의 $s_i \in [x_{i-1}, x_i]$ 에 대하여

$$\lim_{n \to 0} \sum_{i=1}^{n} f(s_i) \triangle x_i$$

가 항상 일정한 값으로 존재할 때, 함수 f 는 구간 $[a, b]$ 에서 **적분가능**(integrable)하다고 한다. 이 때 그 극한값을 a 에서 b 까지 f 의 **정적분**(definite integral)이라 하고 $\int_a^b f(x)\,dx$ 로 나타낸다. 여기에서 a 를 정적분의 **아래끝**(lower limits)이라하고, b 를 **위끝**(upper limits)이라 한다.

예제 5.1.1

상수함수 $f(x) = k$에 대하여 다음이 성립함을 보여라.

$$\int_a^b f(x)\,dx = k(b-a)$$

풀이 실수 $a = x_0, x_1, x_2, \cdots, x_n = b$가 $x_{i-1} < x_i$ $(i = 1, 2, \cdots, n)$를 만족하는 구간 $[a, b]$ 안의 실수라 하자. 각 소구간 $[x_{i-1}, x_i]$ 에서 선택한 임의의 실수를 s_i 라 할 때, $f(s_i) = k$ $(i = 1, 2, \cdots, n)$이다.

$$\begin{aligned}\sum_{i=1}^{n} f(s_i) \triangle x_i &= f(s_1) \triangle x_1 + f(s_2) \triangle x_2 + \cdots + f(s_n) \triangle x_n \\ &= k(x_1 - x_0) + k(x_2 - x_1) + \cdots + k(x_n - x_{n-1}) \\ &= k[(x_1 - x_0) + (x_2 - x_1) + \cdots + (x_n - x_{n-1})] \\ &= k(x_n - x_0) \\ &= k(b-a)\end{aligned}$$

이므로 $\int_a^b f(x)\,dx = \lim_{n \to \infty} \sum_{i=1}^{n} f(s_i) \triangle x_i = \lim_{n \to \infty} k(b-a) = k(b-a)$이다.

정리 5.1.2 **정적분의 성질**

함수 f와 g가 a, b, c를 포함하는 구간에서 연속이면 다음이 성립한다.

(1) $\int_a^a f(x)\,dx = 0$

(2) $\int_a^b f(x)\,dx = -\int_b^a f(x)\,dx$

(3) $\int_a^b kf(x)\,dx = k\int_a^b f(x)\,dx$ (k : 상수)

(4) $\int_a^b (f(x) \pm g(x))\,dx = \int_a^b f(x)\,dx \pm \int_a^b f(x)\,dx$

(5) $\int_a^b f(x)\,dx = \int_a^c f(x)\,dx + \int_c^b f(x)\,dx$

정리 5.1.3 정적분의 크기와 넓이

(1) 임의의 $x \in [a, b]$ 에 대하여 $f(x) \geq g(x)$ 이면 $\int_a^b f(x)\,dx \geq \int_a^b g(x)\,dx$ 이다.

(2) 구간 $[a, b]$ 에 대하여 $f(x) \geq 0$ 이면 $\int_a^b f(x)\,dx \geq 0$ 이다. 이 때 $\int_a^b f(x)\,dx$ 는 구간 $[a, b]$ 에서 x 축과 곡선 $y = f(x)$ 로 둘러싸인 영역의 넓이이다.

(3) 임의의 $x \in [a, b]$ 에 대하여 $f(x) < 0$ 이면 $\int_a^b f(x)\,dx < 0$ 이다. 이 때 $-\int_a^b f(x)\,dx$ 는 구간 $[a, b]$ 에서 x 축과 곡선 $y = f(x)$ 로 둘러싸인 영역의 넓이이다.

함수 $f(x)$ 의 부정적분은 미분의 역 개념인 역도함수 $F(x)$, 즉 $F'(x) = f(x)$ 인 함수 $F(x)$ 를 이용하여 정의하였고, 정적분은 곡선의 면적을 구하는 과정을 통하여 정의하였다. 곡선의 면적을 구하는 문제는 응용에서 많이 사용되며 많은 의미를 가지나 리만합과 이의 극한을 구하는 과정이 매우 복잡하다. 그러나 정적분은 부정적분을 이용하면 다소 쉽게 구할 수 있으며 이를 입증하는 정리가 미적분학의 기본정리이다. 이러한 미적분학의 기본정리를 증명하기 위해서는 다음의 몇 가지 정리가 필요하다.

정리 5.1.4 정적분에 관한 평균값의 정리

함수 f 가 구간 $[a, b]$ 에서 연속이면

$$\frac{1}{b-a}\int_a^b f(x)\,dx = f(c)$$

를 만족하는 실수 c 가 구간 $[a, b]$ 안에 적어도 하나 존재한다.

위의 정리에서 c 에 대한 함수 값 $f(c)$는 구간 $[a, b]$ 에서 $f(x)$의 평균을 의미한다. 즉 $f(x)$ 가 어떤 물체의 속도를 나타내는 함수라면 $f(c)$는 구간 $[a, b]$ 에서 그 물체의 평균속도를 의미한다.

정리 5.1.5

함수 $f(x)$가 구간 $[a, b]$ 에서 연속이라 하자. 구간 $[a, b]$ 에서 정의된 함수

$$G(x) = \int_a^x f(t)\,dt$$

는 개구간 (a, b) 에서 미분가능이고 $G'(x) = f(x)$이다.

위의 정리는 함수 $G(x) = \int_a^x f(t)\,dt$가 $f(x)$의 한 역도함수임을 의미한다.

예제 5.1.6

$\frac{d}{dx}\int_0^x \sin t\,dt$ 를 구하라.

❙풀이❙ $f(x) = \sin x$ 는 연속함수이므로 위의 정리에 의해 $G(x) = \int_0^x \sin t\,dt$ 는 미분가능이고,

$$G'(x) = \frac{d}{dx}\int_0^x \sin t\,dt = \sin x$$

예제 5.1.7

$\frac{d}{dx}\int_1^{x^3} (t^2 - 3t)\,dt$ 를 구하라.

❙풀이❙ 함수 $f(x) = x^2 - 3x$ 는 연속함수이므로 미분가능이다. $G(x) = \int_1^x (t^2 - 3t)\,dt$, $h(x) = x^3$ 이라 하면

$$G(h(x)) = G(x^3) = \int_1^{x^3} (t^2 - 3t)\,dt$$

이다. 이는 함수 G와 h 의 합성함수이다. $u = x^3$ 이라 하고 연쇄법칙을 적용하면

$$\begin{aligned}\frac{d}{dx}G(x^3) &= \frac{d}{dx}G(u) = \frac{d}{du}G(u)\frac{du}{dx} = \frac{d}{du}\left(\int_1^u (t^2 - 3t)\,dt\right)\frac{d}{dx}x^3 \\ &= 3x^2(u^2 - 3u) = 3x^2(x^6 - 3x^3)\end{aligned}$$

정리 5.1.8 미적분학의 기본정리

함수 f 가 구간 $[a,b]$ 에서 연속이고 함수 $F(x)$ 가 $f(x)$의 한 역도함수이면 다음이 성립한다.

$$\int_a^b f(x)\,dx = F(b) - F(a) \tag{5-1}$$

식 (5-1)의 우변 $F(b)-F(a)$를 $[F(x)]_a^b$로 나타낸다. 위의 정리는 함수 $f(x)$의 정적분을 구하는 방법으로 먼저 부정적분 $\int f(x)\,dx = F(x) + C$을 구하고, 여기에서 구한 역도함수 $F(x)$를 이용하여 주어진 함수의 정적분을 구할 수 있음을 보여준다.

예제 5.1.9

$\int_0^1 x\,dx$ 를 구하라.

| 풀이 | $\int x\,dx = \frac{1}{2}x^2 + C$이므로 $\int_0^1 x\,dx = \left[\frac{1}{2}x^2\right]_0^1 = \frac{1}{2}1^2 - \frac{1}{2}0^2 = \frac{1}{2}$

위 예제의 정적분은 구간 $[0,1]$ 에서 x 축과 함수 $f(x)=x$로 둘러싸인 영역의 넓이를 의미한다. 이 영역은 밑변과 높이가 각각 1 인 직각삼각형으로 그 넓이는 $\frac{1}{2}$ 이고, 이는 정적분과 일치함을 알 수 있다.

예제 5.1.10

$\int_0^3 (x^2+2x-1)\,dx$를 구하라.

| 풀이 | $\int_0^3 (x^2+2x-1)\,dx = \left[\frac{1}{3}x^3 + x^2 - x\right]_0^3 = \frac{1}{3}3^3 + 3^2 - 3 = 15$

다음의 정리는 치환적분법과 부분적분법으로 부정적분을 구할 수 있는 함수들의 정적분을 구하는 방법이다.

정리 5.1.11 치환적분법

함수 f 가 함수 $u=g(x)$ 의 치역에서 연속이고 함수 g 의 도함수가 구간 $[a,b]$ 에서 연속이면 다음이 성립한다.

$$\int_a^b f(g(x))g'(x)\,dx = \int_{g(a)}^{g(b)} f(u)\,du \tag{5-2}$$

예제 5.1.12

다음의 정적분을 구하라.

(1) $\displaystyle\int_1^2 x(x^2-2)^3\,dx$ (2) $\displaystyle\int_0^2 \frac{2x^2}{(x^3+1)^2}\,dx$

풀이 (1) $u=x^2-2$ 라 하면 $du=2x\,dx$ 이다. $x=1$ 이면 $u=-1$이고 $x=2$ 이면 $u=2$ 이다. 따라서

$$\int_1^2 x(x^2-2)^3dx=\frac{1}{2}\int_1^2 2x(x^2-2)^3dx=\frac{1}{2}\int_{-1}^2 u^3du$$
$$=\frac{1}{8}\left[u^4\right]_{-1}^2=\frac{1}{8}(16-1)=\frac{15}{8}$$

(2) $u=x^3+1$ 이라 하면 $du=3x^2dx$ 이다. $x=0$ 이면 $u=1$ 이고 $x=2$ 이면 $u=9$ 이다. 따라서

$$\int_0^2\frac{2x^2}{(x^3+1)^2}dx=\frac{2}{3}\int_0^2\frac{3x^2}{(x^3+1)^2}dx=\frac{2}{3}\int_1^9\frac{1}{u^2}du$$
$$=\frac{2}{3}\left[-\frac{1}{u}\right]_1^9=\frac{2}{3}\left(-\frac{1}{9}+1\right)=\frac{16}{27}$$

예제 5.1.13

$\displaystyle\int_0^2\sqrt{4-x^2}\,dx$ 를 구하라.

풀이 $x=2\sin u$ 라 하면 $dx=2\cos u\,du$ 이다. 또한 $u=\sin^{-1}\dfrac{x}{2}$ 이므로 $x=0$이면 $u=0$이고 $x=2$ 이면 $u=\dfrac{\pi}{2}$ 이다. 따라서

$$\int_0^2\sqrt{4-x^2}\,dx=\int_0^{\pi/2}\sqrt{4-4\sin^2u}\,(2\cos u)\,du=4\int_0^{\pi/2}\sqrt{1-\sin^2u}\,\cos u\,du$$
$$=4\int_0^{\pi/2}\cos^2u\,du=\frac{4}{2}\int_0^{\pi/2}(1+\cos 2u)\,du$$
$$=2\left[u+\frac{1}{2}\sin 2u\right]_0^{\pi/2}=2\,\frac{\pi}{2}=\pi$$

위의 예제에서 피적분함수 $y=\sqrt{4-x^2}$ 은 그림 5-2와 같이 반지름이 2 인 반원이고, 주어진 정적분은 그 반원의 1사분면에 해당되는 영역의 넓이를 구하는 문제이다.

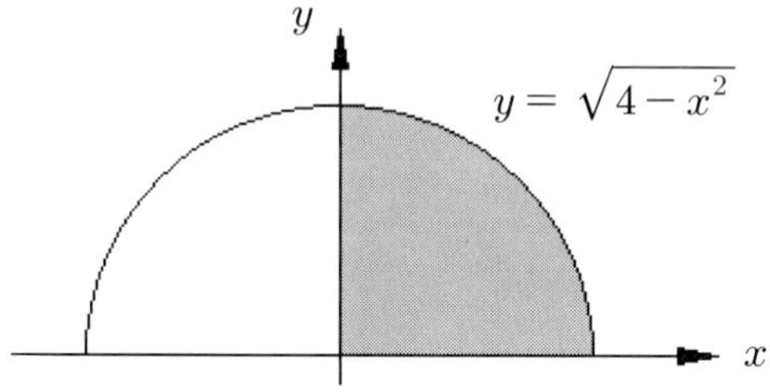

[그림 5-2] $y=\sqrt{4-x^2}$ 의 그래프

정리 5.1.14 부분적분법

함수 $f(x)$와 $g(x)$가 구간 $[a,b]$에서 연속인 도함수를 가지면 다음이 성립한다.

$$\int_a^b f(x)g'(x)\,dx = [f(x)g(x)]_a^b - \int_a^b f'(x)g(x)\,dx \tag{5-3}$$

위의 정리에서 $u=f(x)$, $v=g(x)$라 하면 식 (5-3)은 다음과 같다.

$$\int_a^b u\,dv = [uv]_a^b - \int_a^b v\,du \tag{5-4}$$

예제 5.1.15

다음의 정적분을 구하라.

(1) $\int_0^1 x e^x\,dx$ (2) $\int_0^{\pi/2} x\sin 2x\,dx$

풀이 (1) $f(x)=x$, $g'(x)=e^x$라 하면 $f'(x)=1$, $g(x)=e^x$이다. 따라서

$$\int_0^1 xe^x\,dx = [xe^x]_0^1 - \int_0^1 e^x\,dx = e - [e^x]_0^1 = e-(e-1)=1.$$

(2) $f(x)=x$, $g'(x)=\sin 2x$라 하면 $f'(x)=1$, $g(x)=-\frac{1}{2}\cos 2x$이다. 따라서

$$\int_0^{\pi/2} x\sin 2x\,dx = \left[-\frac{1}{2}x\cos 2x\right]_0^{\pi/2} + \frac{1}{2}\int_0^{\pi/2}\cos 2x\,dx$$
$$= -\frac{\pi}{4}\cos\pi + \frac{1}{4}[\sin 2x]_0^{\pi/2} = \frac{\pi}{4}$$

5.1 연습문제

1. 다음 정적분을 구하라.

(1) $\int_0^{\pi} \cos x dx$

(2) $\int_0^4 \sqrt{2x+1}\, dx$

(3) $\int_0^1 \cosh x\, dx$

(4) $\int_0^1 \frac{1}{1+x^2}\, dx$

(5) $\int_0^e \frac{x^2}{x^3+1}\, dx$

(6) $\int_{-3}^3 \sqrt{9-x^2}\, dx$

(7) $\int_0^2 (x-2)^3 x\, dx$

2. 다음을 계산하라.

(1) $\frac{d}{dx}\int_x^{-2} (2t+3)\, dt$

(2) $\frac{d}{dx}\int_0^{e^x} \sqrt{t^2+1}\, dt$

(3) $\frac{d}{dx}\int_0^{x^2} \cos t\, dt$

3. 다음 정적분의 값을 구하라.

(1) $\int_0^{\sqrt{3}} x\sqrt{x^2+1}\, dx$

(2) $\int_0^1 3x^2(x^3+2)^2 dx$

(3) $\int_4^9 \frac{1}{x+\sqrt{x}}\, dx$

(4) $\int_{\frac{1}{2}}^1 \frac{1}{x}(\ln 2x)^2 dx$

4. 다음 정적분의 값을 구하라.

(1) $\int_1^{e^2} \ln x\, dx$

(2) $\int_{-\pi}^{\pi} x\sin x\, dx$

(3) $\int_0^2 x e^{-2x}\, dx$

(4) $\int_0^{\frac{\pi}{2}} e^x \sin x\, dx$

5. 함수 $f(x)=\cos x$ $(0 \leqq x \leqq \frac{\pi}{2})$에 대하여 적분에 관한 평균값정리를 만족하는 상수 c를 구하라.

6. 다음의 공식들을 증명하라(단, m과 n은 $m \neq 0$, $n \neq 0$인 정수).

(1) $\int_{-\pi}^{\pi} \sin mx \cos nx \, dx = 0$

(2) $\int_{-\pi}^{\pi} \sin mx \sin nx \, dx = \begin{cases} \pi, & m = n \\ 0, & m \neq n \end{cases}$

(3) $\int_{-\pi}^{\pi} \cos mx \cos nx \, dx = \begin{cases} \pi, & m = n \\ 0, & m \neq n \end{cases}$

연습문제 해답

1. (1) 0
   (2) $\frac{26}{3}$
   (3) $\frac{1}{2}\left(e-\frac{1}{e}\right)$
   (4) $\frac{\pi}{4}$
   (5) $\frac{1}{3}\ln(e^3+1)$
   (6) $\frac{9}{2}\pi$
   (7) $-\frac{8}{5}$

2. (1) $-2x-3$
   (2) $e^x\sqrt{e^{2x}+1}$
   (3) $2x\cos x^2$

3. (1) $\frac{7}{3}$
   (2) $\frac{19}{3}$
   (3) $2\ln\frac{4}{3}$
   (4) $\frac{(\ln 2)^3}{3}$

4. (1) e^2+1
   (2) 2π
   (3) $\frac{1}{4}(1-5e^{-4})$
   (4) $\frac{1}{2}(1+e^{\frac{\pi}{2}})$

5. $c=\cos^{-1}\left(\frac{2}{\pi}\right)$

6. 생략

5.2 정적분의 근사값

5.1절에서 부정적분을 이용하여 정적분을 계산하는 방법을 알아보았다. 그러나 이 방법은 부정적분을 구할 수 있는 경우에 한하여 사용될 수 있다. 이 절에서는 부정적분을 구할 수 없는 경우나 실험 또는 관측에 의해 몇 개의 값만이 측정된 경우에 그 정적분의 근사값을 구하는 방법에 대해 알아본다.

[1] 사다리꼴의 공식

함수 $f(x)$가 구간 $[a, b]$에서 연속이라 하자. 구간 $[a, b]$에서

$$a = x_0 < x_1 < x_2 < \cdots < x_{n-1} < x_n = b$$

이고 각 점사이의 거리가 같은 $n+1$개의 점 x_i를 선택하면 모든 $i = 0, 1, 2, \cdots, n$에 대하여

$$\triangle x_i = x_i - x_{i-1} = \frac{b-a}{n}$$

이다. $h = \dfrac{b-a}{n}$라 하고, 각각의 $i = 0, 1, 2, \cdots, n$에 대하여 x_i의 함수 값을

$$y_0 = f(x_0),\ y_1 = f(x_1),\ \cdots,\ y_n = f(x_n)$$

라 하면 그림 5-3과 같이 각 소구간 $[x_{i-1}, x_i]$에서 높이가 h이고 밑변이 y_i, 윗변이 y_{i-1}인 사다리꼴을 생각할 수 있다. 이때 각소구간에서 만들어진 n개의 사다리꼴의 넓이의 합

$$S = \frac{h}{2}(y_0 + y_1) + \frac{h}{2}(y_1 + y_2) + \cdots + \frac{h}{2}(y_{n-1} + y_n)$$

을 정적분 $\int_a^b f(x)\,dx$의 근사값으로 사용할 수 있다.

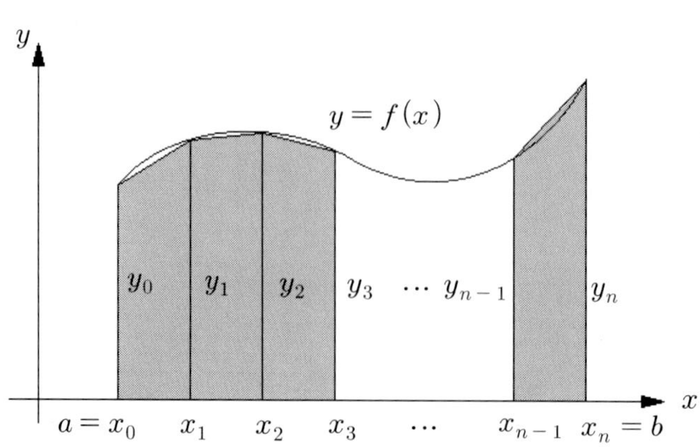

[그림 5-3] 각 소구간의 사다리꼴

정리 5.2.1 사다리꼴의 공식

함수 $f(x)$가 구간 $[a, b]$에서 연속이고, $[a, b]$를 n등분한 점 $x_i (i=0, 1, \cdots, n)$에 대하여 $f(x_i)=y_i$라 하면

$$\int_a^b f(x)dx \fallingdotseq h\left\{\frac{1}{2}(y_0+y_n)+(y_1+y_2+\cdots+y_{n-1})\right\} \tag{5-5}$$

이다. 여기에서 $h=\dfrac{b-a}{n}$이다.

예제 5.2.2

$n=4$ 인 사다리꼴의 공식을 이용하여 $\ln 2=\displaystyle\int_1^2 \frac{1}{x}dx$ 의 근사값을 구하라.

▌풀이▐ $a=1$, $b=2$라 하자. $n=4$이므로 $h=\dfrac{b-a}{n}=\dfrac{1}{4}$이다. 구간 $[1, 2]$의 등분 점 x_i는

$$x_0=1,\ x_1=\frac{5}{4},\ x_2=\frac{6}{4},\ x_3=\frac{7}{4},\ x_4=2$$

이고 이들의 함수값 $y_i=f(x_i)=\dfrac{1}{x_i}$은

$$y_0=1,\ y_1=\frac{4}{5},\ y_2=\frac{4}{6},\ y_3=\frac{4}{7},\ y_4=\frac{1}{2}$$

이다. 따라서 식 (5-5)로 부터

$$\begin{aligned}\int_1^2 \frac{1}{x}dx &\fallingdotseq h\left\{\frac{1}{2}(y_0+y_4)+(y_1+y_2+y_3)\right\}\\ &=\frac{1}{4}\left\{\frac{1}{2}\left(1+\frac{1}{2}\right)+\left(\frac{4}{5}+\frac{4}{6}+\frac{4}{7}\right)\right\}\\ &=\frac{1}{4}\left(\frac{3}{4}+\frac{4}{5}+\frac{4}{6}+\frac{4}{7}\right)\\ &\fallingdotseq 0.6970\end{aligned}$$

[2] 심프슨의 공식

사다리꼴의 공식은 곡선위의 점들을 직선으로 연결하여 정적분의 근사값을 계산하는 방법이었다. 이와 달리 곡선위의 점들을 포물선으로 연결하여 근사값을 계산하는 방법을 심프슨(Simpson)의 공식이라 한다. 이 근사 공식은 계산방법이 단순하지만 매우 정확한 근사값을 얻을 수 있다.

함수 $f(x)$가 구간 $[a, b]$에서 연속이라 하고, 구간 $[a, b]$를 $2n$ 등분하는 점 $a = x_0$, x_1, x_2, $\cdots$, $x_{2n} = b$에서 f의 함수값을 각각

$$y_0 = f(x_0),\ y_1 = f(x_1),\ y_2 = f(x_2),\ \cdots,\ y_{2n} = f(x_{2n})$$

이라 하자. 각각의 $k = 1, 2, \cdots, n$에 대하여 곡선상의 세 점

$$(x_{2k-2}, y_{2k-2}),\ (x_{2k-1}, y_{2k-1}),\ (x_{2k}, y_{2k})$$

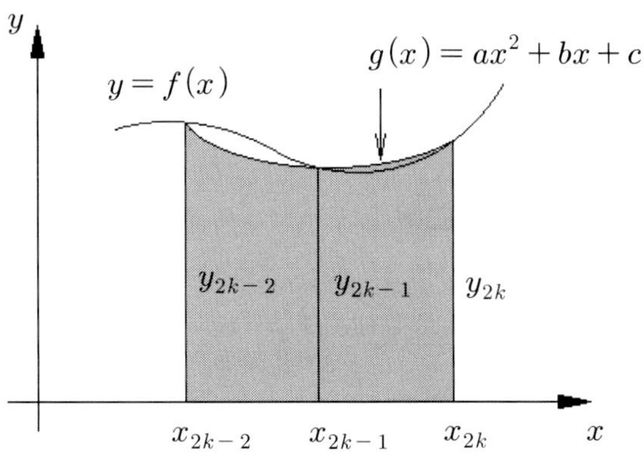

[그림 5-4] 소구간 $[x_{2k-2}, x_{2k}]$에서 $f(x)$와 $g(x)$

을 지나는 포물선을 $g(x) = ax^2 + bx + c\,(x_{2k-2} \leqq x \leqq x_{2k})$라 할 때, 구간 $[x_{2k-2}, x_{2k}]$에서 $g(x)$의 정적분은

$$S_k = \int_{x_{2k-2}}^{x_{2k}} g(x)\,dx = \frac{h}{3}(y_{2k-2} + 4y_{2k-1} + y_{2k}) \qquad (h = \frac{b-a}{2n})$$

이다. 따라서 각각의 $k = 1, 2, \cdots, n$에 대하여 소구간 $[x_{2k-2}, x_{2k}]$에서 얻은 포물선들의 넓이의 합은

$$\begin{aligned} S &= S_1 + S_2 + \cdots + S_n \\ &= \frac{h}{3}(y_0 + 4y_1 + y_2) + \frac{h}{3}(y_2 + 4y_3 + y_4) + \cdots + \frac{h}{3}(y_{2n-2} + 4y_{2n-1} + y_{2n}) \end{aligned}$$

이고, 이를 정적분 $\int_a^b f(x)\,dx$의 근사값으로 사용할 수 있다.

정리 5.2.3 심프슨의 공식

함수 $f(x)$가 구간 $[a,b]$에서 연속이고, 구간 $[a,b]$를 $2n$ 등분한 점 $a=x_0,\ x_1,\ x_2,\ \cdots,\ x_{2n}=b$에 대한 f의 함수값이 각각 $y_0, y_1, y_2, \cdots, y_{2n}$ 이면

$$\int_a^b f(x)\,dx \fallingdotseq \frac{h}{3}\left[(y_0+y_{2n})+4(y_1+y_3+\cdots+y_{2n-1})+2(y_2+y_4+\cdots+y_{2n-2})\right] \quad (5\text{-}6)$$

이다. 여기에서 $h=\dfrac{b-a}{2n}$ 이다.

예제 5.2.4

$2n=4$ 인 심프슨의 공식을 이용하여 $\ln 2=\displaystyle\int_1^2 \frac{1}{x}\,dx$ 의 근사값을 구하라.

풀이 $a=1,\ b=2$ 라 하자. $2n=4$ 이므로 $h=\dfrac{b-a}{2n}=\dfrac{1}{4}$ 이다. 예제 5.2.2와 같이 구간 $[1,2]$의 등분 점 $x_i\,(i=0,1,2,3,4)$에 대한 함수값 $y_i=f(x_i)=\dfrac{1}{x_i}$ 은

$$y_0=1\,,\ y_1=\frac{4}{5}\,,\ y_2=\frac{4}{6}\,,\ y_3=\frac{4}{7}\,,\ y_4=\frac{1}{2}$$

이다. 따라서 식 (5-6)으로부터

$$\begin{aligned}\int_1^2 \frac{1}{x}\,dx &\fallingdotseq \frac{h}{3}\{(y_0+y_4)+4(y_1+y_3)+2y_2\}\\ &=\frac{1}{12}\left\{\left(1+\frac{1}{2}\right)+4\left(\frac{4}{5}+\frac{4}{7}\right)+2\frac{4}{6}\right\}\\ &=\frac{1}{12}\left(\frac{3}{2}+4\frac{48}{35}+\frac{4}{3}\right)\\ &\fallingdotseq 0.6933\end{aligned}$$

ln2 의 실제 값은 0.693147⋯ 로 예제 5.2.2와 5.2.4를 비교할 때 심프슨의 공식을 사용하는 것이 더 정확한 근사값을 얻을 수 있다.

일반적으로 $f(x)$의 제 4 차 도함수가 존재하고 구간 $[a,b]$에서 $f^{(4)}(x)$의 최대값이 M일 때, 심프슨 공식의 오차는 $\dfrac{M(b-a)^5}{2880\,n^4}$ 이하인 것으로 알려져 있다.

5.2 연습문제

1. 사다리꼴 공식을 사용하여 다음 정적분의 근삿값을 구하라.

(1) $\int_{2}^{6} \frac{1}{x} dx, \quad n=4$

(2) $\int_{1}^{5} \sqrt{x+35}\, dx, \quad n=4$

(3) $\int_{1}^{3} \ln x\, dx, \quad n=5$

(4) $\int_{0}^{\frac{1}{2}} \frac{1}{1+x^2} dx, \quad n=5$

(5) $\int_{0}^{1} \sqrt{1+x^3}\, dx, \quad n=5$

2. 심프슨의 공식을 사용하여 다음 정적분의 근삿값을 구하라.

(1) $\int_{2}^{6} \frac{1}{x} dx, \quad n=4$

(2) $\int_{1}^{5} \sqrt{x+35}\, dx, \quad n=4$

(3) $\int_{1}^{3} \ln x\, dx, \quad n=8$

(4) $\int_{0}^{\frac{1}{2}} \frac{1}{1+x^2} dx, \quad n=4$

(5) $\int_{0}^{1} \sqrt{1+x^3}\, dx, \quad n=4$

3. 포물선 $g(x)=ax^2+bx+c$가 평면상의 세 점 $P_1(x_1, y_1)$, $P_2(x_2, y_2)$, $P_3(x_3, y_3)$를 지나고, $h=x_2-x_1=x_3-x_2\ (x_1<x_2<x_3)$라 할 때,

$$\int_{x_1}^{x_3} g(x)\,dx = \frac{h}{3}(y_1+4y_2+y_3)$$

임을 보여라.

연습문제 해답

1. (1) 1.117 (2) 24.654 (3) 1.287 (4) 0.4631 (5) 1.115

2. (1) 1.1 (2) 24.655 (3) 1.2958 (4) 0.4637 (5) 1.111

3. 포물선 $g(x)=ax^2+bx+c$가 $P_1(x_1, y_1)$, $P_2(x_2, y_2)$, $P_3(x_3, y_3)$를 지나므로
$g(x_1)=ax_1^2+bx_1+c=y_1$, $g(x_2)=ax_2^2+bx_2+c=y_2$, $g(x_3)=ax_3^2+bx_3+c=y_3$
이고, $x_3-x_1=(x_3-x_2)+(x_2-x_1)=2h$ 이다.
또한 x_2는 x_1과 x_3의 중앙값이므로 $x_2=\dfrac{x_1+x_3}{2}$ 이다. 따라서

$$\begin{aligned}
\int_{x_1}^{x_3} g(x)\,dx &= \int_{x_1}^{x_3}(ax^2+bx+c)\,dx = \left[\frac{a}{3}x^3+\frac{b}{2}x^2+cx\right]_{x_1}^{x_3} \\
&= \left(\frac{a}{3}x_3^3+\frac{b}{2}x_3^2+cx_3\right)-\left(\frac{a}{3}x_1^3+\frac{b}{2}x_1^2+cx_1\right) \\
&= \frac{a}{3}(x_3^3-x_1^3)+\frac{b}{2}(x_3^2-x_1^2)+c(x_3-x_1) \\
&= \frac{a}{3}(x_3-x_1)(x_3^2+x_3x_1+x_1^2)+\frac{b}{2}(x_3-x_1)(x_3+x_1)+c(x_3-x_1) \\
&= \frac{x_3-x_1}{6}\left[2a(x_3^2+x_3x_1+x_1^2)+3b(x_3+x_1)+6c\right] \\
&= \frac{2h}{6}\left[(ax_3^2+bx_3+c)+(ax_1^2+bx_1+c)+a(x_3^2+2x_3x_1+x_1^2)+2b(x_3+x_1)+4c\right] \\
&= \frac{h}{3}\left[y_3+y_1+4a\left(\frac{x_3+x_1}{2}\right)^2+4b\left(\frac{x_3+x_1}{2}\right)+4c\right] \\
&= \frac{h}{3}\left[y_3+y_1+4(ay_2^2+by_2+c)\right] \\
&= \frac{h}{3}(y_1+4y_2+y_3)
\end{aligned}$$

5.3 이상적분

함수 f 가 구간 $[a, b]$ 의 유한개를 제외한 모든 점에서 연속이고 유계일 때 함수 f 에 대한 정적분을 정의하였다. 이 절에서는 적분구간 $[a, b]$ 상의 특정 점에서 함수값이 유계가 아니거나 적분구간이 유한이 아닐 때 정적분을 구하는 방법을 알아본다.

정의 이상적분

(1) 함수 $f(x)$가 구간 $(a, b]$ 에서 연속이고 $\lim_{x \to a+} f(x) = \pm\infty$ 일 때, 구간 $[a, b]$ 에서 $f(x)$ 의 정적분을 다음과 같이 정의한다.

$$\int_a^b f(x)\,dx = \lim_{t \to a^+} \int_t^b f(x)\,dx \tag{5-7}$$

(2) 함수 $f(x)$ 가 구간 $[a, b)$ 에서 연속이고 $\lim_{x \to b^-} f(x) = \pm\infty$ 일 때, 구간 $[a, b]$ 에서 $f(x)$ 의 정적분을 다음과 같이 정의한다.

$$\int_a^b f(x)\,dx = \lim_{t \to b^-} \int_a^t f(x)\,dx \tag{5-8}$$

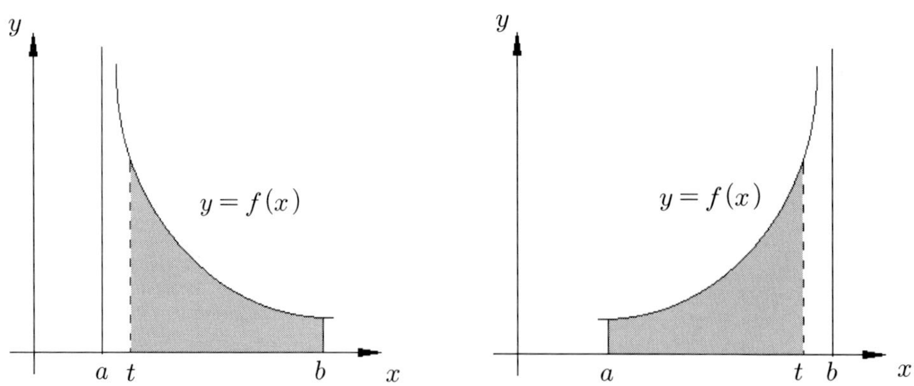

[그림 5-5] 함수 f 의 이상적분

위에서 정의한 정적분을 **이상적분**(improper integral) 또는 **특이적분**(singular integral)이라 하고, 식 (5-7)과 (5-8)의 극한값이 존재할 때 이상적분 $\int_a^b f(x)\,dx$ 는 **수렴(convergence)한다** 또는 **존재(exist)한다**고 하고 극한값이 존재하지 않을 때 **발산(divergence)한다**고 한다.

예제 5.3.1

다음의 이상적분을 구하라.

(1) $\displaystyle\int_0^2 \frac{1}{\sqrt{x}}dx$ (2) $\displaystyle\int_0^1 \ln x\, dx$

(3) $\displaystyle\int_0^3 \frac{1}{3-x}\, dx$ (4) $\displaystyle\int_0^1 \frac{1}{\sqrt{1-x^2}}dx$

풀이 (1) $\displaystyle\lim_{x\to 0^+}\frac{1}{\sqrt{x}}=\infty$ 로 함수 $f(x)=\dfrac{1}{\sqrt{x}}$ 는 $x=0$ 에서 수직점근선을 갖는다. 따라서

$$\int_0^2 \frac{1}{\sqrt{x}}dx=\lim_{t\to 0^+}\int_t^2 \frac{1}{\sqrt{x}}dx=\lim_{t\to 0^+}\left[2\sqrt{x}\,\right]_t^2$$
$$=\lim_{t\to 0^+}(2\sqrt{2}-2\sqrt{t})=2\sqrt{2}$$

이고, 주어진 이상적분은 수렴한다.

(2) $\displaystyle\lim_{x\to 0^+}\ln x=-\infty$ 로 함수 $f(x)=\ln x$ 는 $x=0$ 에서 수직점근선을 갖는다.

$$\int \ln x\, dx=x\ln x-x+C$$

이므로

$$\int_0^1 \ln x\, dx=\lim_{t\to 0^+}\int_t^1 \ln x\, dx=\lim_{t\to 0^+}[x\ln x-x]_t^1=\lim_{t\to 0^+}(-1-t\ln t+t)$$

이다. 로피탈 정리에 의해

$$\lim_{t\to 0^+}t\ln t=\lim_{t\to 0^+}\frac{\ln t}{1/t}=\lim_{t\to 0^+}\frac{1/t}{-1/t^2}=-\lim_{t\to 0^+}t=0$$

이므로 $\displaystyle\int_0^1 \ln x\, dx=-1$ 로 수렴한다.

(3) $\displaystyle\lim_{x\to 3^-}\frac{1}{3-x}=\infty$ 로 함수 $f(x)=\dfrac{1}{3-x}$ 는 $x=3$ 에서 수직점근선을 갖는다. 따라서

$$\int_0^3 \frac{1}{3-x}\, dx=\lim_{t\to 3^-}\int_0^t \frac{1}{3-x}\, dx=\lim_{t\to 3^-}[-\ln|3-x|]_0^t$$
$$=\lim_{t\to 3^-}(-\ln|3-t|+\ln 3)=\infty$$

로 주어진 이상적분은 발산한다.

(4) $\displaystyle\lim_{x\to 1^-}\frac{1}{\sqrt{1-x^2}}=\infty$ 로 함수 $f(x)=\dfrac{1}{\sqrt{1-x^2}}$ 은 $x=1$ 에서 수직점근선을 갖는다. 또한

$$\int \frac{1}{\sqrt{1-x^2}}dx=\sin^{-1}x+C$$

이므로

$$\int_0^1 \frac{1}{\sqrt{1-x^2}}dx = \lim_{t\to 1^-}\int_0^t \frac{1}{\sqrt{1-x^2}}dx = \lim_{t\to 1^-}\left[\sin^{-1}x\right]_0^t = \lim_{t\to 1^-}\sin^{-1}t = \frac{\pi}{2}$$

로 수렴한다.

정의

함수 $f(x)$가 구간 $[a,c)$, $(c,b]$에서 연속이고 $\lim_{x\to c^-}f(x) = \pm\infty$, $\lim_{x\to c^+}f(x) = \pm\infty$이면 이상적분을 다음과 같이 정의한다.

$$\int_a^b f(x)\,dx = \lim_{t_1\to c^-}\int_a^{t_1} f(x)\,dx + \lim_{t_2\to c^+}\int_{t_2}^{b} f(x)\,dx \tag{5-9}$$

예제 5.3.2

$\int_0^9 (x-8)^{-\frac{1}{3}}dx$ 를 구하라.

| 풀이 | 함수 $f(x)=(x-8)^{-\frac{1}{3}}$은 구간 $[0,8)$과 $(8,9]$에서 연속이지만 $\lim_{x\to 8^-}(x-8)^{-\frac{1}{3}} = -\infty$, $\lim_{x\to 8^+}(x-8)^{-\frac{1}{3}} = \infty$로 $x=8$에서 수직점근선을 갖는다. 따라서

$$\begin{aligned}
\int_0^9 (x-8)^{-\frac{1}{3}}dx &= \int_0^8 (x-8)^{-\frac{1}{3}}dx + \int_8^9 (x-8)^{-\frac{1}{3}}dx \\
&= \lim_{t_1\to 8^-}\int_0^{t_1}(x-8)^{-\frac{1}{3}}dx + \lim_{t_2\to 8^+}\int_{t_2}^{9}(x-8)^{-\frac{1}{3}}dx \\
&= \lim_{t_1\to 8^-}\left[\frac{3}{2}(x-8)^{\frac{2}{3}}\right]_0^{t_1} + \lim_{t_2\to 8^+}\left[\frac{3}{2}(x-8)^{\frac{2}{3}}\right]_{t_2}^{9} \\
&= \lim_{t_1\to 8^-}\frac{3}{2}\left((t_1-8)^{\frac{2}{3}} - (-8)^{\frac{2}{3}}\right) + \lim_{t_2\to 8^+}\frac{3}{2}\left(1-(t_2-8)^{\frac{2}{3}}\right) \\
&= -\frac{3}{2}4 + \frac{3}{2} = -\frac{9}{2}
\end{aligned}$$

로 주어진 이상적분은 수렴한다.

정의

함수 $f(x)$가 구간 $[a, \infty)$, $(-\infty, b]$, $(-\infty, \infty)$에서 연속일 때 각 구간에서의 이상적분을 다음과 같이 정의한다.

(1) $\displaystyle\int_a^{\infty} f(x)\,dx = \lim_{t\to\infty}\int_a^t f(x)\,dx$

(2) $\displaystyle\int_{-\infty}^{b} f(x)\,dx = \lim_{t\to-\infty}\int_t^b f(x)\,dx$

(3) $\displaystyle\int_{-\infty}^{\infty} f(x)\,dx = \lim_{t_1\to-\infty}\int_{t_1}^{c} f(x)\,dx + \lim_{t_2\to\infty}\int_c^{t_2} f(x)\,dx$

예제 5.3.3

다음의 이상적분을 구하라.

(1) $\displaystyle\int_1^{\infty}\frac{1}{x^2+1}\,dx$　　(2) $\displaystyle\int_0^{\infty}\frac{1}{\sqrt{x+1}}\,dx$

(3) $\displaystyle\int_{-\infty}^{0}\frac{1}{(x-1)^2}\,dx$　　(4) $\displaystyle\int_{-\infty}^{\infty} x e^{-x^2}\,dx$

풀이 (1) $\displaystyle\int\frac{1}{x^2+1}\,dx = \tan^{-1}x + C$ 이므로

$$\int_1^{\infty}\frac{1}{x^2+1}\,dx = \lim_{t\to\infty}\int_1^t\frac{1}{x^2+1}\,dx = \lim_{t\to\infty}\left[\tan^{-1}x\right]_1^t$$
$$= \lim_{t\to\infty}\left(\tan^{-1}t - \tan^{-1}1\right) = \frac{\pi}{2}-\frac{\pi}{4} = \frac{\pi}{4}$$

이다. 따라서 주어진 이상적분은 수렴한다.

(2) $\displaystyle\int\frac{1}{\sqrt{x+1}}\,dx = 2\sqrt{x+1} + C$ 이므로

$$\int_0^{\infty}\frac{1}{\sqrt{x+1}}\,dx = \lim_{t\to\infty}\int_0^t\frac{1}{\sqrt{x+1}}\,dx = \lim_{t\to\infty}\left[2\sqrt{x+1}\right]_0^t$$
$$= 2\lim_{t\to\infty}\left(\sqrt{t+1}-1\right) = \infty$$

이다. 따라서 주어진 이상적분은 발산한다.

(3) $\displaystyle\int\frac{1}{(x-1)^2}\,dx = -\frac{1}{x-1} + C$ 이므로

$$\int_{-\infty}^{0}\frac{1}{(x-1)^2}\,dx = \lim_{t\to-\infty}\int_t^0\frac{1}{(x-1)^2}\,dx = \lim_{t\to\infty}\left[\frac{-1}{x-1}\right]_t^0$$
$$= \lim_{t\to\infty}\left(1+\frac{1}{t-1}\right) = 1$$

이다. 따라서 주어진 이상적분은 수렴한다.

(4) 치환적분법에 의해 $\int x e^{-x^2} dx = -\frac{1}{2}e^{-x^2} + C$ 이다. 따라서

$$\begin{aligned}\int_{-\infty}^{\infty} x e^{-x^2} dx &= \int_{-\infty}^{0} x e^{-x^2} dx + \int_{0}^{\infty} x e^{-x^2} dx \\ &= \lim_{t_1 \to -\infty} \int_{t_1}^{0} x e^{-x^2} dx + \lim_{t_2 \to \infty} \int_{0}^{t_2} x e^{-x^2} dx \\ &= \lim_{t_1 \to -\infty} \left[-\frac{1}{2}e^{-x^2}\right]_{t_1}^{0} + \lim_{t_2 \to \infty} \left[-\frac{1}{2}e^{-x^2}\right]_{0}^{t_2} \\ &= -\frac{1}{2} \lim_{t_1 \to -\infty} (1 - e^{-t_1^2}) - \frac{1}{2} \lim_{t_2 \to \infty} (e^{-t_2^2} - 1) \\ &= -\frac{1}{2} + \frac{1}{2} = 0\end{aligned}$$

으로 주어진 이상적분은 수렴한다.

정의 **감마함수**

양의 실수 α 에 대하여 다음의 이상적분으로 정의된 함수 Γ 를 **감마함수(Gamma function)** 라 한다.

$$\Gamma(\alpha) = \int_{0}^{\infty} x^{\alpha - 1} e^{-x} dx$$

정리 5.3.4

감마함수 Γ 는 다음의 성질을 만족한다.

(1) $\alpha > 1$ 이면 $\Gamma(\alpha) = (\alpha - 1)\Gamma(\alpha - 1)$

(2) α 가 자연수이면 $\Gamma(\alpha) = (\alpha - 1)!$

예제 5.3.5

다음의 감마함수 값을 구하라.

(1) $\Gamma(2) = \int_{0}^{\infty} x e^{-x} dx$ (2) $\Gamma(3) = \int_{0}^{\infty} x^2 e^{-x} dx$

풀이 (1) $f(x) = x$, $g'(x) = e^{-x}$ 라 하면 $f'(x) = 1$, $g(x) = -e^{-x}$ 이다. 따라서 부분적분법으로부터

$$\int x e^{-x} dx = -x e^{-x} + \int e^{-x} dx = -x e^{-x} - e^{-x} + C = -\frac{x+1}{e^{x}} + C$$

이다. 따라서

$$\Gamma(2)=\int_0^\infty xe^{-x}\,dx=\lim_{t\to\infty}\int_0^t xe^{-x}\,dx=\lim_{t\to\infty}\left[-\frac{x+1}{e^x}\right]_0^t=\lim_{t\to\infty}\left(-\frac{t+1}{e^t}+1\right)$$

이고 로피탈 정리에 의해 $\lim_{t\to\infty}\left(-\frac{t+1}{e^t}\right)=0$ 이므로 $\Gamma(2)=1$ 이다.

(2) $f(x)=x^2$, $g'(x)=e^{-x}$ 라 하면 $f'(x)=2x$, $g(x)=-e^{-x}$ 이다. 부분적분법으로부터

$$\int x^2e^{-x}\,dx=-x^2e^{-x}+2\int xe^{-x}\,dx$$

이므로

$$\begin{aligned}\Gamma(3)&=\int_0^\infty x^2e^{-x}\,dx=\lim_{t\to\infty}\int_0^t x^2e^{-x}\,dx\\&=-\lim_{t\to\infty}[x^2e^{-x}]_0^t+2\lim_{t\to\infty}\int_0^t xe^{-x}\,dx\\&=-\lim_{t\to\infty}t^2e^{-t}+2\lim_{t\to\infty}\int_0^t xe^{-x}\,dx\end{aligned}$$

이다. 로피탈 정리에 의해 $\lim_{t\to\infty}t^2e^{-t}=\lim_{t\to\infty}\frac{t^2}{e^t}=0$ 이고 위의 (1)에 의해

$\lim_{t\to\infty}\int_0^t xe^{-x}\,dx=1$ 이므로 $\Gamma(3)=2$ 이다.

위의 예제에서 $\Gamma(3)=2=2\cdot 1$ 이고 $\Gamma(2)=1$ 이므로 $\Gamma(3)=2\Gamma(2)=(3-1)\Gamma(2-1)$ 이다. 즉 $\alpha=3$ 일 때 정리 5.3.4의 (1)이 성립함을 알 수 있다.

5.3 연습문제

1. 다음 이상적분을 구하라.

(1) $\int_0^1 \frac{2}{x}dx$

(2) $\int_0^2 \frac{1}{2-x}dx$

(3) $\int_0^3 \frac{1}{(x-1)^2}dx$

(4) $\int_0^3 \frac{1}{\sqrt[3]{x-1}}dx$

(5) $\int_0^2 \ln x\, dx$

(6) $\int_0^\infty \frac{1}{(2+x)^2}dx$

(7) $\int_{-\infty}^{-1} \frac{1}{x^3}dx$

(8) $\int_0^\infty e^x\, dx$

(9) $\int_{-\infty}^0 2^x\, dx$

(10) $\int_{-\infty}^\infty \frac{2x}{(x^2+3)^2}dx$

(11) $\int_0^1 \frac{2}{\sqrt{1-x^2}}dx$

(12) $\int_{-1}^1 \frac{1}{x^2}dx$

(13) $\int_{-\infty}^\infty \frac{1}{1+4x^2}dx$

(14) $\int_1^5 \frac{1}{\sqrt{x-1}}dx$

(15) $\int_0^{\frac{\pi}{2}} \frac{\sin\theta}{\sqrt{1-\cos\theta}}d\theta$

(16) $\int_0^9 \frac{1}{\sqrt{9-x^2}}dx$

2. k 가 $1<k$ 일 때와 $0<k<1$ 일 때, $\int_1^\infty \frac{1}{x^k}dx$ 를 구하라.

3. 감마 함수 $\Gamma(\alpha)=\int_0^\infty e^{-x}x^{\alpha-1}dx$ $(\alpha>0)$에 대하여 다음이 성립함을 보여라.

(1) $\alpha>1$ 이면 $\Gamma(\alpha)=(\alpha-1)\Gamma(\alpha-1)$

(2) α 가 자연수이면 $\Gamma(\alpha)=(\alpha-1)!$

연습문제 해답

1\. (1) ∞ (2) ∞ (3) ∞ (4) $\frac{3}{2}(\sqrt[3]{4}-1)$

(5) $2(\ln 2-1)$ (6) $\frac{1}{2}$ (7) $-\frac{1}{2}$ (8) ∞

(9) $\frac{1}{\ln 2}$ (10) 0 (11) π (12) ∞

(13) $\frac{\pi}{2}$ (14) 4 (15) 2 (16) $\frac{\pi}{2}$

2\. 이상적분의 정의로부터

$$\int_1^\infty \frac{1}{x^k}dx = \lim_{b\to\infty}\int_1^b \frac{1}{x^k}dx = \frac{1}{1-k}\lim_{b\to\infty}[x^{1-k}]_1^b = \frac{1}{1-k}\lim_{b\to\infty}(b^{1-k}-1)$$

이다. $1<k$ 이면 $1-k<0$ 이고 $\lim_{b\to\infty}(b^{1-k}-1) = -1$ 이므로 주어진 이상적분은 수렴하고 그 값은

$$\int_1^\infty \frac{1}{x^k}dx = \frac{1}{k-1}$$

이다. 또한 $0<k<1$ 이면 $1-k>0$ 이고 $\lim_{b\to\infty}(b^{1-k}-1) = \infty$ 이므로 주어진 이상적분은 발산한다.

3\. (1) 부분적분법을 이용하여 적분한다. $f(x)=x^{\alpha-1}$, $g'(x)=e^{-x}$ 라 하면 $f'(x)=(\alpha-1)x^{\alpha-2}$, $g(x)=-e^{-x}$ 이므로

$$\Gamma(\alpha)=\int_0^\infty e^{-x}x^{\alpha-1}dx = [-x^{\alpha-1}e^{-x}]_0^\infty + (\alpha-1)\int_0^\infty e^{-x}x^{\alpha-2}dx$$

$$\lim_{x\to\infty} x^{\alpha-1}e^{-x} = \lim_{x\to\infty}\frac{x^{\alpha-1}}{e^x} = 0 \text{ 이므로}$$

$$\Gamma(\alpha) = (\alpha-1)\int_0^\infty e^{-x}x^{\alpha-2}dx = (\alpha-1)\Gamma(\alpha-1).$$

(2) 수학적 귀납법을 이용하여 증명한다.

$\alpha=1$ 이면

$$\Gamma(1)=\int_0^\infty e^{-x}dx = \lim_{b\to\infty}[-e^{-x}]_0^b = \lim_{b\to\infty}(-e^{-b}+1) = 1$$

이므로 $\Gamma(1)=1!$ 이다. $\alpha \ge 1$ 인 자연수 α 에 대하여

$\Gamma(\alpha) = (\alpha-1)!$

이라 하면 $\alpha+1>1$ 이므로 (1)에 의해

$\Gamma(\alpha+1) = \alpha\Gamma(\alpha) = \alpha(\alpha-1)! = \alpha!$

이다. 따라서 모든 자연수 α 에 대하여 $\Gamma(\alpha)=(\alpha-1)!$ 이 성립한다.

Engineering
Mathematics

CHAPTER
06
극좌표

6.1 극좌표와 매개변수 방정식

일반적으로 평면위의 곡선은 직교좌표의 성분을 나타내는 두 변수 x 와 y 의 방정식 $f(x, y)=0$ 로 나타낸다. 그러나 곡선의 모양이나 방정식의 형태에 따라 매개변수를 이용하거나 극좌표계를 이용하면 그 곡선의 특성을 파악하거나 방정식을 표현하는데 더 편리하고 효율적인 경우가 있다. 이 절에서는 이러한 매개변수 방정식과 극좌표에 대해 알아본다.

정의 **매개변수 방정식**

방정식 $f(x, y)=0$ 의 변수 x, y 가 변수 t 를 갖는 함수

$$x=f(t), \quad y=g(t) \tag{6-1}$$

로 표현될 때, 이를 **매개변수(parameter)** t 를 갖는 **매개변수 방정식(parametric equations)** 이라 한다.

매개변수 방정식에서 매개변수 t 가 변하면 점 $(x, y)=(f(t), g(t))$ 도 변하고, 그 자취는 직교좌표위의 한 곡선을 나타낸다. 매개변수 t 가 시간이면 매개변수 방정식은 시간 t 에 따라 움직이는 물체의 위치를 나타낼 수 있다. 또한 매개변수 방정식 (6-1)에서 변수 t 를 소거하여 직교방정식으로 변형할 수 있다.

예제 6.1.1

매개변수가 θ 인 다음 매개변수방정식을 직교방정식으로 변형하고 곡선의 개형을 그려라.

$$x = r\cos\theta, \ y = r\sin\theta \ \ (0 \leqq \theta < 2\pi, \ r > 0)$$

| 풀이 | 삼각함수의 성질을 이용하여 주어진 매개변수 방정식에서 θ 를 소거하면

$$x^2+y^2 = r^2(\cos^2\theta+\sin^2\theta) = r^2$$

이다. 따라서 주어진 매개변수 방정식은 그림 6-1과 같이 반지름이 r 인 원의 방정식이다.

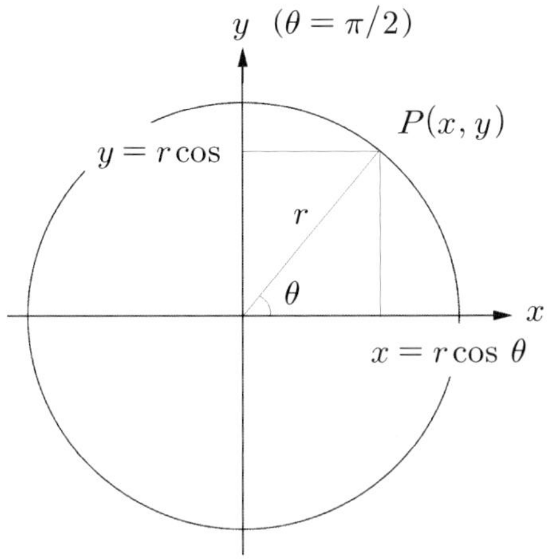

[그림 6-1] 반지름이 r 인 원

한 방정식의 매개변수 방정식은 유일하지 않다. 예를 들어 반지름이 1 인 단위원의 매개변수방정식은 예제 6.1.1에서와 같이 $x = \cos\theta$, $y = \sin\theta$ 로 나타낼 수도 있지만, 원위의 한 점 $P(x, y)$ 에 대해 매개변수를 $t = \dfrac{y}{x+1}$ $(x \neq -1)$로 하면 다른 매개변수방정식

$$x = \frac{1-t^2}{1+t^2}, \quad y = \frac{2t}{1+t^2}$$

으로 나타낼 수도 있다. 이의 증명을 연습문제로 남긴다.

예제 6.1.2

반지름이 r 인 원위에 한 고정점 P가 있다. 이 원을 평면 위로 굴릴 때 고정점 $P(x, y)$ 가 그리는 자취의 매개변수 방정식이 다음과 같음을 보여라.

$$x = r(\theta - \sin\theta), \ y = r(1 - \cos\theta)$$

| 풀이 | 그림 6-2와 같이 반지름이 r 인 원위의 고정점 P의 좌표를 (x, y) 라 하고, 원의 회전각을 θ 라 하자. 점 P가 원점에 있을 때 $\theta = 0$ 이라 하면 원이 θ 만큼 회전했을 때 원이 원점으로부터 굴러간 거리 $|OR|$ 은 호 $\widehat{PR}$ 의 길이와 같으므로 $|OR| = r\theta$ 이고, 원의 중심을 C 라 하면

$$x = |OR| - |PQ| = r\theta - r\sin\theta = r(\theta - \sin\theta),$$
$$y = |CR| - |CQ| = r - r\cos\theta = r(1 - \cos\theta)$$

이다. 따라서 사이클로이드의 매개변수 방정식은

$$x = r(\theta - \sin\theta), \ y = r(1 - \cos\theta)$$

이다. 여기에서 θ 는 매개변수이다.

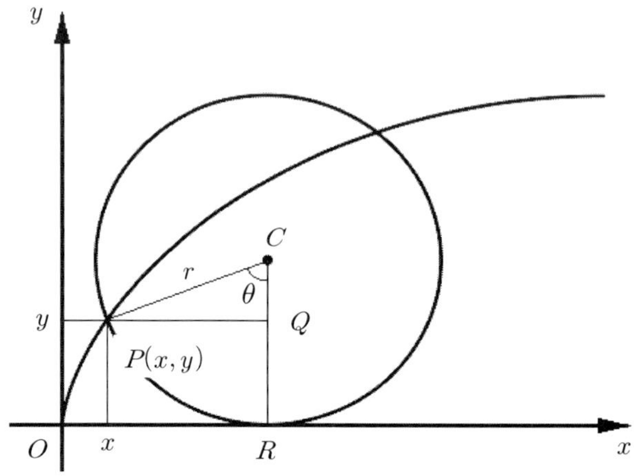

[그림 6-2] 원이 θ 만큼 회전했을 때 점 $P(x, y)$의 위치

예제 6.1.2의 매개변수방정식이 나타내는 그래프를 **사이클로이드(cycloid)**라 하고 그림 6-3과 같다.

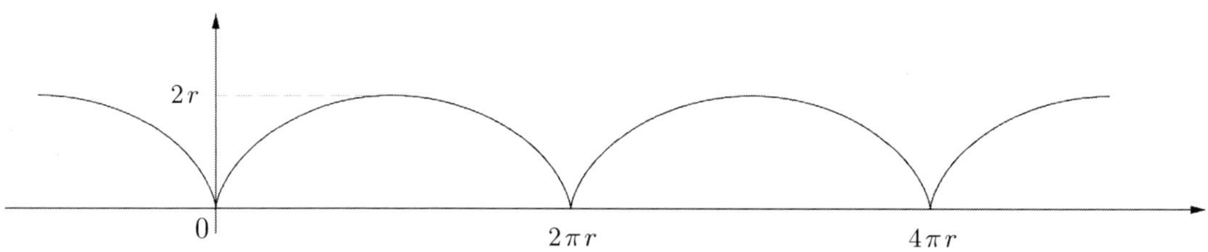

[그림 6-3] 반지름이 r 인 원을 이용하여 그린 싸이클로이드

평면위의 곡선을 방정식으로 표현하고 다루는데 있어 직교좌표보다 극좌표를 이용하는 것이 더 간단하고 편리할 때가 있다. 다음으로 새로운 좌표계인 극좌표를 정의한다.

정의 극좌표

평면위의 고정된 점을 O 라 하고 점 O 를 지나는 유향직선을 OX 라 하자. 이 평면위의 임의의 점 P에 대하여 선분 OP의 길이를 r, 선분 OX와 선분 OP가 이루는 사이각을 θ 라 할때 순서쌍 (r, θ) 를 점 P 의 **극좌표(polar coordinate)**라 한다.

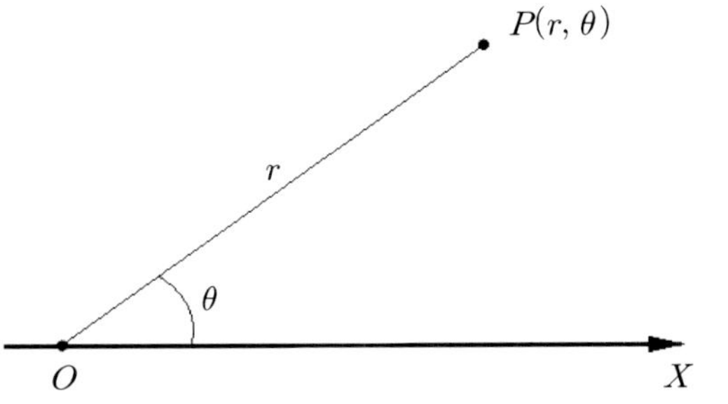

[그림 6-4] 극좌표계

극좌표계에서 점 O를 **극점**(pole), 반직선 OX를 **극축**(polar axis)이라 하고 r을 **동경**(radius), θ를 **편각**(argument)이라 한다. 극축 OX는 극점 O를 지나는 실직선으로 나타내고 0의 오른쪽 방향은 양의 실수를, 왼쪽 방향은 음의 실수를 대응하여 직교좌표의 x축과 같은 방법으로 나타낸다. 편각 θ는 반시계방향으로 측정된 각도를 양의 값($\theta > 0$), 시계방향으로 측정된 각도를 음의 값($\theta < 0$)으로 정의한다. 임의의 동경 r에 대하여 점 $(-r, \theta)$는 점 (r, θ)를 반시계방향으로 π만큼 회전이동한 점을 나타낸다. 즉 $(-r, \theta) = (r, \theta + \pi)$이다.

예제 6.1.3

다음의 극좌표를 갖는 점을 평면에 나타내라.

(1) $P_1\left(2, \dfrac{\pi}{2}\right)$ (2) $P_2\left(2, \dfrac{5}{2}\pi\right)$ (3) $P_3\left(2, \dfrac{\pi}{6}\right)$

(4) $P_4\left(-2, \dfrac{7}{6}\pi\right)$ (5) $P_5\left(2, \dfrac{4}{3}\pi\right)$ (6) $P_6\left(2, -\dfrac{2}{3}\pi\right)$

| 풀이 | 문제의 각 점은 그림 6-5와 같다.

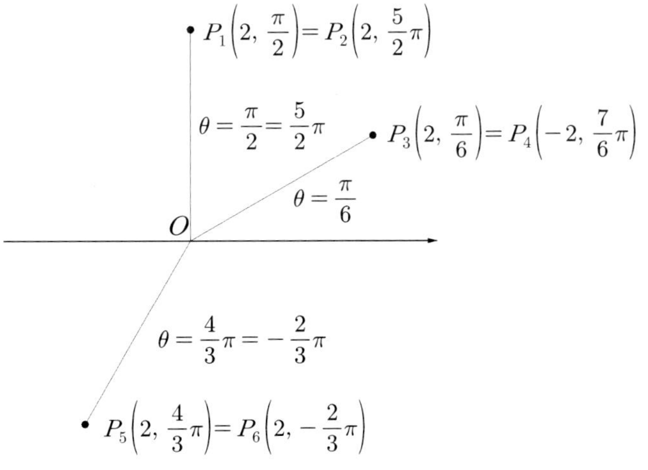

[그림 6-5] 예제 6.1.3의 극좌표

평면위의 한 점을 직교좌표로 나타내는 방법은 유일하지만, 극좌표에서는 한 점을 나타내는 방법이 유일하지 않다. 예제 6.1.3에서 P_1과 P_2, P_5와 P_6은 그 점의 표현이 다르지만 같은 점을 나타내고 있다. 특히 $(r, \theta + 2n\pi)$ (n : 정수)는 모두 같은 점 (r, θ)를 나타낸다.

그림 6-6과 같이 극좌표계의 극축 OX를 x축으로 하는 직교좌표에서 한 점 P의 직교좌표가 (x, y)이고 극좌표가 (r, θ)이면 다음 식이 성립한다.

$$x = r\cos\theta, \quad y = r\sin\theta \tag{6-2}$$

$$\tan\theta = \frac{y}{x}, \quad r = \sqrt{x^2 + y^2} \tag{6-3}$$

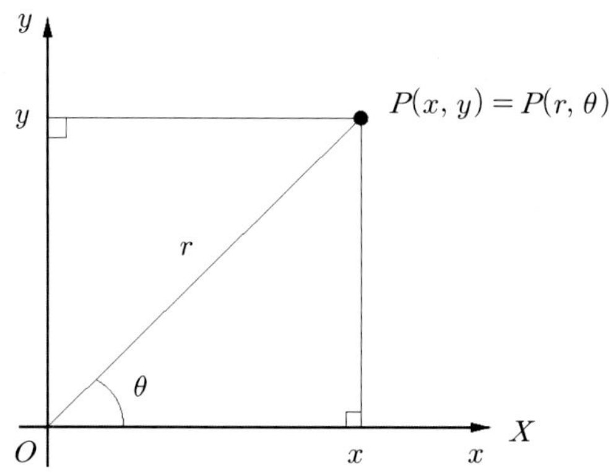

[그림 6-6] 직교좌표와 극좌표의 관계

식 (6-2)와 식(6-3)을 이용하여 극좌표는 직교좌표로 직교좌표는 극좌표로 변환할 수 있다.

예제 6.1.4

다음의 극좌표를 직교좌표로 변환하여라.

(1) $\left(2, \frac{\pi}{3}\right)$ (2) $\left(-2, -\frac{2}{3}\pi\right)$

풀이 (1) $r = 2$이고 $\theta = \frac{\pi}{3}$이므로 식 (6-2)로부터

$$x = 2\cos\frac{\pi}{3} = 2\frac{1}{2} = 1,$$

$$y = 2\sin\frac{\pi}{3} = 2\frac{\sqrt{3}}{2} = \sqrt{3}$$

이다. 따라서 주어진 점의 직교좌표는 $(1, \sqrt{3})$이다.

(2) $r=-2$ 이고 $\theta=-\frac{2}{3}\pi$ 이므로

$$x=(-2)\cos\left(-\frac{2}{3}\pi\right)=(-2)\left(-\frac{1}{2}\right)=1,$$
$$y=(-2)\sin\left(-\frac{2}{3}\pi\right)=(-2)\left(-\frac{\sqrt{3}}{2}\right)=\sqrt{3}$$

이다. 따라서 주어진 점의 직교좌표는 $(1, \sqrt{3})$ 으로 (1)과 같은 점을 나타낸다.

예제 6.1.5

다음의 직교좌표를 극좌표로 변환하여라.

(1) $(\sqrt{3}, -1)$ (2) $(-2, 2\sqrt{3})$

▌풀이▐ (1) $x=\sqrt{3}$ 이고 $y=-1$ 이므로 식 (6-3)으로부터

$$r=\sqrt{x^2+y^2}=\sqrt{(\sqrt{3})^2+(-1)^2}=2,$$
$$\tan\theta=\frac{y}{x}=-\frac{1}{\sqrt{3}}$$

이다. 점$(\sqrt{3},-1)$ 은 제4사분면의 점이므로 $\theta=-\frac{\pi}{6}$ 또는 $\theta=\frac{11}{6}\pi$ 이다. 따라서 주어진 점의 극좌표는 $\left(2,-\frac{\pi}{6}\right)$ 또는 $\left(2, \frac{11}{6}\pi\right)$이다.

(2) $x=-2$, $y=2\sqrt{3}$ 이므로

$$r=\sqrt{(-2)^2+(2\sqrt{3})^2}=\sqrt{16}=4,$$
$$\tan\theta=\frac{2\sqrt{3}}{-2}=-\sqrt{3}$$

이다. 주어진 점 $(-2, 2\sqrt{3})$는 제2사분면의 점이므로 $\theta=\frac{2}{3}\pi$ 이다. 따라서 주어진 점의 극좌표는 $\left(4, \frac{2}{3}\pi\right)$ 이다.

극좌표를 이용하여 변수 r 과 θ 의 방정식 $r=f(\theta)$ 또는 $f(r,\theta)=0$를 만들 수 있고, 이 방정식을 **극방정식**이라 한다. 직교좌표에서의 방정식과 마찬가지로 극방정식 $r=f(\theta)$ 또는 $f(r,\theta)=0$을 만족하는 모든 점 (r,θ) 의 집합은 극좌표에서 한 곡선을 나타낸다.

직교좌표에서 방정식 $x=2$ 는 y 값에 관계없이 x 축의 점 2 를 지나는 직선을 나타내는 것과 같이 극방정식 $r=2$ 는 편각 θ 가 무엇이든 간에 극점으로부터의 거리가 2 인 모든 점을 나타낸다. 즉 그림 6-7(a)와 같이 원점이 극점이고 반지름이 2 인 원을 나타낸다. 또한 극방정식 $\theta=\frac{\pi}{6}$ 은 동경 r 이 무엇이든 간에 편각이 $\frac{\pi}{3}$ 인 곡선으로 그림 6-7(b)와 같이 직선을 나타낸다. 반지름이 r 인 원을 나타낼 때 극방정식이 직교방정식보다 간단함을 알 수 있다.

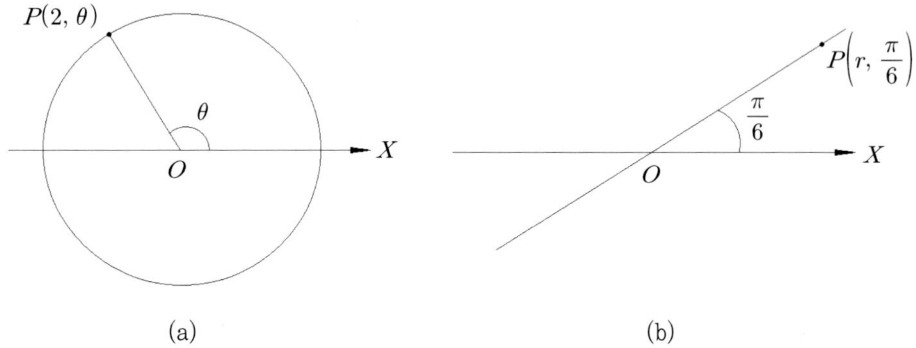

[그림 6-7] (a) 반지름이 2인 원 $r=2$ (b) 편각이 $\pi/6$인 직선 $\theta=\pi/6$

극좌표와 직교좌표를 서로 변환할 수 있는 것과 같이 식 (6-2)와 식 (6-3)을 이용하면 극방정식을 직교방정식으로, 직교방정식을 극방정식으로 변형할 수 있다.

예제 6.1.6

(1) 극방정식 $r=4\cos\theta$ 를 직교방정식으로 변형하라.

(2) 직교방정식 $\dfrac{x^2}{16}+\dfrac{y^2}{4}=1$ 을 극방정식으로 변형하라.

풀이 (1) 극방정식 $r=4\cos\theta$ 의 양변에 r 을 곱하면 $r^2=4r\cos\theta$ 이고, 식 (6-2)와 식 (6-3)으로부터

$$x=r\cos\theta,\quad x^2+y^2=r^2$$

이므로 직교방정식은

$$x^2+y^2=4x,\quad (x-2)^2+y^2=4$$

이다. 이는 중심이 $(2,0)$ 이고 반지름이 2 인 원을 나타낸다.

(2) 방정식 $\dfrac{x^2}{16}+\dfrac{y^2}{4}=1$ 의 양변에 16 을 곱하면 $x^2+4y^2=16$ 이고, 식 (6-2)로부터 $x=r\cos\theta$, $y=r\sin\theta$ 이므로

$$\begin{aligned}16&=r^2\cos^2\theta+4r^2\sin^2\theta\\&=r^2(\cos^2\theta+4\sin^2\theta)\\&=r^2(\cos^2\theta+\sin^2\theta+3\sin^2\theta)\\&=r^2(1+3\sin^2\theta)\end{aligned}$$

이다. 따라서 극방정식은 $r^2(1+3\sin^2\theta)=16$ 이다.

극방정식 $f(r,\theta)=0$에 대한 그래프의 개형은 그 극방정식을 만족하는 좌표들을 계산하여 그릴 수 있지만 다음과 같은 그래프의 대칭성을 이용하면 좀 더 용이하게 그릴 수 있다.

(1) 극방정식 $r=f(\theta)$에서 $f(\theta)=f(-\theta)$이면 그래프는 극축에 관하여 대칭이다.

(2) 극방정식 $r=f(\theta)$에서 $f(\theta)=f(\pi-\theta)$이면 그래프는 수직선 $\theta=\frac{\pi}{2}$에 관하여 대칭이다.

(3) 극방정식 $f(r,\theta)=0$에서 $f(r,\theta)=f(-r,\theta)$이면 그래프는 극점에 관하여 대칭이다.

예제 6.1.7

극방정식 $r=1+\sin\theta$가 타나내는 곡선의 개형을 그려라.

| 풀이 | $\sin(\pi-\theta)=\sin\theta$이므로 $1+\sin\theta=1+\sin(\pi-\theta)$이다. 따라서 $r=1+\sin\theta$의 그래프는 직선 $\theta=\frac{\pi}{2}$에 관하여 대칭이다. 다음의 표는 특수각 θ에 대한 r의 값을 나타낸 것으로 r은 $\theta=0$일 때부터 점차적으로 증가하여 $\theta=\frac{\pi}{2}$일 때 최대값 $r=2$이고 다시 점차적으로 감소하여 $\theta=\frac{3}{2}\pi$일 때 최소값 $r=0$를 갖는다.

θ	0	$\frac{\pi}{6}$	$\frac{\pi}{4}$	$\frac{\pi}{3}$	$\frac{\pi}{2}$	$\cdots$	π	$\cdots$	$\frac{5}{4}\pi$	$\cdots$	$\frac{3}{2}\pi$
r	1	$\frac{3}{2}$	$1+\frac{\sqrt{2}}{2}$	$1+\frac{\sqrt{3}}{2}$	2	$\cdots$	1	$\cdots$	$1-\frac{\sqrt{2}}{2}$	$\cdots$	0

위의 표에 나타난 극좌표를 연결하여 그래프의 개형을 그리면 그림 6-8을 얻을 수 있다.

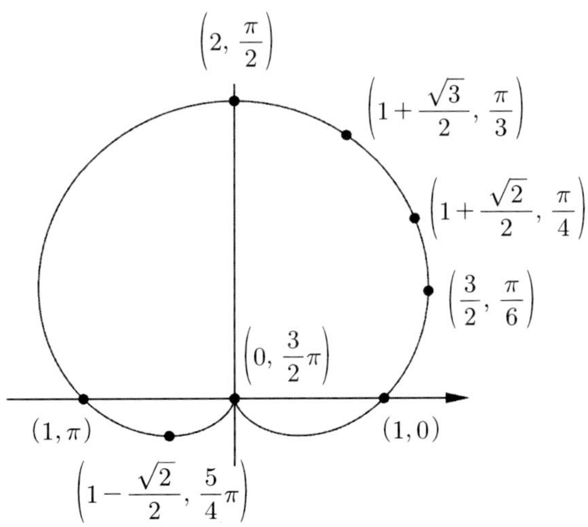

[그림 6-8] 극방정식 $r=1+\sin\theta$의 그래프

그림 6-8의 곡선을 **심장형(cardioid)**이라 하며, 그 외에 그림 6-9와 같은 심장형들이 있다.

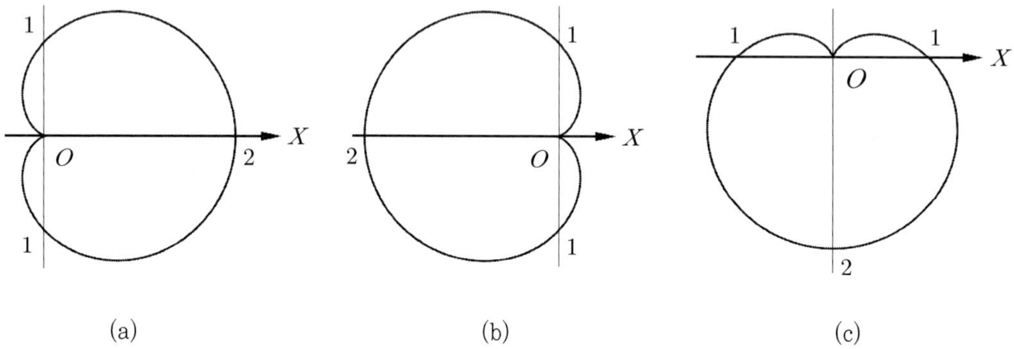

[그림 6-9] (a) $r=1+\cos\theta$ (b) $r=1-\cos\theta$ (c) $r=1-\sin\theta$

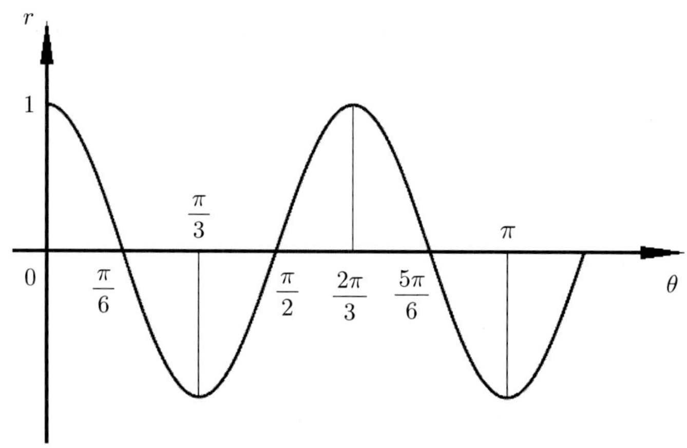

[그림 6-10] 직교좌표에서 $r=\cos 3\theta$ 의 그래프

예제 6.1.8

극방정식 $r=\cos 3\theta$ 의 그래프를 그려라.

풀이 $0 \le \theta \le \pi$ 일 때 θ 에 대한 $r=\cos 3\theta$ 의 값은 그림 6-10과 같다. $\theta=0$ 일 때 $r=1$ 이고 θ 가 $\frac{\pi}{6}$ 까지 증가하면 r 은 0 까지 감소한다. θ 가 $\frac{\pi}{6}<\theta<\frac{\pi}{2}$ 이면 $r<0$ 이고 $\theta=\frac{\pi}{3}$ 일 때 r 은 최소값 -1 을 갖는다. $\theta=\frac{\pi}{2}$ 이면 $r=0$ 으로 다시 극점이 된다. 또한 $\cos 3\theta=\cos(-3\theta)$ 이므로 주어진 곡선은 극축에 관하여 대칭이다. 이러한 특성을 이용하여 그래프를 그리면 그림 6-11과 같다. 이 그래프를 세잎장미라 한다.

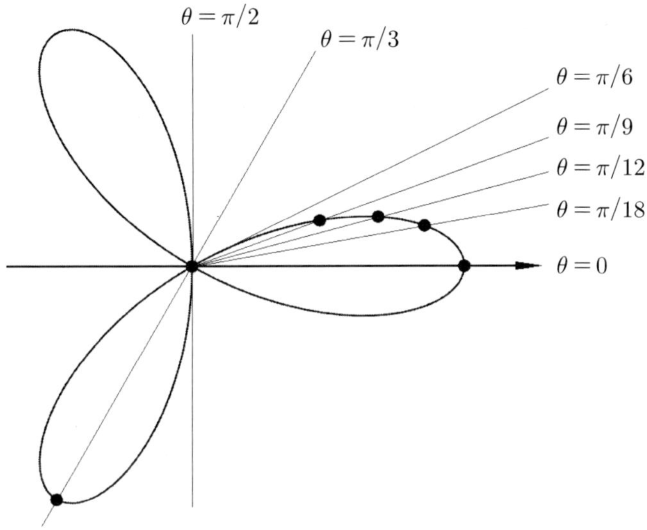

[그림 6-11] $r=\cos 3\theta$ 의 그래프(세잎장미)

6.1 연습문제

1. 다음의 극좌표를 갖는 점을 평면에 나타내라.

(1) $\left(2, \frac{\pi}{4}\right)$ (2) $\left(3, \frac{\pi}{2}\right)$

(3) $\left(-2, \frac{4}{3}\pi\right)$ (4) $\left(3, -\frac{2}{3}\pi\right)$

(5) $\left(2, \frac{7}{6}\pi\right)$

2. 매개변수가 t 인 다음 매개변수방정식이 반지름이 1인 단위원임을 증명하라.

$$x = \frac{1-t^2}{1+t^2}, \quad y = \frac{2t}{1+t^2}$$

3. 다음 매개변수 방정식으로 주어진 곡선의 개형을 그리고, t 를 소거하여 직교방정식을 구하라.

(1) $x = 3t$, $y = 2t^2$ (2) $x = t+1$, $y = t^2-1$

(3) $x = \frac{1}{\sqrt{t}}$, $y = t$ (4) $x = 3\cos t$, $y = 3\sin t$

(5) $x = -2+3\cos t$, $y = 3+5\sin t$ (6) $x = e^{-t}$, $y = e^t+1$

(7) $x = \sin t$, $y = \cos 2t$ (8) $x = \sinh t$, $y = \cosh t$

4. 다음 극좌표를 갖는 점들의 직교좌표를 구하라.

(1) $\left(2, \frac{\pi}{4}\right)$ (2) $\left(\sqrt{3}, \frac{5}{6}\pi\right)$

(3) $\left(2, \cos^{-1}\frac{1}{2}\right)$ (4) $\left(2, -\frac{\pi}{3}\right)$

5. 다음 직교좌표를 갖는 점들의 극좌표를 구하라.

(1) $(\sqrt{3}, 1)$ (2) $(-2, 2)$

(3) $(3, -3\sqrt{3})$ (4) $(-1, -1)$

6. 다음 주어진 극방정식을 직교방정식으로 나타내라.

(1) $r = \sin\theta$ (2) $r(\cos\theta + 2\sin\theta) = 2$

(3) $\cot\theta = 1$ (4) $r = 2\sec\theta$

(5) $r = \cot\theta\csc\theta$

7. 다음 주어진 직교방정식을 극방정식으로 나타내라.

(1) $\frac{x^2}{3} - \frac{y^2}{2} = 1$ (2) $y^2 = 4x + 1$

(3) $xy = 1$ (4) $y = 2x + 1$

8. 다음 곡선의 개형을 그려라.

(1) $r = 1 - 2\cos\theta$ (2) $r = \sqrt{2\theta}$

(3) $r = \sin 3\theta$ (4) $r = \cos 2\theta$

연습문제 해답

1. 생략

2. 생략

3. (1) $y=\frac{2}{9}x^2$ (2) $y=(x-1)^2-1$

(3) $y=\frac{1}{x^2}\ (x>0)$ (4) $x=3\cos t,\ y=3\sin t$

(5) $\left(\frac{x+2}{3}\right)^2+\left(\frac{y-3}{5}\right)^2=1$ (6) $y=\frac{1}{x}+1\ (x>0)$

(7) $y=1-2x^2$ (8) $x^2-y^2=-1$

4. (1) $(\sqrt{2},\ \sqrt{2})$ (2) $\left(-\frac{3}{2},\ \frac{\sqrt{3}}{2}\right)$

(3) $(1,\ \sqrt{3})$ (4) $(1, -\sqrt{3})$

5. (1) $\left(2,\ \frac{\pi}{6}\right)$ (2) $\left(2\sqrt{2},\ \frac{3}{4}\pi\right)$

(3) $\left(6,\ -\frac{\pi}{3}\right)$ (4) $\left(\sqrt{2},\ \frac{5}{4}\pi\right)$

6. (1) $x^2+\left(y-\frac{1}{2}\right)^2=\frac{1}{4}$ (2) $x+2y=2$

(3) $y=x$ (4) $x=2$

(5) $y^2=x$

7. (1) $r^2(5\cos^2\theta-3)=6$ (2) $r(r\sin^2\theta-4\cos\theta)=1$

(3) $r^2\sin 2\theta=2$ (4) $r(\sin\theta-2\cos\theta)=1$

8. (1)

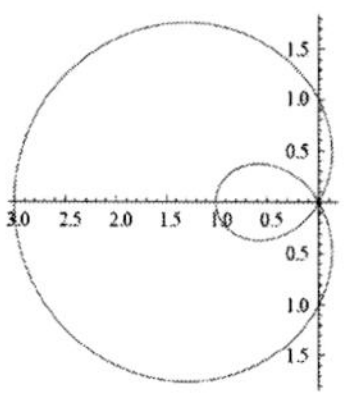

(2)

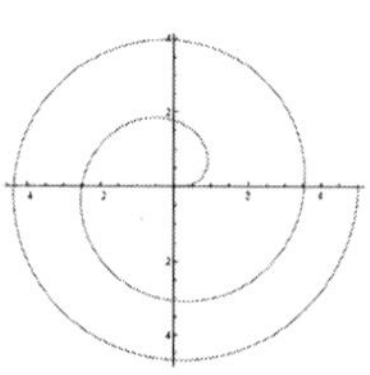

(3)

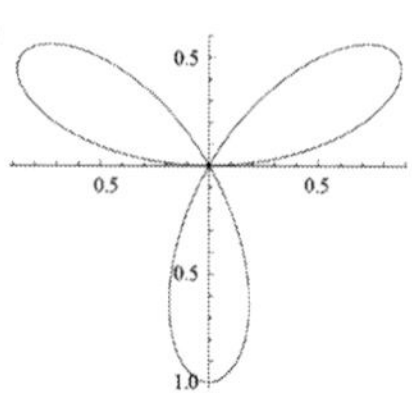

(4) 생략

6.2 접선과 호의 길이

매개변수 방정식 $x=f(t)$, $y=g(t)$ 에서 매개변수 t 를 소거하여 직교방정식 $y=F(x)$ 를 얻을 수 있다. 또한 매개변수 방정식의 미분법에 의해 다음을 구할 수 있다.

$$\frac{dy}{dx}=\frac{\frac{dy}{dt}}{\frac{dx}{dt}}=\frac{g'(t)}{f'(t)}\quad\left(\frac{dx}{dt}\neq 0\right) \tag{6-4}$$

이때 주어진 곡선은 $\frac{dy}{dx}\to 0$ (또는 $=0$)이면 수평접선을 갖고, $\frac{dy}{dx}\to\infty$ (또는 $-\infty$)이면 수직접선을 갖는다. 즉 $\frac{dy}{dt}=0$, $\frac{dx}{dt}\neq 0$일 때 수평접선을 가지며, $\frac{dx}{dt}=0$, $\frac{dy}{dt}\neq 0$일 때 수직접선을 갖는다.

예제 6.2.1

사이클로이드의 매개변수방정식 $x=r(\theta-\sin\theta)$, $y=r(1-\cos\theta)$ 에서 $\frac{dy}{dx}$ 를 구하고, $\theta=\frac{\pi}{3}$ 일 때 접선의 방정식을 구하라.

| 풀이 | $x=r(\theta-\sin\theta)$, $y=r(1-\cos\theta)$ 를 매개변수 θ 에 관하여 미분하면

$$\frac{dx}{d\theta}=r(1-\cos\theta),\quad \frac{dy}{d\theta}=r\sin\theta$$

이다. 따라서

$$\frac{dy}{dx}=\frac{\frac{dy}{d\theta}}{\frac{dx}{d\theta}}=\frac{r\sin\theta}{r(1-\cos\theta)}=\frac{\sin\theta}{1-\cos\theta}$$

이고, $\theta=\frac{\pi}{3}$ 일 때 접선의 기울기는

$$\left.\frac{dy}{dx}\right|_{\theta=\frac{\pi}{3}}=\frac{\sin(\pi/3)}{1-\cos(\pi/3)}=\sqrt{3}$$

이다. $\theta=\frac{\pi}{3}$ 일 때

$$x=r\left(\frac{\pi}{3}-\sin\frac{\pi}{3}\right)=r\left(\frac{\pi}{3}-\frac{\sqrt{3}}{2}\right),\quad y=r\left(1-\cos\frac{\pi}{3}\right)=r\left(1-\frac{1}{2}\right)=\frac{r}{2}$$

이므로 접선의 방정식은 다음과 같다.

$$y-\frac{r}{2}=\sqrt{3}\left(x-r\left(\frac{\pi}{3}-\frac{\sqrt{3}}{2}\right)\right)\quad \text{또는}\quad y=\sqrt{3}\,x-r\left(\frac{\pi}{\sqrt{3}}-2\right)$$

극방정식 $r=f(\theta)$ 의 접선에 대해 알아보자. 식 (6-2)를 이용하여 주어진 극방정식 $r=f(\theta)$ 의 매개변수 방정식

$$x = r\cos\theta = f(\theta)\cos\theta\,,\ \ y = r\sin\theta = f(\theta)\sin\theta$$

를 구할 수 있다. 매개변수 방정식의 미분법에 의해

$$\frac{dy}{dx} = \frac{\dfrac{dy}{d\theta}}{\dfrac{dx}{d\theta}} = \frac{r'\sin\theta + r\cos\theta}{r'\cos\theta - r\sin\theta} \tag{6-5}$$

이다. 특히 극점에서 $r = 0$ 이므로 극점에서 접선의 기울기는 다음과 같다.

$$\frac{dy}{dx} = \frac{r'\sin\theta}{r'\cos\theta} = \tan\theta \ \ (\text{단, } r' = \frac{dr}{d\theta} \neq 0) \tag{6-6}$$

예제 6.2.2

심장형 $r = 1+\cos\theta$ 에 대하여 다음을 구하라.

(1) $\theta = \dfrac{\pi}{6}$ 일 때의 접선의 기울기

(2) 심장형 $r = 1+\cos\theta$ 에서 수평과 수직접선을 갖는 점

풀이 (1) $r=1+\cos\theta$에서 $r' = \dfrac{dr}{d\theta} = -\sin\theta$ 이므로

$$\frac{dx}{d\theta} = \frac{d}{d\theta}(r\cos\theta) = r'\cos\theta - r\sin\theta = -\sin\theta\cos\theta - (1+\cos\theta)\sin\theta$$
$$= -\sin\theta(2\cos\theta+1)$$

$$\frac{dy}{d\theta} = \frac{d}{d\theta}(r\sin\theta) = r'\sin\theta + r\cos\theta = -\sin\theta\sin\theta + (1+\cos\theta)\cos\theta$$
$$= -\sin^2\theta + \cos\theta + \cos^2\theta = \cos^2\theta - 1 + \cos\theta + \cos^2\theta$$
$$= 2\cos^2\theta + \cos\theta - 1 = (2\cos\theta - 1)(\cos\theta + 1)$$

이다. 따라서

$$\frac{dy}{dx} = \frac{dy/d\theta}{dx/d\theta} = \frac{(2\cos\theta-1)(\cos\theta+1)}{-\sin\theta(2\cos\theta+1)}$$

이므로 $\theta = \dfrac{\pi}{6}$ 일 때 접선의 기울기는 다음과 같다.

$$\left.\frac{dy}{dx}\right|_{\theta=\frac{\pi}{6}} = \frac{(2\cos(\pi/6)-1)(\cos(\pi/6)+1)}{-\sin(\pi/6)(2\cos(\pi/6)+1)} = \frac{(\sqrt{3}-1)((\sqrt{3}/2)+1)}{-(1/2)(\sqrt{3}+1)} = -1$$

(2) $\dfrac{dy}{dx} = \dfrac{dy/d\theta}{dx/d\theta} \to 0$ (또는 $=0$)일 때 수평접선을 가진다. 수평접선을 구하기 위하여

$$\frac{dy}{d\theta}=(2\cos\theta-1)(\cos\theta+1)=0$$

이라 하면, $\cos\theta=\frac{1}{2}$ 또는 -1 이다. $0\leqq\theta\leqq2\pi$ 에서 $\cos\theta=\frac{1}{2}$ 을 만족하는 θ 는 $\frac{\pi}{3}$, $\frac{5}{3}\pi$ 이고, $\cos\theta=-1$ 을 만족하는 θ 는 π 이다. $\theta=\frac{\pi}{3}$, $\frac{5}{3}\pi$ 일 때 $\frac{dx}{d\theta}=-\sin\theta(2\cos\theta+1)\neq0$ 이므로 $\frac{dy}{dx}=0$ 이고 수평접선을 갖는다. 또한 $\theta=\pi$ 이면 $\frac{dy}{d\theta}=0$ 이고 $\frac{dx}{d\theta}=0$ 이다. 그러나 로피탈의 정리를 이용하여 $\frac{dy}{dx}$ 의 $\theta=\pi$ 에서의 극한값을 구하면

$$\lim_{\theta\to\pi}\frac{dy}{dx}=\lim_{\theta\to\pi}\frac{(2\cos\theta-1)(\cos\theta+1)}{-\sin\theta(2\cos\theta+1)}=\lim_{\theta\to\pi}\frac{-4\sin\theta\cos\theta-\sin\theta}{-2\cos^2\theta-\cos\theta+2\sin^2\theta}=0$$

이다. 즉 $\theta=\pi$ 일 때도 수평접선을 갖는다. 따라서 $0\leqq\theta\leqq2\pi$ 에서 수평접선을 갖는 θ 의 값은 $\frac{\pi}{3}$, π, $\frac{5}{3}\pi$ 이다.(그림 6-12)

$\frac{dy}{dx}=\frac{dy/d\theta}{dx/d\theta}\to\infty$ (또는 $-\infty$)이면 수직접선을 가지므로 $\frac{dx}{d\theta}=-\sin\theta(2\cos\theta+1)$ $=0$이라 하면 $\sin\theta=0$ 또는 $\cos\theta=-\frac{1}{2}$ 이다. $0\leqq\theta\leqq2\pi$ 에서 $\sin\theta=0$ 을 만족하는 θ 는 0, π 이고, $\cos\theta=-\frac{1}{2}$ 인 θ 는 $\frac{2}{3}\pi$, $\frac{4}{3}\pi$ 이다. $\theta=\pi$ 일 때, 수평접선을 가지므로 제외하고, $\theta=0$, $\frac{2}{3}\pi$, $\frac{4}{3}\pi$ 일 때 $\frac{dx}{d\theta}=0$ 이지만 $\frac{dy}{d\theta}\neq0$이므로

$$\left|\frac{dy}{dx}\right|=\left|\frac{dy/d\theta}{dx/d\theta}\right|\to\infty$$

이다. 따라서 그림 6-12와 같이 $\theta=0$, $\frac{2}{3}\pi$, $\frac{4}{3}\pi$ 일 때 수직접선을 갖는다.

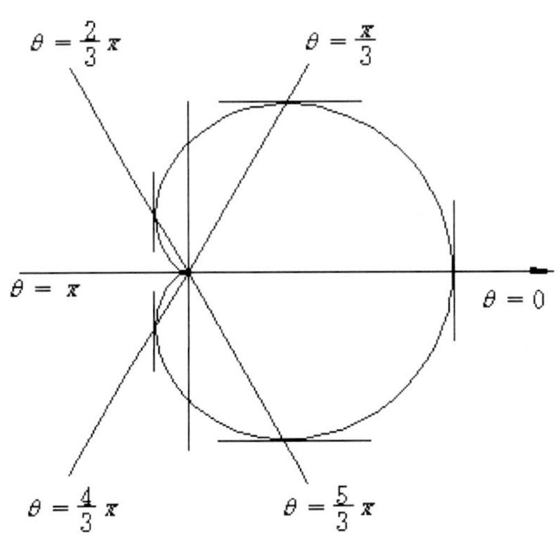

[그림 6-12] $r=1+\cos\theta$ 의 수평접선과 수직 접선

다음으로 매개변수 방정식 $x=f(t)$, $y=g(t)$가 구간 $[\alpha,\beta]$에서 나타내는 곡선 C의 길이를 구하는 방법에 대해 알아본다. 함수 $x=f(t)$, $y=g(t)$가 미분가능이고, 도함수 $f'(t)$와 $g'(t)$가 연속이라 하자. 구간 $[\alpha,\beta]$의 분할 t_i $(\alpha=t_0<t_1<\cdots<t_{n-1}<t_n=\beta)$에 대하여

$$x_i=f(t_i),\quad y_i=g(t_i),$$
$$\Delta x_i=x_i-x_{i-1},\quad \Delta y_i=y_i-y_{i-1}$$

라 하고, 각 소구간 $[t_{i-1},t_i]$의 길이 $\Delta t_i=t_i-t_{i-1}$에 대하여

$$\|\Delta t\|=\max\{\Delta t_1,\Delta t_2,\cdots,\Delta t_n\}$$

이라 하자. 그림 6-13과 같이 각각의 t_i에 대한 곡선위의 점 (x_i,y_i)를 P_i라 하면, 점 P_0, P_1,$\cdots$, P_n을 연결한 각 선분의 길이 $|P_{i-1}P_i|$ $(i=1,2,\cdots,n)$의 합은 곡선 C의 길이에 근사하며 정적분의 정의와 같이 $\|\Delta t\|\to 0$일 때 $|P_{i-1}P_i|$의 합을 곡선 C의 길이 L로 정의할 수 있다. 즉

$$L=\lim_{\|\Delta t\|\to 0}\sum_{i=1}^{n}|P_{i-1}P_i| \tag{6-7}$$

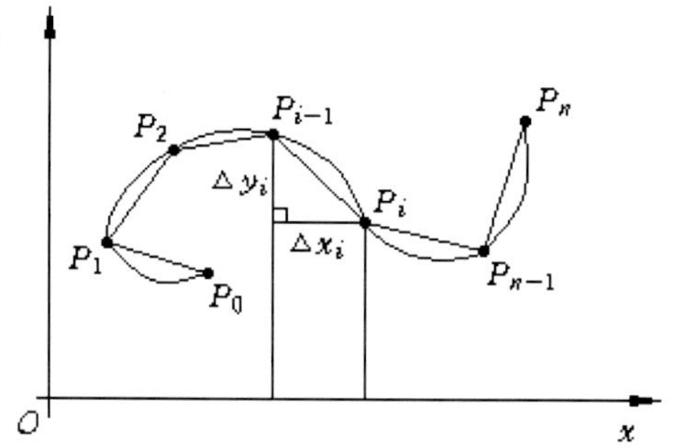

[그림 6-13] 각 소구간에서의 선분

각각의 소구간 $[t_{i-1},t_i]$에서 함수 $x=f(t)$에 평균값의 정리를 적용하면

$$\Delta x_i=f(t_i)-f(t_{i-1})=f'(t_i^*)(t_i-t_{i-1})=f'(t_i^*)\Delta t_i$$

인 $t_i^*\in(t_{i-1},t_i)$가 존재한다. 같은 방법으로 함수 $x=g(t)$에 대하여

$$\Delta y_i=g'(t_i^{**})\Delta t_i$$

인 $t_i^{**}\in(t_{i-1},t_i)$가 존재한다. 따라서 선분길이 $|P_{i-1}P_i|$ $(i=1,2,\cdots,n)$는 다음과 같다.

$$\begin{aligned}|P_{i-1}P_i| &= \sqrt{(\triangle x_i)^2+(\triangle y_i)^2}\\ &= \sqrt{\left(f'(t_i^*)\triangle t_i\right)^2+\left(g'(t_i^{**})\triangle t_i\right)^2}\\ &= \sqrt{\left(f'(t_i^*)\right)^2+\left(g'(t_i^{**})\right)^2}\,\triangle t_i\end{aligned}$$

또한 $f'(t)$와 $g'(t)$가 연속이므로 $\|\triangle t\|\to 0$이면 소구간 $[t_{i-1}, t_i]$ 내의 어느 점을 t_i^*와 t_i^{**}로 선택하더라도 $|P_{i-1}P_i|$의 합 $\sum_{i=1}^{n}\sqrt{\left(f'(t_i^*)\right)^2+\left(g'(t_i^{**})\right)^2}\,\triangle t_i$는 일정한 값에 수렴한다. 따라서 식 (6-7)로부터 곡선의 길이 L은 다음과 같다.

$$\begin{aligned}L &= \lim_{\|\triangle t\|\to 0}\sum_{i=1}^{n}\sqrt{\left(f'(t_i^*)\right)^2+\left(g'(t_i^{**})\right)^2}\,\triangle t_i\\ &= \int_{\alpha}^{\beta}\sqrt{(f'(t))^2+(g'(t))^2}\,dt\end{aligned}$$

정리 6.2.3

함수 $x=f(t)$, $y=g(t)$가 구간 $[\alpha, \beta]$에서 미분가능이고, 도함수 $f'(t)$와 $g'(t)$가 연속이라 하자. 매개변수 방정식 $x=f(t)$, $y=g(t)$ $(\alpha\le t\le\beta)$가 나타내는 곡선 C의 길이 L은 다음과 같다.

$$L=\int_{\alpha}^{\beta}\sqrt{\left(\frac{dx}{dt}\right)^2+\left(\frac{dy}{dt}\right)^2}\,dt \tag{6-8}$$

정리 6.2.3의 유도과정에서 각 선분의 길이 $|P_{i-1}P_i|$ $(i=1, 2, \cdots, n)$는

$$|P_{i-1}P_i| = \sqrt{(\triangle x_i)^2+(\triangle y_i)^2}$$

이다. $a=f(\alpha)$, $b=f(\beta)$라 하면, $\|\triangle t\|\to 0$이면 $\|\triangle x\|\to 0$이므로 다음의 식을 얻을 수 있다.

$$\begin{aligned}L &= \lim_{\|\triangle x\|\to 0}\sum_{i=1}^{n}\sqrt{(\triangle x_i)^2+(\triangle y_i)^2}\\ &= \lim_{\|\triangle x\|\to 0}\sum_{i=1}^{n}\sqrt{1+\left(\frac{\triangle y_i}{\triangle x_i}\right)^2}\,\triangle x_i\\ &= \int_a^b\sqrt{1+\left(\frac{dy}{dx}\right)^2}\,dx \qquad (6\text{-}9)\end{aligned}$$

또한 위의 식 (6-8)에서 $\sqrt{\left(\frac{dx}{dt}\right)^2+\left(\frac{dy}{dt}\right)^2}\,dt$ 를 ds 로 나타낸다. 즉

$$ds = \sqrt{\left(\frac{dx}{dt}\right)^2+\left(\frac{dy}{dt}\right)^2}\,dt \tag{6-10}$$

이고 식 (6-10)에서 dt 를 소거하여

$$(ds)^2 = (dx)^2+(dy)^2,\quad ds = \sqrt{(dx)^2+(dy)^2} \tag{6-11}$$

로 나타내기도 한다. 따라서 곡선의 길이 L 은 다음과 같이 나타낼 수 있다.

$$\int ds = \int \sqrt{(dx)^2+(dy)^2}$$

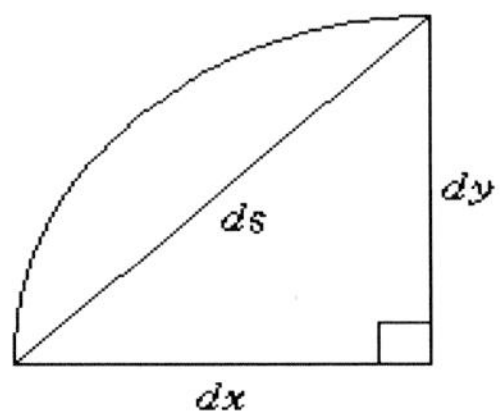

[그림 6-14] dx 와 dy 를 갖는 직각 삼각형과 빗변 ds

예제 6.2.4

반지름이 r 인 원의 매개변수방정식 $x = r\cos\theta$, $y = r\sin\theta$ $(0 \le \theta \le 2\pi)$에서 호의 길이를 구하라.

풀이 $\frac{dx}{d\theta} = -r\sin\theta$, $\frac{dy}{d\theta} = r\cos\theta$ 이므로

$$\left(\frac{dx}{d\theta}\right)^2+\left(\frac{dy}{d\theta}\right)^2 = (-r\sin\theta)^2+(r\cos\theta)^2 = r^2$$

이다. 따라서 호의 길이 L 은 다음과 같다.

$$L = \int_0^{2\pi}\sqrt{\left(\frac{dx}{d\theta}\right)^2+\left(\frac{dy}{d\theta}\right)^2}\,d\theta = \int_0^{2\pi} r\,d\theta = 2\pi r$$

이 값은 실제로 반지름이 r 인 원의 둘레이다.

위의 예제 6.2.4에서 적분구간을 $0 \le \theta < 4\pi$ 로 하면 원을 두 번 회전하기 때문에 실제 원 둘레의 두 배인 $4\pi r$ 을 얻게 된다. 따라서 주어진 호의 길이를 구할 때, 적분구간을 염두에 두고 계산하여야 한다.

예제 6.2.5

사이클로이드 $x = r(\theta - \sin\theta)$, $y = r(1-\cos\theta)$ $(r > 0)$에서 반원형 한 개의 호의 길이를 구하라.

❚풀이❚ 사이클로이드에서 한 개의 반원형을 그리는 θ 의 구간은 $0 \le \theta \le 2\pi$ 이다.

$$\frac{dx}{d\theta} = r(1-\cos\theta),\quad \frac{dy}{d\theta} = r\sin\theta$$

이므로

$$\left(\frac{dx}{d\theta}\right)^2 + \left(\frac{dy}{d\theta}\right)^2 = r^2(1-\cos\theta)^2 + r^2\sin^2\theta = 2r^2(1-\cos\theta)$$

이다. 또한 $1-\cos\theta = 2\sin^2\frac{\theta}{2}$ 이므로 구하려는 곡선의 길이 L 은 다음과 같다.

$$L = \int_0^{2\pi}\sqrt{\left(\frac{dx}{d\theta}\right)^2 + \left(\frac{dy}{d\theta}\right)^2}\,d\theta = r\int_0^{2\pi}\sqrt{2(1-\cos\theta)}\,d\theta$$

$$= 2r\int_0^{2\pi}\sin\frac{\theta}{2}d\theta = -4r\left[\cos\frac{\theta}{2}\right]_0^{2\pi} = 8r$$

극방정식 $r = f(\theta)\,(a \le \theta \le b)$는 식 (6-2)를 이용하여 매개변수 θ 를 갖는 매개변수 방정식

$$x = r\cos\theta = f(\theta)\cos\theta,\quad y = r\sin\theta = f(\theta)\sin\theta$$

로 나타낼 수 있다. 따라서 식 (6-8)을 이용하여 곡선의 길이를 구하면 다음과 같다.

$$\frac{dx}{d\theta} = r'\cos\theta - r\sin\theta,\quad \frac{dy}{d\theta} = r'\sin\theta + r\cos\theta,$$

$$\left(\frac{dx}{d\theta}\right)^2 + \left(\frac{dy}{d\theta}\right)^2 = (r'\cos\theta - r\sin\theta)^2 + (r'\sin\theta + r\cos\theta)^2 = r^2 + (r')^2$$

따라서

$$L = \int_a^b\sqrt{\left(\frac{dx}{d\theta}\right)^2 + \left(\frac{dy}{d\theta}\right)^2}\,d\theta = \int_a^b\sqrt{r^2 + (r')^2}\,d\theta$$

이다. 여기에서 $ds = \sqrt{r^2 + (r')^2}\,d\theta$ 이고, $L = \int_a^b ds$ 이다.

정리 6.2.6

극방정식 $r = f(\theta)$ $(a \le \theta \le b)$가 나타내는 곡선의 길이 L 은 다음과 같다.

$$L = \int_a^b\sqrt{r^2 + \left(\frac{dr}{d\theta}\right)^2}\,d\theta \tag{6-12}$$

예제 6.2.7

심장형 $r = 1 - \cos\theta$ 의 둘레를 구하라.

풀이 심장형 $r = 1 - \cos\theta$ 는 극축에 대해 대칭이므로 $0 \le \theta \le \pi$ 일 때 길이를 구하고 이의 2 배로 전체 길이를 구할 수 있다. $\dfrac{dr}{d\theta} = \sin\theta$ 이므로 식 (6-12)를 이용하면 심장형의 길이 L 은 다음과 같다

$$L = 2\int_0^{\pi} \sqrt{r^2 + \left(\frac{dr}{d\theta}\right)^2}\, d\theta = 2\int_0^{\pi} \sqrt{(1-\cos\theta)^2 + \sin^2\theta}\, d\theta$$

$$= 2\int_0^{\pi} \sqrt{2(1-\cos\theta)}\, d\theta = 4\int_0^{\pi} \sin\frac{\theta}{2} d\theta = -8\left[\cos\frac{\theta}{2}\right]_0^{\pi} = 8$$

6.2 연습문제

1. 주어진 θ 에 대하여 극방정식의 접선의 기울기를 구하라.

(1) $r = 5 \quad (\theta = \frac{\pi}{4})$

(2) $r = \theta \quad (\theta = \frac{\pi}{2})$

(3) $r = 1 + \sin\theta \quad (\theta = \frac{\pi}{2})$

(4) $r = \ln\theta \quad (\theta = \pi)$

(5) $r = \sin\theta + \cos\theta \quad (\theta = \frac{\pi}{4})$

(6) $r = \sin 3\theta \quad (\theta = \frac{\pi}{6})$

2. 매개변수방정식으로 주어진 다음 곡선들의 길이를 구하라.

(1) $x = t^2,\ y = t^3 \quad (0 \leqq t \leqq 3)$

(2) $x = 3t - t^3,\ y = 3t^2 \quad (0 \leqq t \leqq 2)$

(3) $x = e^t - t,\ y = 4e^{\frac{t}{2}} \quad (0 \leqq t \leqq 1)$

(4) $x = e^t \cos t,\ y = e^t \sin t \quad (0 \leqq t \leqq \pi)$

3. 극방정식으로 주어진 다음 곡선들의 길이를 구하라.

(1) $r = 1 + \sin\theta \quad (0 \leqq \theta \leqq \pi)$

(2) $r = 3\cos\theta \quad (0 \leqq \theta \leqq \frac{3}{4}\pi)$

(3) $r = e^{-\theta} \quad (0 \leqq \theta \leqq 3\pi)$

(4) $r = 2\theta^2 \quad (1 \leqq \theta \leqq 2)$

연습문제 해답

1. (1) -1 (2) $-\frac{2}{\pi}$
   (3) 0 (4) $\pi \ln \pi$
   (5) -1 (6) $-\sqrt{3}$

2. (1) $\frac{1}{27}(85\sqrt{85}-8)$ (2) 14
   (3) e (4) $\sqrt{2}(e^{\pi}-1)$

3. (1) $4\sqrt{2}$ (2) $\frac{9}{4}\pi$
   (3) $\sqrt{2}\left(1-\frac{1}{e^{3\pi}}\right)$ (4) $\frac{2}{3}(16\sqrt{2}-5\sqrt{5})$

6.3 넓이와 곡면적

함수 f 가 $a<b<a+2\pi$ 를 만족하는 구간 $[a, b]$ 에서 연속일 때 극방정식 $r=f(\theta)$ 와 두 직선 $\theta=a$, $\theta=b$ 로 둘러싸인 영역 A 의 넓이를 구하는 방법에 대해 알아본다.

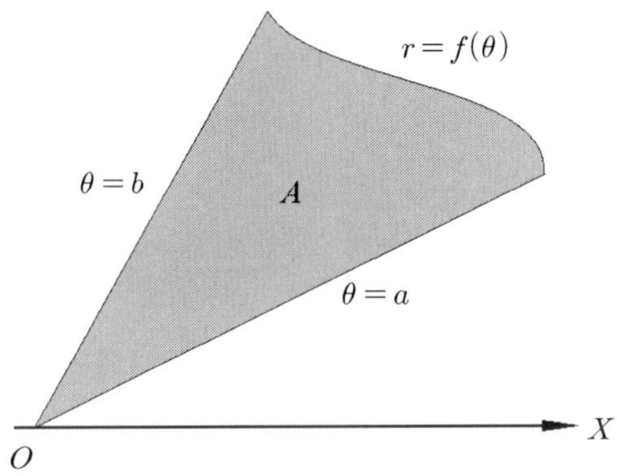

[그림 6-15] $r=f(\theta)$ $(a \le \theta \le b)$의 영역

구간 $[a, b]$ 에서 $a=\theta_0<\theta_1<\cdots<\theta_n=b$ 를 만족하는 $n+1$ 개의 점 θ_i $(i=0, 1, 2, \cdots, n)$를 선택하면 영역 A 는 직선 $\theta=\theta_i$ 에 의해 n 개의 작은 영역으로 나뉜다. 이 때 i 번째 영역의 중심각을 $\Delta\theta_i=\theta_i-\theta_{i-1}$ 라 하고 이 구간 $[\theta_{i-1}, \theta_i]$ 에서 한 점 τ_i 를 선택하면, 그림 6-16과 같이 구간 $[\theta_{i-1}, \theta_i]$ 에서 $r=f(\theta)$ 에 의해 둘러싸인 영역의 넓이 ΔA_i 는 반지름이 $f(\tau_i)$ 이고 중심각이 $\Delta\theta_i$ 인 부채꼴의 넓이에 근사하다. 즉

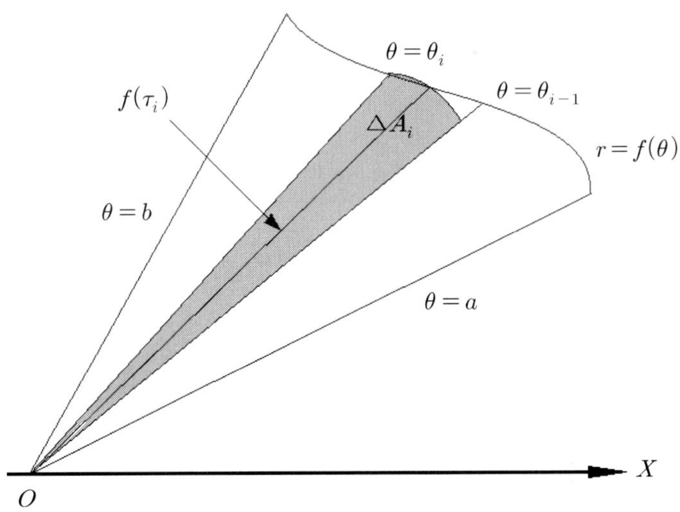

[그림 6-16] 곡선 $r=f(\theta)$ 와 구간 $[a, b]$의 분할

$$\triangle A_i \approx \frac{1}{2}(f(\tau_i))^2 \triangle\theta_i$$

따라서 주어진 영역의 넓이 A 는

$$A \approx \sum_{i=1}^{n} \frac{1}{2}(f(\tau_i))^2 \triangle\theta_i$$

이다. $\|\triangle\theta\| = \max\{\triangle\theta_i \mid i = 1, 2, \cdots, n\}$ 라 하면, 다음과 같이 넓이 A 를 구할 수 있다.

$$A = \lim_{\|\triangle\theta\| \to 0} \sum_{i=1}^{n} \frac{1}{2}(f(\tau_i))^2 \triangle\theta_i = \int_a^b \frac{1}{2} f(\theta)^2\, d\theta$$

정리 6.3.1

함수 $r = f(\theta)$가 $a < b < a + 2\pi$ 인 구간 $[a, b]$ 에서 연속이라 하자. 곡선 $r = f(\theta)$와 두 직선 $\theta = a$, $\theta = b$ 로 둘러싸인 영역의 넓이 A 는 다음과 같다.

$$A = \int_a^b \frac{1}{2} f(\theta)^2\, d\theta = \int_a^b \frac{1}{2} r^2\, d\theta \tag{6-13}$$

예제 6.3.2

심장형 $r = 1 + \sin\theta$ 로 둘러싸인 영역의 넓이를 구하라.

| 풀이 | 심장형 $r = 1 + \sin\theta$ 는 직선 $\theta = \frac{\pi}{2}$ 에 대하여 대칭이므로 $-\frac{\pi}{2} \le \theta \le \frac{\pi}{2}$ 일 때 넓이의 2 배로 전체넓이를 구할 수 있다. 따라서 식 (6-13)을 이용하여 다음과 같이 심장형의 넓이 A를 구할 수 있다.

$$\begin{aligned} A &= 2\int_{-\frac{\pi}{2}}^{\frac{\pi}{2}} \frac{1}{2} r^2\, d\theta = \int_{-\frac{\pi}{2}}^{\frac{\pi}{2}} (1 + \sin\theta)^2\, d\theta \\ &= \int_{-\frac{\pi}{2}}^{\frac{\pi}{2}} (1 + 2\sin\theta + \sin^2\theta)\, d\theta \\ &= \int_{-\frac{\pi}{2}}^{\frac{\pi}{2}} \left(1 + 2\sin\theta + \frac{1 - \cos 2\theta}{2}\right) d\theta \\ &= \frac{1}{2}\int_{-\frac{\pi}{2}}^{\frac{\pi}{2}} (3 + 4\sin\theta - \cos 2\theta)\, d\theta \\ &= \frac{1}{2}\left[3\theta - 4\cos\theta - \frac{\sin 2\theta}{2}\right]_{-\frac{\pi}{2}}^{\frac{\pi}{2}} \\ &= \frac{3}{2}\pi \end{aligned}$$

예제 6.3.3

원 $r = 3\cos\theta$ 의 내부와 $r = 1+\cos\theta$ 의 외부로 이루어진 영역의 넓이를 구하라.

풀이 주어진 원과 심장형은 그림 6-17과 같다. 먼저 적분구간을 구하기 위해 두 곡선의 교점을 구한다.

$$3\cos\theta = 1+\cos\theta$$

라 하면 $\cos\theta = \frac{1}{2}$ 이므로 교점의 θ 값은 $\theta = \pm\frac{\pi}{3}$ 이다. 또한 주어진 두 곡선은 모두 극축에 대하여 대칭이므로

$$\begin{aligned}\frac{A}{2} &= \int_0^{\frac{\pi}{3}} \frac{1}{2}(3\cos\theta)^2\,d\theta - \int_0^{\frac{\pi}{3}} \frac{1}{2}(1+\cos\theta)^2\,d\theta \\ &= \frac{1}{2}\int_0^{\frac{\pi}{3}} (8\cos^2\theta - 1 - 2\cos\theta)\,d\theta \\ &= \frac{1}{2}\int_0^{\frac{\pi}{3}} (3+4\cos 2\theta - 2\cos\theta)\,d\theta \\ &= \frac{1}{2}\left[3\theta + 2\sin 2\theta - 2\sin\theta\right]_0^{\frac{\pi}{3}} \\ &= \frac{1}{2}\pi\end{aligned}$$

이다. 따라서 $A = \pi$ 이다.

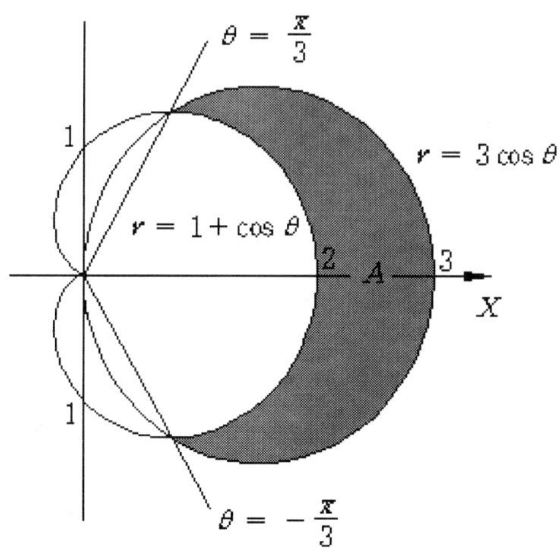

[그림 6-17] 원 $r = 3\cos\theta$ 과 심장형 $r = 1+\cos\theta$

함수 $x = f(t)$, $y = g(t)$ 가 미분가능이고 도함수 $f'(t)$와 $g'(t)$ 가 연속일 때, 매개변수 방정식 $x = f(t)$, $y = g(t)$ $(\alpha \leqq t \leqq \beta)$로 주어진 곡선을 x 축에 관하여 회전할 때 만들어지는 곡면의 표면적 S 는 식 (6-10)으로부터 다음과 같다.

$$S = \int_{\alpha}^{\beta} 2\pi y\, ds = \int_{\alpha}^{\beta} 2\pi y \sqrt{\left(\frac{dx}{dt}\right)^2 + \left(\frac{dy}{dt}\right)^2}\, dt$$

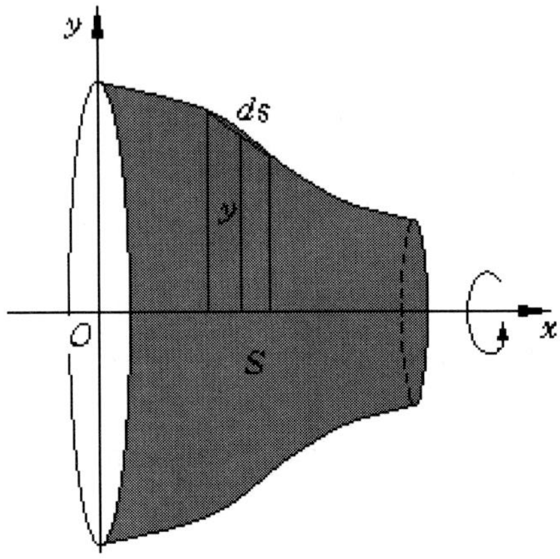

[그림 6-18] $x=f(t)$, $y=g(t)$를 회전한 곡면

정리 6.3.4

함수 $x=f(t)$, $y=g(t)$가 미분가능이고, 도함수 $f'(t)$와 $g'(t)$가 연속이라 하자. 곡선 $x=f(t)$, $y=g(t)$ $(\alpha \le t \le \beta)$를 x축에 관하여 회전할 때 얻어진 곡면의 표면적 S는 다음과 같다.

$$S = \int_{\alpha}^{\beta} 2\pi y \sqrt{\left(\frac{dx}{dt}\right)^2 + \left(\frac{dy}{dt}\right)^2}\, dt \tag{6-14}$$

식 (6-14)는 식 (6-11)을 이용하여 $S = \int 2\pi y \sqrt{(dx)^2 + (dy)^2}$ 으로 나타낼 수도 있다.

예제 6.3.5

반지름이 r인 구의 표면적을 구하라.

풀이 반지름이 r인 구는 반지름이 r인 반원 $x=r\cos\theta$, $y=r\sin\theta$ $(0 \le \theta \le \pi)$을 x축을 중심으로 회전하여 얻어지므로 식 (6-14)를 이용하여 표면적 S을 구하면 다음과 같다.

$$S = \int_{\alpha}^{\beta} 2\pi y \sqrt{\left(\frac{dx}{d\theta}\right)^2 + \left(\frac{dy}{d\theta}\right)^2}\, d\theta = \int_{0}^{\pi} 2\pi r \sin\theta \sqrt{(-r\sin\theta)^2 + (r\cos\theta)^2}\, d\theta$$

$$= 2\pi r^2 \int_{0}^{\pi} \sin\theta\, d\theta = 2\pi r^2 [-\cos\theta]_0^{\pi} = 4\pi r^2$$

극방정식 $r = f(\theta)$ $(a \le \theta \le b)$로 주어진 곡선을 x축을 중심으로 회전하여 얻어진 곡면의 표면적을 알아본다. 극방정식 $r = f(\theta)$는 θ를 매개변수로 갖는 매개변수방정식

$$x = r\cos\theta, \quad y = r\sin\theta \quad (a \le \theta \le b)$$

로 나타낼 수 있으므로

$$\sqrt{\left(\frac{dx}{d\theta}\right)^2 + \left(\frac{dy}{d\theta}\right)^2} = \sqrt{(r'\cos\theta - r\sin\theta)^2 + (r'\sin\theta + r\cos\theta)^2} = \sqrt{(r')^2 + r^2}$$

이다. 따라서 식 (6-14)를 이용하여 곡면의 넓이를 구할 수 있다.

정리 6.3.6

극방정식 $r = f(\theta)$ $(a \le \theta \le b)$로 주어진 곡선을 x축을 중심으로 회전할 때 얻어지는 곡면의 표면적 S는 다음과 같다.

$$S = \int_a^b 2\pi y \sqrt{\left(\frac{dx}{d\theta}\right)^2 + \left(\frac{dy}{d\theta}\right)^2}\, d\theta = \int_a^b 2\pi r\sin\theta \sqrt{(r')^2 + r^2}\, d\theta \qquad (6\text{–}15)$$

예제 6.3.7

반지름이 a인 반원 $r = 2a\cos\theta$ $\left(0 \le \theta \le \frac{\pi}{2}\right)$를 x축을 중심으로 회전하여 얻어진 구의 표면적을 구하라.

▌풀이▌ $r' = -2a\sin\theta$이므로 식 (6–15)를 이용하여 구의 표면적 S를 구하면 다음과 같다.

$$\begin{aligned} S &= \int_0^{\frac{\pi}{2}} 2\pi r\sin\theta \sqrt{(r')^2 + r^2}\, d\theta \\ &= \int_0^{\frac{\pi}{2}} 2\pi(2a\cos\theta)\sin\theta \sqrt{(-2a\sin\theta)^2 + (2a\cos\theta)^2}\, d\theta \\ &= 8\pi a^2 \int_0^{\frac{\pi}{2}} \cos\theta\sin\theta\, d\theta = 4\pi a^2 \left[\sin^2\theta\right]_0^{\frac{\pi}{2}} = 4\pi a^2 \end{aligned}$$

이 값은 반지름이 a인 구의 표면적으로 예제 6.3.5에서 구한 값과 같다.

6.3 연습문제

1. $r = \cos 2\theta$ 의 한 개의 고리로 둘러싸인 영역의 면적을 구하라.

2. 다음 곡선으로 둘러싸인 부분의 넓이를 구하라.

(1) $r = 2\sin\theta$

(2) $r = 1 - \cos\theta$

(3) $r^2 = a^2\sin\theta$

(4) $r^2 = 2a^2\cos 2\theta$

3. 원 $r = 3\sin\theta$ 의 내부와 $r = 1 + \sin\theta$ 의 외부로 이루어진 영역의 면적을 구하라.

4. 다음에서 주어진 두 곡선의 공통 내부 영역의 넓이를 구하라.

(1) $r = 2\sin\theta$, $r = 2\cos\theta$

(2) $r = 1$, $r = 2 + 2\sin\theta$

(3) $r = 1 - \cos\theta$, $r = \cos\theta$

(4) $r^2 = \sin 2\theta$, $r = 1$

5. 다음에 주어진 곡선을 x 축에 관하여 회전할 때, 만들어지는 곡면의 표면적을 구하라.

(1) $x = t^2$, $y = t$ $(0 \leq t \leq 1)$

(2) $r = 1 + \cos\theta$ $(0 \leq \theta \leq \frac{\pi}{2})$

(3) $x = r(t - \sin t)$, $y = r(1 - \cos t)$ $(0 \leq t \leq 2\pi)$

(4) $r^2 = \cos 2\theta$ $(0 \leq \theta \leq \frac{\pi}{4})$

연습문제 해답

1. $\frac{\pi}{8}$

2. (1) π (2) $\frac{3}{2}\pi$

   (3) $2a^2$ (4) $2a^2$

3. π

4. (1) 2 (2) $\frac{8}{3}\pi - \frac{7}{2}\sqrt{3}$

   (3) $\sqrt{3} - \frac{\pi}{3}$ (4) 1

5. (1) $\frac{\pi}{6}(5\sqrt{5}-1)$ (2) $\frac{4\sqrt{2}\pi}{5}(4\sqrt{2}-1)$

   (3) $\frac{64}{3}\pi r^2$ (4) $2\pi(2-\sqrt{2})$

Engineering Mathematics

CHAPTER 07

복소수

7.1 복소수의 연산

임의의 실수 x 에 대하여 $x^2 \geq 0$ 이므로 이차방정식 $x^2+1=0$ 의 실수해는 존재하지 않는다. 이 방정식의 해로 $\sqrt{-1}$ 이라는 새로운 수를 정의하고, 이를 i 로 나타낸다. 이 때, 기호 i 를 **허수 단위**(imaginary unit)라 하고, $i^2 = -1$ 로 정의한다.

정의 복소수

허수 단위 $i=\sqrt{-1}$ 과 임의의 실수 x 와 y 에 대하여 $z=x+yi$ 를 **복소수**(complex number)라 한다. 일반적으로 모든 복소수의 집합을 $\mathbb{C}$ 로 나타낸다. 즉

$$\mathbb{C} = \{x+yi \mid x,\, y \in \mathbb{R}\}$$

복소수 $z=x+yi$ 에서 x 를 z 의 **실수부**(real part), y 를 z 의 **허수부**(imaginary part)라 하고, 각각 $\mathrm{Re}(z)$와 $\mathrm{Im}(z)$ 로 나타낸다.

정의 복소수의 상등

두 복소수 $z_1=x_1+y_1i$ 와 $z_2=x_2+y_2i$ 에 대하여 $x_1=x_2$이고 $y_1=y_2$일 때, 두 복소수 z_1 과 z_2 는 **같다**(equal)고 하고, $z_1=z_2$ 로 나타낸다.

임의의 실수 x 에 대하여 $x=x+0i$ 이므로 모든 실수는 복소수이다. 즉 $\mathbb{R} \subseteq \mathbb{C}$ 이다. 또한 $0+0i=0$ 이다.

예제 7.1.1

복소수 $z=2-3i$ 에 대하여 $\mathrm{Re}(z)=2$, $\mathrm{Im}(z)=-3$이다.

정의 복소수의 사칙연산

임의의 복소수 $z_1=x_1+y_1i,\ z_2=x_2+y_2i$ 에 대하여 사칙연산을 다음과 같이 정의 한다.

(1) $z_1+z_2=(x_1+y_1i)+(x_2+y_2i)=(x_1+x_2)+(y_1+y_2)i$ (덧셈)

(2) $z_1-z_2=(x_1+y_1i)-(x_2+y_2i)=(x_1-x_2)+(y_1-y_2)i$ (뺄셈)

(3) $z_1z_2=(x_1+y_1i)(x_2+y_2i)=(x_1x_2-y_1y_2)+(x_1y_2+x_2y_1)i$ (곱셈)

(4) $\dfrac{z_1}{z_2}=\dfrac{x_1+y_1i}{x_2+y_2i}=\dfrac{x_1x_2+y_1y_2}{x_2^2+y_2^2}+\dfrac{x_2y_1-x_1y_2}{x_2^2+y_2^2}i$ (나눗셈)

정리 7.1.2

임의의 복소수 z_1, z_2, z_3 에 대하여 다음이 성립한다.

(1) $z_1+(z_2+z_3)=(z_1+z_2)+z_3$, $z_1(z_2z_3)=(z_1z_2)z_3$ (결합법칙)

(2) $z_1+z_2=z_2+z_1$, $z_1z_2=z_2z_1$ (교환법칙)

(3) $z_1(z_2+z_3)=z_1z_2+z_1z_3$, $(z_1+z_2)z_3=z_1z_3+z_2z_3$ (분배법칙)

복소수 $z=x+yi$ 에서 x 와 yi 는 각각이 복소수이므로 사칙연산의 정의는 정리 7.1.2를 이용하면 자연스럽게 계산될 수 있다.

예제 7.1.3

복소수 $z_1=5-3i$ 와 $z_2=-4+2i$ 에 대하여 다음을 구하라.

(1) z_1+z_2 (2) z_1-z_2 (3) z_1z_2

풀이
(1) $z_1+z_2=(5-3i)+(-4+2i)=(5-4)+(-3+2)i=1+(-1)i=1-i$

(2) $z_1-z_2=(5-3i)-(-4+2i)=(5+4)+(-3-2)i=9+(-5)i=9-5i$

(3) $z_1z_2=(5-3i)(-4+2i)=5(-4)+5(2i)+(-3i)(-4)+(-3i)(2i)$
$=-20+10i+12i-6i^2=-20+22i-6(-1)=-14+22i$

정의 **켤레 복소수**

복소수 $z=x+yi$ 에 대하여 복소수 $x-yi$ 를 z 의 **켤레**(conjugate)**복소수**라 하고, $\overline{z}$ 로 나타낸다. 즉 $\overline{z}=x-yi$ 이다.

복소수 $z=x+yi$ 와 켤레복소수 $\overline{z}=x-yi$ 에 대하여 다음이 성립한다.

$$z+\overline{z}=(x+yi)+(x-yi)=2x=2\,\mathrm{Re}(z)$$
$$z-\overline{z}=(x+yi)-(x-yi)=2yi=2i\,\mathrm{Im}(z)$$
$$z\overline{z}=(x+yi)(x-yi)=x^2+y^2$$

두 복소수 $z_1=x_1+y_1i$ 과 $z_2=x_2+y_2i$ 의 나눗셈 $\dfrac{z_1}{z_2}$ 은 분모 분자에 z_2 의 켤레 복소수 $\overline{z_2}$ 를 곱하여 다음과 같이 계산할 수 있다.

$$\frac{z_1}{z_2}=\frac{z_1\overline{z_2}}{z_2\overline{z_2}}=\frac{(x_1+y_1i)(x_2-y_2i)}{{x_2}^2+{y_2}^2}$$
$$=\frac{(x_1x_2+y_1y_2)+(x_2y_1-x_1y_2)i}{{x_2}^2+{y_2}^2}$$

예제 7.1.4

복소수 $z_1 = 1-4i$ 와 $z_2 = 3+2i$ 에 대하여 $\dfrac{z_1}{z_2}$ 를 구하라.

풀이 $\dfrac{z_1}{z_2}$ 의 분모 분자에 $z_2 = 3+2i$ 의 켤레 복소수 $\overline{z_2} = 3-2i$ 를 곱하여 계산하면 다음과 같다.

$$\frac{z_1}{z_2} = \frac{1-4i}{3+2i} = \frac{(1-4i)(3-2i)}{(3+2i)(3-2i)} = \frac{(3-8)+(-2-12)i}{9+4} = -\frac{5}{13} - \frac{14}{13}i$$

복소수의 사칙연산과 켤레복소수의 정의로부터 다음의 정리를 얻을 수 있다.

정리 7.1.5

복소수 z_1 과 z_2 에 대하여 다음이 성립한다.

(1) $\overline{z_1 + z_2} = \overline{z}_1 + \overline{z}_2$, $\overline{z_1 - z_2} = \overline{z}_1 - \overline{z}_2$

(2) $\overline{z_1 z_2} = \overline{z}_1 \overline{z}_2$

(3) $\overline{\left(\dfrac{z_1}{z_2}\right)} = \dfrac{\overline{z}_1}{\overline{z}_2}$ (단, $z_2 \neq 0$)

복소수 $z = x + yi$ 는 실수의 순서쌍 (x, y) 에 의해 유일하게 결정되므로 그림 7-1과 같이 좌표평면상의 점으로 나타낼 수 있다. 이 때, 이 좌표평면을 **복소평면**(complex plane)이라하고 x 축을 **실수축**(real axis), y 축을 **허수축**(complex axis)이라 한다. 복소평면상의 원점 O 는 복소수 0 을 의미한다.

복소수 $z = x + yi$ 에 대하여 원점 O 로부터 복소수 z 에 이르는 거리를 r 이라 하면 피타고라스 정리에 의해

$$r = \sqrt{x^2 + y^2}$$

임을 알 수 있다. 이 때 r 을 복소수 z 의 절대값이라 한다.

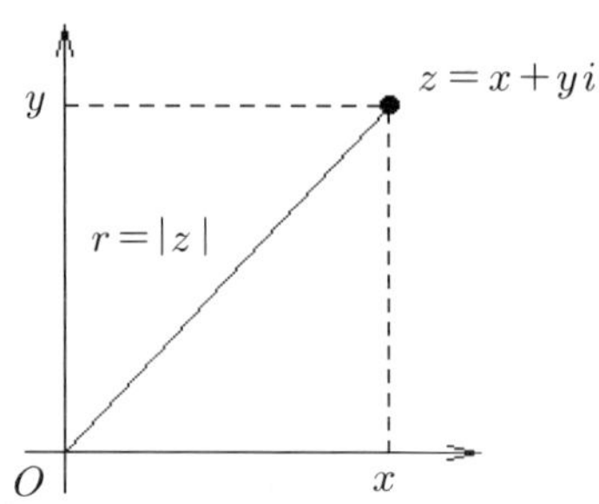

[그림 7-1] 복소평면과 복소수

정의 복소수의 절대값

복소수 $z=x+yi$ 에 대하여 원점 $O(0,0)$ 로부터 점 $P(x,y)$ 까지 거리를 복소수 z 의 **절대값**(absolute value)이라 하고 $|z|$ 로 나타낸다. 즉

$$|z|=\sqrt{x^2+y^2}=\sqrt{z\bar{z}} \tag{7-1}$$

예제 7.1.6

복소수 $z=-4+3i$ 의 절대값을 구하라.

▌풀이▐ 절대값의 정의로부터 $z=-4+3i$ 의 절대값은 다음과 같다.

$$|z|=\sqrt{(-4)^2+3^2}=\sqrt{25}=5$$

정리 7.1.7

복소수 z_1 과 z_2 에 대하여 다음이 성립한다.

$$|z_1+z_2| \le |z_1|+|z_2| \tag{7-2}$$

7.1 연습문제

1. 복소수 $z_1 = 2-3i$, $z_2 = -3+2i$, $z_3 = 1+2i$ 에 대하여 다음을 구하라.

(1) $2z_1 - z_2 + 3z_3$　　(2) $-z_1 - 3z_3$

(3) $3z_1 + \dfrac{z_2}{z_3}$　　(4) $z_1 z_3 - z_2 z_3$

2. 복소수 $z_1 = 2+i$, $z_2 = -2+4i$, $z_3 = 4-2i$ 에 대하여 다음을 구하라.

(1) $\mathrm{Re}(z_1^2)$　　(2) $\mathrm{Re}(2z_1 - z_3^2)$

(3) $\mathrm{Im}(-z_2 + 3z_3)$　　(4) $\mathrm{Im}(z_1) + \mathrm{Im}(z_1 z_3) - \mathrm{Re}(z_2)$

(5) $\mathrm{Re}(z_1 \overline{z_3}) + \mathrm{Im}(\overline{z_2 - 2z_3})$

3. 다음 복소수의 절댓값을 구하라.

(1) $z = 2+3i$　　(2) $z = -1+4i$

(3) $z = 4-5i$　　(4) $z = -2-i$

4. 다음 등식을 만족하는 실수 x, y 의 값을 구하라.

(1) $(2+3i)(-1+xi) = y+i$

(2) $\dfrac{x}{1+2i} + \dfrac{y}{1-2i} = \dfrac{8}{5}$

(3) $i(x+yi) + (x-3y)i + 2x - y + 1 = 0$

(4) $|-x+y| + (x+1)i = 2x - 7 + (y-2)i$

5. 다음의 식을 간단히 하여라.

(1) $\dfrac{\sqrt{2}+2i}{1-\sqrt{2}i}$　　(2) $\dfrac{2+i}{2-i} + \dfrac{2-i}{2+i}$

(3) $\dfrac{1+3i}{3-i} + \dfrac{1-3i}{3+i}$　　(4) $\dfrac{1}{(1-i)^2}$

6. 복소수 z 의 켤레복소수를 $\overline{z}$ 라 할 때, 다음을 만족하는 복소수 z 을 구하라.

(1) $(1-i)z + 3i\overline{z} = 2-3i$　　(2) $z\overline{z} + 2(z - \overline{z}) = 3-4i$

(3) $z + (1+2i)\overline{z} = 6+2i$　　(4) $z - \overline{z} - 3z\overline{z} = -3+2i$

연습문제 해답

1. (1) $10-2i$ (2) $-5-3i$
   (3) $\frac{31}{5}-\frac{37}{5}i$ (4) $15+5i$

2. (1) 3 (2) -8
   (3) -10 (4) -3
   (5) -2

3. (1) $\sqrt{13}$ (2) $\sqrt{17}$
   (3) $\sqrt{41}$ (4) $\sqrt{5}$

4. (1) $x=2,\ y=-8$ (2) $x=4,\ y=4$
   (3) $x=-\frac{3}{2},\ y=-1$ (4) $x=5,\ y=8$

5. (1) $\frac{-\sqrt{2}+4i}{3}$ (2) $\frac{6}{5}$
   (3) 0 (4) $\frac{1}{2}i$

6. (1) $z=-2+i$ (2) $z=\pm\sqrt{2}-i$
   (3) $z=1+2i$ (4) $z=i$

7.2 복소수의 극형식과 제곱근

그림 7-2에서와 같이 x 축과 복소수 $z = x + yi$ 가 이루는 각을 θ 라 하면,

$$x = r\cos\theta, \quad y = r\sin\theta$$

이므로 복소수 z 를 다음과 같이 r 과 θ 에 관한 식으로 나타낼 수 있다.

$$z = x + yi = r\cos\theta + (r\sin\theta)i = r(\cos\theta + i\sin\theta)$$

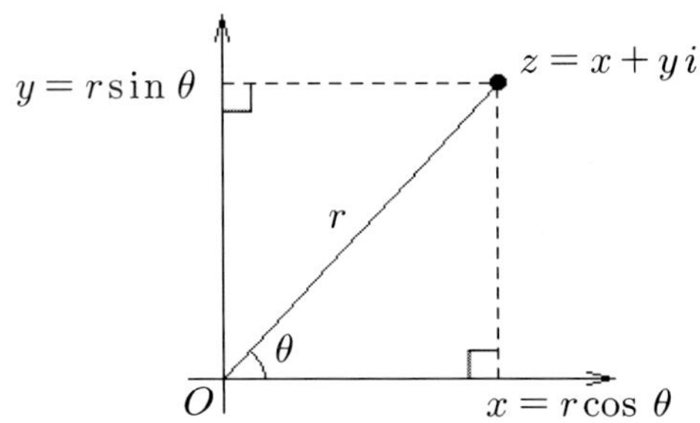

[그림 7-2] 복소수의 극형식

정리 7.2.1 복소수의 극형식

복소수 $z = x + yi$ 에 대하여 x 축과 z 가 이루는 각이 θ 이고 $r = |z|$ 일 때 z 는 다음과 같다.

$$z = r(\cos\theta + i\sin\theta) \tag{7-3}$$

식 (7-3)을 복소수 z 의 **극형식**(polar form)이라 한다. 이 때 각도 θ 를 z 의 **편각**(argument)이라 하고, $\theta = \arg z$ 로 나타낸다.

예제 7.2.2

복소수 $z = \sqrt{3} + i$ 를 극형식으로 나타내라.

풀이 $z = \sqrt{3} + i$ 는 복소평면에서 1사분면에 위치하고, $x = \sqrt{3}$, $y = 1$ 이므로 $\tan\theta = \dfrac{1}{\sqrt{3}}$ 이다. 따라서 z 의 편각은 $\arg z = \theta = \dfrac{\pi}{6}$ 이고, $r = |z| = \sqrt{(\sqrt{3})^2 + 1^2} = 2$ 이므로 복소수 z 의 극형식은 다음과 같다.

$$z = 2\left(\cos\frac{\pi}{6} + i\sin\frac{\pi}{6}\right)$$

복소수 $z = x + yi$ 의 편각이 θ 일 때 $\tan\theta = \frac{y}{x}$ 를 만족한다. 또한 θ 가 z 의 한 편각이면 $\theta + 2n\pi (n = 0, \pm 1, \pm 2, \cdots)$가 모두 z 의 편각이므로 복소수 z 의 편각은 유일하지 않다. 여기에서 $-\pi < \theta \leq \pi$ 를 만족하는 편각을 z 의 **주편각**(principal argument)이라 하고, $\theta = \mathrm{Arg}\, z$ 로 나타낸다.

정리 7.2.3

복소수 z_1 , z_2 의 편각과 절대값이 $\arg z_1 = \theta_1$, $\arg z_2 = \theta_2$, $|z_1| = r_1$, $|z_2| = r_2$ 일 때, 편각과 절대값은 다음을 만족한다.

(1) $\arg(z_1 z_2) = \theta_1 + \theta_2 = \arg z_1 + \arg z_2$ (2) $|z_1 z_2| = r_1 r_2 = |z_1||z_2|$

(3) $\arg\left(\frac{z_1}{z_2}\right) = \theta_1 - \theta_2 = \arg z_1 - \arg z_2$ (4) $\left|\frac{z_1}{z_2}\right| = \frac{r_1}{r_2} = \frac{|z_1|}{|z_2|}$

정리 7.2.3과 식 (7-3)을 이용하면 편각과 절대값이 각각 $\arg z_1 = \theta_1$, $\arg z_2 = \theta_2$, $|z_1| = r_1$, $|z_2| = r_2$ 인 두 복소수 z_1 과 z_2 에 대하여 $z_1 z_2$ 와 $\frac{z_1}{z_2}$ 의 극형식을 다음과 같이 구할 수 있다.

$$z_1 z_2 = r_1 r_2 (\cos(\theta_1 + \theta_2) + i \sin(\theta_1 + \theta_2)) \tag{7-4}$$

$$\frac{z_1}{z_2} = \frac{r_1}{r_2}((\cos(\theta_1 - \theta_2) + i \sin(\theta_1 - \theta_2)) \tag{7-5}$$

예제 7.2.4

복소수 $z_1 = 1 + \sqrt{3}\, i$ 와 $z_2 = -\sqrt{3} + i$ 에 대하여 극형식을 이용하여 $z_1 z_2$ 와 $\frac{z_1}{z_2}$ 를 구하라.

풀이 복소수 z_1 에서 $x = 1$, $y = \sqrt{3}$ 이고 z_1 은 1사분면에 위치하므로 $\arg z_1 = \theta_1 = \frac{\pi}{3}$ 이고, z_2 에서 $x = -\sqrt{3}$, $y = 1$ 이고 z_2 는 2사분면에 위치하므로 $\arg z_2 = \theta_2 = \frac{5}{6}\pi$ 이다. 또한 주어진 복소수의 절대값은 각각 다음과 같다.

$$|z_1| = r_1 = \sqrt{1^2 + (\sqrt{3})^2} = 2, \quad |z_2| = r_2 = \sqrt{(-\sqrt{3})^2 + 1^2} = 2$$

따라서 정리 7.2.3로부터

$$\arg(z_1 z_2) = \arg z_1 + \arg z_2 = \theta_1 + \theta_2 = \frac{\pi}{3} + \frac{5}{6}\pi = \frac{7}{6}\pi$$

$$\arg\left(\frac{z_1}{z_2}\right) = \arg z_1 - \arg z_2 = \theta_1 - \theta_2 = \frac{1}{3}\pi - \frac{5}{6}\pi = -\frac{1}{2}\pi$$

$$|z_1 z_2| = |z_1||z_2| = r_1 r_2 = 4$$

$$\left|\frac{z_1}{z_2}\right| = \frac{|z_1|}{|z_2|} = \frac{r_1}{r_2} = 1$$

이므로 식 (7-4)와 식 (7-5)로부터 주어진 복소수의 곱셈과 나눗셈을 각각 다음과 같이 구할 수 있다.

$$z_1 z_2 = r_1 r_2 (\cos(\theta_1 + \theta_2) + i\sin(\theta_1 + \theta_2))$$
$$= 4\left(\cos\frac{7\pi}{6} + i\sin\frac{7\pi}{6}\right) = 4\left(-\frac{\sqrt{3}}{2} - \frac{1}{2}i\right) = -2\sqrt{3} - 2i$$

$$\frac{z_1}{z_2} = \frac{r_1}{r_2}(\cos(\theta_1 - \theta_2) + i\sin(\theta_1 - \theta_2))$$
$$= \cos\left(-\frac{\pi}{2}\right) + i\sin\left(-\frac{\pi}{2}\right) = -i$$

위의 예에서 주어진 복소수 z_1 과 z_2 의 주편각은 각각 $\text{Arg}\, z_1 = \frac{\pi}{3}$, $\text{Arg}\, z_2 = \frac{5}{6}\pi$ 이지만 $\text{Arg}\, z_1 + \text{Arg}\, z_2 = \frac{7}{6}\pi$로 이는 구간 $(-\pi, \pi]$ 에 있는 주편각이 아니다. 이 예로부터

$$\text{Arg}\, z_1 + \text{Arg}\, z_2 \neq \text{Arg}\,(z_1 z_2), \quad \text{Arg}\, z_1 - \text{Arg}\, z_2 \neq \text{Arg}\left(\frac{z_1}{z_2}\right)$$

임을 알 수 있다.

또한 3장에서 Maclaurin의 급수를 이용하여 **오일러의 공식**(Euler's formular)을 유도하였다. 이 오일러공식을 이용하면 복소수를 지수함수의 형태로 나타낼 수 있다.

정리 7.2.5 오일러의 공식

자연대수 e 와 복소수 xi 에 대하여 다음이 성립한다.

$$e^{xi} = \cos x + i\sin x \tag{7-6}$$

실함수와 마찬가지로 복소수 $z = x + yi$ 를 독립변수로 갖는 지수함수

$$f(z) = e^z = e^{x+yi} = e^x e^{yi}$$

를 정의할 수 있으며 이 지수함수에 오일러의 공식을 적용하여 e^z 를 다음과 같이 나타낼 수 있다.

$$e^z = e^x e^{yi} = e^x(\cos y + i\sin y)$$

또한 편각이 θ 이고 절대값이 r 인 복소수 $z = x + yi$ 의 극형식은 $z = r(\cos\theta + i\sin\theta)$ 임을 알고 있다. 여기에서 $\cos\theta + i\sin\theta = e^{\theta i}$ 이므로 복소수 z 를 다음과 같이 나타낼 수 있다.

$$z = r(\cos\theta + i\sin\theta) = re^{\theta i} \qquad (7\text{-}7)$$

예제 7.2.6

복소수 $z = 1 - i$ 를 밑이 e 인 지수함수로 나타내라.

풀이 $r = |z| = \sqrt{1^2 + (-1)^2} = \sqrt{2}$ 이고, $\theta = \mathrm{Arg}\, z = -\dfrac{3\pi}{4}$ 이므로 z 는 다음과 같다.

$$z = \sqrt{2}\, e^{-\frac{1}{4}\pi i}$$

복소수 $z = x + yi$ 에 대하여 $z = re^{\theta i} = r(\cos\theta + i\sin\theta)$ 이므로 임의의 자연수 n 에 대하여

$$z^n = (re^{\theta i})^n = r^n e^{(n\theta)i} = r^n(\cos n\theta + i\sin n\theta)$$

이다. 또한 임의의 자연수 n 에 대하여 z^{-n} 은 다음과 같다.

$$z^{-n} = r^{-n} e^{(-n\theta)i} = r^{-n}(\cos(-n\theta) + i\sin(-n\theta))$$

따라서 임의의 정수 n 에 대하여 z 의 n 차 거듭제곱은 다음과 같다.

정리 7.2.7

임의의 정수 n 과 복소수 $z = r(\cos\theta + i\sin\theta)$ 에 대하여 다음이 성립한다.

$$z^n = r^n(\cos n\theta + i\sin n\theta) \qquad (7\text{-}8)$$

예제 7.2.8

복소수 $z = \sqrt{3} + i$ 에 대하여 z^4 을 구하라.

풀이 z 의 극형식은 $z = 2\left(\cos\dfrac{\pi}{6} + i\sin\dfrac{\pi}{6}\right)$ 이므로 z^4 은 다음과 같다.

$$z^4 = 2^4\left(\cos\left(4\cdot\frac{\pi}{6}\right) + i\sin\left(4\cdot\frac{\pi}{6}\right)\right) = 16\left(\cos\frac{2\pi}{3} + i\sin\frac{2\pi}{3}\right) = 8(-1 + \sqrt{3}\,i)$$

절대값이 $r = 1$ 이고 편각이 θ 인 복소수 $z = \cos\theta + i\sin\theta$ 에 식 (7-8)을 적용하여 다음의 정리를 얻을 수 있다.

정리 7.2.9 DeMoivre의 공식

$r=|z|=1$ 이고 편각이 θ 인 복소수 $z=\cos\theta+i\sin\theta$ 에 대하여 다음이 성립한다.

$$z^n=(\cos\theta+i\sin\theta)^n=\cos n\theta+i\sin n\theta \tag{7-9}$$

복소수 z 에 대하여 $w^n=z$ 를 만족하는 복소수 w 를 z 의 n **제곱근**(nth root)이라 한다. 복소수 z 와 z 의 n 제곱근 w 의 극형식을 각각 $z=r(\cos\theta+i\sin\theta)$, $w=\rho(\cos\phi+i\sin\phi)$ 라 하면 $w^n=z$ 이므로

$$\rho^n(\cos n\phi+i\sin n\phi)=r(\cos\theta+i\sin\theta)$$

이다. 따라서 $\rho^n=r$이므로 $\rho=r^{\frac{1}{n}}$ 이고, $\cos n\phi=\cos\theta$, $\sin n\phi=\sin\theta$이므로 $n\phi=\theta+2k\pi\,(k=0,\pm1,\pm2,\cdots)$이다. 즉

$$\phi=\frac{\theta+2k\pi}{n}\quad(k=0,\ \pm1,\ \pm2,\ \cdots)$$

이다. 여기에서 $k\le-1$ 또는 $k\ge n$ 인 경우는 $k=0,1,2,\cdots,n-1$ 인 경우의 반복이다. 예를 들어 $\phi'=\dfrac{\theta+2(n+1)\pi}{n}=\dfrac{\theta+2\pi}{n}+2\pi$ 이므로 $\phi=\dfrac{\theta+2\pi}{n}$와 같은 cos 또는 sin 값을 갖게 된다. 따라서 주어진 식을 만족하는 ϕ 의 값은 다음과 같이 n 개의 값을 갖게 된다.

$$\phi=\frac{\theta+2k\pi}{n}=\frac{\theta}{n}+k\frac{2\pi}{n}\quad(k=0,\ 1,\ 2,\ \cdots,\ n-1\ )$$

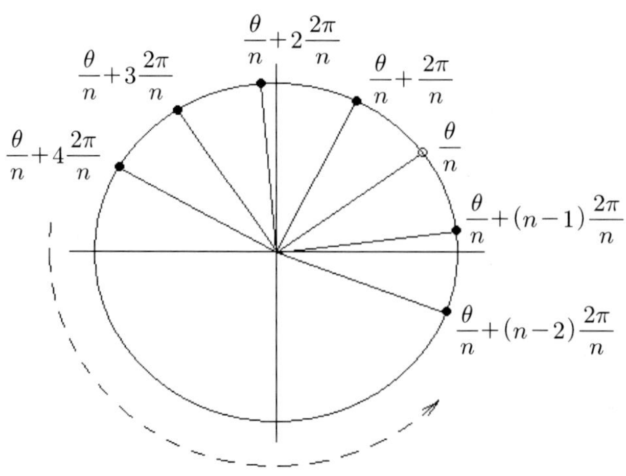

[그림 7-3] $\phi=\dfrac{\theta}{n}+k\dfrac{2\pi}{n}\ (k=0,1,2,\cdots,n-1)$

정리 7.2.10

복소수 $z=r(\cos\theta+i\sin\theta)$의 n 제곱근 w 은 다음과 같다.

$$w=r^{\frac{1}{n}}\left(\cos\frac{\theta+2k\pi}{n}+i\sin\frac{\theta+2k\pi}{n}\right)\quad (k=0,\ 1,\ 2,\ \cdots,\ n-1) \tag{7-10}$$

정리 7.2.10의 제곱근 중에 $k=0$, 즉 $\arg w=\dfrac{\theta}{n}$ 인 제곱근을 **주** n **제곱근**(principal n th root)이라 한다.

예제 7.2.11

복소수 $z=1$ 과 $z=i$ 의 세제곱근을 구하라.

풀이 복소수 $z=1$ 의 극형식은 $z=1(\cos 0+i\sin 0)$이므로 세제곱근 w 의 절대값은 $1^{\frac{1}{3}}=1$ 이고, 세 개의 편각은 각각 다음과 같다.

$$\phi_k=\frac{0+2k\pi}{3}\quad (k=0,\ 1,\ 2)$$

즉, $\phi_0=0$, $\phi_1=\dfrac{2\pi}{3}$, $\phi_2=\dfrac{4\pi}{3}$ 이다. 따라서 $z=1$ 의 세제곱근은 다음과 같다.

$$w_0=1(\cos\phi_0+i\sin\phi_0)=\cos 0+i\sin 0=1$$
$$w_1=1(\cos\phi_1+i\sin\phi_1)=\cos\frac{2\pi}{3}+i\sin\frac{2\pi}{3}=-\frac{1}{2}+\frac{\sqrt{3}}{2}i$$
$$w_2=1(\cos\phi_2+i\sin\phi_2)=\cos\frac{4\pi}{3}+i\sin\frac{4\pi}{3}=-\frac{1}{2}-\frac{\sqrt{3}}{2}i$$

같은 방법으로 $z=i=\cos\dfrac{\pi}{2}+i\sin\dfrac{\pi}{2}$ 의 세제곱근을 구하면 다음과 같다.

$$w_0=\cos\frac{\pi}{6}+i\sin\frac{\pi}{6}=\frac{\sqrt{3}}{2}+\frac{1}{2}i$$
$$w_1=\cos\frac{5\pi}{6}+i\sin\frac{5\pi}{6}=-\frac{\sqrt{3}}{2}+\frac{1}{2}i$$
$$w_2=\cos\frac{3\pi}{2}+i\sin\frac{3\pi}{2}=-i$$

7.2 연습문제

1. 다음 복소수를 극형식으로 나타내라($\theta = \text{Arg}\, z$).

(1) $1+i$
(2) $1-i$
(3) $-\sqrt{3}+i$
(4) $-2-2\sqrt{3}\,i$
(5) -2
(6) $\dfrac{1-i}{1+i}$

2. 다음 복소수를 $x+iy$ 형태로 나타내라.

(1) $2\left(\cos\dfrac{1}{3}\pi - i\sin\dfrac{1}{3}\pi\right)$
(2) $\sqrt{2}\left(\cos\dfrac{3}{4}\pi + i\sin\dfrac{3}{4}\pi\right)$
(3) $4\left(\cos\dfrac{\pi}{2} + i\sin\dfrac{\pi}{2}\right)$
(4) $\sqrt{3}\left(\cos\dfrac{5}{6}\pi - i\sin\dfrac{5}{6}\pi\right)$

3. 다음 복소수 z_1, z_2 에 대하여 $z_1 z_2$ 와 $\dfrac{z_1}{z_2}$ 의 극형식을 구하라.

(1) $z_1 = -1+\sqrt{3}\,i$, $z_2 = \sqrt{3}-i$
(2) $z_1 = 2+2i$, $z_2 = -\sqrt{3}+i$
(3) $z_1 = -1-\sqrt{3}\,i$, $z_2 = \sqrt{2}-\sqrt{2}\,i$
(4) $z_1 = \dfrac{1}{2}-\dfrac{\sqrt{3}}{2}i$, $z_2 = -2\sqrt{3}+2i$

4. $z=1+i$, $w=\sqrt{3}-i$, $v=-1+i$ 일 때, 극형식을 이용하여 다음을 구하라.

(1) $\dfrac{z^3 w^2}{v}$
(2) $\dfrac{z^2 v}{w^2}$
(3) $w^3 v^4$
(4) zwv

5. 다음 복소수를 밑이 e 인 지수함수로 나타내라.

(1) $2-2i$
(2) $1+\sqrt{3}\,i$
(3) $-\sqrt{3}+\sqrt{3}\,i$
(4) $-\dfrac{\sqrt{3}}{2}-\dfrac{1}{2}i$

6. 다음 방정식의 근을 구하라.

(1) $z^4 = 1$

(2) $z^3 = -i$

(3) $z^3 = -1$

(4) $z^6 = 8$

(5) $z^2 = 1 + i$

(6) $z^3 = \sqrt{3} - i$

(7) $z^4 = -2 + 2\sqrt{3}i$

(8) $z^3 = -1 - \sqrt{3}i$

7. 정리 7.2.3의 (1)과 (3)을 증명하라.

연습문제 해답

1. (1) $\sqrt{2}\left(\cos\frac{\pi}{4}+i\sin\frac{\pi}{4}\right)$ (2) $\sqrt{2}\left(\cos\frac{\pi}{4}-i\sin\frac{\pi}{4}\right)$

   (3) $2\left(\cos\frac{5}{6}\pi+i\sin\frac{5}{6}\pi\right)$ (4) $4\left(\cos\frac{2}{3}\pi-i\sin\frac{2}{3}\pi\right)$

   (5) $2(\cos\pi+i\sin\pi)$ (6) $\cos\frac{\pi}{2}-i\sin\frac{\pi}{2}$

2. (1) $1-\sqrt{3}i$ (2) $-1+i$

   (3) $4i$ (4) $-\frac{3}{2}-\frac{\sqrt{3}}{2}i$

3. (1) $z_1z_2=4\left(\cos\frac{\pi}{2}+i\sin\frac{\pi}{2}\right)$, $\frac{z_1}{z_2}=\cos\frac{5}{6}\pi+i\sin\frac{5}{6}\pi$

   (2) $z_1z_2=4\left(\cos\frac{13}{12}\pi+i\sin\frac{13}{12}\pi\right)$, $\frac{z_1}{z_2}=\sqrt{2}\left(\cos\frac{7}{12}\pi-i\sin\frac{7}{12}\pi\right)$

   (3) $z_1z_2=4\left(\cos\frac{11}{12}\pi-i\sin\frac{11}{12}\pi\right)$, $\frac{z_1}{z_2}=\cos\frac{5}{12}\pi-i\sin\frac{5}{12}\pi$

   (4) $z_1z_2=4\left(\cos\frac{\pi}{2}+i\sin\frac{\pi}{2}\right)$, $\frac{z_1}{z_2}=\frac{1}{4}\left(\cos\frac{7}{6}\pi-i\sin\frac{7}{6}\pi\right)$

4. (1) $4-4\sqrt{3}i$ (2) $-\frac{1}{4}((1-\sqrt{3})+(1+\sqrt{3})i)$

   (3) $32i$ (4) $-2\sqrt{3}+2i$

5. (1) $2\sqrt{2}\,e^{-\frac{\pi}{4}i}$ (2) $2e^{\frac{\pi}{3}i}$

   (3) $\sqrt{6}\,e^{\frac{3}{4}\pi i}$ (4) $e^{-\frac{5}{6}\pi i}$

6. (1) $z=\pm 1,\ \pm i$

   (2) $z=i,\ -\frac{\sqrt{3}}{2}-\frac{1}{2}i,\ \frac{\sqrt{3}}{2}-\frac{1}{2}i$

   (3) $z=-1,\ \frac{1}{2}\pm\frac{\sqrt{3}}{2}i$

   (4) $z=\pm\sqrt{2},\ \frac{\sqrt{2}}{2}\pm\frac{\sqrt{6}}{2}i,\ -\frac{\sqrt{2}}{2}\pm\frac{\sqrt{6}}{2}i$

   (5) $z=\sqrt[4]{2}\left(\cos\frac{\pi}{8}+i\sin\frac{\pi}{8}\right),\ \sqrt[4]{2}\left(\cos\frac{7}{8}\pi-i\sin\frac{7}{8}\pi\right)$

   (6) $z=\sqrt[3]{2}\left(\cos\frac{\pi}{18}-i\sin\frac{\pi}{18}\right),\ \sqrt[3]{2}\left(\cos\frac{11}{18}\pi+i\sin\frac{11}{18}\pi\right),\ \sqrt[3]{2}\left(\cos\frac{13}{18}\pi-i\sin\frac{13}{18}\pi\right)$

(7) $z=\dfrac{\sqrt{6}}{2}+\dfrac{\sqrt{2}}{2}i,\ -\dfrac{\sqrt{6}}{2}-\dfrac{\sqrt{2}}{2}i,\ -\dfrac{\sqrt{2}}{2}+\dfrac{\sqrt{6}}{2}i,\ \dfrac{\sqrt{2}}{2}-\dfrac{\sqrt{6}}{2}i$

(8) $z=\sqrt[3]{2}\left(\cos\dfrac{2}{9}\pi-i\sin\dfrac{2}{9}\pi\right),\ \sqrt[3]{2}\left(\cos\dfrac{4}{9}\pi+i\sin\dfrac{4}{9}\pi\right),\ \sqrt[3]{2}\left(\cos\dfrac{8}{9}\pi-i\sin\dfrac{8}{9}\pi\right)$

7. 복소수 z_1 의 편각과 절대값이 각각 θ_1, r_1 이고 복소수 z_2 의 편각과 절대값이 각각 θ_2, r_2 이므로 z_1 과 z_2 의 극형식은 $z_1=r_1(\cos\theta_1+i\sin\theta_1)$, $z_2=r_2(\cos\theta_2+i\sin\theta_2)$ 이다. 따라서 두 복소수의 곱셈과 나눗셈은 다음과 같다.

$$\begin{aligned} z_1z_2 &= r_1r_2((\cos\theta_1\cos\theta_2-\sin\theta_1\sin\theta_2)+i(\sin\theta_1\cos\theta_2+\cos\theta_1\sin\theta_2)) \\ &= r_1r_2(\cos(\theta_1+\theta_2)+i\sin(\theta_1+\theta_2)) \end{aligned}$$

$$\begin{aligned} \frac{z_1}{z_2} &= \frac{r_1(\cos\theta_1+i\sin\theta_1)}{r_2(\cos\theta_2+i\sin\theta_2)} \\ &= \frac{r_1}{r_2}\frac{(\cos\theta_1+i\sin\theta_1)(\cos\theta_2-i\sin\theta_2)}{(\cos\theta_2+i\sin\theta_2)(\cos\theta_2-i\sin\theta_2)} \\ &= \frac{r_1}{r_2}((\cos\theta_1\cos\theta_2+\sin\theta_1\sin\theta_2)+i(\sin\theta_1\cos\theta_2-\cos\theta_1\sin\theta_2)) \\ &= \frac{r_1}{r_2}((\cos(\theta_1-\theta_2)+i\sin(\theta_1-\theta_2)) \end{aligned}$$

따라서 z_1z_2 의 편각과 절대값은

$$\arg(z_1z_2)=\theta_1+\theta_2=\arg z_1+\arg z_2,\quad |z_1z_2|=r_1r_2=|z_1||z_2|$$

이고, $\dfrac{z_1}{z_2}$ 의 편각과 절대값은 다음과 같다.

$$\arg\left(\frac{z_1}{z_2}\right)=\theta_1-\theta_2=\arg z_1-\arg z_2,\quad \left|\frac{z_1}{z_2}\right|=\frac{r_1}{r_2}=\frac{|z_1|}{|z_2|}$$

Engineering Mathematics

CHAPTER 08

행렬과 벡터

8.1 행렬과 행렬의 연산

정의 행렬

수 a_{ij} $(i=1,2,\cdots,m,\ j=1,2,\cdots,n)$들의 직사각형 모양의 배열

$$A=\begin{bmatrix} a_{11} & a_{12} & \cdots & a_{1n} \\ a_{21} & a_{22} & \cdots & a_{2n} \\ \vdots & \vdots & & \vdots \\ a_{m1} & a_{m2} & \cdots & a_{mn} \end{bmatrix}$$

을 **행렬**(matrix)이라 하고, 배열된 각각의 수 a_{ij} 를 그 행렬의 **성분**(component)이라 한다. 또한 행렬에서 가로로 나열된 수들을 **행**(row)이라 하고, 세로로 나열된 수들을 **열**(column)이라 한다.

행렬은 영문 대문자 $A, B, C, \cdots$로 나타내고, 간단히 성분을 표현하여 $[a_{ij}]$로 나타내기도 한다. 위의 정의의 행렬 A 는 m 개의 행과 n 개의 열로 구성되어 있는데 이와 같은 행렬을 $m\times n$ 행렬(m by n 행렬)이라 하고 $m\times n$ 을 그 행렬의 **크기**(size)라 한다. 위의 행렬 A 에서 각 성분은 두 개의 첨자를 가지고 있는데 앞의 첨자가 그 성분이 속한 행의 번호를 의미하고 두 번째 첨자는 열의 번호를 의미한다. i 행과 j 열이 교차하는 곳에 위치한 성분 a_{ij} 를 행렬 A 의 ij **−성분**이라 한다.

예제 8.1.1

다음은 크기가 다른 행렬들의 예이다.

$\begin{bmatrix} 1 & -1 & 2 \\ 3 & 1 & -4 \end{bmatrix}$ $(2\times 3$ 행렬$)$, $\begin{bmatrix} 2 & 0 \\ 3 & -1 \end{bmatrix}$ $(2\times 2$ 행렬$)$

$[-1\ 0\ 2\ 3]$ $(1\times 4$ 행렬$)$, $\begin{bmatrix} 1 \\ -2 \\ 0 \end{bmatrix}$ $(3\times 1$ 행렬$)$

정의 정방행렬

행의 수와 열의 수가 같은 행렬

$$A=\begin{bmatrix} a_{11} & a_{12} & \cdots & a_{1n} \\ a_{21} & a_{22} & \cdots & a_{2n} \\ \vdots & \vdots & & \vdots \\ a_{n1} & a_{n2} & \cdots & a_{nn} \end{bmatrix}$$

을 **정방행렬**(square matrix)이라 하고, 정방행렬의 대각선 성분 a_{11}, a_{22}, $\cdots$, a_{nn} 을 행렬 A 의 **주대각선**(main diagonal)이라 한다.

정의 **두 행렬의 상등**

행렬 A 와 B 의 크기가 같고 대응하는 성분이 서로 같을 때 두 행렬은 **같다**(equal)고 하고, $A=B$ 로 나타낸다.

예제 8.1.2

세 행렬 $A=\begin{bmatrix}2 & 3\\0 & -2\end{bmatrix}$, $B=\begin{bmatrix}a_{11} & a_{12}\\a_{21} & a_{22}\end{bmatrix}$, $C=\begin{bmatrix}2 & 3 & 1\\0 & -2 & -1\end{bmatrix}$에서 A와 C, 그리고 B와 C는 그 크기가 다르므로 같지 않다. 즉, $A\neq C$, $B\neq C$이다. 또한, $a_{11}=2$, $a_{12}=3$, $a_{21}=0$, $a_{22}=-2$ 이면 A 와 B 는 2×2 행렬로 그 크기가 같고 대응하는 성분이 같으므로 $A=B$ 이다.

정의 **행렬의 합**

같은 크기의 두 행렬 A 와 B 에 대하여 A 와 B 의 대응하는 성분을 더하여 얻어진 행렬을 A 와 B 의 **합**(sum)이라 하고, $A+B$ 로 나타낸다.

두 행렬 $A=[a_{ij}]$와 $B=[b_{ij}]$가 $m\times n$ 행렬일 때, $A+B$ 의 ij-성분은 A 의 ij-성분 a_{ij} 와 B 의 ij-성분 b_{ij} 의 합 $a_{ij}+b_{ij}$ 이다. 따라서 $A+B=[a_{ij}+b_{ij}]$ 이고, $A+B$ 도 $m\times n$ 행렬이다.

예제 8.1.3

행렬 $A=\begin{bmatrix}4 & -2 & 1\\-1 & 3 & 7\end{bmatrix}$와 $B=\begin{bmatrix}2 & -3 & 2\\1 & 0 & 4\end{bmatrix}$에 대하여 $A+B=\begin{bmatrix}6 & -5 & 3\\0 & 3 & 11\end{bmatrix}$이다.

모든 성분이 0 인 $m\times n$ 행렬을 **영행렬**(zero matrix)이라 하고, O 로 나타낸다. 임의의 $m\times n$ 행렬 $A=[a_{ij}]$에 대하여 다음이 성립한다.

$$A+O=A=O+A$$

예제 8.1.4

행렬 $O=\begin{bmatrix}0 & 0\\0 & 0\end{bmatrix}$는 2×2 영행렬이고 임의의 2×2 행렬 $A=\begin{bmatrix}a_{11} & a_{12}\\a_{21} & a_{22}\end{bmatrix}$에 대하여 다음이 성립한다.

$$A+O=\begin{bmatrix}a_{11} & a_{12}\\a_{21} & a_{22}\end{bmatrix}+\begin{bmatrix}0 & 0\\0 & 0\end{bmatrix}=\begin{bmatrix}a_{11} & a_{12}\\a_{21} & a_{22}\end{bmatrix}$$

정의 **스칼라 곱**

임의의 행렬 A 와 수(스칼라) c 에 대하여 A 의 각 성분에 c 를 곱하여 얻어진 행렬을 c 와 A 의 **스칼라 곱**(scalar product)이라 하고, cA 로 나타낸다.

임의의 $m \times n$ 행렬 $A = [a_{ij}]$와 스칼라 c 에 대하여 cA 의 ij -성분은 ca_{ij} 이다. 따라서 $cA = [ca_{ij}]$이고 cA 도 $m \times n$ 행렬이다.

예제 8.1.5

행렬 $A = \begin{bmatrix} 2 & -3 & 4 \\ -1 & -2 & 3 \end{bmatrix}$와 스칼라 3 에 대하여 스칼라 곱 $3A$ 는 다음과 같다.

$$3A = \begin{bmatrix} 6 & -9 & 12 \\ -3 & -6 & 9 \end{bmatrix}$$

$m \times n$ 행렬 $A = [a_{ij}]$와 스칼라 -1 의 스칼라 곱은 $(-1)A = [(-1)a_{ij}] = [-a_{ij}]$ 이고

$$A + (-1)A = [a_{ij} + (-a_{ij})] = [0] = O, \quad (-1)A + A = [-a_{ij} + a_{ij}] = [0] = O$$

이 성립한다. 이 행렬 $[-a_{ij}]$ 를 A 의 **음행렬**(negative matrix)이라 하고 $-A$ 로 나타낸다. 즉 행렬 $A = [a_{ij}]$에 대하여 $-A = [-a_{ij}]$이다. 또한, 두 행렬의 **차**(difference)를 다음과 같이 정의한다.

$$A - B = A + (-B)$$

예제 8.1.6

두 행렬 $A = \begin{bmatrix} 3 & 2 & 4 \\ 7 & -8 & 0 \end{bmatrix}$와 $B = \begin{bmatrix} 4 & 0 & 2 \\ 2 & -4 & 1 \end{bmatrix}$에 대하여 $A - B$와 $B - A$ 를 구하라.

풀이 $-B = \begin{bmatrix} -4 & 0 & -2 \\ -2 & 4 & -1 \end{bmatrix}$, $-A = \begin{bmatrix} -3 & -2 & -4 \\ -7 & 8 & 0 \end{bmatrix}$이므로 $A - B$와 $B - A$ 는 다음과 같다.

$$A - B = A + (-B) = \begin{bmatrix} 3 & 2 & 4 \\ 7 & -8 & 0 \end{bmatrix} + \begin{bmatrix} -4 & 0 & -2 \\ -2 & 4 & -1 \end{bmatrix} = \begin{bmatrix} -1 & 2 & 2 \\ 5 & -4 & -1 \end{bmatrix},$$

$$B - A = B + (-A) = \begin{bmatrix} 4 & 0 & 2 \\ 2 & -4 & 1 \end{bmatrix} + \begin{bmatrix} -3 & -2 & -4 \\ -7 & 8 & 0 \end{bmatrix} = \begin{bmatrix} 1 & -2 & -2 \\ -5 & 4 & 1 \end{bmatrix}$$

위에서 정의한 행렬의 합과 스칼라 곱에 대하여 다음이 성립한다.

정리 8.1.7

A, B, C가 같은 크기의 행렬일 때, 행렬의 합에 대하여 다음이 성립한다.

(1) $A+(B+C)=(A+B)+C$ (결합법칙)

(2) $A+O=A=O+A$ (항등원의 존재)

(3) $A+(-A)=O=(-A)+A$ (역원의 존재)

(4) $A+B=B+A$ (교환법칙)

k와 l이 임의의 스칼라일 때, 스칼라 곱에 대하여 다음이 성립한다.

(5) $k(A+B)=kA+kB$

(6) $(k+l)A=kA+lA$

(7) $(kl)A=k(lA)$

(8) $1A=A$

위의 정리로부터 행렬의 계산에 있어 소거법, 이항 등과 같은 대수적 연산을 시행할 수 있다. 예를 들어 $A+X=B$일 때, $X=B-A$로 구할 수 있다.

행렬과 행렬의 곱은 두 행렬의 각 성분을 단순히 곱하는 것이 아니라 행렬의 효과적인 응용을 위하여 다음과 같이 정의한다.

정의 행렬의 곱

$m\times n$ 행렬 $A=[a_{ij}]$와 $n\times r$ 행렬 $B=[b_{ij}]$에 대하여 **곱**(product) AB는 $m\times r$ 행렬이고 이 행렬을 $AB=[c_{ij}]$라 할 때, AB의 ij-성분 c_{ij}는 다음과 같이 정의된다.

$$c_{ij}=a_{i1}b_{1j}+a_{i2}b_{2j}+\cdots+a_{in}b_{nj}\quad (i=1,2,\cdots m\,,\ j=1,2,\cdots,r)$$

위의 정의에 따르면 2×3 행렬 $A=\begin{bmatrix} a_{11} & a_{12} & a_{13} \\ a_{21} & a_{22} & a_{23}\end{bmatrix}$와 3×2 행렬 $B=\begin{bmatrix} b_{11} & b_{12} \\ b_{21} & b_{22} \\ b_{31} & b_{32}\end{bmatrix}$의 곱 AB는 2×2 행렬로 다음과 같다.

$$AB=\begin{bmatrix} a_{11} & a_{12} & a_{13} \\ a_{21} & a_{22} & a_{23}\end{bmatrix}\begin{bmatrix} b_{11} & b_{12} \\ b_{21} & b_{22} \\ b_{31} & b_{32}\end{bmatrix}=\begin{bmatrix} a_{11}b_{11}+a_{12}b_{21}+a_{13}b_{31} & a_{11}b_{12}+a_{12}b_{22}+a_{13}b_{32} \\ a_{21}b_{11}+a_{22}b_{21}+a_{23}b_{31} & a_{21}b_{12}+a_{22}b_{22}+a_{23}b_{32}\end{bmatrix}$$

곱 행렬 AB의 ij-성분은 A의 i행과 B의 j열의 각 성분 곱하여 이를 모두 더한 것이다.

예제 8.1.8

두 행렬 $A=\begin{bmatrix} 2 & -1 \\ 0 & 2 \\ -3 & 4 \end{bmatrix}$와 $B=\begin{bmatrix} 3 & 2 \\ -1 & 4 \end{bmatrix}$의 곱 AB를 구하라.

풀이 두 행렬의 곱의 정의로부터 AB는 다음과 같다.

$$AB=\begin{bmatrix} 2 & -1 \\ 0 & 2 \\ -3 & 4 \end{bmatrix}\begin{bmatrix} 3 & 2 \\ -1 & 4 \end{bmatrix}=\begin{bmatrix} 7 & 0 \\ -2 & 8 \\ -13 & 10 \end{bmatrix}$$

3×2 행렬 A와 2×2 행렬 B의 곱 AB는 위의 예와 같이 정의에 따라 계산할 수 있지만, 그 순서를 바꾼 2×2 행렬 B와 3×2 행렬 A의 곱 BA는 계산할 수 없다. 따라서 일반적으로 곱에 관한 교환법칙 $AB=BA$는 성립하지 않는다.

행렬의 합, 곱 그리고 스칼라 곱은 추가적으로 다음의 성질을 갖는다.

정리 8.1.9

영행렬 O와 행렬 A, B, C가 각각 합과 곱을 정의할 수 있는 크기의 행렬이라 하자.

(1) $(AB)C=A(BC)$ (곱셈에 관한 결합법칙)

(2) $A(B+C)=AB+AC$, $(A+B)C=AC+BC$ (분배 법칙)

(3) $k(AB)=(kA)B=A(kB)$ (k : 스칼라)

(4) $AO=OA=O$

정의 **특수한 행렬**

(1) 주대각선의 성분을 제외한 모든 성분이 0인 정방행렬을 **대각행렬**(diagonal matrix)이라 한다.

(2) 주대각선의 성분이 모두 같은 대각행렬을 **스칼라행렬**(scalar matrix)이라 한다.

(3) 주대각선의 성분이 모두 1인 대각행렬을 **단위행렬**(identity matrix)이라 하고, I로 나타낸다.

크기가 $n\times n$인 단위행렬을 I_n으로 나타내기도 한다. 단위행렬 I는 행렬 곱에 대한 항등원의 역할을 한다. 즉 I가 $n\times n$ 단위행렬일 때, 임의의 $m\times n$ 행렬 A와 $n\times m$ 행렬 B에 대하여 다음이 성립한다.

$$AI=A, \quad IB=B$$

예제 8.1.10

다음 행렬들은 각각 크기가 3×3 인 대각행렬, 스칼라행렬, 단위행렬의 예이다.

$$\begin{bmatrix}1&0&0\\0&0&0\\0&0&-2\end{bmatrix}\ (\text{대각행렬}),\qquad \begin{bmatrix}3&0&0\\0&3&0\\0&0&3\end{bmatrix}\ (\text{스칼라행렬}),\qquad I=\begin{bmatrix}1&0&0\\0&1&0\\0&0&1\end{bmatrix}\ (\text{단위행렬})$$

정의 삼각행렬

주대각선 아래쪽의 성분이 모두 0 인 행렬을 **상삼각행렬**(upper triangular matrix)이라 하고, 주대각선 위쪽의 성분이 모두 0 인 정방행렬을 **하삼각행렬**(lower triangular matrix)이라 한다.

예제 8.1.11

다음의 행렬들은 3×3 행렬로 상삼각행렬과 하삼각행렬의 예이다.

$$\begin{bmatrix}1&-1&3\\0&2&4\\0&0&0\end{bmatrix}\ (\text{상삼각행렬}),\qquad \begin{bmatrix}2&0&0\\3&1&0\\0&-2&-3\end{bmatrix}\ (\text{하삼각행렬})$$

정의 전치행렬

$m\times n$ 행렬 A 의 각 행을 열로 배열하여 만든 $n\times m$ 행렬을 A 의 **전치행렬**(transpose matrix)이라 하고, A^T 로 나타낸다.

전치행렬은 다음의 성질을 갖는다.

정리 8.1.12

스칼라 c 와 크기가 $m\times n$ 인 두 행렬 A 와 B 에 대하여 다음이 성립한다.

(1) $(A+B)^T=A^T+B^T$

(2) $(cA)^T=cA^T$

(3) $(AB)^T=B^TA^T$

예제 8.1.13

3×2 행렬 $A=\begin{bmatrix} 2 & 3 \\ 0 & -2 \\ 1 & 4 \end{bmatrix}$ 의 전치행렬을 구하라.

풀이 전치행렬의 정의로부터 A 의 전치행렬은 다음과 같다.

$$A^T=\begin{bmatrix} 2 & 0 & 1 \\ 3 & -2 & 4 \end{bmatrix}$$

실수에는 0 이 아닌 모든 실수 x 에 대하여 곱셈의 역원 x^{-1} 이 존재한다. 행렬에서 실수의 역원과 같은 역할을 하는 역행렬을 정의할 수 있다.

정의 역행렬

정방행렬 A 에 대하여 $AB=BA=I$ 를 만족하는 정방행렬 B 가 존재할 때 A 를 **정칙행렬**(nonsingular matrix)이라 하고, 이 행렬 B 를 A 의 **역행렬**(inverse matrix)이라 한다. 또한 행렬 A 의 역행렬이 존재하지 않을 때 A 를 **특이행렬**(singular matrix)이라 한다.

정리 8.1.14

행렬 A 의 역행렬이 존재하면 그 역행렬은 유일하다.

행렬 A 의 역행렬이 존재할 때, 그 유일한 A 의 역행렬을 A^{-1} 로 나타낸다.

예제 8.1.15

행렬 $A=\begin{bmatrix} 2 & 3 \\ -2 & 1 \end{bmatrix}$ 에 대하여 $A^{-1}=\begin{bmatrix} 1/8 & -3/8 \\ 1/4 & 1/4 \end{bmatrix}$ 이라 하면

$$AA^{-1}=\begin{bmatrix} 2 & 3 \\ -2 & 1 \end{bmatrix}\begin{bmatrix} 1/8 & -3/8 \\ 1/4 & 1/4 \end{bmatrix}=\begin{bmatrix} 1 & 0 \\ 0 & 1 \end{bmatrix},$$

$$A^{-1}A=\begin{bmatrix} 1/8 & -3/8 \\ 1/4 & 1/4 \end{bmatrix}\begin{bmatrix} 2 & 3 \\ -2 & 1 \end{bmatrix}=\begin{bmatrix} 1 & 0 \\ 0 & 1 \end{bmatrix}$$

이므로 행렬 A 는 정칙행렬이고, 그 역행렬은 $A^{-1}=\begin{bmatrix} 1/8 & -3/8 \\ 1/4 & 1/4 \end{bmatrix}$ 이다.

예제 8.1.16

행렬 $A=\begin{bmatrix} 3 & 2 \\ 3 & 2 \end{bmatrix}$ 의 역행렬은 존재하지 않는다. 즉, 행렬 A 는 특이행렬이다.

정리 8.1.17

$n \times n$ 행렬 A, B에 대하여 다음이 성립한다.

(1) A와 B가 정칙행렬이면 두 행렬의 곱 AB도 정칙이고, $(AB)^{-1} = B^{-1}A^{-1}$이다.

(2) A가 정칙행렬이면 전치행렬 A^T도 정칙이고, $(A^T)^{-1} = (A^{-1})^T$이다.

(3) A가 정칙행렬이면 A^{-1}도 정칙행렬이고, $(A^{-1})^{-1} = A$이다.

(4) $k \neq 0$인 스칼라 k에 대하여 A가 정칙행렬이면 kA도 정칙행렬이고, $(kA)^{-1} = \frac{1}{k}A^{-1}$이다.

양의 정수 s와 $n \times n$ 행렬 A에 대하여 행렬의 멱승을 다음과 같이 정의한다.

$$A^0 = I, \qquad A^s = \underbrace{AA \cdots A}_{s\text{ 개의 곱}}, \qquad A^{-s} = (A^{-1})^s = \underbrace{A^{-1}A^{-1} \cdots A^{-1}}_{s\text{ 개의 곱}}$$

따라서 임의의 정수 s, t에 대하여 다음이 성립한다.

$$A^sA^t = A^{s+t}, \qquad (A^s)^t = A^{st}, \qquad (A^s)^{-1} = (A^{-1})^s$$

8.1 연습문제

1. 행렬 $A=\begin{bmatrix}1&0&-1\\2&3&0\\0&-2&1\end{bmatrix}$, $B=\begin{bmatrix}0&2&1\\2&-1&1\\1&0&-1\end{bmatrix}$에 대하여 다음을 계산하라.

(1) $2A+B$ (2) $-A+3B$

2. 행렬 $A=\begin{bmatrix}1&4&-1\\1&2&0\end{bmatrix}$, $B=\begin{bmatrix}3&4&1\\-3&-2&2\end{bmatrix}$에 대하여 다음 등식을 만족하는 행렬 X를 구하라.

$4X-2A=2X-A+B$

3. 다음 등식을 만족하는 α, β의 값을 구하라.

$$\begin{bmatrix}\alpha&0\\-1&\beta\end{bmatrix}\begin{bmatrix}1&-1\\\alpha&\beta\end{bmatrix}=\begin{bmatrix}1&-1\\2\beta&2\end{bmatrix}$$

4. 정사각행렬 A가 $A^T=A$일 때, A를 대칭행렬(symmetric matrix)이라 한다. 행렬 A, B가 같은 크기의 대칭행렬일 때, $BA+AB$도 대칭행렬임을 보여라.

5. 정사각행렬 A가 $A^T=-A$일 때, A를 교대행렬(alternating matrix)이라 한다. 행렬 A, B가 같은 크기의 교대행렬일 때, $AB-BA$도 교대행렬임을 보여라.

6. 크기가 같은 정칙행렬 A, B가 교대행렬일 때, $(AB)^T$의 역행렬을 구하라.

7. 다음 주어진 행렬들이 정칙행렬인지 특이행렬인지를 판정하라.

(1) $\begin{bmatrix}1&3\\2&0\end{bmatrix}$ (2) $\begin{bmatrix}2&-1\\4&-2\end{bmatrix}$ (3) $\begin{bmatrix}0&1\\0&3\end{bmatrix}$ (4) $\begin{bmatrix}2&-1\\5&2\end{bmatrix}$

8. $A=\begin{bmatrix}1&0&1\\0&-1&2\end{bmatrix}$, $B=\begin{bmatrix}0&-1&1\\-1&0&1\\1&1&0\end{bmatrix}$, $C=\begin{bmatrix}1&1\\-1&1\\2&2\end{bmatrix}$일 때, 다음 행렬의 곱을 구하라.

(1) AB (2) BC (3) ABC (4) BCA

연습문제 해답

1. (1) $\begin{pmatrix} 2 & 2 & -1 \\ 6 & 5 & 1 \\ 1 & -4 & 1 \end{pmatrix}$ (2) $\begin{pmatrix} -1 & 6 & 4 \\ 4 & -6 & 3 \\ 3 & 2 & -4 \end{pmatrix}$

2. $\begin{pmatrix} 2 & 4 & 0 \\ -1 & 0 & 1 \end{pmatrix}$

3. $\alpha = 1,\ \beta = -1$

4. 생략

5. 생략

6. $A^{-1}B^{-1}$

7. (1) 정칙행렬 (2) 특이행렬 (3) 특이행렬 (4) 정칙행렬

8. (1) $\begin{bmatrix} 1 & 0 & 1 \\ 3 & 2 & -1 \end{bmatrix}$ (2) $\begin{bmatrix} 3 & 1 \\ 1 & 1 \\ 0 & 2 \end{bmatrix}$ (3) $\begin{bmatrix} 3 & 3 \\ -1 & 3 \end{bmatrix}$ (4) $\begin{bmatrix} 3 & -1 & 5 \\ 1 & -1 & 3 \\ 0 & -2 & 4 \end{bmatrix}$

8.2 행렬식

방정식의 개수와 미지수의 개수가 n 개로 같은 선형연립방정식은 다음과 같다.

$$\begin{cases} a_{11}x_1 + a_{12}x_2 + \cdots + a_{1n}x_n = b_1 \\ a_{21}x_1 + a_{22}x_2 + \cdots + a_{2n}x_n = b_2 \\ \vdots \qquad\quad \vdots \qquad\qquad\quad \vdots \qquad \vdots \\ a_{n1}x_1 + a_{n2}x_2 + \cdots + a_{nn}x_n = b_n \end{cases}$$

여기에서 $A = \begin{bmatrix} a_{11} & a_{12} & \cdots & a_{1n} \\ a_{21} & a_{22} & \cdots & a_{2n} \\ \vdots & \vdots & & \vdots \\ a_{n1} & a_{n2} & \cdots & a_{nn} \end{bmatrix}$, $\mathrm{b} = \begin{bmatrix} b_1 \\ b_2 \\ \vdots \\ b_n \end{bmatrix}$ 이라 하면 주어진 선형연립방정식은 행렬방정식

$$A\mathbf{x} = \mathrm{b}$$

로 나타낼 수 있다. 이때, 계수행렬 A 가 정칙이면 역행렬 A^{-1} 가 존재하여 선형연립방정식의 해 $\mathbf{x}$ 를 다음과 같이 구할 수 있다.

$$\mathbf{x} = I\mathbf{x} = (A^{-1}A)\,\mathbf{x} = A^{-1}(A\,\mathbf{x}) = A^{-1}\,\mathrm{b}$$

선형연립방정식과 정칙행렬의 관계는 다음과 같다.

정리 8.2.1

$n \times n$ 행렬 A 에 대하여 다음은 동치이다.

(1) A 가 정칙행렬이다.

(2) 임의의 $n \times 1$ 행렬 b 에 대하여 선형연립방정식 $A\mathbf{x} = \mathrm{b}$ 가 유일한 해를 갖는다.

위의 정리에서와 같이 계수행렬 A 의 역행렬의 존재성과 연립방정식의 해의 존재성은 밀접한 관련이 있다. 따라서 한 행렬의 역행렬의 존재유무와 그 역행렬을 구하는 것은 중요한 문제이다. 정방행렬의 역행렬이 존재하는가를 판별하고, 선형연립방정식의 해법에 중요한 역할을 하는 행렬식에 대해 알아본다.

정의 3×3 **행렬의 행렬식**

3×3 행렬 $A = \begin{bmatrix} a_{11} & a_{12} & a_{13} \\ a_{21} & a_{22} & a_{23} \\ a_{31} & a_{32} & a_{33} \end{bmatrix}$ 의 **행렬식**(determinant)을 $\det(A)$ 또는 $|A|$ 로 나타내고,

$$\det(A) = a_{11}a_{22}a_{33} + a_{12}a_{23}a_{31} + a_{13}a_{21}a_{32} - a_{11}a_{23}a_{32} - a_{12}a_{21}a_{33} - a_{13}a_{22}a_{31} \qquad (8\text{-}1)$$

로 정의한다.

행렬의 행렬식은 행렬의 각 성분을 나타내어

$$|A| = \begin{vmatrix} a_{11} & a_{12} & a_{13} \\ a_{21} & a_{22} & a_{23} \\ a_{31} & a_{32} & a_{33} \end{vmatrix}$$

으로 나타내기도 한다. 위에서 정의한 식 (8-1)을 그림 8-1의 (a)와 같이 나타내면 기억하기 쉽다. 즉 행렬 A 의 행렬식 $\det(A)$ 는 파란색 화살표에 있는 성분들의 곱은 $+$항으로 빨간색 화살표에 있는 성분들의 곱은 $-$항으로 하여 각각을 더한 결과이다.

2×2 행렬 $A = \begin{bmatrix} a_{11} & a_{12} \\ a_{21} & a_{22} \end{bmatrix}$ 의 행렬식도 3×3 행렬과 유사하게

$$\det(A) = |A| = a_{11}a_{22} - a_{12}a_{21}$$

으로 정의되며 이를 기억하기 쉽게 그림 8-1의 (b)로 나타낼 수 있다.

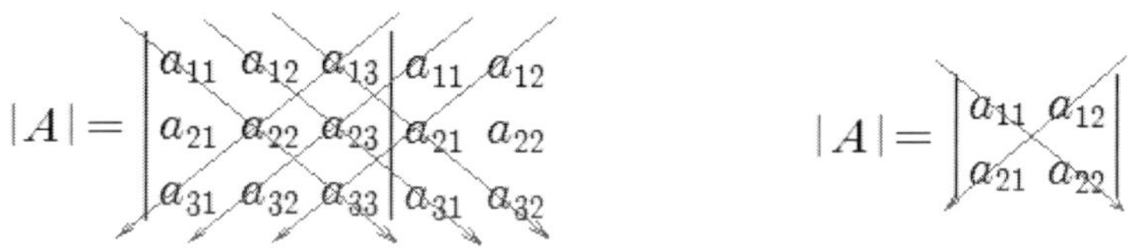

(a) (b)

[그림 8-1] (a) 3×3 행렬식 (b) 2×2 행렬식

예제 8.2.2

다음 행렬의 행렬식을 계산하라.

$$A = \begin{bmatrix} 2 & 4 \\ -1 & 3 \end{bmatrix}, \qquad B = \begin{bmatrix} 3 & 0 & -2 \\ 1 & 2 & 5 \\ 0 & 1 & 4 \end{bmatrix}$$

▎풀이▎ $\det(A) = \begin{vmatrix} 2 & 4 \\ -1 & 3 \end{vmatrix} = 2\cdot 3 - 4\cdot(-1) = 10,$

$$\det(B) = \begin{bmatrix} 3 & 0 & -2 \\ 1 & 2 & 5 \\ 0 & 1 & 4 \end{bmatrix}$$

$$= 3\cdot 2\cdot 4 + 0\cdot 5\cdot 0 + (-2)\cdot 1\cdot 1 - 3\cdot 1\cdot 5 - 0\cdot 1\cdot 4 - (-2)\cdot 2\cdot 0 = 7$$

정의 **여인수**

$n\times n$ 정방행렬 A 에서 i 행과 j 열을 삭제한 행렬의 행렬식을 행렬 A 의 ij**-소행렬식**(minor)이라 하고 M_{ij} 로 나타낸다. 또한 행렬 A 의 ij**-여인수**(cofactor)를 C_{ij} 로 나타내고 다음과 같이 정의한다.

$$C_{ij} = (-1)^{i+j} M_{ij} \tag{8-2}$$

$n \times n$ 행렬 A 의 소행렬식과 여인수는 첨자 ij 가 변함에 따라 구할 수 있으므로 그 수는 n^2 개이다.

예제 8.2.3

다음의 행렬 A 에 대한 소행렬식과 여인수를 모두 구하라.

$$A = \begin{bmatrix} 1 & 0 & 2 \\ 4 & -2 & 3 \\ -1 & 3 & 5 \end{bmatrix}$$

풀이 3×3 행렬의 소행렬식은 모두 9 개로 먼저 1행의 성분에 대한 소행렬식을 구하면 다음과 같다.

$$M_{11} = \begin{vmatrix} -2 & 3 \\ 3 & 5 \end{vmatrix} = -10 - 9 = -19 \text{ (}A\text{ 의 1행과 1열을 삭제하여 얻은 행렬식),}$$

$$M_{12} = \begin{vmatrix} 4 & 3 \\ -1 & 5 \end{vmatrix} = 20 + 3 = 23 \text{ (}A\text{ 의 1행과 2열을 삭제하여 얻은 행렬식),}$$

$$M_{13} = \begin{vmatrix} 4 & -2 \\ -1 & 3 \end{vmatrix} = 10 \text{ (}A\text{ 의 1행과 3열을 삭제하여 얻은 행렬식).}$$

같은 방법으로 나머지 소행렬식을 구하면 다음과 같다.

$$M_{21} = \begin{vmatrix} 0 & 2 \\ 3 & 5 \end{vmatrix} = -6, \quad M_{22} = \begin{vmatrix} 1 & 2 \\ -1 & 5 \end{vmatrix} = 7, \quad M_{23} = \begin{vmatrix} 1 & 0 \\ -1 & 3 \end{vmatrix} = 3,$$

$$M_{31} = \begin{vmatrix} 0 & 2 \\ -2 & 3 \end{vmatrix} = 4, \quad M_{32} = \begin{vmatrix} 1 & 2 \\ 4 & 3 \end{vmatrix} = -5, \quad M_{33} = \begin{vmatrix} 1 & 0 \\ 4 & -2 \end{vmatrix} = -2$$

위에서 구한 소행렬식과 식 (8-2)를 이용하여 각 성분의 여인수를 구하면 다음과 같다.

$$C_{11} = (-1)^{1+1} M_{11} = -19, \qquad C_{12} = (-1)^{1+2} M_{12} = -23,$$

$$C_{13} = (-1)^{1+3} M_{13} = 10, \qquad C_{21} = (-1)^{2+1} M_{21} = -(-6) = 6,$$

$$C_{22} = (-1)^{2+2} M_{22} = 7, \qquad C_{23} = (-1)^{2+3} M_{23} = -3,$$

$$C_{31} = (-1)^{3+1} M_{31} = 4, \qquad C_{32} = (-1)^{3+2} M_{32} = 5,$$

$$C_{33} = (-1)^{3+3} M_{33} = -2$$

$n \times n$ 행렬 $A = \begin{bmatrix} a_{11} & a_{12} & \cdots & a_{1n} \\ a_{21} & a_{22} & \cdots & a_{2n} \\ \vdots & \vdots & & \vdots \\ a_{n1} & a_{n2} & \cdots & a_{nn} \end{bmatrix}$ 의 역행렬이 존재하면 그 역행렬은 A 의 여인수 C_{ij} 를 이용하여 구할 수 있다.

정리 8.2.4

$n \times n$ 행렬 $A = [a_{ij}]$ 가 정칙이면 그 역행렬은 다음과 같다.

$$A^{-1} = \frac{1}{\det(A)} \begin{bmatrix} C_{11} & C_{21} & \cdots & C_{n1} \\ C_{12} & C_{22} & \cdots & C_{n2} \\ \vdots & \vdots & & \vdots \\ C_{1n} & C_{2n} & \cdots & C_{nn} \end{bmatrix} \tag{8-3}$$

위의 정리에서 알 수 있듯이 $\det(A) \neq 0$ 이면 A 의 역행렬을 구할 수 있고, 역으로 역행렬이 존재하면 그 역행렬은 식 (8-3)과 같은 형태이어야 하므로 $\det(A) \neq 0$ 이어야 한다. 따라서 정칙행렬과 행렬식은 다음의 관계를 갖는다.

정리 8.2.5

$n \times n$ 행렬 $A = [a_{ij}]$ 가 정칙이기위한 필요충분조건은 $\det(A) \neq 0$ 이다.

예제 8.2.6

여인수를 이용하여 행렬 $A = \begin{bmatrix} 3 & -1 & 0 \\ 3 & 1 & 4 \\ -1 & 0 & -1 \end{bmatrix}$ 의 역행렬을 구하라.

▌풀이▌ 주어진 행렬 A 의 행렬식은 $\det(A) = -2$ 이고, $\det(A) \neq 0$ 이므로 역행렬이 존재한다. 행렬 A 의 여인수 9 개를 구하면 다음과 같다.

$$C_{11} = \begin{vmatrix} 1 & 4 \\ 0 & -1 \end{vmatrix} = -1, \quad C_{12} = -\begin{vmatrix} 3 & 4 \\ -1 & -1 \end{vmatrix} = -1, \quad C_{13} = \begin{vmatrix} 3 & 1 \\ -1 & 0 \end{vmatrix} = 1,$$

$$C_{21} = -\begin{vmatrix} -1 & 0 \\ 0 & -1 \end{vmatrix} = -1, \quad C_{22} = \begin{vmatrix} 3 & 0 \\ -1 & -1 \end{vmatrix} = -3, \quad C_{23} = -\begin{vmatrix} 3 & -1 \\ -1 & 0 \end{vmatrix} = 1,$$

$$C_{31} = \begin{vmatrix} -1 & 0 \\ 1 & 4 \end{vmatrix} = -4, \quad C_{32} = -\begin{vmatrix} 3 & 0 \\ 3 & 4 \end{vmatrix} = -12, \quad C_{33} = \begin{vmatrix} 3 & -1 \\ 3 & 1 \end{vmatrix} = 6$$

따라서 식 (8-3)에 의해 A 의 역행렬을 다음과 같다.

$$A^{-1} = \frac{1}{\det(A)} \begin{bmatrix} C_{11} & C_{21} & C_{31} \\ C_{12} & C_{22} & C_{32} \\ C_{13} & C_{23} & C_{33} \end{bmatrix} = \frac{1}{-2} \begin{bmatrix} -1 & -1 & -4 \\ -1 & -3 & -12 \\ 1 & 1 & 6 \end{bmatrix} = \begin{bmatrix} 1/2 & 1/2 & 2 \\ 1/2 & 3/2 & 6 \\ -1/2 & -1/2 & -3 \end{bmatrix}$$

다음은 선형연립방정식의 해법중 하나인 크라메르(Cramer)의 공식을 소개한다.

정리 8.2.7

미지수와 선형방정식의 수가 n 개로 같은 선형연립방정식

$$\begin{cases} a_{11}x_1 + a_{12}x_2 + \cdots + a_{1n}x_n = b_1 \\ a_{21}x_1 + a_{22}x_2 + \cdots + a_{2n}x_n = b_2 \\ \quad\vdots \qquad\quad \vdots \qquad\qquad\quad \vdots \qquad\quad \vdots \\ a_{n1}x_1 + a_{n2}x_2 + \cdots + a_{nn}x_n = b_n \end{cases}$$

에서 계수행렬 $A=[a_{ij}]$ 가 정칙이면 이 선형연립방정식은 유일한 해를 가지며 그 해는 다음과 같다.

$$x_1 = \frac{\det(A_1)}{\det(A)},\ x_2 = \frac{\det(A_2)}{\det(A)},\ \cdots,\ x_n = \frac{\det(A_n)}{\det(A)} \tag{8-4}$$

여기에서 A_i 는 행렬 A 의 i 열을 상수 행렬 $\begin{bmatrix} b_1 \\ b_2 \\ \vdots \\ b_n \end{bmatrix}$ 의 성분으로 바꾼 행렬이다.

예제 8.2.8

다음 선형 연립방정식의 해를 구하라.

$$\begin{cases} -2x + 2y - z = 0 \\ x + 2z = 3 \\ 4y + z = 1 \end{cases}$$

풀이 주어진 선형연립방정식의 계수행렬 $A = \begin{bmatrix} -2 & 2 & -1 \\ 1 & 0 & 2 \\ 0 & 4 & 1 \end{bmatrix}$ 의 행렬식이 $\det(A) = 10 \neq 0$ 이므로, A 는 정칙행렬이다. 식 (8-4)의 행렬 A_1, A_2, A_3 과 그들의 행렬식을 구하면 다음과 같다.

$$A_1 = \begin{bmatrix} 0 & 2 & -1 \\ 3 & 0 & 2 \\ 1 & 4 & 1 \end{bmatrix},\quad \det(A_1) = -14$$

$$A_2 = \begin{bmatrix} -2 & 0 & -1 \\ 1 & 3 & 2 \\ 0 & 1 & 1 \end{bmatrix},\quad \det(A_2) = -3$$

$$A_3 = \begin{bmatrix} -2 & 2 & 0 \\ 1 & 0 & 3 \\ 0 & 4 & 1 \end{bmatrix},\quad \det(A_3) = 22$$

따라서 식 (8-4)로부터 주어진 연립방정식의 유일한 해는 다음과 같다.

$$x = \frac{\det(A_1)}{\det(A)} = -\frac{14}{10} = -\frac{7}{5},\ y = \frac{\det(A_2)}{\det(A)} = -\frac{3}{10},\ z = \frac{\det(A_3)}{\det(A)} = \frac{22}{10} = \frac{11}{5}$$

8.2 연습문제

1. 다음 행렬식을 계산하라.

(1) $\begin{vmatrix} 1 & 0 & 1 \\ 0 & 1 & 2 \\ -1 & 3 & 2 \end{vmatrix}$　　(2) $\begin{vmatrix} 2 & 3 & 1 \\ 0 & 1 & 0 \\ 3 & -2 & -1 \end{vmatrix}$

(3) $\begin{vmatrix} 1 & 2 \\ 3 & 4 \end{vmatrix}$　　(4) $\begin{vmatrix} -2 & 3 \\ -4 & 2 \end{vmatrix}$

2. 다음 주어진 행렬의 역행렬을 구하라.

(1) $A = \begin{bmatrix} 1 & 1 & 0 \\ 0 & 2 & 1 \\ 1 & 1 & 1 \end{bmatrix}$　　(2) $B = \begin{bmatrix} 2 & 1 & 1 \\ 0 & 2 & 3 \\ 1 & 0 & 1 \end{bmatrix}$

(3) $C = \begin{bmatrix} 1 & 2 & 3 \\ -1 & 2 & 1 \\ 1 & 4 & 9 \end{bmatrix}$　　(4) $D = \begin{bmatrix} 1 & 2 & 1 \\ 1 & 1 & 2 \\ 2 & 1 & 1 \end{bmatrix}$

3. 크라메르의 공식을 이용하여 다음 선형연립방정식의 해를 구하라.

(1) $\begin{cases} 2x - y + z = 1 \\ x + 2y - z = 3 \\ -x + y + 2z = 2 \end{cases}$　　(2) $\begin{cases} x + y + z = 2 \\ 4x - y + 3z = 1 \\ 2x - 3y = 4 \end{cases}$

(3) $\begin{cases} 2x + 3y - z = 7 \\ y - 3z = -5 \\ 4x + 5y - 2z = 10 \end{cases}$　　(4) $\begin{cases} x + z = 1 \\ x + 4y - 2z = 4 \\ -y + z = 1 \end{cases}$

4. 사루스의 법칙(그림 8-1)을 이용하여 다음 방정식의 해를 구하라.

(1) $\begin{vmatrix} 1 & 2 & x \\ 1 & x-3 & 0 \\ 3 & x+1 & x-2 \end{vmatrix} = 0$　　(2) $\begin{vmatrix} 1 & 1 & 1 \\ x & x & 2 \\ x & x^2 & 4 \end{vmatrix} = 0$

5. 역행렬을 이용하여 다음 선형연립방정식의 해를 구하라.

(1) $x + 2y + z = 1, \quad x + y = 0, \quad 2x + y + 4z = 1$

(2) $2x + y + z = 1, \quad x + y + 2z = 2, \quad x + 2y + z = 3$

(3) $x + y = 1, \quad x + y + z = 2, \quad 2y + z = -1$

(4) $2x + y + z = 1, \quad x + y + 2z = 1, \quad x + 2y + z = 1$

연습문제 해답

1. (1) −3 (2) −5 (3) −2 (4) 8

2. (1) $\frac{1}{2}\begin{bmatrix} 1 & -1 & 1 \\ 1 & 1 & -1 \\ -2 & 0 & 2 \end{bmatrix}$ (2) $\frac{1}{5}\begin{bmatrix} 2 & -1 & 3 \\ 3 & 1 & -6 \\ -2 & 1 & 4 \end{bmatrix}$

(3) $\frac{1}{8}\begin{bmatrix} 7 & -3 & -2 \\ 5 & 3 & -2 \\ -3 & -1 & 2 \end{bmatrix}$ (4) $\frac{1}{4}\begin{bmatrix} -1 & -1 & 3 \\ 3 & -1 & -1 \\ -1 & 3 & -1 \end{bmatrix}$

3. (1) $x=\frac{6}{7},\ y=\frac{10}{7},\ z=\frac{5}{7}$ (2) $x=\frac{31}{5},\ y=\frac{14}{5},\ z=\frac{7}{5}$

(3) $x=-1,\ y=4,\ z=3$ (4) $x=-6,\ y=6,\ z=7$

4. (1) $-2, 5$ (2) $0, 1, 2$

5. (1) $x=-\frac{3}{5},\ y=\frac{3}{5},\ z=\frac{2}{5}$ (2) $x=-\frac{1}{2},\ y=\frac{3}{2},\ z=\frac{1}{2}$

(3) $x=2,\ y=-1,\ z=1$ (4) $x=\frac{1}{4},\ y=\frac{1}{4},\ z=\frac{1}{4}$

8.3 벡터와 벡터의 연산

공학적 문제에 사용되는 물리적 양에는 **스칼라**(scalar)와 **벡터**(vector)라는 두 종류의 양이 있다. 길이, 넓이, 온도, 전압 등과 같이 그 크기에 의해서만 결정되는 양을 스칼라라 하고, 속도, 힘 등과 같이 그 크기와 방향으로 결정되는 양을 벡터라 한다.

벡터는 방향을 표현하기 위하여 평면이나 공간상의 유향직선(화살표)으로 나타낸다. 이 때 화살표의 시작점을 벡터의 **시점**(initial point), 끝점을 벡터의 **종점**(terminal point)이라 하고, 화살표의 방향은 벡터의 방향을, 화살표의 길이는 벡터의 크기를 나타낸다. 벡터는 $\mathbf{a}$, $\mathbf{b}$, $\mathbf{x}$, $\mathbf{y}$ 와 같은 고딕체 소문자로 나타내거나 벡터의 시점 P과 종점 Q을 나타낼 필요가 있는 경우는 $\overrightarrow{PQ}$ 와 같은 형태로 표현한다. 또한 특별한 언급이 없는 한 모든 실수는 스칼라로 생각하고 소문자 x, y, k, l 등으로 나타낸다.

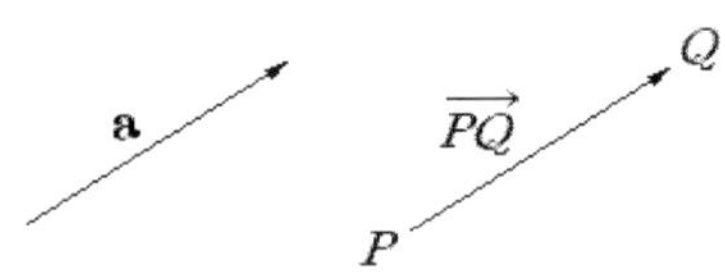

[그림 8-2] 벡터의 표현

두 벡터 $\mathbf{a}$ 와 $\mathbf{b}$ 가 같은 방향과 같은 길이를 가질 때, 두 벡터는 **같다**(equal)고 하고, $\mathbf{a}=\mathbf{b}$ 로 나타낸다. 한 벡터를 평행 이동하더라도 그 벡터의 방향과 길이에는 변함이 없으므로 평행 이동한 벡터는 이동전의 벡터와 같은 벡터이다.

직교좌표계를 도입하여 벡터를 표현하면 시각적으로나 계산상으로 다루기가 편리하다. 직교좌표계에서 시점이 원점에 위치한 벡터를 **위치벡터**(position vector)라 한다. 평면이나 공간상의 한 벡터를 평행 이동하더라도 같은 벡터이므로 모든 벡터는 그에 대응하는 위치벡터로 나타낼 수 있고, 위치벡터는 다음과 같이 그 종점의 좌표로 나타낼 수 있다.

$$\mathbf{a}=(a_1,\ a_2), \qquad \mathbf{b}=(b_1,\ b_2,\ b_3)$$

여기에서 a_1, a_2 와 b_1, b_2, b_3 를 벡터의 **성분**(component)이라 한다. 그림 8-3은 위의 두 벡터를 직교좌표계에 나타낸 것이다.

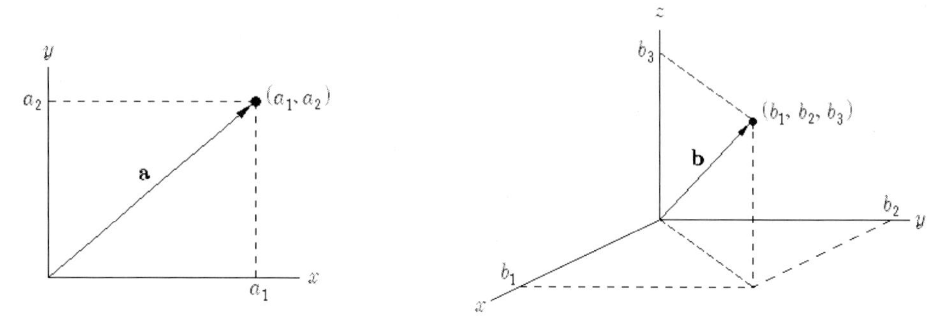

[그림 8-3] 평면벡터와 공간벡터

정리 8.3.1

(1) 평면상의 두 점 $P(x_1, y_1)$ 와 $Q(x_2, y_2)$ 에 대하여 시점이 P 이고 종점이 Q 인 벡터 $\overrightarrow{PQ}$ 를 성분으로 나타내면 다음과 같다.

$$\overrightarrow{PQ} = (x_2 - x_1,\ y_2 - y_1) \tag{8-5}$$

(2) 공간상의 두 점 $P(x_1,\ y_1,\ z_1)$와 $Q(x_2,\ y_2,\ z_2)$에 대하여 시점이 P 이고 종점이 Q 인 벡터 $\overrightarrow{PQ}$ 를 성분으로 나타내면 다음과 같다.

$$\overrightarrow{PQ} = (x_2 - x_1,\ y_2 - y_1,\ z_2 - z_1) \tag{8-6}$$

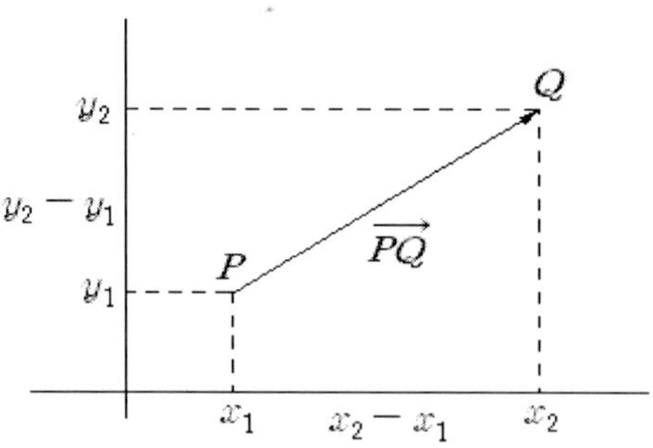

[그림 8-4] 벡터 $\overrightarrow{PQ}$ 의 성분

예제 8.3.2

시점이 $P(4,\ 6,\ -2)$이고 종점이 $Q(1,\ 8,\ 3)$인 공간상의 벡터 $\overrightarrow{PQ}$ 를 구하라.

풀이 식 (8-6)을 이용하여 벡터 $\overrightarrow{PQ}$ 를 구하면 다음과 같다.

$$\overrightarrow{PQ} = (1-4,\ 8-6,\ 3-(-2)) = (-3,\ 2,\ 5)$$

벡터들의 연산에는 합과 스칼라 곱이 있으며 이들의 계산이 용이하도록 성분을 이용하여 정의한다.

정의 벡터의 합과 스칼라 곱

(1) 평면상의 두 벡터 $\mathbf{a} = (a_1, a_2)$, $\mathbf{b} = (b_1, b_2)$ 와 스칼라 k 에 대하여 **합**(sum) $\mathbf{a} + \mathbf{b}$ 과 스칼라 곱 $k\mathbf{a}$ 는 다음과 같이 정의한다.

$$\mathbf{a} + \mathbf{b} = (a_1 + b_1, a_2 + b_2), \quad k\mathbf{a} = (ka_1, ka_2) \tag{8-7}$$

(2) 공간상의 두 벡터 $\mathbf{a} = (a_1, a_2, a_3)$, $\mathbf{b} = (b_1, b_2, b_3)$ 와 스칼라 k 에 대하여 **합**(sum) $\mathbf{a} + \mathbf{b}$ 과 스칼라 곱 $k\mathbf{a}$ 는 다음과 같이 정의한다.

$$\mathbf{a} + \mathbf{b} = (a_1 + b_1, a_2 + b_2, a_3 + b_3), \quad k\mathbf{a} = (ka_1, ka_2, ka_3) \tag{8-8}$$

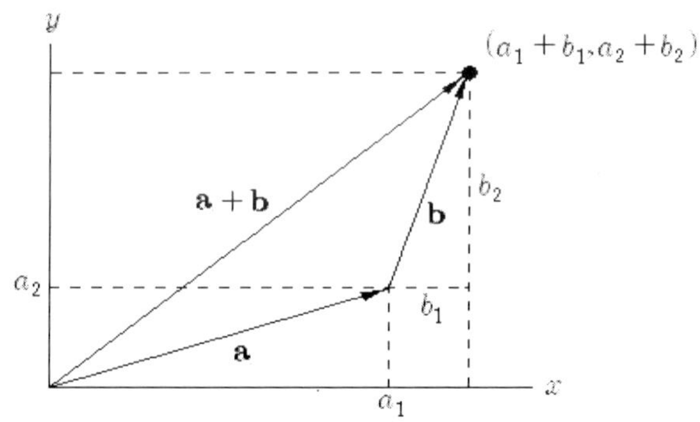

[그림 8-5] 두 벡터 $\mathbf{a}$ 와 $\mathbf{b}$ 의 합 $\mathbf{a} + \mathbf{b}$

두 벡터 $\mathbf{a}$ 와 $\mathbf{b}$ 의 합 $\mathbf{a} + \mathbf{b}$ 는 그림 8-5와 같이 벡터 $\mathbf{b}$ (또는 $\mathbf{a}$)의 시점을 벡터 $\mathbf{a}$ (또는 $\mathbf{b}$)의 종점에 위치시켰을 때, $\mathbf{a}$ 의 시점으로부터 $\mathbf{b}$ 의 종점에 이르는 벡터이다. 또한 스칼라 곱 $k\mathbf{a}$ 는 그림 8-6과 같이 $k > 0$ 인 경우에 $\mathbf{a}$ 와 방향이 같고 크기가 $\mathbf{a}$ 의 k 배인 벡터이고, $k < 0$ 인 경우에 $\mathbf{a}$ 와 반대 방향이고 크기가 $\mathbf{a}$ 의 $|k|$ 배인 벡터이다. $k = 0$ 이면 $k\mathbf{a} = 0$ (영벡터)이다.

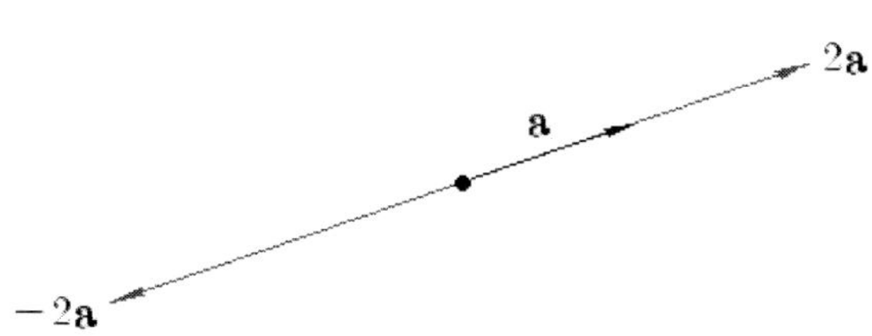

[그림 8-6] 스칼라 2 와 벡터 $\mathbf{a}$ 의 스칼라 곱 $2\mathbf{a}$ 와 $(-2)\mathbf{a}$

평면벡터와 공간벡터는 그 정의나 성질이 유사하므로 특별한 경우가 아닌 한 공간벡터를 사용할 것 이다. **영벡터** 0 과 벡터 $\mathbf{a}=(a_1,\ a_2,\ a_3)$의 **음벡터** $-\mathbf{a}$ 를 성분으로 나타내면 다음과 같다.

$$0=(0,0,0),\qquad -\mathbf{a}=(-1)\mathbf{a}=(-a_1,\ -a_2,\ -a_3)$$

음벡터를 이용하여 두 벡터 $\mathbf{a}=(a_1,a_2,a_3)$ 와 $\mathbf{b}=(b_1,b_2,b_3)$ 의 **차**(difference) $a-b$ 를 다음과 같이 정의한다.

$$\mathbf{a}-\mathbf{b}=\mathbf{a}+(-\mathbf{b})=(a_1,\ a_2,\ a_3)+(-b_1,\ -b_2,\ -b_3)=(a_1-b_1,\ a_2-b_2,\ a_3-b_3) \qquad (8\text{-}9)$$

두 벡터 a 와 b 의 차 a−b 와 b−a 는 그림 8-7과 같다.

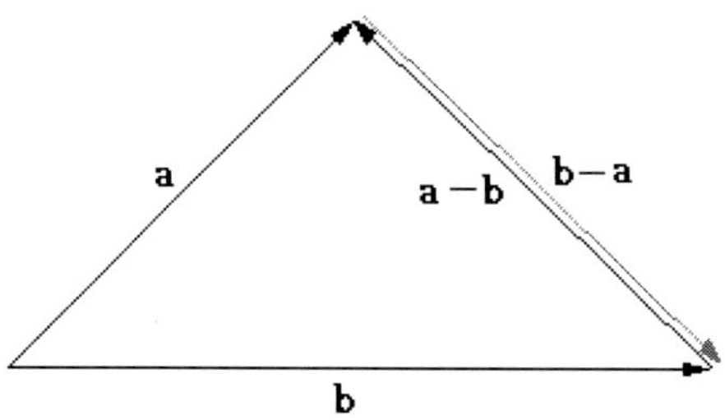

[그림 8-7] 벡터 a 와 b 의 차 a−b 와 b−a

예제 8.3.3

벡터 $\mathbf{a}=(3,2)$, $\mathbf{b}=(-5,4)$ 에 대하여 다음을 구하라.

(1) $\mathbf{a}+\mathbf{b}$ (2) $\mathbf{a}-\mathbf{b}$ (3) $2\mathbf{a}+3\mathbf{b}$

풀이 (1) $\mathbf{a}+\mathbf{b}=(3,2)+(-5,4)=(-2,6)$
(2) $\mathbf{a}-\mathbf{b}=(3,2)+(5,-4)=(8,-2)$
(3) $2\mathbf{a}+3\mathbf{b}=2(3,2)+3(-5,4)=(6,4)+(-15,12)=(-9,16)$

임의의 벡터와 스칼라는 다음의 성질을 만족한다.

정리 8.3.4

임의의 벡터 a, b, c 와 스칼라 k, k_1, k_2 에 대하여 다음이 성립한다.

(1) $\mathbf{a}+\mathbf{b}=\mathbf{b}+\mathbf{a}$ (교환법칙)
(2) $\mathbf{a}+(\mathbf{b}+\mathbf{c})=(\mathbf{a}+\mathbf{b})+\mathbf{c}$ (결합법칙)
(3) $\mathbf{a}+0=\mathbf{a}$ (항등원의 존재)
(4) $\mathbf{a}+(-\mathbf{a})=0$ (역원의 존재)

(5) $k(\mathbf{a}+\mathbf{b}) = k\mathbf{a} + k\mathbf{b}$

(6) $(k_1 + k_2)\mathbf{a} = k_1\mathbf{a} + k_2\mathbf{a}$

(7) $k_1(k_2\mathbf{a}) = (k_1k_2)\mathbf{a}$

(8) $1\mathbf{a} = \mathbf{a}$

(9) $0\mathbf{a} = \mathbf{0}$

위의 정리로부터 벡터 $\mathbf{a}$, $\mathbf{b}$와 스칼라 c_1, c_2, d_1, d_2 에 대하여 다음의 계산이 성립한다.

$$(c_1\mathbf{a} + c_2\mathbf{b}) + (d_1\mathbf{a} + d_2\mathbf{b}) = (c_1\mathbf{a} + d_1\mathbf{a}) + (c_2\mathbf{b} + d_2\mathbf{b}) = (c_1 + d_1)\mathbf{a} + (c_2 + d_2)\mathbf{b}$$

정의 **벡터의 크기**

(1) 평면벡터 $\mathbf{a} = (a_1, a_2)$ 에 대하여 $\mathbf{a}$ 의 **크기**(norm)를 다음과 같이 정의한다.

$$\|\mathbf{a}\| = \sqrt{a_1^2 + a_2^2} \tag{8-10}$$

(2) 공간벡터 $\mathbf{a} = (a_1,\ a_2,\ a_3)$ 에 대하여 **크기**(norm)를 다음과 같이 정의한다.

$$\|\mathbf{a}\| = \sqrt{a_1^2 + a_2^2 + a_3^2} \tag{8-11}$$

(3) $\|\mathbf{u}\| = 1$ 인 벡터 $\mathbf{u}$ 를 **단위벡터**(unit vector)라 한다.

정리 8.3.5

벡터의 크기는 다음의 성질을 만족한다.

(1) $\|\mathbf{a}\| \geq 0$ 이고, $\|\mathbf{a}\| = 0 \Leftrightarrow \mathbf{a} = \mathbf{0}$

(2) $\|k\mathbf{a}\| = |k|\,\|\mathbf{a}\|$

(3) $\|\mathbf{a} + \mathbf{b}\| \leq \|\mathbf{a}\| + \|\mathbf{b}\|$

임의의 벡터 $\mathbf{a}$ 에 대하여 $\mathbf{a}$ 와 방향이 같은 단위벡터는 $\frac{1}{\|\mathbf{a}\|}\mathbf{a}$ 이다. 실제로, $\frac{1}{\|\mathbf{a}\|}\mathbf{a}$ 는 벡터 $\mathbf{a}$ 와 스칼라 $\frac{1}{\|\mathbf{a}\|} > 0$ 의 곱이므로 $\mathbf{a}$ 와 같은 방향이고, 크기가

$$\left\|\frac{1}{\|\mathbf{a}\|}\mathbf{a}\right\| = \left|\frac{1}{\|\mathbf{a}\|}\right|\|\mathbf{a}\| = \frac{1}{\|\mathbf{a}\|}\|\mathbf{a}\| = 1$$

이므로 단위벡터이다.

예제 8.3.6

벡터 $\mathbf{a}=(3,-2)$ 와 같은 방향과 반대방향의 단위벡터를 구하라.

풀이 $\|\mathbf{a}\|=\sqrt{3^2+(-2)^2}=\sqrt{13}$ 이므로 같은 방향의 단위벡터는

$$\frac{1}{\|\mathbf{a}\|}\mathbf{a}=\frac{1}{\sqrt{13}}(3,-2)=\left(\frac{3}{\sqrt{13}},-\frac{2}{\sqrt{13}}\right)$$

이고, 반대방향의 단위벡터는 다음과 같다.

$$-\frac{1}{\|\mathbf{a}\|}\mathbf{a}=\left(-\frac{3}{\sqrt{13}},\frac{2}{\sqrt{13}}\right)$$

공간상의 점 $P(x_1, y_1, z_1)$와 $Q(x_2, y_2, z_2)$사이의 거리는 $\overrightarrow{PQ}=(x_2-x_1, y_2-y_1, z_2-z_1)$ 의 크기이므로 다음과 같다.

$$d(P,Q)=\|\overrightarrow{PQ}\|=\sqrt{(x_2-x_1)^2+(y_2-y_1)^2+(z_2-z_1)^2} \tag{8-12}$$

공간상에는 각 좌표축에 평행인 3개의 단위벡터 $\mathbf{i}=(1,0,0)$, $\mathbf{j}=(0,1,0)$, $\mathbf{k}=(0,0,1)$ 가 존재하고, 임의의 벡터 $\mathbf{a}=(a_1,a_2,a_3)$ 는 이들 단위벡터로 다음과 같이 표현할 수 있다.

$$\mathbf{a}=(a_1,a_2,a_3)=a_1(1,0,0)+a_2(0,1,0)+a_3(0,0,1)=a_1\mathbf{i}+a_2\mathbf{j}+a_3\mathbf{k}$$

위와 같이 벡터 $\mathbf{a}$, $\mathbf{b}$, $\mathbf{c}$ 와 스칼라 c_1, c_2, c_3 에 대하여

$$c_1\mathbf{a}+c_2\mathbf{b}+c_3\mathbf{c}$$

로 나타낸 표현을 벡터 $\mathbf{a}$, $\mathbf{b}$, $\mathbf{c}$ 의 **일차결합**(linear combination)이라 한다.

예제 8.3.7

벡터 $\mathbf{a}=(2,-3,5)$를 $\mathbf{i}=(1,0,0)$, $\mathbf{j}=(0,1,0)$, $\mathbf{k}=(0,0,1)$의 일차결합으로 나타내라.

풀이 $\mathbf{a}=(2,-3,5)=2(1,0,0)+(-3)(0,1,0)+5(0,0,1)=2\mathbf{i}+(-3)\mathbf{j}+5\mathbf{k}$

공간상의 임의의 벡터가 벡터 $\mathbf{a}$, $\mathbf{b}$, $\mathbf{c}$ 의 일차결합으로 유일하게 표현될 때, 벡터 $\mathbf{a}$, $\mathbf{b}$, $\mathbf{c}$ 를 **기저**(basis)라 한다.

예제 8.3.8

임의의 공간벡터 $\mathbf{x} = (x, y, z)$를 세 벡터 $\mathbf{a} = (1, 0, 0)$, $\mathbf{b} = (1, 1, 0)$, $\mathbf{c} = (1, 1, 1)$의 일차결합으로 나타내라.

| 풀이 | $(x, y, z) = \alpha(1,0,0) + \beta(1,1,0) + \gamma(1,1,1)$ 이라 하면

$$(x, y, z) = (\alpha + \beta + \gamma, \beta + \gamma, \gamma)$$

이므로

$$\begin{cases} \alpha + \beta + \gamma = x \\ \beta + \gamma = y \\ \gamma = z \end{cases}$$

이다. 이 연립방정식을 풀면 $\alpha = x - y$, $\beta = y - z$, $\gamma = z$ 이다. 따라서

$$(x, y, z) = (x - y)(1,0,0) + (y - z)(1,1,0) + z(1,1,1)$$

이다. 따라서 공간상의 모든 벡터 (x,y,z)는 $\mathbf{a} = (1, 0, 0)$, $\mathbf{b} = (1, 1, 0)$, $\mathbf{c} = (1, 1, 1)$의 일차결합으로 나타낼 수 있다.

8.3 연습문제

1. 시점이 $P(2, 5, -1)$이고 종점이 $Q(1, -3, 2)$인 공간상의 벡터 $\overrightarrow{PQ}$를 구하라.

2. 벡터 $\mathbf{a} = (2, 1, 0)$, $\mathbf{b} = (1, 2, 3)$, $\mathbf{c} = (1, 0, 3)$에 대하여 다음을 구하라.

   (1) $2\mathbf{a} - \mathbf{b} + \mathbf{c}$ (2) $3\mathbf{a} - 2\mathbf{b}$

   (3) $3\mathbf{a} - 2\mathbf{b} + \mathbf{c}$ (4) $-\mathbf{b} + 4\mathbf{c}$

3. 벡터 $\mathbf{a} = (0, 2, -2)$, $\mathbf{b} = (-1, 0, 2)$에 대하여 다음을 만족시키는 벡터 $\mathbf{x}$를 구하라.

   (1) $-2\mathbf{a} + 3\mathbf{x} = \mathbf{b}$ (2) $\mathbf{a} - 3\mathbf{b} + 2\mathbf{x} = 2\mathbf{a} + \mathbf{b}$

4. 벡터 $\mathbf{x} = (2, -3, 5)$를 $\mathbf{a} = (-1, 2, 0)$, $\mathbf{b} = (0, 1, 1)$, $\mathbf{c} = (1, 0, -1)$의 일차결합으로 나타내라.

5. 공간벡터 $\mathbf{a} = (1, x, -3)$의 크기가 $\sqrt{14}$일 때 x의 값을 구하라.

6. 벡터 $\mathbf{a} = (1, -1, 1)$, $\mathbf{b} = (0, 1, 0)$, $\mathbf{c} = (-1, 0, 1)$에 대하여 다음을 구하라.

   (1) $\| \mathbf{a} - \mathbf{b} \|$ (2) $\| \mathbf{a} \| - \| \mathbf{b} \|$

   (3) $\| \mathbf{a} + 2\mathbf{c} \|$ (4) $\dfrac{1}{\| \mathbf{a} \|}\mathbf{a}$

7. 공간상의 두 점 $P(1, 2, 3)$와 $Q(1, 0, x)$ 사이의 거리가 $\sqrt{5}$일 때, x의 값을 구하라.

8. 벡터 $\mathbf{a} = (2, -3, 1)$와 같은 방향과 반대방향의 단위벡터를 각각 구하라.

9. 벡터 $\mathbf{a} = (1, 0, 1)$, $\mathbf{b} = (0, 1, 0)$에 대하여 $3\mathbf{a} + \mathbf{x} = 4\mathbf{b}$를 만족시키는 벡터 $\mathbf{x}$와 반대방향이면서 같은 크기를 가지고 종점이 $(2, -1, 4)$인 벡터의 시점을 구하라.

연습문제 해답

1. 1. $(-1,-8,3)$

2. (1) $(4,0,0)$ (2) $(4,-1,-6)$
(3) $(5,-1,-3)$ (4) $(3,-2,9)$

3. (1) $\mathbf{x}=\left(-\frac{1}{3},\frac{4}{4},-\frac{2}{3}\right)$ (2) $\mathbf{x}=(-2,1,3)$

4. $\mathbf{x}=-\frac{10}{3}\mathbf{a}+\frac{11}{3}\mathrm{b}+-\frac{4}{3}\mathbf{c}$

5. ± 2

6. (1) $\sqrt{6}$ (2) $\sqrt{3}-1$
(3) $\sqrt{11}$ (4) $\frac{1}{\sqrt{3}}(1,-1,1)$

7. 2, 4

8. $\frac{1}{\sqrt{14}}(2,-3,1)$, $-\frac{1}{\sqrt{14}}(2,-3,1)$

9. $(-1,3,1)$

8.4 벡터의 내적과 외적

합과 스칼라 곱 이외의 벡터연산으로 내적과 외적이 있다.

정의 내적

(1) 평면벡터 $\mathbf{a}=(a_1, a_2)$ 와 $\mathbf{b}=(b_1, b_2)$ 의 **내적**(inner product)을 다음과 같이 정의한다.

$$\mathbf{a}\cdot\mathbf{b}=a_1b_1+a_2b_2 \tag{8-12}$$

(2) 공간벡터 $\mathbf{a}=(a_1, a_2, a_3)$ 와 $\mathbf{b}=(b_1, b_2, b_3)$ 의 **내적**을 다음과 같이 정의한다.

$$\mathbf{a}\cdot\mathbf{b}=a_1b_1+a_2b_2+a_3b_3 \tag{8-13}$$

예제 8.4.1

두 벡터 $\mathbf{u}=(4, 6, -2)$와 $\mathbf{v}=(1, 8, 3)$의 내적을 구하라.

풀이 $\mathbf{u}\cdot\mathbf{v}=4\cdot 1+6\cdot 8+(-2)\cdot 3=46$

정리 8.4.2 내적의 성질

벡터 $\mathbf{a}$, $\mathbf{b}$, $\mathbf{c}$ 와 스칼라 k 에 대하여 다음이 성립한다.

(1) $\mathbf{a}\cdot\mathbf{a}\geq 0$이고, $\mathbf{a}\cdot\mathbf{a}=0 \iff \mathbf{a}=0$

(2) $\mathbf{a}\cdot\mathbf{b}=\mathbf{b}\cdot\mathbf{a}$

(3) $\mathbf{a}\cdot(\mathbf{b}+\mathbf{c})=\mathbf{a}\cdot\mathbf{b}+\mathbf{a}\cdot\mathbf{c}$

(4) $(k\mathbf{a})\cdot\mathbf{b}=k(\mathbf{a}\cdot\mathbf{b})$

벡터 $\mathbf{a}=(a_1, a_2, a_3)$ 에 대하여

$$\mathbf{a}\cdot\mathbf{a}=a_1^2+a_2^2+a_3^2=\left(\sqrt{a_1^2+a_2^2+a_3^2}\right)^2=\|\mathbf{a}\|^2$$

이므로

$$\|\mathbf{a}\|=\sqrt{\mathbf{a}\cdot\mathbf{a}} \tag{8-14}$$

이다. 즉 벡터의 크기는 내적을 이용하여 정의될 수 있다. 또한 두 벡터 $\mathbf{a}$와 $\mathbf{b}$의 사이각이 θ 일 때, 두 벡터의 내적은 다음과 같다.

정리 8.4.3 **사이각을 이용한 내적의 정의**

두 벡터 $\mathbf{a}$와 $\mathbf{b}$의 사이각이 $\theta\ (0 \le \theta \le \pi)$일 때, 다음이 성립한다.

$$\mathbf{a} \cdot \mathbf{b} = \|\mathbf{a}\|\|\mathbf{b}\| \cos \theta \tag{8-15}$$

위의 정리로부터 다음과 같이 두 벡터 $\mathbf{a}$, $\mathbf{b}$의 사이각 θ를 구할 수 있다.

$$\cos \theta = \frac{\mathbf{a} \cdot \mathbf{b}}{\|\mathbf{a}\|\|\mathbf{b}\|}, \quad \theta = \cos^{-1}\left(\frac{\mathbf{a} \cdot \mathbf{b}}{\|\mathbf{a}\|\|\mathbf{b}\|}\right) \tag{8-16}$$

예제 8.4.4

벡터 $\mathbf{a} = (1,0)$ 와 $\mathbf{b} = (2,2)$ 의 사이각 θ 를 구하라.

❙풀이❙ $\|\mathbf{a}\| = 1$, $\|\mathbf{b}\| = \sqrt{8} = 2\sqrt{2}$, $\mathbf{a} \cdot \mathbf{b} = 2$ 이므로

$$\cos \theta = \frac{\mathbf{a} \cdot \mathbf{b}}{\|\mathbf{a}\|\|\mathbf{b}\|} = \frac{2}{2\sqrt{2}} = \frac{1}{\sqrt{2}}$$

이다. 따라서 $\theta = \cos^{-1}\left(\frac{1}{\sqrt{2}}\right) = \frac{\pi}{4}$ 이다.

식 (8-16)으로부터 두 벡터의 사이각을 구할 수 있고, $\mathbf{a} \cdot \mathbf{b} = 0$이면 $\theta = \frac{\pi}{2}$ 임을 알 수 있다. 이를 이용하여 두 벡터의 직교를 정의한다.

정의 **직교**

벡터 $\mathbf{a}$와 $\mathbf{b}$에 대하여 $\mathbf{a} \cdot \mathbf{b} = 0$일 때, $\mathbf{a}$와 $\mathbf{b}$는 **직교**(orthogonal)**한다**고 하고, $\mathbf{a} \perp \mathbf{b}$로 나타낸다.

임의의 벡터 $\mathbf{a}$에 대하여 $\mathbf{a} \cdot \mathbf{0} = 0$이므로 영벡터 $\mathbf{0}$는 모든 벡터와 직교하는 벡터로 정의한다. 또한 공간상의 기본 단위 벡터 $\mathbf{i} = (1,0,0)$, $\mathbf{j} = (0,1,0)$, $\mathbf{k} = (0,0,1)$는

$$\mathbf{i} \cdot \mathbf{j} = 0, \quad \mathbf{i} \cdot \mathbf{k} = 0, \quad \mathbf{j} \cdot \mathbf{k} = 0$$

이므로 서로 직교한다. 직교의 성질을 이용하여 다음과 같이 정사영벡터를 구할 수 있다.

정리 8.4.5

벡터 $\mathbf{a}$와 $\mathbf{b}$에 대하여 $\mathbf{b}$ 위로의 $\mathbf{a}$의 **정사영 벡터**(projection vector)는 다음과 같다.

$$\mathrm{proj}_{\mathbf{b}}\mathbf{a} = \frac{\mathbf{a}\cdot\mathbf{b}}{\mathbf{b}\cdot\mathbf{b}}\mathbf{b} = \frac{\mathbf{a}\cdot\mathbf{b}}{\|\mathbf{b}\|^2}\mathbf{b} \tag{8-17}$$

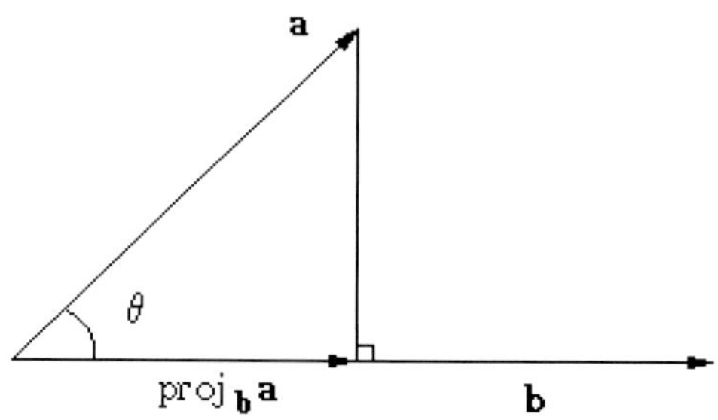

[그림 8-8] 벡터 b 위로의 벡터 a 의 정사영 벡터

예제 8.4.6

벡터 $\mathbf{b}=(2,0)$위로의 $\mathbf{a}=(3,1)$의 정사영 벡터 $\mathrm{proj}_{\mathbf{b}}\mathbf{a}$ 를 구하라.

| 풀이 | $\mathbf{a}\cdot\mathbf{b}=2\cdot 3=6$, $\|\mathbf{b}\|=\sqrt{4}=2$이므로 식 (8-17)로부터 $\mathrm{proj}_{\mathbf{b}}\mathbf{a}$ 는 다음과 같다.

$$\mathrm{proj}_{\mathbf{b}}\mathbf{a}=\frac{\mathbf{a}\cdot\mathbf{b}}{\|\mathbf{b}\|^2}\mathbf{b}=\frac{6}{4}(2,0)=(3,0)$$

예제 8.4.7

벡터 $\mathbf{b}=(-2,3,1)$위로의 $\mathbf{a}=(1,2,3)$의 정사영 벡터 $\mathrm{proj}_{\mathbf{b}}\mathbf{a}$ 을 구하라.

| 풀이 | $\mathbf{a}\cdot\mathbf{b}=-2+6+3=7$ 이고 $\mathbf{b}\cdot\mathbf{b}=4+9+1=14$ 이므로

$$\mathrm{proj}_{\mathbf{b}}\mathbf{a}=\frac{\mathbf{a}\cdot\mathbf{b}}{\mathbf{b}\cdot\mathbf{b}}\mathbf{b}=\frac{7}{14}(-2,3,1)=\left(-1,\frac{3}{2},\frac{1}{2}\right)$$

정의 외적

공간상의 두 벡터 $\mathbf{a}=(a_1, a_2, a_3)$, $\mathbf{b}=(b_1, b_2, b_3)$에 대하여 $\mathbf{a}$와 $\mathbf{b}$의 **외적**(cross product)을 다음과 같이 정의한다.

$$\mathbf{a}\times\mathbf{b}=(a_2b_3-a_3b_2,\ a_3b_1-a_1b_3,\ a_1b_2-a_2b_1) \tag{8-18}$$

식 (8-18)의 외적을 2×2 행렬식을 이용하여 정의하면 다음과 같다.

$$\mathbf{a}\times\mathbf{b}=\left(\begin{vmatrix} a_2 & a_3 \\ b_2 & b_3 \end{vmatrix}, -\begin{vmatrix} a_1 & a_3 \\ b_1 & b_3 \end{vmatrix}, \begin{vmatrix} a_1 & a_2 \\ b_1 & b_2 \end{vmatrix}\right) \tag{8-19}$$

예제 8.4.8

벡터 $\mathbf{a}=(1,2,-1)$와 $\mathbf{b}=(-2,0,3)$의 외적 $\mathbf{a}\times\mathbf{b}$와 $\mathbf{b}\times\mathbf{a}$를 구하라.

풀이 식 (8-19)를 이용하여 외적 $\mathbf{a}\times\mathbf{b}$와 $\mathbf{b}\times\mathbf{a}$를 구하면 각각 다음과 같다.

$$\mathbf{a}\times\mathbf{b}=\left(\begin{vmatrix}2 & -1\\ 0 & 3\end{vmatrix}, -\begin{vmatrix}1 & -1\\ -2 & 3\end{vmatrix}, \begin{vmatrix}1 & 2\\ -2 & 0\end{vmatrix}\right)=(6,-1,4)$$

$$\mathbf{b}\times\mathbf{a}=\left(\begin{vmatrix}0 & 3\\ 2 & -1\end{vmatrix}, -\begin{vmatrix}-2 & 3\\ 1 & -1\end{vmatrix}, \begin{vmatrix}-2 & 0\\ 1 & 2\end{vmatrix}\right)=(-6,1,-4)$$

위의 예에서 $\mathbf{a}\times\mathbf{b}=-\mathbf{b}\times\mathbf{a}$ 임을 알 수 있다. 외적이 갖는 일반적인 성질은 다음과 같다.

정리 8.4.9

공간상의 임의의 벡터 $\mathbf{a}$, $\mathbf{b}$, $\mathbf{c}$와 스칼라 k에 대하여 다음이 성립한다.

(1) $\mathbf{a}=0$ 또는 $\mathbf{b}=0$ 이면 $\mathbf{a}\times\mathbf{b}=0$

(2) $\mathbf{a}\times\mathbf{b}=-\mathbf{b}\times\mathbf{a}$

(3) $\mathbf{a}\times(\mathbf{b}+\mathbf{c})=(\mathbf{a}\times\mathbf{b})+(\mathbf{a}\times\mathbf{c})$, $(\mathbf{a}+\mathbf{b})\times\mathbf{c}=(\mathbf{a}\times\mathbf{c})+(\mathbf{b}\times\mathbf{c})$

(5) $\mathbf{a}\times(k\mathbf{b})=(k\mathbf{a})\times\mathbf{b}=k(\mathbf{a}\times\mathbf{b})$

(6) $\mathbf{a}\times\mathbf{a}=0$

(7) $\mathbf{a}\cdot(\mathbf{a}\times\mathbf{b})=0$, $\mathbf{b}\cdot(\mathbf{a}\times\mathbf{b})=0$, 즉 $\mathbf{a}\perp\mathbf{a}\times\mathbf{b}$, $\mathbf{b}\perp\mathbf{a}\times\mathbf{b}$

벡터 $\mathbf{a}$와 $\mathbf{b}$의 외적은

$$\mathbf{a}\times\mathbf{b}=(\|\mathbf{a}\|\|\mathbf{b}\|\sin\theta)\mathbf{n} \tag{8-20}$$

으로 정의되기도 한다. 여기에서 θ는 $\mathbf{a}$와 $\mathbf{b}$의 사이각이고, 벡터 $\mathbf{n}$은 벡터 $\mathbf{a}$와 $\mathbf{b}$를 포함하는 평면에 수직이고 $\mathbf{a}$의 종점에서 $\mathbf{b}$의 종점방향으로 오른손을 감아쥘 때 엄지손가락 방향을 갖는 단위벡터이다.

두 벡터 $\mathbf{a}$와 $\mathbf{b}$가 평행이면 $\theta=0$ 또는 π이므로 $\mathbf{a}\times\mathbf{b}=0$이다. 또한 세 개의 기본 단위벡터 $\mathbf{i}$, $\mathbf{j}$, $\mathbf{k}$에 대하여 다음이 성립한다.

$$\begin{aligned}&\mathbf{i}\times\mathbf{i}=0, \quad \mathbf{j}\times\mathbf{j}=0, \quad \mathbf{k}\times\mathbf{k}=0\\ &\mathbf{i}\times\mathbf{j}=\mathbf{k}, \quad \mathbf{j}\times\mathbf{k}=\mathbf{i}, \quad \mathbf{k}\times\mathbf{i}=\mathbf{j}\\ &\mathbf{j}\times\mathbf{i}=-\mathbf{k}, \quad \mathbf{k}\times\mathbf{j}=-\mathbf{i}, \quad \mathbf{i}\times\mathbf{k}=-\mathbf{j}\end{aligned}$$

식 (8-20)으로부터 평행하지 않은 두 공간벡터 $\mathbf{a}$, $\mathbf{b}$에 의해 만들어지는 평행사변형의 넓이는

$$A=\|\mathbf{a}\times\mathbf{b}\| \tag{8-21}$$

임을 알 수 있다. 또한 그 평행사변형의 반이 두 벡터 $\mathbf{a}$, $\mathbf{b}$에 의해 만들어진 삼각형이므로 그 삼각형의 넓이는 다음과 같다.

$$A = \frac{1}{2}\|\mathbf{a}\times\mathbf{b}\| \tag{8-22}$$

예제 8.4.10

점 $P(2,-1,1)$, $Q(-3,1,1)$, $R(2,0,2)$을 꼭지점으로 갖는 삼각형의 넓이를 구하라.

풀이 $\overrightarrow{PQ}=(-5,2,0)$, $\overrightarrow{PR}=(0,1,1)$이므로 두 벡터의 외적과 외적의 크기는

$$\overrightarrow{PQ}\times\overrightarrow{PR}=\left(\begin{vmatrix}2 & 0\\ 1 & 1\end{vmatrix}, -\begin{vmatrix}-5 & 0\\ 0 & 1\end{vmatrix}, \begin{vmatrix}-5 & 2\\ 0 & 1\end{vmatrix}\right)=(2,5,-5),$$

$$\|\overrightarrow{PQ}\times\overrightarrow{PR}\|=\sqrt{4+25+25}=\sqrt{54}=3\sqrt{6}$$

이다. 따라서 식 (8-22)로부터 삼각형 $\triangle PQR$의 넓이는 $A=\frac{1}{2}\|\overrightarrow{PQ}\times\overrightarrow{PR}\|=\frac{3}{2}\sqrt{6}$ 이다.

공간상의 한 점 $P(x_1, y_1, z_1)$를 지나고 벡터 $\mathbf{u}=(a, b, c)$와 평행인 직선 L의 방정식을 구하자. 그림 8-9와 같이 직선상의 임의의 점을 $X(x, y, z)$라 하면 점 P로부터 점 X에 이르는 벡터는

$$\overrightarrow{PX}=(x-x_1,\ y-y_1,\ z-z_1)$$

이다. 또한 이 벡터 $\overrightarrow{PX}$는 직선내의 벡터로 벡터 $\mathbf{u}=(a, b, c)$와 평행이므로

$$\overrightarrow{PX}=k\mathbf{u}=(ka,\ kb,\ kc)$$

이다. 따라서 $x-x_1=ka$, $y-y_1=kb$, $z-z_1=kc$ 이고, 이 식을 정리하면 다음의 식을 구할 수 있다.

$$\frac{x-x_1}{a}=\frac{y-y_1}{b}=\frac{z-z_1}{c}=k$$

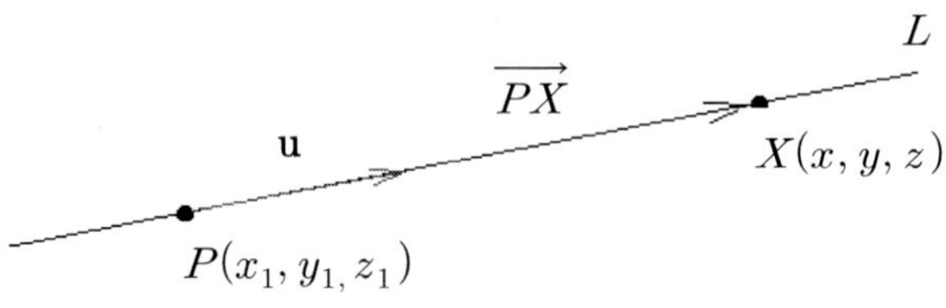

[그림 8-9] 점 P를 지나고 벡터 $\mathbf{u}$에 평행인 직선 L

정리 8.4.11 공간직선의 방정식

점 $P(x_1, y_1, z_1)$를 지나고 벡터 $\mathbf{u}=(a, b, c)$와 평행인 직선 L의 방정식은

$$\frac{x-x_1}{a}=\frac{y-y_1}{b}=\frac{z-z_1}{c} \tag{8-23}$$

이다. 여기에서 벡터 $\mathbf{u}=(a, b, c)$을 직선 L의 **방향벡터**(direction vector)라 한다.

예제 8.4.12

점 $P(1, 2, -2)$를 지나고 벡터 $(2, -1, 3)$에 평행인 직선의 방정식을 구하라.

풀이 식 (8-23)으로부터 직선의 방정식은 다음과 같다.

$$\frac{x-1}{2}=2-y=\frac{z+2}{3}$$

공간상의 점 $P(x_1, y_1, z_1)$를 포함하고 벡터 $\mathbf{n}=(a, b, c)$에 수직인 평면 Π의 방정식을 다음과 같이 구할 수 있다. 그림 8-10과 같이 평면 Π 상의 임의의 점을 $X(x, y, z)$라 하면 점 P로부터 점 X에 이르는 벡터 $\overrightarrow{PX}=(x-x_1, y-y_1, z-z_1)$는 평면위에 있으므로 평면에 수직인 벡터 $\mathbf{n}=(a, b, c)$과도 수직이다. 따라서

$$\mathbf{n}\cdot\overrightarrow{PX}=a(x-x_1)+b(y-y_1)+c(z-z_1)=0 \tag{8-24}$$

이고, 이 식을 정리하면 평면 Π의 방정식은 다음과 같다.

$$ax+by+cz-(ax_1+by_1+cz_1)=0 \tag{8-25}$$

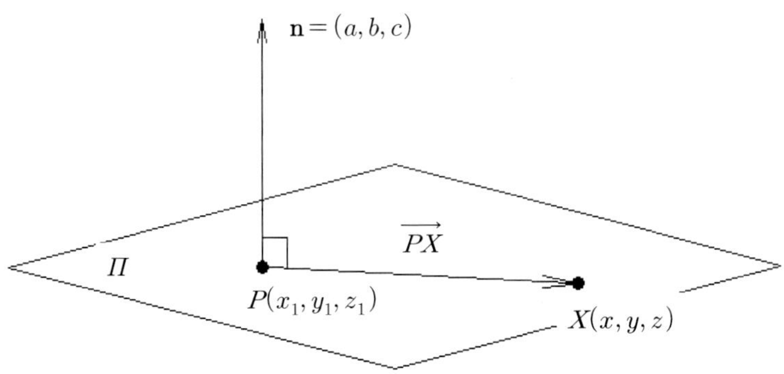

[그림 8-10] 평면 Π와 법선벡터 $\mathbf{n}=(a, b, c)$

정리 8.4.13 평면의 방정식

점 $P(x_1, y_1, z_1)$을 포함하고 벡터 $\mathbf{n}=(a, b, c)$에 수직인 평면의 방정식은

$$ax+by+cz+d=0 \tag{8-26}$$

이고 $d=-(ax_1+by_1+cz_1)$이다. 여기에서 벡터 $\mathbf{n}=(a, b, c)$을 평면의 **법선벡터**(normal vector)라 한다.

예제 8.4.14

점 $P(2,2,2)$를 포함하고 벡터 $(1,2,3)$에 수직인 평면의 방정식을 구하라.

풀이 평면상의 임의의 점을 $X(x, y, z)$라 할 때, $\overrightarrow{PX}=(x-2, y-2, z-2)$는 벡터 $(1,2,3)$에 수직이므로

$$(x-2)+2(y-2)+3(z-2)=0$$

이다. 이식을 정리하면 $x+2y+3z-12=0$이다. 따라서 평면의 방정식은 다음과 같다.

$$x+2y+3z-12=0 \quad \text{또는} \quad x+2y+3z=12$$

예제 8.4.15

평면상의 세 점 $P(1,0,0)$, $Q(0,1,0)$, $R(0,0,1)$을 포함하는 평면의 방정식을 구하라.

풀이 벡터 $\overrightarrow{PQ}=(-1,1,0)$와 $\overrightarrow{PR}=(-1,0,1)$은 구하려는 평면에 포함되어 있고, 두 벡터의 외적

$$\overrightarrow{PQ}\times\overrightarrow{PR}=\left(\begin{vmatrix}1&0\\0&1\end{vmatrix}, -\begin{vmatrix}-1&0\\-1&1\end{vmatrix}, \begin{vmatrix}-1&1\\-1&0\end{vmatrix}\right)=(1,1,1)$$

은 이 평면에 수직인 벡터이다. 따라서 구하려는 평면은 점 $P(1,0,0)$를 포함하고 벡터 $(1,1,1)$에 수직인 평면이다. 식 (8-26)을 이용하여 평면의 방정식을 구하면 다음과 같다.

$$x+y+z-1=0 \quad \text{또는} \quad x+y+z=1$$

8.4 연습문제

1. 주어진 두 벡터 $\mathbf{a}$ 와 $\mathbf{b}$ 의 사이각 $\theta(0 \leqq \theta \leqq 2\pi)$를 구하라.

(1) $\mathbf{a}=(1,-1,0)$, $\mathbf{b}=(0,1,1)$ (2) $\mathbf{a}=(0,0,1)$, $\mathbf{b}=(1,1,0)$

2. 벡터 $\mathbf{b}$ 위로의 $\mathbf{a}$ 의 정사영 벡터 $\mathrm{proj}_{\mathbf{b}}\mathbf{a}$ 를 구하라.

(1) $\mathbf{a}=(-1,0,1)$, $\mathbf{b}=(3,2,1)$ (2) $\mathbf{a}=(0,2,-1)$, $\mathbf{b}=(1,-1,0)$

3. 두 벡터 $\mathbf{a}$ 와 $\mathbf{b}$ 가 서로 직교할 때, x 의 값을 구하라.

(1) $\mathbf{a}=(x^2,-1,1)$, $\mathbf{b}=(2,-x,-1)$ (2) $\mathbf{a}=(2,-6x,1)$, $\mathbf{b}=(x,3,8)$

4. 벡터 $\mathbf{a}=(-1,1,-1)$, $\mathbf{b}=(0,1,-1)$, $\mathbf{c}=(-1,1,1)$ 에 대하여 다음을 구하라.

(1) $\mathbf{b}\times\mathbf{a}$ (2) $\mathbf{a}\times(\mathbf{c}\times\mathbf{b})$

(3) $\mathbf{a}\times(\mathbf{c}-\mathbf{b})$ (4) $\mathbf{a}\cdot(\mathbf{b}\times\mathbf{c})$

(5) $2\mathbf{a}\cdot(\mathbf{b}-\mathbf{c})$

5. 두 벡터 $\mathbf{a}=(-1,3,2)$, $\mathbf{b}=(-1,1,1)$ 에 대하여 등식 $\mathbf{a}\times\mathbf{x}=\mathbf{b}$를 만족시키는 벡터 $\mathbf{x}$ 를 구하라.

6. 다음 두 벡터 $\mathbf{a}$ 와 $\mathbf{b}$ 에 동시에 수직인 단위벡터를 구하라.

(1) $\mathbf{a}=(1,-1,0)$, $\mathbf{b}=(2,0,-1)$ (2) $\mathbf{a}=(2,1,0)$, $\mathbf{b}=(-1,1,1)$

7. 두 벡터 $\mathbf{a}$ 와 $\mathbf{b}$ 를 이웃하는 두 변으로 하는 평행사변형의 넓이를 구하라.

(1) $\mathbf{a}=(2,1,0)$, $\mathbf{b}=(4,1,-2)$ (2) $\mathbf{a}=(1,-1,2)$, $\mathbf{b}=(0,-1,2)$

8. 점 P, Q, R 이 세 꼭지점인 삼각형의 넓이를 구하라.

(1) $P(0,-1,1)$, $Q(2,1,-1)$, $R(-2,0,1)$

(2) $P(2,-1,1)$, $Q(1,1,1)$, $R(1,2,-1)$

9. 두 벡터 $\mathbf{a}$ 와 $\mathbf{b}$ 가 서로 평행일 조건을 구하라.

10. 평행인 두 벡터 $\mathbf{a} = (-1, 2)$, $\mathbf{b} = (x, y)$에 대하여 $\|\mathbf{b}\| = 2\sqrt{5}$를 만족하는 벡터 $\mathbf{b}$를 구하라.

11. 공간상의 두 점 $P(1, -1, 2)$와 $Q(2, 3, -1)$을 지나는 직선의 방정식을 구하라.

12. 점 $P(1, 1, 2)$를 지나고 벡터 $\mathbf{n} = (2, -1, 3)$에 수직인 평면의 방정식을 구하라.

13. 점 $P(1, 2, 1)$을 지나고 두 벡터 $\mathbf{a} = (2, -1, 1)$과 $\mathbf{b} = (0, 2, 1)$에 수직인 평면의 방정식을 구하라.

연습문제 해답

1. (1) $\frac{2}{3}\pi,\ \frac{4}{3}\pi$　　(2) $\frac{\pi}{2},\ \frac{3}{2}\pi$

2. (1) $-\frac{\sqrt{14}}{7}(3,2,-1)$　　(2) $-\sqrt{2}(1,-1,0)$

3. (1) $\frac{1}{2},\ -1$　　(2) $\frac{1}{2}$

4. (1) $(0,-1,1)$　　(2) $(-2,1,3)$
(3) $(2,3,1)$　　(4) -2
(5) 2

5. $\mathbf{x}=\frac{1}{2}(1,1,0)$

6. (1) $\pm\frac{1}{\sqrt{6}}(1,1,2)$　　(2) $\pm\frac{1}{\sqrt{14}}(1,-2,3)$

7. (1) $2\sqrt{6}$　　(2) $\sqrt{5}$

8. (1) $\sqrt{14}$　　(2) $\frac{\sqrt{21}}{2}$

9. $\mathbf{a}\cdot\mathbf{b}=\pm\|a\|\|\mathbf{b}\|$ 또는 임의의 스칼라 k 에 대하여 $\mathbf{a}=k\mathbf{b}$

10. $(-2,4)$, $(2,-4)$

11. $x-1=\frac{y+1}{4}=\frac{z-2}{-3}$ 또는 $x-2=\frac{y-3}{4}=\frac{z+1}{-3}$

12. $2x-y+3z-7=0$

13. $3x+2y-4z-3=0$

Engineering
Mathematics

CHAPTER 09

편도함수

9.1 다변수 함수

지금까지 우리는 변수가 하나인 일변수함수의 미분과 적분을 주로 다루었으나 직육면체의 부피 $V = xyh$가 가로 x, 세로 y, 높이 h에 의해 결정되는 것과 같이 많은 함수들이 두 개 또는 그 이상의 변수에 의존한다. 따라서 이 장에서는 여러 개의 변수를 갖는 함수의 미분법에 대해 알아본다.

정의 **다변수 함수**

집합 D를 $\mathbb{R}^2$의 한 부분집합이라 할 때 집합 D의 각 원소 (x,y)를 유일한 실수 z에 대응시키는 함수 f를 **이변수함수(function of two variables)**라 하고,

$$z = f(x,y)$$

로 나타낸다. 또한, 이변수함수 f를 간단히 $f: D \to \mathbb{R}$로 나타내고, D를 f의 **정의역**(domain), $\mathbb{R}$을 f의 **공변역**(codomain), $z = f(x,y)$를 f에 의한 (x,y)의 **상**(image)이라 하고, 모든 상의 집합

$$f(D) = \{f(x,y) \mid (x,y) \in D\}$$

를 f의 **치역**(range)이라 한다.

함수 $f: D \to \mathbb{R}$의 정의역 D가 $\mathbb{R}^n$의 부분집합이면 함수 f를 **n-변수함수(function of n-variables)**라 하고, n-변수함수 f에 의한 $(x_1, x_2, \cdots, x_n) \in D$의 상을 $z = f(x_1, x_2, \cdots, x_n)$로 나타낸다. $n \geq 2$일 때 n-변수함수들을 **다변수함수(function of several variables)**라 한다.

정의 **이변수함수의 그래프**

이변수함수 $f: D \to \mathbb{R}$에 대하여 집합

$$G(f) = \{(x, y, f(x,y)) \mid (x,y) \in D\}$$

를 f의 **그래프(graph)**라 한다.

위에서 정의된 이변수함수의 그래프는 세 개의 좌표를 갖는 점들로 구성되어 있으므로 이변수함수의 그래프 $G(f)$는 공간상의 곡면을 나타낸다.

예제 9.1.1

이변수함수 $f(x,y)=\sqrt{9-x^2-y^2}$ 의 개형을 그려라.

풀이 주어진 함수 f 에서 $9-x^2-y^2 \geq 0$ 이어야 한다. 따라서 f 의 정의역은

$$D=\{(x,y)\mid x^2+y^2 \leq 9\}\ (\subseteq \mathbb{R}^2)$$

로 그림 9-1의 (a)와 같이 중심이 원점이고 반지름이 3인 원의 경계선과 그 내부이다. 또한 $0 \leqq x^2+y^2 \leq 9$ 이므로 $0 \leqq 9-(x^2+y^2) \leq 9$ 이고 $0 \leqq \sqrt{9-x^2-y^2} \leqq 3$ 이다. 따라서 f 의 치역은

$$f(D)=\{f(x,y)\mid (x,y)\in D\}=\left\{\sqrt{9-x^2-y^2}\mid (x,y)\in D\right\}=[0,3]$$

이다. $z=\sqrt{9-x^2-y^2}$ 라 하면 $z \geq 0$ 이고 양변을 제곱하여 정리하면

$$x^2+y^2+z^2=9$$

이다. 이는 그림 9-1의 (b)와 같이 중심이 원점이고 반지름이 3인 구의 위쪽 반구면이다.

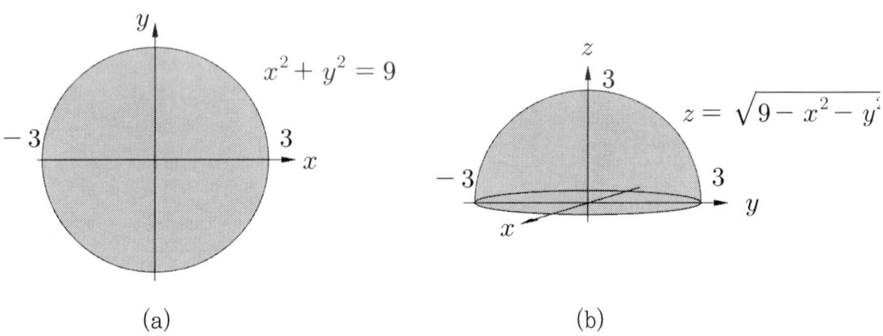

[그림 9-1] (a) $x^2+y^2 \leq 9$ (b) $x^2+y^2+z^2=9,\ z \geqq 0$

정의 **등위곡선**

함수 $z=f(x,y)$의 치역에 있는 임의의 상수 k 에 대하여 $f(x,y)=k$를 만족하는 xy-평면내의 곡선을 함수 f 의 **등위곡선(level curves)**이라 한다.

등위곡선 $f(x,y)=k$는 $f(x,y)$의 값이 k 인 모든 점 (x,y) 들의 집합을 의미하며 이는 f 의 곡면에서 $z=k$ 인 점들이다. 즉, 그림 9-2와 같이 xy-평면에 평행인 평면 $z=k$ 와 곡면이 만나는 공간곡선을 xy-평면에 투영한 평면곡선이다. 또한 등위곡선을 각각의 k 만큼 z 축 방향으로 평행이동하면 이변수함수 f 의 곡면을 그릴 수 있다.

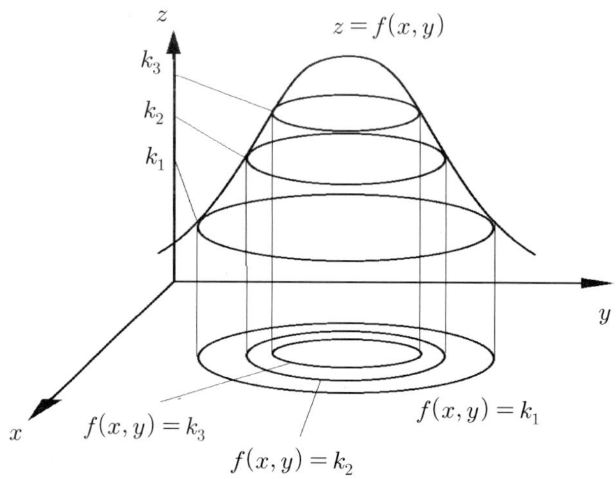

[그림 9-2] 곡면의 등위곡선

예제 9.1.2

이변수함수 $f(x,y)=-x^2+y$의 등위곡선을 그려라.

풀이 함수 $f(x,y)=-x^2+y$는 그림 9-3의 (a)와 같은 주면이다. 임의의 $k\in\mathbb{R}$에 대하여 $-x^2+y=k$라 하면, $y=x^2+k$이고, 이것은 그림 9-3의 (b)와 같이 y 절편이 k인 포물선이다.

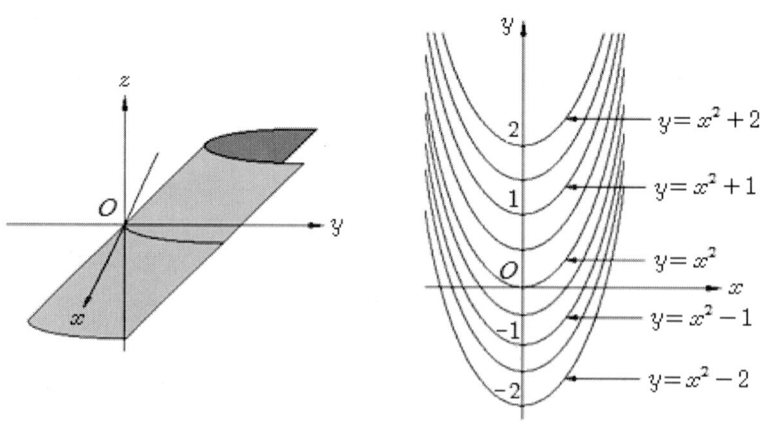

(a) (b)

[그림 9-3] (a) $z=-x^2+y$, (b) $z=-x^2+y$의 등위곡선

다음은 이변수함수의 편도함수를 정의하기 위해 이변수함수에서의 극한과 연속에 대해 알아본다.

정의 **이변수함수의 극한**

함수 f가 점 (a,b)를 포함하는 영역 $D(\subseteq \mathbb{R}^2)$에서 정의된 이변수함수라 하자. 정의역 내의 점 $(x,y)\,(\neq (a,b))$가 일정한 점 (a,b)에 한없이 가까워질 때 $f(x,y)$의 값이 L에 접근하면,

$$\lim_{(x,y)\to(a,b)} f(x,y) = L \quad \text{또는} \quad \lim_{\substack{x\to a\\ y\to b}} f(x,y) = L$$

로 나타내고, 이 L을 (a,b)에서 f의 **극한값(limit)**이라 한다. 즉, 임의의 $\epsilon > 0$에 대하여 적당한 $\delta > 0$가 존재하여

$$0 < \sqrt{(x-a)^2 + (y-b)^2} < \delta$$

를 만족하는 모든 (x,y)에 대하여

$$|f(x,y) - L| < \epsilon$$

을 만족할 때, L을 (a,b)에서 f의 극한값이라 한다.

위의 정의에서 정의역 D는 $\mathbb{R}^2$의 부분집합으로 D내의 임의의 점이 한 점 (a,b)로 접근하는 경로는 무수히 많다. 따라서 $\lim_{(x,y)\to(a,b)} f(x,y) = L$이 의미하는 것은 그림 9-4와 같은 (a,b)로의 모든 접근경로에 대해 $f(x,y)$의 값이 일정한 값 L에 가까워진다는 것을 의미한다.

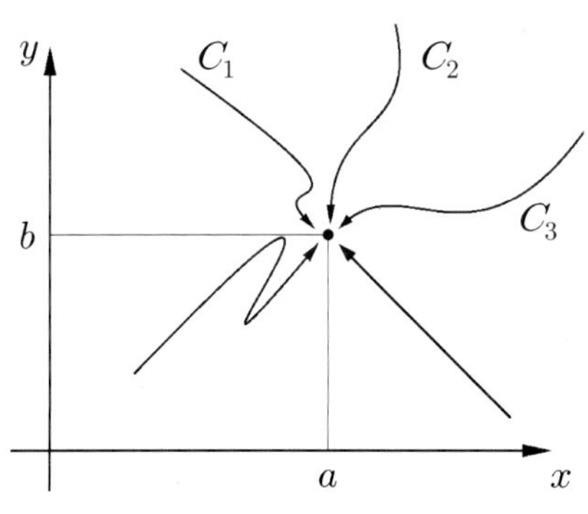

[그림 9-4] (a,b)로의 접근경로

예제 9.1.3

이변수함수 $f(x,y)=\dfrac{x-y}{x+y}$ 의 $(0,0)$ 에서의 극한값을 구하라.

풀이 점 (x,y) 가 x 축을 따라 점 $(0,0)$ 으로 접근한다고 하자. x 축에서 $y=0$ 이므로

$$f(x,0)=\frac{x}{x}=1$$

이다. 따라서 x 축을 따른 $(0,0)$ 으로의 극한값은 다음과 같다.

$$\lim_{(x,y)\to(0,0)} f(x,y)=1$$

또한, 점 (x,y) 가 y 축을 따라 $(0,0)$ 으로 접근하면, $x=0$ 이므로

$$f(0,y)=\frac{-y}{y}=-1$$

이고, y 축을 따른 $(0,0)$ 으로의 극한값은 다음과 같다.

$$\lim_{(x,y)\to(0,0)} f(x,y)=-1$$

점 (x,y) 가 직선 $y=mx$ 를 따라 $(0,0)$ 으로 접근시키면 극한값은 다음과 같다.

$$\lim_{(x,y)\to(0,0)} f(x,y)=\lim_{(x,y)\to(0,0)}\frac{x-y}{x+y}=\lim_{(x,y)\to(0,0)}\frac{x-mx}{x+mx}=\frac{1-m}{1+m}$$

극한값이 경로에 따라 일정하지 않으므로 $f(x,y)$ 의 극한값은 존재하지 않는다.

이변수함수의 극한값은 그 접근경로에 따라 값이 달라질 수 있으므로 일변수함수보다 그 극한값을 예측하기가 어렵다.

예제 9.1.4

$\displaystyle\lim_{(x,y)\to(0,0)}\frac{3x^2y}{x^2+y^2}$ 의 극한값을 구하라.

풀이 직선 $y=mx$ 의 경로를 따라 $(0,0)$ 으로 접근시키면

$$\lim_{(x,y)\to(0,0)}\frac{3x^2y}{x^2+y^2}=\lim_{(x,mx)\to(0,0)}\frac{3x^2(mx)}{x^2+(mx)^2}=\lim_{x\to0}\frac{3mx}{1+m^2}=0$$

이다. 몇 개의 경로만을 조사하여 극한값을 구하는 것은 직관적인 방법일 수는 있어도 정확한 논리적 근거를 갖지 못하므로 $\epsilon-\delta$ 법을 사용하여 실제로 이 함수의 극한값이 0 이 됨을 증명하여 보도록 하자.
임의의 $\epsilon>0$ 에 대하여 다음의 조건을 만족시키는 $\delta>0$ 가 존재함을 보인다.

$$0<\sqrt{x^2+y^2}<\delta \;\Rightarrow\; \left|\frac{3x^2y}{x^2+y^2}-0\right|<\epsilon$$

$\left|\dfrac{3x^2y}{x^2+y^2}-0\right|=\dfrac{3x^2|y|}{x^2+y^2}$ 이고 $\dfrac{x^2}{x^2+y^2}\leq 1$ 이므로 다음이 성립한다.

$$\frac{3x^2|y|}{x^2+y^2}\leq 3|y|=3\sqrt{y^2}\leq 3\sqrt{x^2+y^2}$$

따라서 $\delta=\dfrac{\epsilon}{3}$ 으로 선택하면 $0<\sqrt{x^2+y^2}<\delta$ 인 모든 (x, y)에 대하여

$$\left|\frac{3x^2y}{x^2+y^2}-0\right|\leq 3\sqrt{x^2+y^2}<3\cdot\frac{\epsilon}{3}=\epsilon$$

이고, 정의에 따라 $\lim\limits_{(x,y)\to(0,0)}\dfrac{3x^2y}{x^2+y^2}=0$ 이다.

정의 **이변수함수의 연속**

함수 f가 점 (a,b)를 포함하는 어떤 영역 D에서 정의된 이변수함수라 하자. 함수 f가

$$\lim_{(x,y)\to(a,b)} f(x,y)=f(a,b)$$

를 만족할 때, 함수 f는 점 (a,b)에서 **연속(continuous)**이라 한다. 또한 영역 D 내의 모든 점에서 연속일 때, 함수 f는 영역 D에서 **연속**이라 한다.

예제 9.1.5

다음의 함수 f가 $(0,0)$에서 연속임을 보여라.

$$f(x,y)=\begin{cases}\dfrac{3x^2y}{x^2+y^2}, & (x,y)\neq(0,0)\\ 0, & (x,y)=(0,0)\end{cases}$$

| 풀이 | $(x,y)\neq(0,0)$ 이면 주어진 함수는 유리함수로 연속이다. 또한 예제 9.1.4로부터

$$\lim_{(x,y)\to(0,0)}f(x,y)=\lim_{(x,y)\to(0,0)}\frac{3x^2y}{x^2+y^2}=0=f(0,0)$$

이므로 f는 $(0,0)$에서 연속이다.

정리 9.1.6

이변수함수 f가 점 (a,b)에서 연속이고 일변수함수 g가 $f(a,b)$에서 연속이면 합성함수 $h=g\circ f$도 (a,b)에서 연속이다.

예제 9.1.7

이변수함수 $h(x,y) = \ln(1 - x^2 - y^2)$ 이 연속이 되는 영역을 구하라.

풀이 $f(x,y) = 1 - x^2 - y^2$ 이라 하고 $g(u) = \ln u$ 라 하면

$$h(x,y) = \ln(1 - x^2 - y^2) = g(f(x,y))$$

이다. 또한 f 는 다항함수이므로 모든 $(x,y) \in \mathbb{R}^2$ 에서 연속이고, g 는 $u > 0$ 인 모든 u 에서 연속이다. 따라서 주어진 함수 h 가 연속인 영역은 다음과 같다.

$$D = \{(x,y) \mid 1 - x^2 - y^2 > 0\} = \{(x,y) \mid x^2 + y^2 < 1\}$$

즉, 반지름이 1 인 원의 내부에서 연속이다.

9.1 연습문제

1. 다음의 다변수 함수에 대하여 주어진 함수값을 구하라.

(1) $f(x,y) = x^2 + y^2 + 2xy - 1,\quad f(1,-1),\quad f(1,0)$

(2) $g(x,y) = \ln(xy + y - 1),\quad g(e,1),\quad g(x,1)$

(3) $h(x,y,z) = z\sin 2x \cos y,\quad h\left(\frac{\pi}{6}, \frac{\pi}{3}, 4\right),\quad h\left(\frac{\pi}{4}, k, 1\right)$

2. 다음 이변수함수의 등위곡선과 그래프의 개형을 그려라.

(1) $f(x,y) = \sqrt{4 - x^2 - y^2}$

(2) $f(x,y) = 3 - 2x - y$

(3) $g(x,y) = 9x^2 + 4y^2$

3. 다음의 극한값을 구하고, 극한값이 존재하지 않으면 그 이유를 설명하라.

(1) $\lim_{(x,y)\to(1,2)} (x^2y^3 - x^3y^2 + 3x + 2y)$

(2) $\lim_{(x,y)\to(0,0)} \frac{x^2 - y^2}{x^2 + y^2}$

(3) $\lim_{(x,y)\to(0,0)} \frac{x^3 + xy^2}{x^2 + y^2}$

(4) $\lim_{(x,y)\to(\pi,\pi)} x\cos\left(\frac{x+y}{2}\right)$

4. 다음 함수가 연속인 영역을 구하라.

(1) $f(x,y) = \frac{x^2 + y^2 + 1}{x^2 + y^2 - 1}$

(2) $f(x,y) = \ln(1 - x^2 - y^2)$

(3) $f(x,y) = e^{xy}\sin(x+y)$

(4) $f(x,y) = x\ln(xy)$

5. 다음 함수의 합성함수 $h(x,y) = g(f(x,y))$의 연속인 영역을 구하라.

(1) $g(u) = \ln u,\ f(x,y) = x^2 + y^2 - 1$

(2) $g(t) = e^{-t}\sin t,\ f(x,y) = x^2 + 2xy + y^2$

(3) $g(z) = \sin z,\ f(x,y) = y\ln x$

연습문제 해답

1. (1) $f(1,-1)=-1$, $f(1,0)=0$ (2) $g(e,1)=1$, $g(x,1)=x$

(3) $h\left(\frac{\pi}{6}, \frac{\pi}{3}, 4\right)=\sqrt{3}$, $h\left(\frac{\pi}{4}, k, 1\right)=\cos k$

2. 생략

3. (1) 11

(2) x 축을 따라 접근 하면 $y=0$ 이므로 $\lim_{(x,y)\to(0,0)} \frac{x^2-y^2}{x^2+y^2} = \lim_{(x,0)\to(0,0)} \frac{x^2}{x^2}=1$,

y 축을 따라 접근하면 $x=0$ 이므로 $\lim_{(x,y)\to(0,0)} \frac{x^2-y^2}{x^2+y^2} = \lim_{(0,y)\to(0,0)} \frac{-y^2}{y^2}=-1$.

따라서 극한값은 존재하지 않는다.

(3) 0

(4) $-\pi$

4. (1) $D=\{(x,y) \mid x^2+y^2 \neq 1\}$

(2) $D=\{(x,y) \mid x^2+y^2 < 1\}$

(3) $\mathbb{R}^2$의 모든 점에서 연속

(4) $D=\{(x,y) \mid x>0,\ y>0\} \cup \{(x,y) \mid x<0,\ y<0\}$

5. (1) $D=\{(x,y) \mid x^2+y^2 > 1\}$

(2) $\mathbb{R}^2$의 모든 점

(3) $D=\{(x,y) \mid x>0\}$

9.2 편도함수

이변수함수 $f(x,y)$에서 변수 y가 $y=b$로서 일정하면, 주어진 함수 f는 x만의 함수 $g(x)=f(x,b)$로 생각할 수 있다. 이 일변수함수 g가 $x=a$에서의 미분계수 $g'(a)$를 가지면, f는 점 (a,b)에서 x에 대하여 **편미분가능(partially differentiable)**이라 한다. 이때 $g'(a)$를 (a,b)에서 x에 관한 f의 **편미분계수(partial differential coefficient)**라 하고 $f_x(a,b)$로 나타낸다. 즉,

$$f_x(a,b)=g'(a)=\lim_{\Delta x\to 0}\frac{g(a+\Delta x)-g(a)}{\Delta x}=\lim_{\Delta x\to 0}\frac{f(a+\Delta x,b)-f(a,b)}{\Delta x}$$

마찬가지로 x가 $x=a$로 일정할 때, y에 관한 f의 **편미분계수** $f_y(a,b)$는 y에 관한 일변수함수 $h(y)=f(a,y)$의 $y=b$에서의 도함수 $h'(b)$로부터 구할 수 있다.

$$f_y(a,b)=h'(b)=\lim_{\Delta y\to 0}\frac{f(a,b+\Delta y)-f(a,b)}{\Delta y}$$

정의 **편도함수**

이변수함수 $f: D\to\mathbb{R}$에 대하여

$$f_x(x,y)=\lim_{\Delta x\to 0}\frac{f(x+\Delta x,y)-f(x,y)}{\Delta x} \tag{9-1}$$

를 x에 대한 f의 **편도함수(partial derivative)**라 하고,

$$f_y(x,y)=\lim_{\Delta y\to 0}\frac{f(x,y+\Delta y)-f(x,y)}{\Delta y} \tag{9-2}$$

를 y에 대한 f의 **편도함수(partial derivative)**라 한다. 또한 편도함수를 구하는 과정을 **편미분한다**고 한다.

이변수함수 $z=f(x,y)$의 편도함수를 나타내는 많은 표현법 있으며 주로 사용되는 표현법은 다음과 같다.

$$f_x(x,y),\ f_x,\ z_x,\ \frac{\partial f}{\partial x},\ \frac{\partial}{\partial x}f(x,y),\ \frac{\partial z}{\partial x},\ D_xf,\ D_xz$$

$$f_y(x,y),\ f_y,\ z_y,\ \frac{\partial f}{\partial y},\ \frac{\partial}{\partial y}f(x,y),\ \frac{\partial z}{\partial y},\ D_yf,\ D_yz$$

변수 x 와 y 에 관한 f 의 편도함수 f_x, f_y 는 일변수함수와 같이 각각 x 와 y 에 관한 f 의 순간변화율을 의미한다.

예제 9.2.1

함수 $f(x,y)=x^2+xy-2y^3$ 의 편도함수 f_x 와 f_y 를 구하라.

풀이 식 (9-1)로부터 x 에 관한 f 의 편도함수 $f_x(x,y)$ 를 구하면 다음과 같다.

$$\begin{aligned} f_x(x,y) &= \lim_{\Delta x\to 0}\frac{f(x+\Delta x,y)-f(x,y)}{\Delta x} \\ &= \lim_{\Delta x\to 0}\frac{(x+\Delta x)^2+(x+\Delta x)y-2y^3-(x^2+xy-2y^3)}{\Delta x} \\ &= \lim_{\Delta x\to 0}\frac{2x(\Delta x)+(\Delta x)^2+(\Delta x)y}{\Delta x} \\ &= \lim_{\Delta x\to 0}(2x+\Delta x+y) \\ &= 2x+y \end{aligned}$$

같은 방법으로 y 에 관한 편도함수를 구하면 $f_y(x,y)=x-6y^2$ 이다.

위의 예제의 결과처럼 x 와 y 에 관한 각각의 편도함수를 구하는 방법은 다음과 같다.

(1) x 에 관한 편도함수 $f_x(x,y)$ 는 변수 y 를 상수로 가정하고 x 에 관하여 미분한다.

(2) y 에 관한 편도함수 $f_y(x,y)$ 는 변수 x 를 상수로 가정하고 y 에 관하여 미분한다.

예제 9.2.2

함수 $f(x,y)=x^3-x^2y^3+3y^2$ 에서 $f_x(1,-1)$ 와 $f_y(1,-1)$ 를 구하라.

풀이 x 에 관한 f 의 편도함수를 구하기 위해 y 를 상수로 보고 x 에 관하여 f 를 미분하면

$$f_x(x,y)=3x^2-2xy^3$$

이다. 따라서 $f_x(1,-1)=3\cdot 1^2-2\cdot 1\cdot(-1)^3=5$ 이다. y 에 관한 f 의 편도함수를 구하기 위해 x 를 상수로 보고 y 에 관하여 f 를 미분하면

$$f_y(x,y)=-3x^2y^2+6y$$

이고 $f_y(1,-1)=-9$ 이다.

편미분계수의 기하학적인 의미는 그림 9-5와 같다. x 에 관한 f 의 편미분계수 $f_x(a,b)$ 는 점 P 에서 곡선 QPR 에 접하는 접선의 기울기, 즉 점 P 에서 곡면에 접하는 xz-평면에 평행인 접선의 기울기이고, y 에 관한 f 의 편미분계수 $f_y(a,b)$ 는 점 P 에서 곡선 SPT 에 접하는 접선의 기울기, 즉 점 P 에서 곡면에 접하는 yz-평면에 평행인 접선의 기울기를 나타낸다.

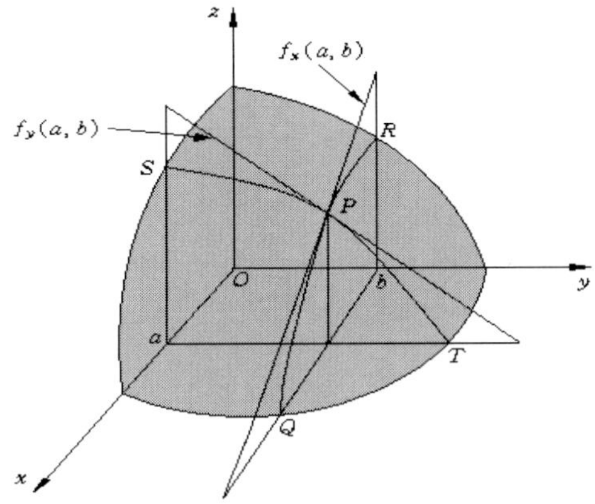

[그림 9-5] 편미분계수 f_x, f_y 와 접선의 기울기

예제 9.2.3

곡면 $f(x,y)=9x^2+4y^2$에 대하여 $f_x(0,1)$과 $f_y(0,1)$을 구하라.

▌풀이▐ 함수 $f(x,y)=9x^2+4y^2$ 의 x와 y에 대한 편도함수는 각각 다음과 같다.

$$f_x(x,y)=18x,\quad f_y(x,y)=8y$$

따라서 $f_x(0,1)=0$ 이고 $f_y(0,1)=8$ 이다.

예제 9.2.4

곡면 $f(x,y)=\sqrt{36-4x^2-9y^2}$ 와 yz-평면이 만나서 만들어지는 곡선의 도함수를 구하고 점 $(0,1,3\sqrt{3})$에서의 접선의 기울기를 구하라.

▌풀이▐ 함수 f의 y에 관한 편도함수를 구하면

$$\begin{aligned} f_y(x,y) &= \frac{1}{2\sqrt{36-4x^2-9y^2}}\frac{\partial}{\partial y}(36-4x^2-9y^2) \\ &= \frac{-9y}{\sqrt{36-4x^2-9y^2}} \end{aligned}$$

이다. 따라서 $f_y(0,1)=-\dfrac{9}{3\sqrt{3}}=-\sqrt{3}$ 이다.

위의 예에서 곡면 f와 yz-평면이 만나서 만들어지는 곡선은 yz-평면내에 포함되어 있으므로 x 값은 항상 0 이다. 따라서 그 곡선은 함수 $f(x,y)=\sqrt{36-4x^2-9y^2}$ 에 $x=0$을 대입하여 얻을 수 있다. 즉, $h(y)=f(0,y)=\sqrt{36-9y^2}$ 이다. 따라서 위의 예에서 구하려는 접선의 기울기는 $y=1$ 일 때 함수 $h(y)$ 의 미분계수와 같다. 실제로

$$h'(y) = -\frac{9y}{\sqrt{36-9y^2}}$$

이므로 $h'(1) = -\frac{9}{\sqrt{27}} = -\sqrt{3}$ 이다.

변수가 셋 또는 그 이상인 다변수함수의 편도함수도 같은 방법으로 정의할 수 있다. 예를 들어 f가 삼변수함수일 때 x에 관한 편도함수는 다음과 같다.

$$f_x(x, y, z) = \lim_{\Delta x \to 0} \frac{f(x+\Delta x, y, z) - f(x, y, z)}{\Delta x}$$

일반적으로 변수가 n개인 다변수함수 $z = f(x_1, \cdots, x_i, \cdots, x_n)$에 대하여 i번째 변수 x_i에 관한 f의 편도함수는 다음과 같이 정의한다.

$$\frac{\partial z}{\partial x_i} = \lim_{\Delta x_i \to 0} \frac{f(x_1, \cdots, x_i + \Delta x_i, \cdots, x_n) - f(x_1, \cdots, x_i, \cdots, x_n)}{\Delta x_i}$$

이때 x_i에 관한 편도함수를 f_{x_i}, f_i, $D_i f$ 등으로 나타낸다. 다변수함수의 미분법 또한 이변수함수의 미분법과 마찬가지로 미분하려는 변수 x_i 이외의 변수를 상수로 보고 x_i에 관하여 미분하여 구할 수 있다.

예제 9.2.5

함수 $f(x,y,z) = y^2 \ln x + x e^z$에서 f_x, f_y, f_z를 구하라.

풀이 x에 관한 편도함수를 구하기 위해 주어진 함수에서 y와 z를 상수로 보고 x에 관하여 미분하면

$$f_x(x,y,z) = \frac{y^2}{x} + e^z$$

이다. 같은 방법으로 y와 z에 관한 편도함수를 구하면 다음과 같다.

$$f_y(x,y,z) = 2y\ln x, \quad f_z(x,y,z) = x e^z$$

이변수함수 $z = f(x,y)$의 편도함수 f_x, f_y는 다시 이변수함수가 되므로 그들의 편도함수 $(f_x)_x$, $(f_x)_y$, $(f_y)_x$, $(f_y)_y$를 생각할 수 있다. 이들을 f의 **이계편도함수**라 하고, 다음과 같이 나타낸다.

$$f_{xx} = (f_x)_x = f_{11} = \frac{\partial}{\partial x}\left(\frac{\partial f}{\partial x}\right) = \frac{\partial^2 f}{\partial x^2}$$

$$f_{xy} = (f_x)_y = f_{12} = \frac{\partial}{\partial y}\left(\frac{\partial f}{\partial x}\right) = \frac{\partial^2 f}{\partial y \partial x}$$

$$f_{yx} = (f_y)_x = f_{21} = \frac{\partial}{\partial x}\left(\frac{\partial f}{\partial y}\right) = \frac{\partial^2 f}{\partial x\, \partial y}$$

$$f_{yy} = (f_y)_y = f_{22} = \frac{\partial}{\partial y}\left(\frac{\partial f}{\partial y}\right) = \frac{\partial^2 f}{\partial y^2}$$

이계편도함수 이상의 편도함수를 **고계편도함수**라 한다.

예제 9.2.6

함수 $f(x,y) = x^3 + x^2 y^3 - 2x^4 y$의 이계편도함수를 구하라.

풀이 함수 f의 x와 y에 관한 편도함수는

$$f_x(x,y) = 3x^2 + 2xy^3 - 8x^3 y, \quad f_y(x,y) = 3x^2 y^2 - 2x^4$$

이고, 이들 각각의 x와 y에 관한 편도함수를 구하면 다음과 같다.

$$f_{xx}(x,y) = 6x + 2y^3 - 24x^2 y, \quad f_{xy}(x,y) = 6xy^2 - 8x^3$$
$$f_{yx}(x,y) = 6xy^2 - 8x^3, \quad f_{yy}(x,y) = 6x^2 y$$

위의 예에서는 $f_{xy} = f_{yx}$가 성립하였다. 이는 모든 함수에서 항상 성립하는 성질이 아니며 이 성질이 성립하는 경우는 다음과 같다.

정리 9.2.7

함수 f가 영역 D에서 정의된 이변수함수라 하자. f의 편도함수 f_x, f_y, f_{xy}가 모두 존재하고 f_{xy}가 영역 D에서 연속이면, f_{yx}도 존재하고, 임의의 $(x,y) \in D$에 대하여 다음이 성립한다.

$$f_{xy}(x,y) = f_{yx}(x,y)$$

위의 정리는 프랑스의 수학자 알렉시스 클레로(Alexis Clairaut, 1713~1765)에 의해 입증된 것으로 **클레로의 정리**라고 부르기도 한다. 이 클레로의 정리를 이용하면 연속인 함수에 대해

$$f_{xxy} = f_{xyx} = f_{yxx}$$

임을 밝힐 수 있다.

예제 9.2.8

이변수함수 $f(x,y)=e^{2x}\cos y$에서 f_{xxy}와 f_{yxx}를 구하라.

풀이 주어진 함수 f의 x와 y에 관한 편도함수는

$$f_x(x,y)=2e^{2x}\cos y,\quad f_y(x,y)=-e^{2x}\sin y$$

이다. 위의 두 편도함수를 x에 관하여 편미분하면

$$f_{xx}(x,y)=4e^{2x}\cos y,\quad f_{yx}(x,y)=-2e^{2x}\sin y$$

이다. 따라서 구하려는 3계 편도함수는

$$f_{xxy}(x,y)=-4e^{2x}\sin y,\quad f_{yxx}=-4e^{2x}\sin y$$

로 $f_{xxy}=f_{yxx}$ 임을 알 수 있다.

9.2 연습문제

1. 다음의 함수와 주어진 점에 대한 편미분계수를 구하라.

(1) $f(x,y) = x^3 + xy^2 + y^3$, $(1,2)$

(2) $f(x,y) = \sqrt{2x+3y}$, $(2,4)$

(3) $f(x,y) = \sin(x-y)$, $\left(\frac{\pi}{2}, \frac{\pi}{3}\right)$

(4) $f(x,y) = \ln(2x+y) + xe^{-y}$, $(1,0)$

(5) $f(x,y,z) = x^2yz^3$, $(-2,3,1)$

(6) $f(x,y,z) = e^{xyz}$, $(-1,0,2)$

2. 다음 함수의 편도함수를 구하라.

(1) $f(x,y) = \dfrac{x^3+y^3}{x^2+y^2}$

(2) $f(x,y) = e^{\sin\frac{y}{x}}$

(3) $z = \ln(x^2+y^2)$

(4) $u = x^2y^5 + x^2z^2$

(5) $f(x,y) = x^y$

(6) $f(x,y,z) = x^{yz}$

(7) $w = xy^2z^3\ln(x+2y+3z)$

(8) $w = \sin^2(xy) + \cos^2(yz)$

3. 한 물체내의 임의의 점 (x, y, z)에서의 온도가 $T(x,y,z) = x^2 + 3y^2 - 6z$ 이다. 점 $(4, 2, 2)$에서 각 x, y, z에 대한 온도의 순간변화율을 구하라.

4. 이변수함수 $z = \cos x \cosh y$가 방정식 $z_{xx} + z_{yy} = 0$을 만족시키는지 확인하라.

연습문제 해답

1. (1) $f_x(1,2)=7,\ f_y(1,2)=16$

(2) $f_x(2,4)=\dfrac{1}{4},\ f_y(2,4)=\dfrac{3}{8}$

(3) $f_x\left(\dfrac{\pi}{2},\dfrac{\pi}{3}\right)=\dfrac{\sqrt{3}}{2},\ f_y\left(\dfrac{\pi}{2},\dfrac{\pi}{3}\right)=-\dfrac{\sqrt{3}}{2}$

(4) $f_x(1,0)=2,\ f_y(1,0)=-\dfrac{1}{2}$

(5) $f_x(-2,3,1)=-12,\ f_y(-2,3,1)=4,\ f_z(-2,3,1)=36$

(6) $f_x(-1,0,2)=0,\ f_y(-1,0,2)=-2,\ f_z(-1,0,2)=0$

2. (1) $f_x(x,y)=\dfrac{x^4+3x^2y^2-2xy^3}{(x^2+y^2)^2},\ f_y(x,y)=\dfrac{3x^2y^2-2x^3y+y^4}{(x^2+y^2)^2}$

(2) $f_x(x,y)=-\dfrac{y}{x^2}e^{\sin\frac{y}{x}}\cos\dfrac{y}{x},\ f_y(x,y)=\dfrac{1}{x}e^{\sin\frac{y}{x}}\cos\dfrac{y}{x}$

(3) $z_x=\dfrac{2x}{x^2+y^2},\ z_y=\dfrac{2y}{x^2+y^2}$

(4) $u_x=2xy^5+2xz^2,\ u_y=5x^2y^4,\ u_z=2x^2z$

(5) $f_x(x,y)=yx^{y-1},\ f_y(x,y)=x^y\ln x$

(6) $f_x(x,y,z)=yzx^{yz-1},\ f_y(x,y,z)=zx^{yz}\ln x,\ f_z(x,y,z)=yx^{yz}\ln x$

(7) $w_x=y^2z^3\left(\ln(x+2y+3z)+\dfrac{x}{x+2y+3z}\right),$

$w_y=xz^3\left(2y\ln(x+2y+3z)+\dfrac{2y^2}{x+2y+3z}\right),$

$w_z=xy^2\left(3z^2\ln(x+2y+3z)+\dfrac{3z^3}{x+2y+3z}\right)$

(8) $w_x=2y\sin(xy)\cos(xy),\ w_y=2x\sin(xy)\cos(xy)-2z\cos(yz)\sin(yz),$

$w_z=-2y\cos(yz)\sin(yz)$

3. $T_x(4,2,2)=8,\ T_y(4,2,2)=12,\ T_z(4,2,2)=-6$

4. $z_{xx}=-\cos x\cosh y$ 이고 $z_{yy}=\cos x\cosh y$ 이므로 $z_{xx}+z_{yy}=0$ 이다.

9.3 전미분과 근사값

이변수함수 $z=f(x,y)$가 그림 9-6의 곡면 S를 나타낸다고 할 때, S 위의 점 $P(x_0, y_0, z_0)$에서 이 곡면 S에 접하는 평면 T의 방정식을 구하여 보자. 법선벡터가 (u_1, u_2, u_3)이고 점 $P(x_0, y_0, z_0)$를 지나는 평면의 방정식은

$$u_1(x-x_0)+u_2(y-y_0)+u_3(z-z_0)=0$$

이다. 이로부터 다음의 식을 얻을 수 있다.

$$z-z_0=a(x-x_0)+b(y-y_0) \tag{9-3}$$

여기에서 $a=-\dfrac{u_1}{u_3}$, $b=-\dfrac{u_2}{u_3}$ 이다. 만약 위의 식 (9-3)이 구하고자 하는 접평면의 방정식이라면 평면 $y=y_0$가 이 평면 T를 자르는 단면은 직선 L_1이고, 이 직선은 곡선 C_1의 접선이다. 식 (9-3)에서 $y=y_0$라 하면 접선 L_1의 방정식은

$$z-z_0=a(x-x_0),\ \ y=y_0$$

이다. 따라서 접선 L_1의 기울기는 a이다. 또한 L_1은 곡선 C_1의 접선이므로 그 기울기가 $f_x(x_0,y_0)$이다. 즉, $a=f_x(x_0,y_0)$이다. 같은 방법으로 식 (9-3)에서 $x=x_0$라 하고 b를 구하면 $b=f_y(x_0,y_0)$이다. 따라서 S 위의 점 $P(x_0, y_0, z_0)$에서 S에 접하는 평면 T의 방정식은 다음과 같다.

$$z-z_0=f_x(x_0, y_0)(x-x_0)+f_y(x_0, y_0)(y-y_0) \tag{9-4}$$

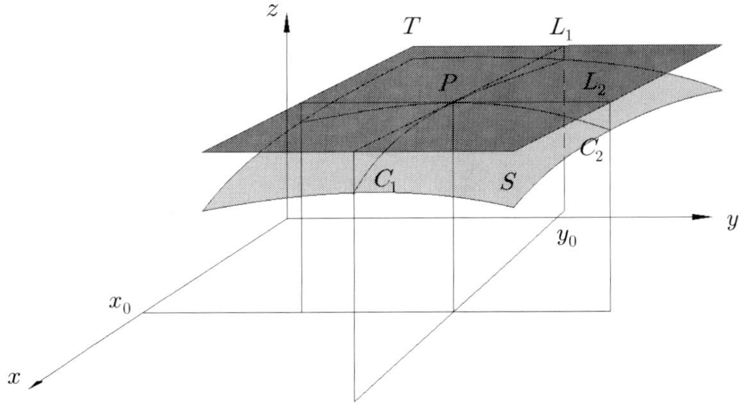

[그림 9-6] 점 P에서 곡면 S에 접하는 접평면 T

예제 9.3.1

점 $P(1,1,\sqrt{2})$ 에서 구면 $f(x,y)=\sqrt{4-x^2-y^2}$ 에 접하는 평면의 방정식을 구하라.

풀이 함수 f 의 x 와 y 에 관한 편도함수는 다음과 같다.

$$f_x(x,y)=\frac{-x}{\sqrt{4-x^2-y^2}},\quad f_y(x,y)=\frac{-y}{\sqrt{4-x^2-y^2}}$$

따라서 $f_x(1,1)=-\frac{1}{\sqrt{2}}$, $f_y(1,1)=-\frac{1}{\sqrt{2}}$ 이므로 접평면의 방정식은 다음과 같다.

$$z-\sqrt{2}=-\frac{1}{\sqrt{2}}(x-1)-\frac{1}{\sqrt{2}}(y-1) \text{ 또는 } x+y+\sqrt{2}z=4$$

일변수함수 $y=f(x)$ 의 미분은 $dy=f'(x)dx$ 이다. 일변수함수의 미분과 유사한 방법으로 이변수함수 $z=f(x,y)$ 의 미분을 정의한다.

함수 $y=f(x)$ 에 대한 평균값 정리로부터 f 가 구간 $(x,x+\Delta x)$ 에서 미분가능이고 구간 $[x,x+\Delta x]$ 에서 연속이면

$$f(x+\Delta x)-f(x)=f'(x+\theta\Delta x)\Delta x,\ 0<\theta<1 \tag{9-5}$$

인 $x+\theta\Delta x\ (0<\theta<1)$가 존재한다. 여기에서 $f'(x+\theta\Delta x)$는 그림 9-7과 같이 두 점 P와 Q를 잇는 직선의 기울기이다.

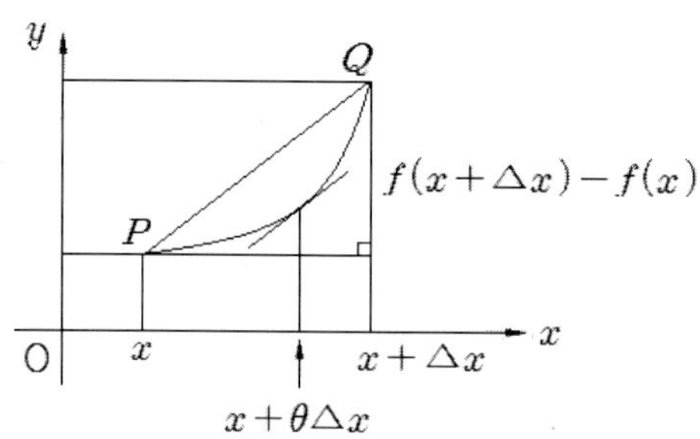

[그림 9-7] $y=f(x)$ 에 대한 평균값 정리

이변수함수 $z=f(x,y)$ 의 x 와 y 에 관한 편도함수 f_x 와 f_y 가 존재하고 이들이 모두 연속이라 하자. 점 (x,y) 가 $(x+\Delta x, y+\Delta y)$ 로 변할 때 함수 f 의 **증분**(increment)을 Δz 라 하면

$$\begin{aligned}\Delta z&=f(x+\Delta x,y+\Delta y)-f(x,y)\\&=[f(x+\Delta x,y+\Delta y)-f(x,y+\Delta y)]+[f(x,y+\Delta y)-f(x,y)]\end{aligned}$$

이다. 이 식의 첫 번째 항과 두 번째 항 각각에 평균값 정리를 적용하면

$$\Delta z=f_x(x+\theta_1\Delta x,\ y+\Delta y)\Delta x+f_y(x,y+\theta_2\Delta y)\Delta y$$

$0<\theta_1<1$, $0<\theta_2<1$ 이다. 또한

$$f_x(x+\theta_1\Delta x, y+\Delta y)=f_x(x,y)+\epsilon_1,\quad f_y(x, y+\theta_2\Delta y)=f_y(x,y)+\epsilon_2$$

라 하면, f_x와 f_y가 연속이므로 $(\Delta x, \Delta y)\to(0,0)$ 이면 $(\epsilon_1,\epsilon_2)\to(0,0)$ 이다. 따라서

$$\Delta z=f_x(x,y)\Delta x+f_y(x,y)\Delta y+\epsilon_1\Delta x+\epsilon_2\Delta y$$

이고, $(\Delta x, \Delta y)\to(0,0)$ 이면 $(\epsilon_1,\epsilon_2)\to(0,0)$ 이다. 여기에서 Δx와 Δy를 충분히 작게 하면 다음과 같이 증분 Δz의 **근사값**을 얻을 수 있다.

$$\Delta z \fallingdotseq f_x(x,y)\Delta x+f_y(x,y)\Delta y=\frac{\partial z}{\partial x}\Delta x+\frac{\partial z}{\partial y}\Delta y \tag{9-6}$$

정의 **전미분**

이변수함수 $z=f(x,y)$에 대하여 $(\Delta x, \Delta y)\to(0,0)$ 일 때 $(\epsilon_1,\epsilon_2)\to(0,0)$ 인 ϵ_1과 ϵ_2가 존재하여

$$\Delta f(a,b)=f_x(a,b)\Delta x+f_y(a,b)\Delta y+\epsilon_1\Delta x+\epsilon_2\Delta y$$

를 만족하면, 함수 f는 점 (a,b)에서 **미분가능(differentiable)하다**라고 한다. 또한, 식 (9-6)의 우변을 z의 **전미분(total differential)**이라 하고 다음과 같이 나타낸다.

$$dz=f_x(x,y)\Delta x+f_y(x,y)\Delta y=\frac{\partial z}{\partial x}\Delta x+\frac{\partial z}{\partial y}\Delta y \tag{9-7}$$

점 $P(x_0, y_0, f(x_0,y_0))$에서 곡면 $z=f(x,y)$에 접하는 접평면을 $u=g(x,y)$라 하면 이 접평면의 방정식은 식 (9-4)로부터

$$u-f(x_0, y_0)=f_x(x_0, y_0)(x-x_0)+f_y(x_0, y_0)(y-y_0)$$

이다. $x=x+\Delta x$, $y=y+\Delta y$, $x_0=x$, $y_0=y$라 하면 $u=g(x+\Delta x, y+\Delta y)$이고 $f(x_0, y_0)=g(x_0, y_0)=g(x,y)$이므로 다음을 얻을 수 있다.

$$g(x+\Delta x, y+\Delta y)-g(x,y)=f_x(x,y)\Delta x+f_y(x,y)\Delta y$$

이 식의 우변은 식 (9-7)의 전미분 dz이다. 즉

$$dz=g(x+\Delta x,y+\Delta y)-g(x,y)$$

이므로 전미분 dz는 그림 9-8과 같이 xy-평면내의 점 (x,y)가 $(x+\Delta x, y+\Delta y)$로 변하는데 따른 접평면 g의 변화량을 의미한다. 또한, 위의 정의에서 $z=f(x,y)=x$라 하면

$$dx=dz=f_x(x,y)\Delta x+f_y(x,y)\Delta y=1\cdot\Delta x+0\cdot\Delta y=\Delta x$$

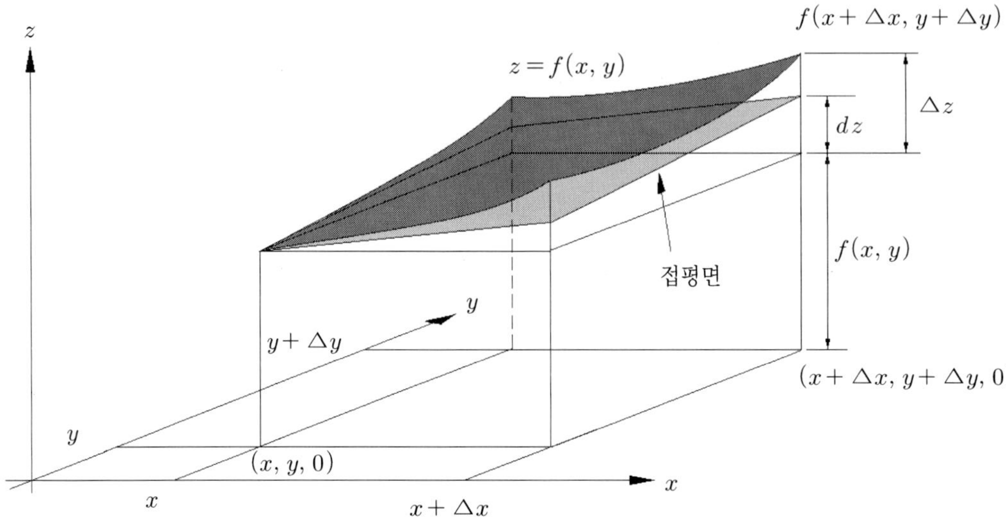

[그림 9-8] 곡면 $z=f(x,y)$ 의 전미분 dz 와 Δz

이고 같은 방법으로 $z=f(x,y)=y$ 라 하면 $dy=\Delta y$ 이므로 식 (9-7)은 다음과 같이 나타낼 수 있다.

$$dz=f_x(x,y)\,dx+f_y(x,y)\,dy=\frac{\partial z}{\partial x}dx+\frac{\partial z}{\partial y}dy \tag{9-8}$$

예제 9.3.2

이변수함수 $z=x^2-xy+3y^2$ 의 전미분을 구하고, x 가 3에서 2.96으로 y 가 -1에서 -0.95로 변할 때 $\Delta z-dz$ 를 구하라.

풀이 x 와 y 에 관한 편도함수를 구하면

$$\frac{\partial z}{\partial x}=2x-y,\quad \frac{\partial z}{\partial y}=-x+6y$$

이다. 따라서 식 (9-7) 또는 (9-8)로부터 z 의 전미분 dz 는

$$dz=(2x-y)\Delta x+(-x+6y)\Delta y \quad \text{또는}$$
$$dz=(2x-y)dx+(-x+6y)dy$$

이다. 주어진 값에 대한 Δz 와 dz 를 구하기 위하여 $x=3$, $\Delta x=-0.04$, $y=-1$, $\Delta y=0.05$ 라 하면

$$\Delta z=f(x+\Delta x,y+\Delta y)-f(x,y)=f(2.96,-0.95)-f(3,-1)$$
$$=14.2811-15=-0.7189,$$

$$dz=(2x-y)\Delta x+(-x+6y)\Delta y$$
$$=(2\times 3-(-1))\times(-0.04)+(-3+6\times(-1))\times 0.05$$
$$=-0.73$$

이다. 따라서 $\Delta z - dz = -0.7189-(-0.73) = 0.0111$이다. Δz와 dz의 값은 근사하나 dz의 계산이 더 쉽다는 것을 알 수 있다.

그림 9-8에서와 같이 Δx와 Δy가 충분히 작다면 $dz \fallingdotseq \Delta z$, 즉

$$dz \fallingdotseq f(x+\Delta x, y+\Delta y) - f(x,y)$$

이므로 다음과 같이 이변수함수 $z=f(x,y)$에 대한 근사값 공식을 얻을 수 있다.

정리 9.3.3 근사값 공식

함수 $z=f(x,y)$가 편미분가능이고 f_x와 f_y가 연속이면 다음이 성립한다.

$$f(x+\Delta x, y+\Delta y) \fallingdotseq f(x,y) + dz = f(x,y) + df(x,y) \qquad (9-9)$$

예제 9.3.4

미분을 이용하여 $\sqrt{5(3.01)^2-(2.95)^2}$의 근사값을 구하라.

| 풀이 | $f(x,y)=\sqrt{5x^2-y^2}$이라 하고, x와 y에 관한 편도함수를 구하면

$$f_x(x,y) = \frac{5x}{\sqrt{5x^2-y^2}}, \quad f_y(x,y) = \frac{-y}{\sqrt{5x^2-y^2}}$$

이므로 식 (9-7)로부터

$$df(x,y) = \frac{5x}{\sqrt{5x^2-y^2}}\Delta x - \frac{y}{\sqrt{5x^2-y^2}}\Delta y$$

이다. $x=3$, $\Delta x=0.01$, $y=3$, $\Delta y=-0.05$라 하면 식 (9-9)로부터

$$\begin{aligned}\sqrt{5(3.01)^2-(2.95)^2} &= \sqrt{5(3+0.01)^2-(3-0.05)^2} \\ &= f(3+0.01,\ 3+(-0.05)) \\ &\fallingdotseq f(3,3)+df(3,3)\end{aligned}$$

이다. 여기에서

$$f(3,3)=6,\ df(3,3) = \frac{5}{2}\times 0.01 - \frac{1}{2}\times(-0.05) = \frac{1}{20}$$

이므로 근사값은

$$\sqrt{5(3.01)^2-(2.95)^2} \fallingdotseq 6+\frac{1}{20} = 6.05$$

이다. 주어진 문제의 실제값은 약 6.0496으로 오차가 약 $\frac{4}{10000}$로 상당히 근사한 값을 얻을 수 있다.

예제 9.3.5

어떤 원기둥의 반지름과 높이가 각각 $5\ cm$와 $10\ cm$로 측정되었고 각각의 측정오차가 $0.1\ cm$라 한다. 전미분을 이용하여 이 측정값으로 원기둥의 부피를 계산할 때 발생하는 최대오차의 근사값을 구하라.

풀이 반지름이 r이고 높이가 h인 원기둥의 부피는 $V(r,h)=\pi r^2 h$이고 V의 전미분은 다음과 같다.

$$dV(r,h)=\frac{\partial V}{\partial r}dr+\frac{\partial V}{\partial h}dh=(2\pi rh)\,dr+(\pi r^2)\,dh$$

$r=5$와 $h=10$의 측정에서 오차가 0.1이므로 $|\Delta r|\leqq 0.1$, $|\Delta h|\leqq 0.1$이다. 최대오차를 구하여야 하므로 $dr=\Delta r=0.1$, $dh=\Delta h=0.1$이라 하면

$$\Delta V(5,10)\fallingdotseq dV(5,10)=(100\pi)(0.1)+(25\pi)(0.1)=12.5\pi$$

이다. 따라서 측정값을 이용하여 부피를 계산할 때 최대오차는 약 $12.5\pi\ cm^3$이다.

일반적으로 연속인 n 변수함수 $z=f(x_1,x_2,\cdots,x_n)$의 전미분 dz를 다음과 같이 정의한다.

$$dz=\frac{\partial z}{\partial x_1}dx_1+\frac{\partial z}{\partial x_2}dx_2+\cdots+\frac{\partial z}{\partial x_n}dx_n \tag{9-10}$$

예제 9.3.6

직육면체의 가로, 세로, 높이의 길이가 각각 $60\ cm$, $40\ cm$, $30\ cm$로 측정되었다. 각각의 측정오차가 $0.2\ cm$라 할 때, 전미분을 이용하여 이 육면체의 표면적에 대한 최대오차의 근사값을 구하라.

풀이 직육면체의 가로, 세로, 높이를 각각 x, y, z라 하면 표면적은

$$S=S(x,y,z)=2(xy+xz+yz)$$

이다. 각각의 변수 x, y, z에 관한 편도함수를 구하면

$$\frac{\partial S}{\partial x}=2(y+z),\quad \frac{\partial S}{\partial y}=2(x+z),\quad \frac{\partial S}{\partial z}=2(x+y)$$

이므로 S의 전미분은 다음과 같다.

$$\begin{aligned} dS&=\frac{\partial S}{\partial x}dx+\frac{\partial S}{\partial y}dy+\frac{\partial S}{\partial z}dz \\ &=2[(y+z)dx+(x+z)dy+(x+y)dz] \end{aligned}$$

최대오차를 구하기 위해 $dx=dy=dz=0.2$라 하고 $x=60$, $y=40$, $z=30$이라 하면

$$\Delta S\fallingdotseq dS=2[(40+30)(0.2)+(60+30)(0.2)+(60+40)(0.2)]=104$$

이다. 따라서 최대오차는 약 $104\ cm^2$이다.

9.3 연습문제

1. 주어진 점 P에서 각각의 곡면에 접하는 접평면의 방정식을 구하라.

   (1) $f(x,y)=x^2-y^2$, $P(3,-2,5)$
   (2) $z=2x^2+y^2$, $P(1,1,3)$
   (3) $f(x,y)=\sin(x+y)$, $P(1,-1,0)$
   (4) $z=\ln(2x+y)$, $P(-1,3,0)$

2. $z=x^2+3xy-y^2$이고 (x,y)가 $(2,3)$에서 $(2.05, 2.96)$으로 변할 때 $\triangle z$와 dz를 구하고, $dz-\triangle z$를 구하라.

3. 전미분을 이용하여 다음의 근사값을 구하라.

   (1) $\sqrt{9(1.96)^2+(8.1)^2}$ (2) $(\sqrt{99}+\sqrt[3]{124})^4$
   (3) $\ln(6.9-3(2.06))$ (4) $\sqrt{0.99}\,e^{0.02}$

4. 원뿔의 반지름과 높이가 각각 $10\ cm$와 $25\ cm$로 측정되었고 각각의 측정오차가 $0.1\ cm$라 한다. 이 측정값을 이용하여 원뿔의 부피를 계산할 때 발생하는 최대오차의 근사값을 구하라.

5. 저항이 R_1, R_2, R_3인 세 개의 저항기를 병렬로 연결할 때 총 저항 R은

   $$\frac{1}{R}=\frac{1}{R_1}+\frac{1}{R_2}+\frac{1}{R_3}$$

   이다. 만일 저항이 $R_1=25\,\Omega$, $R_2=400\,\Omega$, $R_3=50\,\Omega$로 측정되었고 각각의 측정오차가 $0.5\,\%$라 하자. 총 저항 R의 최대오차의 근사값을 구하라.

연습문제 해답

1. (1) $6x+4y-z-5=0$ (2) $4x+2y-z-3=0$
   (3) $x+y-z=0$ (4) $2x+y-z-1=0$

2. $\triangle z=0.6449$, $dz=0.65$, $dz-\triangle z=0.0051$

3. (1) $\frac{1251}{125}=10.008$ (2) 49770
   (3) $-\frac{14}{50}=-0.28$ (4) $\frac{203}{200}=1.015$

4. $20\pi\ cm^3$

5. $0.08\ \Omega$

9.4 연쇄법칙

일변수함수에서 합성함수 $y=f(g(x))$의 미분법을 연쇄법칙이라 하였다. 다변수함수의 경우에도 합성함수를 생각할 수 있으므로 이 절에서 한개 또는 그 이상의 변수를 갖는 함수들의 합성함수에 대한 미분법으로 편도함수의 연쇄법칙에 대해 알아본다.

이변수함수 $z=f(x,y)$가 x와 y에 관하여 편미분가능이고, 각각의 x, y가 변수 t를 갖는 함수 $x=x(t)$, $y=y(t)$로 t에 관하여 미분가능인 함수라 하자. $\triangle x$와 $\triangle y$가 각각 x와 y의 증분이라 할 때 이 증분에 따른 z의 증분은 다음과 같다(9.3절 참조).

$$\triangle z=\frac{\partial f}{\partial x}\triangle x+\frac{\partial f}{\partial y}\triangle y+\epsilon_1\triangle x+\epsilon_2\triangle y$$

여기에서 $(\triangle x, \triangle y)\to(0,0)$이면 $(\epsilon_1,\epsilon_2)\to(0,0)$이다. 이 식의 양변을 $\triangle t$로 나누면

$$\frac{\triangle z}{\triangle t}=\frac{\partial f}{\partial x}\frac{\triangle x}{\triangle t}+\frac{\partial f}{\partial y}\frac{\triangle y}{\triangle t}+\epsilon_1\frac{\triangle x}{\triangle t}+\epsilon_2\frac{\triangle y}{\triangle t}$$

이다. x, y가 변수 t를 갖는 연속함수이므로 $\triangle t\to 0$이면 $(\triangle x, \triangle y)\to(0,0)$이고 또한 $(\epsilon_1,\epsilon_2)\to(0,0)$이다. 따라서 $z=f(x,y)$의 변수 t에 관한 도함수는 다음과 같다.

$$\begin{aligned}\frac{dz}{dt}&=\lim_{\triangle t\to 0}\frac{\triangle z}{\triangle t}\\&=\frac{\partial f}{\partial x}\lim_{\triangle t\to 0}\frac{\triangle x}{\triangle t}+\frac{\partial f}{\partial y}\lim_{\triangle t\to 0}\frac{\triangle y}{\triangle t}+\lim_{\triangle t\to 0}\left(\epsilon_1\frac{\triangle x}{\triangle t}\right)+\lim_{\triangle t\to 0}\left(\epsilon_2\frac{\triangle y}{\triangle t}\right)\\&=\frac{\partial f}{\partial x}\frac{dx}{dt}+\frac{\partial f}{\partial y}\frac{dy}{dt}+0\cdot\frac{dx}{dt}+0\cdot\frac{dy}{dt}\\&=\frac{\partial f}{\partial x}\frac{dx}{dt}+\frac{\partial f}{\partial y}\frac{dy}{dt}\end{aligned}$$

정리 9.4.1

함수 $z=f(x,y)$가 x와 y에 관하여 편미분가능한 함수이고, $x=x(t)$, $y=y(t)$가 t에 관하여 미분가능인 함수이면, z는 변수 t에 관하여 미분가능인 함수이고 다음의 식이 성립한다.

$$\frac{dz}{dt}=\frac{\partial z}{\partial x}\frac{dx}{dt}+\frac{\partial z}{\partial y}\frac{dy}{dt} \qquad (9-11)$$

예제 9.4.2

$x=\sin t$, $y=\cos t$ 이고, $z=x^2+3xy+5y^2$ 일 때 $\dfrac{dz}{dt}$ 를 구하라.

풀이 $\dfrac{\partial z}{\partial x}=2x+3y$, $\dfrac{\partial z}{\partial y}=3x+10y$, $\dfrac{dx}{dt}=\cos t$, $\dfrac{dy}{dt}=-\sin t$ 이므로 식 (9-11)로부터 $\dfrac{dz}{dt}$ 는 다음과 같다.

$$\frac{dz}{dt}=\frac{\partial z}{\partial x}\frac{dx}{dt}+\frac{\partial z}{\partial y}\frac{dy}{dt}=(2x+3y)\cos t-(3x+10y)\sin t$$

다변수 함수 $z=f(x_1, x_2, \cdots, x_n)$ 이 각각의 $x_i\,(i=1, 2, \cdots, n)$에 관하여 편미분가능한 함수이고, 각각의 $x_i=x_i(t)$ 가 t 에 관하여 미분가능인 함수라 하면 z 는 변수 t 에 관하여 미분가능인 함수이고 이에 대한 연쇄법칙은 다음과 같다.

$$\frac{dz}{dt}=\frac{\partial z}{\partial x_1}\frac{dx_1}{dt}+\frac{\partial z}{\partial x_2}\frac{dx_2}{dt}+\cdots+\frac{\partial z}{\partial x_n}\frac{dx_n}{dt} \tag{9-12}$$

예제 9.4.3

$u=xy+yz+zx$, $y=\dfrac{1}{x}$, $z=x^2$ 일 때 $\dfrac{du}{dx}$ 를 구하라.

풀이 주어진 함수 u 는 세 개의 변수 x, y, z 를 갖는 함수이다. 식 (9-12)로부터

$$\frac{du}{dx}=\frac{\partial u}{\partial x}\frac{dx}{dx}+\frac{\partial u}{\partial y}\frac{dy}{dx}+\frac{\partial u}{\partial z}\frac{dz}{dx}$$

이다. 여기에서 $\dfrac{dx}{dx}=1$ 이므로 u 의 x 에 관한 도함수는 다음과 같다.

$$\begin{aligned}\frac{du}{dx}&=\frac{\partial u}{\partial x}+\frac{\partial u}{\partial y}\frac{dy}{dx}+\frac{\partial u}{\partial z}\frac{dz}{dx}\\&=(y+z)+(x+z)\left(-\frac{1}{x^2}\right)+(y+x)(2x)\\&=y+z-\frac{x+z}{x^2}+2x(x+y)\end{aligned}$$

함수 $z=f(x,y)$ 의 변수 x, y 가 s 와 t 에 관한 이변수함수 $x=x(s,t)$, $y=y(s,t)$ 라 하자. 함수 $z=f(x,y)$ 는 결국 s 와 t 에 관한 이변함수 $z=f(x(s,t), y(s,t))$ 이므로 z 의 편도함수 $\dfrac{\partial z}{\partial s}$ 와 $\dfrac{\partial z}{\partial t}$ 를 구할 수 있다. 식 (9-11)로부터 z 의 s 와 t 에 관한 편도함수는 다음과 같다.

$$\frac{\partial z}{\partial s} = \frac{\partial z}{\partial x}\frac{\partial x}{\partial s} + \frac{\partial z}{\partial y}\frac{\partial y}{\partial s}, \quad \frac{\partial z}{\partial t} = \frac{\partial z}{\partial x}\frac{\partial x}{\partial t} + \frac{\partial z}{\partial y}\frac{\partial y}{\partial t}$$

정리 9.4.4

$x = x(s,t)$, $y = y(s,t)$ 이고, $z = f(x,y)$가 x와 y에 관하여 편미분가능한 함수라 하자. x, y의 편도함수 $\frac{\partial x}{\partial s}$, $\frac{\partial y}{\partial s}$, $\frac{\partial x}{\partial t}$, $\frac{\partial y}{\partial t}$ 가 존재하면 함수 $z = f(x,y)$는 변수 s, t에 관하여 미분가능이고 각각의 편도함수는 다음과 같다.

$$\frac{\partial z}{\partial s} = \frac{\partial z}{\partial x}\frac{\partial x}{\partial s} + \frac{\partial z}{\partial y}\frac{\partial y}{\partial s}, \quad \frac{\partial z}{\partial t} = \frac{\partial z}{\partial x}\frac{\partial x}{\partial t} + \frac{\partial z}{\partial y}\frac{\partial y}{\partial t} \tag{9-13}$$

정리 9.4.4의 연쇄법칙에는 세 가지 유형의 변수가 이용되었다. 변수 s, t는 **독립변수**, x, y는 **매개변수**이고, z는 **종속변수**라 한다.

예제 9.4.5

$z = e^{xy}$, $x = s^2 + 2st$, $y = 2st + t^2$ 일 때 $\frac{\partial z}{\partial s}$ 와 $\frac{\partial z}{\partial t}$ 를 구하라.

❙풀이❙ 식 (9-13)을 이용하여 $\frac{\partial z}{\partial s}$ 를 계산하면 다음과 같다.

$$\begin{aligned}\frac{\partial z}{\partial s} &= \frac{\partial z}{\partial x}\frac{\partial x}{\partial s} + \frac{\partial z}{\partial y}\frac{\partial y}{\partial s}\\ &= (ye^{xy})(2s+2t) + (xe^{xy})(2t)\\ &= 2e^{xy}[(s+t)y + tx]\end{aligned}$$

같은 방법으로 $\frac{\partial z}{\partial t}$ 를 구하면 다음과 같다.

$$\frac{\partial z}{\partial t} = \frac{\partial z}{\partial x}\frac{\partial x}{\partial t} + \frac{\partial z}{\partial y}\frac{\partial y}{\partial t} = 2e^{xy}[(s+t)x + sy]$$

다음은 더욱 일반적인 경우의 연쇄법칙에 대하여 알아본다. 종속변수 z가 매개변수 $x_1, x_2, \cdots, x_n$의 함수이고 각각의 x_i가 m개의 독립변수 $t_1, t_2, \cdots, t_m$의 함수이면 z의 t_j에 관한 편도함수는 다음의 정리와 같다.

정리 9.4.6

함수 $z=f(x_1, x_2, \cdots, x_n)$가 변수 $x_i\,(i=1,2,\cdots,n)$에 관해 편미분가능이라 하자. 각각의 x_i가 독립변수 $t_1, t_2, \cdots, t_m$의 함수이고 각각의 변수 t_j에 관한 편도함수 $\dfrac{\partial x_i}{\partial t_j}$가 존재하면, z는 $t_j\,(j=1,2,\cdots,m)$에 관하여 편미분가능이고 각각의 편도함수는 다음과 같다.

$$\frac{\partial z}{\partial t_j}=\frac{\partial z}{\partial x_1}\frac{\partial x_1}{\partial t_j}+\frac{\partial z}{\partial x_2}\frac{\partial x_2}{\partial t_j}+\cdots+\frac{\partial z}{\partial x_n}\frac{\partial x_n}{\partial t_j} \tag{9-14}$$

예제 9.4.7

$u=x^2+2y^2+2z^2$, $x=\rho\sin\alpha\cos\beta$, $y=\rho\sin\alpha\sin\beta$, $z=\rho\cos\alpha$ 일 때 $\dfrac{\partial u}{\partial\rho}$, $\dfrac{\partial u}{\partial\alpha}$, $\dfrac{\partial u}{\partial\beta}$를 구하라.

풀이 식 (9-14)로부터 각각의 편도함수를 다음과 같이 구할 수 있다.

$$\begin{aligned}\frac{\partial u}{\partial\rho}&=\frac{\partial u}{\partial x}\frac{\partial x}{\partial\rho}+\frac{\partial u}{\partial y}\frac{\partial y}{\partial\rho}+\frac{\partial u}{\partial z}\frac{\partial z}{\partial\rho}\\&=2x\sin\alpha\cos\beta+4y\sin\alpha\sin\beta+4z\cos\alpha\end{aligned}$$

$$\begin{aligned}\frac{\partial u}{\partial\alpha}&=\frac{\partial u}{\partial x}\frac{\partial x}{\partial\alpha}+\frac{\partial u}{\partial y}\frac{\partial y}{\partial\alpha}+\frac{\partial u}{\partial z}\frac{\partial z}{\partial\alpha}\\&=2x\rho\cos\alpha\cos\beta+4y\rho\cos\alpha\sin\beta-4z\rho\sin\alpha\end{aligned}$$

$$\begin{aligned}\frac{\partial u}{\partial\beta}&=\frac{\partial u}{\partial x}\frac{\partial x}{\partial\beta}+\frac{\partial u}{\partial y}\frac{\partial y}{\partial\beta}+\frac{\partial u}{\partial z}\frac{\partial z}{\partial\beta}\\&=-2x\rho\sin\alpha\sin\beta+4y\rho\sin\alpha\cos\beta\end{aligned}$$

어떤 함수가 방정식 $F(x,y)=0$과 같이 음함수로 주어진 경우에 x에 관한 y의 도함수 $\dfrac{dy}{dx}$를 구하는 방법을 **음함수 미분법**이라 한다. 식 (9-11)을 이용하여 $F(x,y)=0$의 양변을 x에 관하여 미분하면

$$\frac{\partial F}{\partial x}\frac{dx}{dx}+\frac{\partial F}{\partial y}\frac{dy}{dx}=0$$

이다. $\dfrac{dx}{dx}=1$이므로 위의 식은

$$\frac{\partial F}{\partial x}+\frac{\partial F}{\partial y}\frac{dy}{dx}=0$$

이고 이로부터 다음의 정리를 얻을 수 있다.

정리 9.4.8

방정식 $F(x,y)=0$ 에서 함수 F 가 x 와 y 에 관하여 편미분가능이고 $F_y(x,y)\neq 0$ 이면, x 에 관한 y 의 도함수는 다음과 같다.

$$\frac{dy}{dx}=-\frac{F_x(x,y)}{F_y(x,y)}=-\frac{\partial F/\partial x}{\partial F/\partial y} \tag{9-15}$$

예제 9.4.9

$x^2+y^2-13=0$ 에서 $\dfrac{dy}{dx}$ 를 구하고, 점 $(2,3)$ 에서의 미분계수를 구하라.

▌풀이▐ $F(x,y)=x^2+y^2-13$ 이라 하면 $\dfrac{\partial F}{\partial x}=2x$, $\dfrac{\partial F}{\partial y}=2y$ 이므로 식 (9–15)로부터

$$\frac{dy}{dx}=-\frac{\partial F/\partial x}{\partial F/\partial y}=-\frac{2x}{2y}=-\frac{x}{y}$$

이고 $(2,3)$ 에서의 미분계수는 다음과 같다.

$$\left.\frac{dy}{dx}\right|_{\substack{x=2\\y=3}}=-\frac{2}{3}$$

독립변수 x 와 y 를 갖는 어떤 함수 z 가 방정식 $F(x,y,z)=0$ 에 의해 음함수로 주어졌다고 하자. 함수 F 가 변수 x, y, z 에 관하여 미분가능이고 $\dfrac{\partial z}{\partial x}$ 가 존재하면, 식 (9–14)를 이용하여 $F(x,y,z)=0$ 의 양변을 x 에 관하여 미분할 수 있다.

$$\frac{\partial F}{\partial x}\frac{\partial x}{\partial x}+\frac{\partial F}{\partial y}\frac{\partial y}{\partial x}+\frac{\partial F}{\partial z}\frac{\partial z}{\partial x}=0$$

여기에서 $\dfrac{\partial x}{\partial x}=1$ 이고 x, y 는 독립변수로 $\dfrac{\partial y}{\partial x}=0$ 이므로

$$\frac{\partial F}{\partial x}+\frac{\partial F}{\partial z}\frac{\partial z}{\partial x}=0$$

이다. 변수 y 에 관하여 같은 방법으로 미분하면

$$\frac{\partial F}{\partial y}+\frac{\partial F}{\partial z}\frac{\partial z}{\partial y}=0$$

이다. 이 두 식으로부터 다음의 음함수 미분법을 얻을 수 있다.

정리 9.4.10

변수 x, y를 갖는 함수 z가 방정식 $F(x,y,z)=0$에 의해 음함수로 주어졌다고 하자. 함수 F가 x, y, z에 관하여 미분가능이고 $\frac{\partial F}{\partial z} \neq 0$이면 z의 x, y에 관한 편도함수는 다음과 같다.

$$\frac{\partial z}{\partial x} = -\frac{\partial F/\partial x}{\partial F/\partial z}, \quad \frac{\partial z}{\partial y} = -\frac{\partial F/\partial y}{\partial F/\partial z} \tag{9-16}$$

예제 9.4.11

$x^2+2yz+2zx=1$에서 $\frac{\partial z}{\partial x}$와 $\frac{\partial z}{\partial y}$를 구하라.

풀이 $F(x,y,z)=x^2+2yz+2zx-1$이라 하면 $F(x,y,z)=0$이다. 식 (9-16)으로부터 각각의 편도함수를 구하면 다음과 같다.

$$\frac{\partial z}{\partial x} = -\frac{\partial F/\partial x}{\partial F/\partial z} = -\frac{x+z}{y+x}, \quad \frac{\partial z}{\partial y} = -\frac{\partial F/\partial y}{\partial F/\partial z} = -\frac{z}{y+x}$$

9.4 연습문제

1. 다음의 함수에서 $\dfrac{dz}{dt}$ 를 구하라.

(1) $z = x^3 - 3y^2,\ x = t^2,\ y = t^3$

(2) $z = x^3 e^{2y},\ x = \cos t,\ y = t^2$

2. 다음의 함수에서 $\dfrac{\partial z}{\partial s}$ 와 $\dfrac{\partial z}{\partial t}$ 를 구하라.

(1) $z = x^2 + y^2 + \sin(xy),\ x = s^2 - t,\ y = t^2$

(2) $z = e^{xy},\ x = s\cos t,\ y = s\sin t$

3. 식 (9-15)을 이용하여 다음의 방정식으로부터 $\dfrac{dy}{dx}$ 를 구하라.

(1) $y^3 + xy - 12 = 0$

(2) $x^3 + y^3 = 6xy$

(3) $e^x \sin y + e^y \sin x = 1$

(4) $2y^2 + \sqrt[3]{xy} = 3x^2 + 17$

4. 다음의 방정식으로부터 $\dfrac{\partial z}{\partial x}$ 와 $\dfrac{\partial z}{\partial y}$ 를 구하라.

(1) $x^3 + y^3 + z^3 + 3xyz = 1$

(2) $xe^y + yz + ze^x = 0$

(3) $xy + \sin(yz) + \sin(zx) = 1$

(4) $y^2 z e^{x+y} - \sin(xyz) = 0$

5. 높이가 $3\ cm/s$ 로 증가할 때, 반지름이 $1.2\ cm/s$ 로 감소하는 원기둥이 있다. 반지름이 $80\ cm$ 이고, 높이가 $120\ cm$ 일 때 부피의 변화율을 구하라.

6. $F(x,y,z) = 0$ 일 때 $\dfrac{\partial x}{\partial y} \cdot \dfrac{\partial y}{\partial z} \cdot \dfrac{\partial z}{\partial x} = -1$ 이 성립함을 보여라.

연습문제 해답

1. (1) $\dfrac{dz}{dt}=6x^2t-18yt^2$

(2) $\dfrac{dx}{dt}=-3x^2e^{2y}\sin t+4x^3e^{2y}t$

2. (1) $\dfrac{\partial z}{\partial s}=2s(2x+y\cos(xy))$, $\dfrac{\partial z}{\partial t}=-(2x+y\cos(xy))+2t(2y+x\cos(xy))$

(2) $\dfrac{\partial z}{\partial s}=e^{xy}(y\cos t+x\sin t)$, $\dfrac{\partial z}{\partial t}=se^{xy}(x\cos t-y\sin t)$

3. (1) $\dfrac{-y}{x+3y^2}$ (2) $\dfrac{3x^2-6y}{6x-3y^2}$

(3) $-\dfrac{e^x\sin y+e^y\cos x}{e^x\cos y+e^y\sin x}$ (4) $\dfrac{18x-\sqrt[3]{x^{-2}y}}{12y+\sqrt[3]{xy^{-2}}}$

4. (1) $\dfrac{\partial z}{\partial x}=-\dfrac{x^2+yz}{z^2+xy}$, $\dfrac{\partial z}{\partial y}=-\dfrac{y^2+xz}{z^2+xy}$

(2) $\dfrac{\partial z}{\partial x}=-\dfrac{e^y+ze^x}{y+e^x}$, $\dfrac{\partial z}{\partial y}=-\dfrac{xe^y+z}{y+e^x}$

(3) $\dfrac{\partial z}{\partial x}=-\dfrac{y+z\cos(zx)}{y\cos(yz)+x\cos(zx)}$, $\dfrac{\partial z}{\partial y}=-\dfrac{x+z\cos(yz)}{y\cos(yz)+x\cos(zx)}$

(4) $\dfrac{\partial z}{\partial x}=-\dfrac{y^2ze^{x+y}-yz\cos(xyz)}{y^2e^{x+y}-xy\cos(xyz)}$, $\dfrac{\partial z}{\partial y}=-\dfrac{ze^{x+y}(2y+y^2)-xz\cos(xyz)}{y^2e^{x+y}-xy\cos(xyz)}$

5. $-3840\pi\ cm^3$

6. 식 (9–16)을 이용하여 각각의 편도함수를 구하면

$$\frac{\partial x}{\partial y}=-\frac{F_y}{F_x},\ \frac{\partial y}{\partial z}=-\frac{F_z}{F_y},\ \frac{\partial z}{\partial x}=-\frac{F_x}{F_z}$$

이다. 따라서

$$\frac{\partial x}{\partial y}\cdot\frac{\partial y}{\partial z}\cdot\frac{\partial z}{\partial x}=\left(-\frac{F_y}{F_x}\right)\left(-\frac{F_z}{F_y}\right)\left(-\frac{F_x}{F_z}\right)=-1$$

9.5 방향도함수와 기울기 벡터

이변수함수 $z=f(x,y)$에 대하여 편도함수 f_x와 f_y는 각각 x축 방향과 y축 방향에 따른 f의 순간변화율을 의미한다. 이 절에서는 이러한 편도함수의 일반적인 경우로 임의의 단위벡터 $\mathbf{u}=(a,b)$ 방향으로의 $z=f(x,y)$의 순간변화율에 대해 알아본다.

함수 $z=f(x,y)$가 이루는 곡면 S를 생각하자. 그림 9-9와 같이 곡면 S위의 점 $P(x_0,y_0,z_0)\,(z_0=f(x_0,y_0))$와 벡터 $\mathbf{u}=(a,b)$를 포함하고 xy-평면에 수직인 평면과 곡면 S가 만나는 교선을 C라 하면, 점 P에서 곡선 C에 대한 접선 T의 기울기는 $\mathbf{u}$ 방향으로의 $z=f(x,y)$의 순간변화율이다. 곡선 C위의 임의의 점을 $Q(x,y,z)(z=f(x,y))$라 할 때, 점 P, Q의 xy-평면으로의 정사영을 P'과 Q'라 하자. 벡터 $\overrightarrow{P'Q'}$는 벡터 $\mathbf{u}$에 평행이므로

$$\overrightarrow{P'Q'}=h\mathbf{u}=(ha,hb),\ \ h\in\mathbb{R}$$

이다. 따라서 $x=x_0+ha$, $y=y_0+hb$이고

$$\frac{\triangle z}{h}=\frac{z-z_0}{h}=\frac{f(x_0+ha,y_0+hb)-f(x_0,y_0)}{h}$$

이다. 여기에서 $h\to 0$인 극한을 취하면, $\mathbf{u}$ 방향으로 z의 순간변화율, 즉 $\mathbf{u}$ 방향으로 f의 방향도함수를 구할 수 있다.

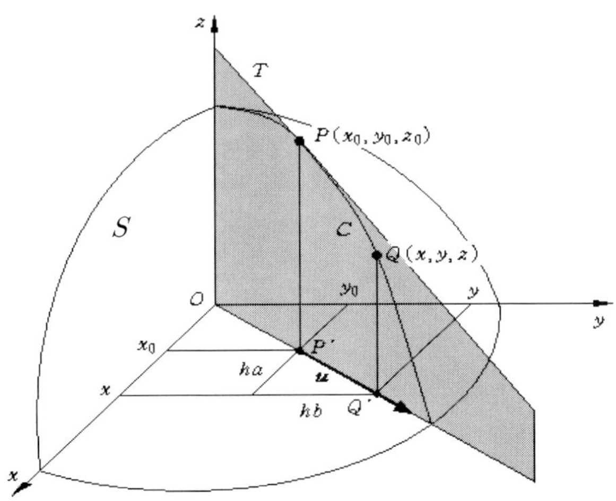

[그림 9-9] $z=f(x,y)$의 방향도함수

정의 **방향도함수**

이변수함수 $z=f(x,y)$가 점 (x_0, y_0)를 포함하는 어떤 영역 R에서 정의된 함수라 하면, 점 (x_0, y_0)에서 단위벡터 $\mathbf{u}=(a,b)$ 방향으로 f의 **방향도함수**(directional derivative)는 다음과 같이 정의된다.

$$D_{\mathrm{u}} f(x_0, y_0) = \lim_{h \to 0} \frac{f(x_0+ha, y_0+hb) - f(x_0, y_0)}{h} \tag{9-17}$$

함수 $z=f(x,y)$의 방향도함수에서 x축 방향의 단위벡터 $\mathbf{i}=(1,0)$ 방향으로의 방향도함수 $D_{\mathrm{i}} f$는 x에 관한 편도함수 f_x이고, y축 방향의 단위벡터 $\mathbf{j}=(0,1)$ 방향으로의 방향도함수 $D_{\mathrm{j}} f$는 y에 관한 편도함수 f_y이다. 즉 편도함수는 방향도함수의 특별한 경우이다.

정리 9.5.1

함수 $z=f(x,y)$가 x와 y에 관하여 편미분가능이면, f는 임의의 단위벡터 $\mathbf{u}=(a,b)$방향으로의 방향도함수를 가지며 그 방향도함수는 다음과 같다.

$$D_{\mathrm{u}} f(x,y) = f_x(x,y)a + f_y(x,y)b \tag{9-18}$$

예제 9.5.2

$f(x,y)=x^2+y^2$이고 $\mathbf{a}=(1,2)$일 때, 점 $(1,1)$에서 벡터 $\mathbf{a}$ 방향으로 f의 방향도함수를 구하라.

❙풀이❙ 벡터 $\mathbf{a}$가 단위벡터가 아니므로 $\mathbf{a}$ 방향의 단위벡터를 구하면

$$\mathbf{u} = \frac{a}{\|\mathbf{a}\|} = \left(\frac{1}{\sqrt{5}}, \frac{2}{\sqrt{5}}\right)$$

이다. 또한 $f_x(x,y)=2x$, $f_y(x,y)=2y$이므로 식 (9-18)로부터 $\mathbf{a}$ 방향으로 f의 방향도함수는 다음과 같다.

$$D_{\mathrm{u}} f(1,1) = f_x(1,1)\frac{1}{\sqrt{5}} + f_y(1,1)\frac{2}{\sqrt{5}} = 2\frac{1}{\sqrt{5}} + 2\frac{2}{\sqrt{5}} = \frac{6}{\sqrt{5}}$$

단위벡터 $\mathbf{u}$와 x축의 양의 방향과 이루는 각을 θ라 하면, $\mathbf{u}=(\cos\theta, \sin\theta)$이므로 식 (9-18)는 다음과 같다.

$$D_{\mathrm{u}} f(x,y) = f_x(x,y)\cos\theta + f_y(x,y)\sin\theta \tag{9-19}$$

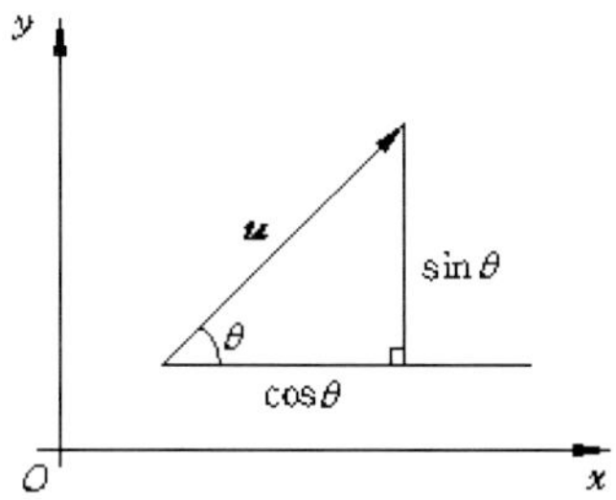

[그림 9-10] 단위벡터 u의 성분

예제 9.5.3

$f(x, y) = x^2 - 6y^2$ 이고 단위벡터 $\mathbf{u}$ 와 x 축의 양의 방향이 이루는 각이 $\theta = \frac{\pi}{4}$ 일 때, 점 $(7, 2)$ 에서 벡터 $\mathbf{u}$ 방향으로 f 의 방향도함수를 구하라.

| 풀이 | $f_x(x, y) = 2x$, $f_y(x, y) = -12y$ 이므로 식 (9-19)로부터 구하려는 방향도함수는 다음과 같다.

$$\begin{aligned} D_{\mathrm{u}} f(7,2) &= f_x(7,2)\cos\frac{\pi}{4} + f_y(7,2)\sin\frac{\pi}{4} \\ &= 14\frac{\sqrt{2}}{2} - 24\frac{\sqrt{2}}{2} = -5\sqrt{2} \end{aligned}$$

식 (9-18)의 방향도함수 $D_{\mathrm{u}} f(x,y)$ 는 두 벡터의 내적으로 나타낼 수 있다.

$$\begin{aligned} D_{\mathrm{u}} f(x, y) &= f_x(x, y)a + f_y(x, y)b \\ &= (f_x(x, y), f_y(x, y)) \cdot (a, b) \\ &= (f_x(x, y), f_y(x, y)) \cdot \mathbf{u} \end{aligned}$$

이 내적의 첫 번째 벡터는 다른 경우에도 자주 이용되므로 다음과 같이 정의한다.

정의 **기울기**

함수 $z = f(x,y)$ 가 x 와 y 에 관하여 편미분가능이면, f 의 **기울기(gradient)** ∇f 는 벡터함수이고, 다음과 같이 정의한다.

$$\nabla f(x,y) = (f_x(x,y), f_y(x,y)) = f_x(x, y)\mathbf{i} + f_y(x, y)\mathbf{j} \qquad (9\text{-}20)$$

위의 정의에서 $\mathbf{i} = (1,0)$, $\mathbf{j} = (0,1)$ 이고, ∇f 를 $\mathrm{grad}\, f$ 로 나타내기도 한다. 또한 ∇f 를 이용하여 방향도함수 $D_{\mathrm{u}} f$ 를 나타내면 다음과 같다.

$$D_{\mathrm{u}} f(x, y) = \nabla f(x, y) \cdot \mathbf{u} \qquad (9\text{-}21)$$

예제 9.5.4

단위벡터 $\mathbf{u}$가 x축의 양의 방향과 이루는 각이 $\frac{\pi}{6}$일 때, 점$(0,3)$에서 $\mathbf{u}$ 방향으로 $f(x,y)=ye^x$의 방향도함수를 구하라.

풀이 f의 기울기는

$$\nabla f(x,y)=(f_x(x,y),f_y(x,y))=(ye^x,e^x)$$

이고, 점 $(0,3)$에서의 기울기벡터는

$$\nabla f(0,3)=(3,1)$$

이다. 또한, 단위벡터 $\mathbf{u}$가 x축의 양의 방향과 이루는 각이 $\frac{\pi}{6}$이므로

$$\mathbf{u}=\left(\cos\frac{\pi}{6},\sin\frac{\pi}{6}\right)=\left(\frac{\sqrt{3}}{2},\frac{1}{2}\right)$$

이다. 식 (9-21)로부터 방향도함수는 다음과 같다.

$$\begin{aligned}D_{\mathbf{u}}f(0,3)&=\nabla f(0,3)\cdot\mathbf{u}=(3,1)\cdot\left(\frac{\sqrt{3}}{2},\frac{1}{2}\right)\\&=3\cdot\frac{\sqrt{3}}{2}+1\cdot\frac{1}{2}=\frac{1}{2}(3\sqrt{3}+1)\end{aligned}$$

이변수함수와 같은 방법으로 삼변수함수의 방향도함수와 기울기를 생각할 수 있다.

정리 9.5.5

함수 f가 x, y, z에 관하여 편미분가능이면 임의의 단위벡터 $\mathbf{u}=(a,b,c)$에 대하여 f는 $\mathbf{u}$ 방향으로 방향도함수를 가지며, 그 방향도함수는 다음과 같다.

$$D_{\mathbf{u}}f(x,y,z)=f_x(x,y,z)a+f_y(x,y,z)b+f_z(x,y,z)c \tag{9-22}$$

정의

함수 f가 x, y, z에 관하여 미분가능이면, f의 **기울기(gradient)**는 다음과 같다.

$$\nabla f(x,y,z)=(f_x(x,y,z),f_y(x,y,z),f_z(x,y,z)) \tag{9-23}$$

식 (9-23)에 변수 x, y, z를 모두 생략하고 기울기 $\nabla f(x,y,z)$를 다음과 같이 나타낸다.

$$\nabla f=(f_x,f_y,f_z)=\left(\frac{\partial f}{\partial x},\frac{\partial f}{\partial y},\frac{\partial f}{\partial z}\right) \tag{9-24}$$

또한 식 (9−22)의 방향도함수 $D_{\mathbf{u}}f(x, y, z)$를 내적을 이용하여 나타내면 다음과 같다.

$$D_{\mathbf{u}}f(x, y, z) = \nabla f(x, y, z) \cdot \mathbf{u} \tag{9-25}$$

예제 9.5.6

$f(x, y, z) = xy + 2xz - y^2 + z^2$ 이고 $\mathbf{a} = (1,1,2)$ 일 때, 점 $(1,-2,1)$ 에서 벡터 $\mathbf{a}$ 방향으로 f 의 방향도함수를 구하라.

풀이 f 의 기울기는

$$\nabla f = (f_x, f_y, f_z) = (y + 2z, x - 2y, 2x + 2z)$$

이고, 점 $(1,-2,1)$ 에서 기울기는

$$\nabla f(1,-2,1) = (0,5,4)$$

이다. 벡터 $\mathbf{a} = (1,1,2)$ 방향의 단위벡터 $\mathbf{u}$ 는

$$\mathbf{u} = \frac{1}{\|\mathbf{a}\|}\mathbf{a} = \frac{1}{\sqrt{6}}(1,1,2) = \left(\frac{1}{\sqrt{6}}, \frac{1}{\sqrt{6}}, \frac{2}{\sqrt{6}}\right)$$

이므로 방향도함수는 다음과 같다.

$$\begin{aligned} D_{\mathbf{u}}f(1,-2,1) &= \nabla f(1,-2,1) \cdot \mathbf{u} = (0,5,4) \cdot \left(\frac{1}{\sqrt{6}}, \frac{1}{\sqrt{6}}, \frac{2}{\sqrt{6}}\right) \\ &= 0\frac{1}{\sqrt{6}} + 5\frac{1}{\sqrt{6}} + 4\frac{2}{\sqrt{6}} = \frac{13}{\sqrt{6}} \end{aligned}$$

이변수함수 또는 삼변수함수 f 의 방향도함수는 모든 가능한 방향으로의 f 의 변화율을 나타낸다. 따라서 어느 방향에서 f 의 함수값이 가장 크게 변화하며, 변화율의 최대값은 얼마인가를 생각할 수 있다. 만약 단위벡터 $\mathbf{u}$ 와 기울기 $\nabla f(x, y)$가 이루는 각이 θ 라 할 때 식 (9−21)로부터

$$D_{\mathbf{u}}f(x,y) = \nabla f(x,y) \cdot \mathbf{u} = \|\nabla f(x,y)\|\|\mathbf{u}\|\cos\theta$$

이다. $\mathbf{u}$ 는 단위벡터로 $\|\mathbf{u}\| = 1$ 이므로

$$D_{\mathbf{u}}f(x,y) = \|\nabla f(x,y)\|\cos\theta$$

이다. $-1 \leq \cos\theta \leq 1$ 이므로 $\cos\theta = 1$, 즉 $\theta = 0$ 일 때 $D_{\mathbf{u}}f(x,y)$가 최대값

$$\|\nabla f(x,y)\|$$

을 가지며, $\theta = 0$ 이라는 것은 $\mathbf{u}$ 와 $\nabla f(x,y)$ 의 방향이 같다는 것을 의미한다. 이로부터 다음의 정리를 얻을 수 있다.

정리 9.5.7

함수 f가 미분가능이라 하자. 단위벡터 $\mathbf{u}$와 기울기벡터 $\nabla f(x,y)$의 방향이 같을 때 방향도함수 $D_{\mathbf{u}} f(x,y)$는 최대값을 가지며, 최대값은 다음과 같다.

$$\| \nabla f(x,y) \| \qquad (9\text{–}26)$$

예제 9.5.8

점 $(1,0)$에서 함수 $f(x,y)=xe^{-y}+3y$가 최대 변화율을 갖는 방향과 변화율의 최대값을 구하라.

풀이 함수 f의 기울기

$$\nabla f(x,y)=(f_x,f_y)=(e^{-y},-xe^{-y}+3)$$

이다. 따라서 점 $(1,0)$에서 기울기 벡터는

$$\nabla f(1,0)=(1,2)$$

이다. 방향도함수가 최대인 방향은 $\nabla f(1,0)$와 같은 방향이므로 벡터 $\boldsymbol{a}=(1,2)$에서 함수 f가 최대 변화율을 갖는다. 또한 방향도함수의 최대값은 식(9–26)으로부터 다음과 같다.

$$\| \nabla f(1,0) \| = \| (1,2) \| = \sqrt{5}$$

예제 9.5.9

공간상의 어떤 영역에서 전위 V가 $V(x,y,z)=5x^2-3xy+xyz$로 주어졌다고 하자. 점 $P(2,3,1)$에서 전위 V의 변화가 가장 큰 방향과 최대변화율을 구하라.

풀이 전위 V의 기울기는

$$\nabla V=(V_x,V_y,V_z)=(10x-3y+yz,-3x+xz,xy)$$

이다. 따라서 점 $P(2,3,1)$에서 V의 기울기는

$$\nabla V(2,3,1)=(14,-4,6)$$

이므로 전위 V의 변화가 가장 큰 방향은 벡터 $(14,-4,6)$의 방향이고 점 P에서 V의 최대변화율은 다음과 같다.

$$\| \nabla V(2,3,1) \| = \| (14,-4,6) \| = \sqrt{14^2+(-4)^2+6^2}=2\sqrt{62}$$

9.5 연습문제

1. 다음 함수 f 의 기울기와 주어진 점 P 에서 주어진 벡터 $\mathbf{a}$ 방향으로 f 의 방향도함수를 구하라.

(1) $f(x,y)=x^2y^3-4y,\ P(2,-1),\ \mathbf{a}=(2,5)$

(2) $f(x,y)=e^x\sin y,\ P\left(1,\ \dfrac{\pi}{4}\right),\ \mathbf{a}=-\dfrac{1}{\sqrt{5}}\mathbf{i}+\dfrac{2}{\sqrt{5}}\mathbf{j}$

(3) $f(x,y,z)=x\sin(yz),\ P(1,3,0),\ \mathbf{a}=(1,2,-1)$

(4) $f(x,y,z)=x\tan^{-1}\dfrac{y}{z},\ P(1,2,-2),\ \mathbf{a}=\mathbf{i}+\mathbf{j}-\mathbf{k}$

2. 주어진 점 P 에서 함수 f 가 최대 방향도함수를 갖는 방향과 최대값을 구하라.

(1) $f(x,y)=x^2y^3,\ P(2,3)$

(2) $f(x,y)=\ln(x^2+y^2),\ P(1,2)$

(3) $f(x,y,z)=\dfrac{x}{y}+\dfrac{y}{z},\ P(4,2,1)$

(4) $f(x,y,z)=ze^{xy},\ P(0,1,2)$

3. 공간상의 점 (x,y,z) 에서의 온도가

$$T(x,y,z)=\frac{80}{1+x^2+2y^2+3z^2}$$

으로 주어졌다고 하자. 점 $(1,1,-2)$ 에서 가장 빨리 온도가 증가하는 방향을 구하고, 그 증가율의 최대값을 구하라. 단, 온도 T 의 단위는 ℃이고 $x,\ y,\ z$ 의 단위는 m 이다.

연습문제 해답

1. (1) $\nabla f=(2xy^3, 3x^2y^2-4)$, $D_{\mathrm{u}}f(2,-1)=\dfrac{32}{\sqrt{29}}$

(2) $\nabla f=(e^x\sin y, e^x\cos y)$, $D_{\mathrm{u}}f\left(1,\dfrac{\pi}{4}\right)=\dfrac{e}{\sqrt{10}}$

(3) $\nabla f=(\sin(yz), xz\cos(yz), xy\cos(yz))$, $D_{\mathrm{u}}f(1,3,0)=-\sqrt{\dfrac{3}{2}}$

(4) $\nabla f=\left(\tan^{-1}\dfrac{y}{z}, \dfrac{xz}{y^2+z^2}, \dfrac{-xy}{y^2+z^2}\right)$, $D_{\mathrm{u}}f(1,2,-2)=\dfrac{-\pi}{4\sqrt{3}}$

2. (1) $\nabla f(2,3)=(108,108)$, $\|\nabla f(2,3)\|=108\sqrt{2}$

(2) $\nabla f(1,2)=\dfrac{2}{5}(1,2)$, $\|\nabla f(1,2)\|=\dfrac{2}{5}\sqrt{5}$

(3) $\nabla f(4,2,1)=\dfrac{1}{2}(1,0,-4)$, $\|\nabla f(4,2,1)\|=\dfrac{\sqrt{17}}{2}$

(4) $\nabla f(0,1,2)=(2,0,1)$, $\|\nabla f(0,1,2)\|=\sqrt{5}$

3. $-\dfrac{5}{8}(1,2,6)$, $\dfrac{5\sqrt{41}}{8}$ ℃/m

Engineering
Mathematics

CHAPTER

10

중적분

10.1 이중적분

일변수함수의 정적분과 마찬가지로 이변수함수의 이중적분도 리만 합의 극한으로 정의할 수 있다. 이변수함수 f 가 평면내의 한 영역 $R=\{(x,y)\mid a\le x\le b, c\le y\le d\}$ 에서 정의된 연속함수라 하자. 구간 $[a,b]$ 와 $[c,d]$ 에서

$$a=x_0<x_1<x_2<\cdots<x_{m-1}<x_m=b,$$
$$c=y_0<y_1<y_2<\cdots<y_{n-1}<y_n=d$$

를 만족하는 $m+1$ 개의 점 x_i 와 $n+1$ 개의 점 y_j 를 선택하여 각 구간을 분할하면 그림 10-1과 같이 영역 R 은 mn 개의 소영역

$$R_{ij}=[x_{i-1},x_i]\times[y_{j-1},y_j]\quad(i=1,2,\cdots,m,\ j=1,2,\cdots,n)$$

로 나누어진다. $\Delta x_i=x_i-x_{i-1}$, $\Delta y_j=y_j-y_{j-1}$ 라 하고 각각의 소영역 R_{ij} 에서 점 (s_{ij}, t_{ij}) 를 선택하여 높이 $f(s_{ij}, t_{ij})$ 인 직사각기둥 부피 $f(s_{ij}, t_{ij})\Delta x_i\Delta y_j$ 를 구할 수 있고, 이들의 합

$$\sum_{i=1}^{m}\sum_{j=1}^{n}f(s_{ij}, t_{ij})\Delta x_i\Delta y_j \tag{10-1}$$

을 구할 수 있다. 이 때 소영역 R_{ij} 들의 대각선 중 가장 긴 대각선의 길이 $\|P\|$ 에 대하여 $\|P\|\to 0$ 이 되도록 분할을 세분할 때 식 (10-1)이 극한값을 가지면 함수 f 는 영역 R 에서 **적분가능(integrable)**하다라고 하고 다음과 같이 이중적분을 정의한다.

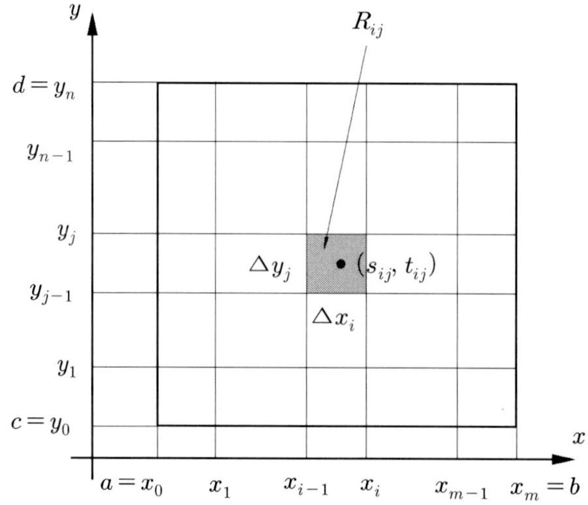

[그림 10-1] 영역 R 내의 소구간 R_{ij}

정의 이중적분

직사각형 영역 R에서 정의된 이변수함수 f의 **이중적분(double integral)**을 다음과 같이 정의한다.

$$\int\int_R f(x,y)\,dA = \lim_{\|P\|\to 0} \sum_{i=1}^{m}\sum_{j=1}^{n} f(s_{ij},\, t_{ij})\triangle x_i \triangle y_j \qquad (10\text{-}2)$$

구간 $[a, b]$에서 $f(x) > 0$인 일변수함수 f의 정적분 $\int_a^b f(x)\,dx$가 곡선 $y = f(x)$ $(a \le x \le b)$의 넓이를 나타내는 것과 유사하게 영역 $R = [a, b] \times [c, d]$에서 $f(x, y) > 0$인 이변수함수 f의 이중적분은 그림 10-2와 같이 곡면 $z = f(x, y)$에 의해 만들어지는 입체의 부피를 나타낸다. $\triangle A_{ij} = \triangle x_i \triangle y_j$가 작으면 $f(s_{ij},\, t_{ij})\triangle x_i \triangle y_j$는 영역 R_{ij}에서 곡면 S가 만드는 직사각기둥의 부피와 근사한 값을 갖는다. 또한 이들의 합은 곡면 S가 만드는 입체의 부피와 근사한 값을 갖게 되고 분할이 세분화 되면 될수록 곡면 S가 만드는 입체의 부피에 더욱더 가까운 값을 얻게 된다.

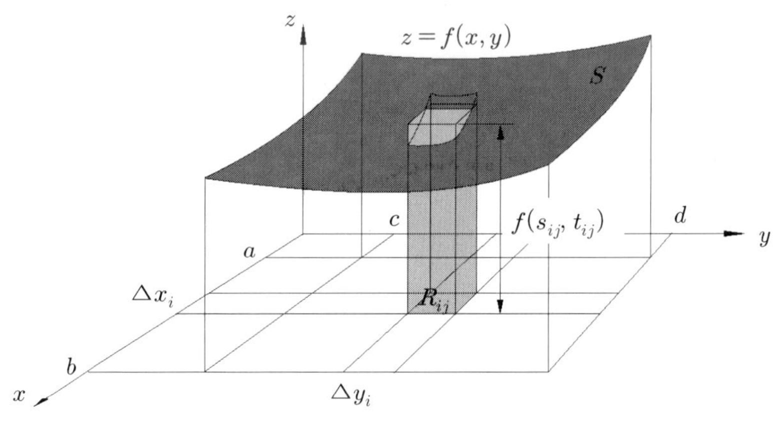

[그림 10-2] 곡면 S와 소영역 R_{ij}에서의 직사각기둥

정리 10.1.1

이변수함수 f가 직사각형 영역 R에서 적분가능이고 $f(x, y) \ge 0$이면 영역 R에서 곡면 $z = f(x, y)$와 xy-평면사이에 있는 입체의 부피는 다음과 같다.

$$V = \int\int_R f(x,y)\,dA \qquad (10\text{-}3)$$

이변수함수 f 가 직사각형 영역 $R=[a,b]\times[c,d]$ 에서 $f(x,y)\geq 0$ 이고 $z=f(x,y)$ 가 나타내는 곡면을 S 라 하자. 그림 10-3과 같이 영역 R 에서 xy-평면과 곡면 S 가 만드는 입체를 구간 $[a,b]$ 내의 임의의 점 x 를 지나고 yz-평면에 평행인 평면으로 자를 때 나타나는 단면의 넓이를 $A(x)$ 라 하면 정적분으로부터 이 단면의 넓이는

$$A(x)=\int_c^d f(x,y)\,dy$$

이다. 따라서 입체의 부피 V는 다음과 같이 **반복적분**을 이용하여 구할 수 있다.

$$V=\int_a^b A(x)\,dx=\int_a^b\left[\int_c^d f(x,y)\,dy\right]dx \tag{10-4}$$

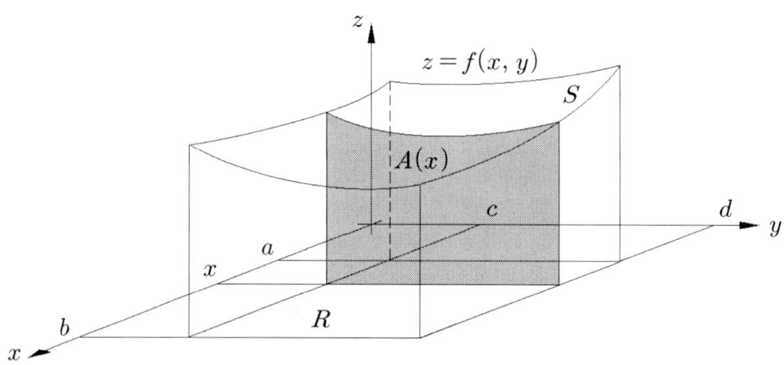

[그림 10-3] x 에서 입체의 단면적 $A(x)$

중적분 $\displaystyle\iint_R f(x,y)\,dA$ 는 일반적으로 위의 반복적분을 이용하여 구할 수 있다. 두 개의 변수를 갖는 반복적분은 편도함수에서와 같이 한 변수를 상수로 보고 나머지 한 변수에 관하여 적분한다. 이변수함수 f가 직사각형 $R=[a,b]\times[c,d]$ 에서 적분가능이라 할 때 y를 상수로 보고 x 에 관하여 구간 $[a,b]$ 에서 정적분한 $\displaystyle\int_a^b f(x,y)\,dx$ 의 결과는 y 의 함수이고, 그 결과를 다시 y 에 관하여 구간 $[c,d]$ 에서 정적분하면

$$\int_c^d\left[\int_a^b f(x,y)\,dx\right]dy$$

이다. 이식은 괄호를 생략하고 다음과 같이 나타낸다.

$$\int_c^d\int_a^b f(x,y)\,dx\,dy=\int_c^d\left[\int_a^b f(x,y)\,dx\right]dy \tag{10-5}$$

또한 적분변수의 순서를 바꾸어 다음 식을 얻을 수 있다.

$$\int_a^b \int_c^d f(x, y)\, dy\, dx = \int_a^b \left[\int_c^d f(x, y)\, dy \right] dx \tag{10-6}$$

예제 10.1.2

다음의 반복적분을 계산하라.

(1) $\int_0^1 \int_2^4 x\, e^y\, dx\, dy$　　(2) $\int_2^4 \int_0^1 x\, e^y\, dy\, dx$

풀이 (1) y를 상수로 보고 x에 관한 적분을 구하면 다음과 같다.

$$\int_2^4 x\, e^y\, dx = \left[\frac{1}{2} x^2 e^y \right]_2^4 = \frac{1}{2}(16-4)e^y = 6\, e^y$$

따라서

$$\int_0^1 \int_2^4 x\, e^y\, dx\, dy = \int_0^1 6\, e^y\, dy = \left[6\, e^y \right]_0^1 = 6\,(e-1)$$

(2) (1)과 같은 방법으로 반복적분을 구하면 다음과 같다.

$$\int_2^4 \int_0^1 x\, e^y\, dy\, dx = \int_2^4 \left[x\, e^y \right]_0^1 dx = \int_2^4 x\,(e-1)\, dx$$

$$= \left[\frac{1}{2} x^2 (e-1) \right]_2^4 = 6\,(e-1)$$

위의 예는 하나의 함수 $f(x, y) = x\, e^y$ 에 대해 x와 y에 관한 적분순서를 바꾸어 계산한 것으로 두 이중적분의 결과가 같음을 알 수 있다. 실제로 연속함수에서 식 (10-5)와 식 (10-6)의 적분결과가 항상 같다는 것이 밝혀져 있으며 그 내용은 다음 정리와 같다.

정리 10.1.3　푸비니의 정리

이변수함수 f가 영역 $R = \{(x, y) \mid a \le x \le b,\ c \le y \le d\}$ 에서 연속이면 다음이 성립한다.

$$\iint_R f(x, y)\, dA = \int_c^d \int_a^b f(x, y)\, dx\, dy = \int_a^b \int_c^d f(x, y)\, dy\, dx \tag{10-7}$$

예제 10.1.4

네 개의 직선 $x = 1,\ x = 2,\ y = 0,\ y = 3$ 으로 둘러싸인 직사각형 영역을 R이라 할 때, 이중적분 $\iint_R (4\,x\,y - y^2)\, dA$ 의 값을 구하라.

풀이 반복적분을 이용하여 주어진 이중적분을 구하면 다음과 같다.

$$\begin{aligned}\iint_R (4xy-y^2)\,dA &= \int_0^3\int_1^2 (4xy-y^2)\,dx\,dy \\ &= \int_0^3 \left[2x^2y-xy^2\right]_1^2 dy \\ &= \int_0^3 (6y-y^2)\,dy \\ &= \left[3y^2-\frac{1}{3}y^3\right]_0^3 \\ &= 18\end{aligned}$$

반복적분과 정적분의 성질로부터 다음의 정리를 얻을 수 있다.

정리 10.1.5

함수 f와 g가 직사각형 영역 R에서 정의된 적분가능함수이면 다음이 성립한다.

(1) $$\iint_R [f(x,y)+g(x,y)]\,dA = \iint_R f(x,y)\,dA + \iint_R g(x,y)\,dA \tag{10-8}$$

(2) $$\iint_R cf(x,y)\,dA = c\iint_R f(x,y)\,dA \quad (c\ :\ \text{상수}) \tag{10-9}$$

(3) 영역 R에서 $f(x,y) \le g(x,y)$이면

$$\iint_R f(x,y)\,dA \le \iint_R g(x,y)\,dA \tag{10-10}$$

직사각형 영역 R에서 이변수함수의 반복적분을 구할 때, 적분하는 변수 이외의 변수를 상수로 보고 적분하므로, $f(x,y)=g(x)h(y)$인 함수의 이중적분은 다음과 같다.

$$\iint_R f(x,y)\,dA = \int_a^b g(x)\,dx \int_c^d h(y)\,dy \tag{10-11}$$

예제 10.1.6

영역 $R=\{(x,y)\,|\,0 \le x \le 2,\ 1 \le y \le 4\}$에서 이중적분 $\iint_R x^3y\,dA$를 구하라.

풀이 식 (10-11)을 이용하여 주어진 이중적분을 구하면 다음과 같다.

$$\iint_R x^3y\,dA = \int_1^4\int_0^2 x^3y\,dx\,dy = \int_0^2 x^3\,dx\int_1^4 y\,dy = 4\cdot\frac{15}{2} = 30$$

지금까지는 적분영역이 직사각형인 경우의 이중적분만을 다루었으나 적분영역을 더 일반화하여 직사각형이 아닌 임의의 유계영역 D에서의 중적분을 구할 수 있다. 함수 f가 어떤 유계영역 D에서 정의되어 있고 R이 D를 포함하는 직사각형 영역이라 할 때 다음과 같이 f의 확장된 함수 F를 정의할 수 있다.

$$F(x,y)=\begin{cases} f(x,y), & (x,y)\in D \\ 0, & (x,y)\in R-D \end{cases} \tag{10-12}$$

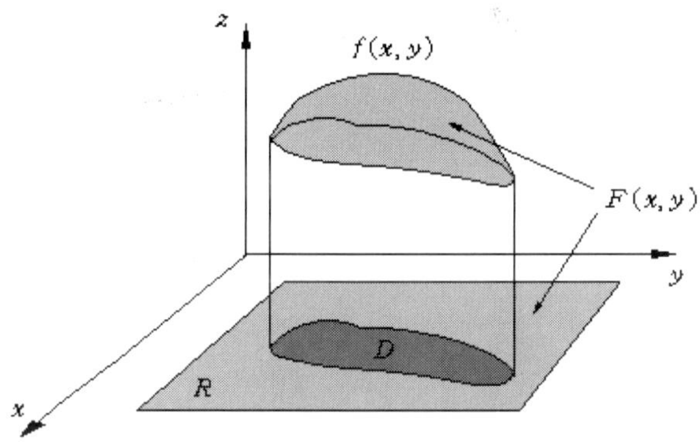

[그림 10-4] 함수 $F(x,y)$ 의 그래프

이때 함수 F를 이용하여 영역 D에서 f의 이중적분을 정의할 수 있다.

정의

식 (10-12)에서 정의된 함수 F가 직사각형 영역 R에서 적분가능이면, 함수 f는 영역 D에서 **적분가능**하다고 하고, D에서의 **이중적분**을 다음과 같이 정의한다.

$$\iint_D f(x,y)\,dA=\iint_R F(x,y)\,dA \tag{10-13}$$

위의 정의에서 함수 f가 영역 D에서 적분가능하다는 것은 D를 포함하는 어떤 직사각형 영역 R을 선택하더라도 식 (10-13)의 우변의 값이 항상 일정하다는 것을 의미한다. 그림 10-5의 (a)처럼 영역 D가 두 연속함수 α, β에 의하여 다음과 같이 결정된다고 하자.

$$D=\{(x,y)\mid a\le x\le b,\ \alpha(x)\le y\le \beta(x)\}$$

영역 D를 포함하는 직사각형 영역 $R=\{(x,y)\mid a\le x\le b,\ c\le y\le d\}$을 선택하면 영역 D에서의 f의 이중적분은

$$\iint_D f(x,y)dA=\iint_R F(x,y)dA=\int_a^b\int_c^d F(x,y)dy\,dx \tag{10-14}$$

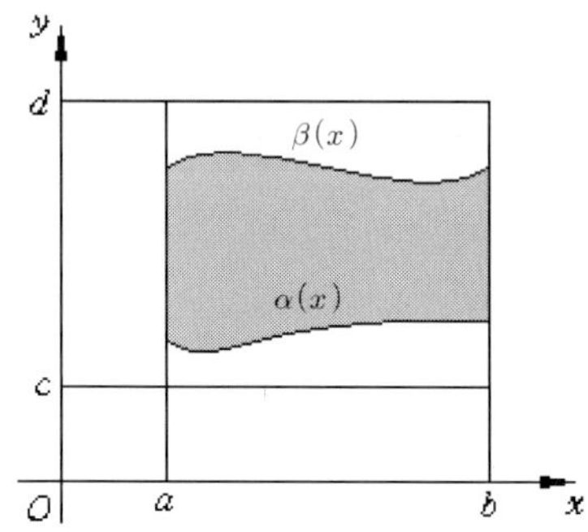

[그림 10-5] $a \le x \le b,\ \alpha(x) \le y \le \beta(x)$인 영역

이다. 여기에서 F는 식 (10-12)의 확장된 함수이다. 또한 임의의 $x \in [a, b]$에 대하여

$$F(x, y) = \begin{cases} f(x, y), & \alpha(x) \le y \le \beta(x) \\ 0, & y < \alpha(x) \text{ 또는 } \beta(x) < y \end{cases}$$

이므로

$$\int_c^d F(x, y)dy = \int_{\alpha(x)}^{\beta(x)} f(x, y)dy$$

이다. 따라서 식 (10-14)로부터 영역 D에서 함수 f의 이중적분을 다음과 같이 반복적분으로 구할 수 있다.

$$\iint_D f(x, y)dA = \int_a^b \int_{\alpha(x)}^{\beta(x)} f(x, y)dy\,dx \tag{10-15}$$

같은 방법으로 그림 10-6의 영역 $D = \{(x, y) \mid \alpha(y) \le x \le \beta(y),\ c \le y \le d\}$에서의 이중적분은 다음과 같다.

$$\iint_D f(x, y)dA = \int_c^d \int_{\alpha(y)}^{\beta(y)} f(x, y)dx\,dy \tag{10-16}$$

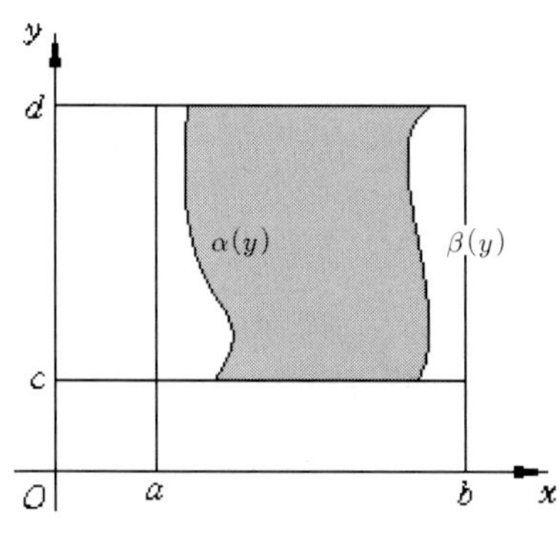

[그림 10-6] $\alpha(y) \le x \le \beta(y),\ c \le y \le d$인 영역

예제 10.1.7

두 곡선 $y=\sqrt{x}$ 와 $y=x^2$ 으로 둘러싸인 영역을 D 라 할 때, 영역 D 에서 포물면 $f(x,y)=x^2+y^2$ 와 xy–평면으로 만들어진 입체의 부피를 구하라.

▌풀이▐ 그림 10–7과 같이 주어진 영역은

$$D=\left\{(x,y)\,|\,0\le x\le 1,\ x^2\le y\le \sqrt{x}\right\}$$

이다. 따라서 식 10–15를 이용하여 입체의 부피 V 를 구하면 다음과 같다.

$$\begin{aligned}
V&=\int\!\!\int_D f(x,y)\,dA=\int_0^1\int_{x^2}^{\sqrt{x}}(x^2+y^2)\,dy\,dx\\
&=\int_0^1\left[x^2y+\frac{1}{3}y^3\right]_{x^2}^{\sqrt{x}}dx\\
&=\int_0^1\left(x^{\frac{5}{2}}+\frac{1}{3}x^{\frac{3}{2}}-x^4-\frac{1}{3}x^6\right)dx\\
&=\left[\frac{2}{7}x^{\frac{7}{2}}+\frac{2}{15}x^{\frac{5}{2}}-\frac{1}{5}x^5-\frac{1}{21}x^7\right]_0^1\\
&=\frac{2}{7}+\frac{2}{15}-\frac{1}{5}-\frac{1}{21}=\frac{6}{35}
\end{aligned}$$

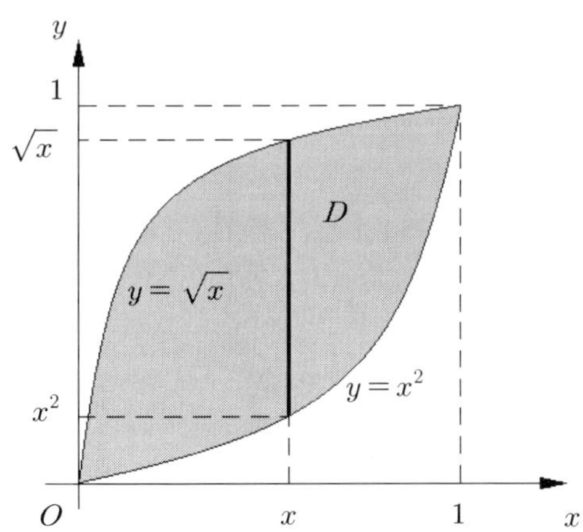

[그림 10–7] $D:\ 0\le x\le 1,\ x^2\le y\le \sqrt{x}$

예제 10.1.8

중심이 원점이고 반지름이 2인 원의 제 1 사분면 영역을 D 라 할 때, 이중적분 $\int\!\!\int_D xy\,dA$ 의 값을 구하라.

풀이 적분영역은 그림 10-8과 같이 $D=\left\{(x,y) \mid 0 \le x \le 2,\ 0 \le y \le \sqrt{4-x^2}\right\}$이다. 따라서 주어진 이중적분은 다음과 같다.

$$\begin{aligned}\iint_D xy\,dA &= \int_0^2\int_0^{\sqrt{4-x^2}} xy\,dy\,dx = \int_0^2 x\int_0^{\sqrt{4-x^2}} y\,dy\,dx \\ &= \int_0^2 x\left[\frac{y^2}{2}\right]_0^{\sqrt{4-x^2}} dx = \frac{1}{2}\int_0^2 x(4-x^2)\,dx \\ &= \frac{1}{2}\left[2x^2-\frac{1}{4}x^4\right]_0^2 = 2\end{aligned}$$

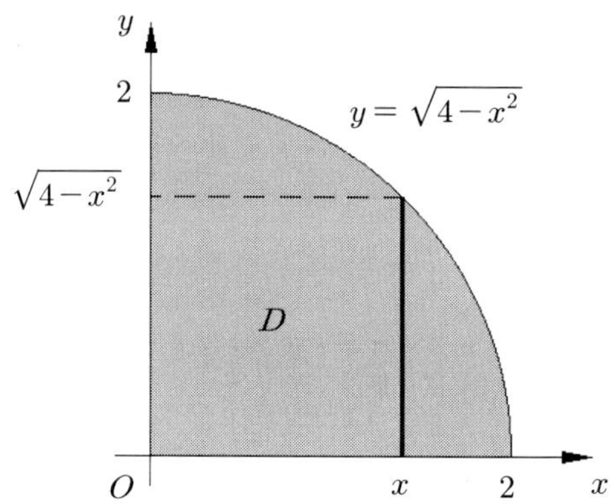

[그림 10-8] D: $0 \le x \le 2,\ 0 \le y \le \sqrt{4-x^2}$

정리 10.1.9

함수 f와 g가 영역D에서 적분가능이면 다음이 성립한다.

(1) $$\iint_D [f(x,y)+g(x,y)]\,dA = \iint_D f(x,y)\,dA + \iint_D g(x,y)\,dA \qquad (10-17)$$

(2) $$\iint_D cf(x,y)\,dA = c\iint_D f(x,y)\,dA \quad (c\ :\ \text{상수}) \qquad (10-18)$$

(3) 영역 D에서 $f(x,y) \le g(x,y)$이면

$$\iint_D f(x,y)\,dA \le \iint_D g(x,y)\,dA \qquad (10-19)$$

적분영역 D의 형태가 복잡한 경우에는 D를 서로 겹치지 않는 유한개의 영역 D_1, D_2, $\cdots$, D_n으로 분할하여 다음과 같이 계산할 수 있다.

$$\begin{aligned}&\iint_D f(x,y)\,dA \\ &= \iint_{D_1} f(x,y)\,dA + \iint_{D_2} f(x,y)\,dA + \cdots + \iint_{D_n} f(x,y)\,dA \qquad (10-20)\end{aligned}$$

이중적분을 일반화하여 삼중적분도 반복적분을 이용하여 계산할 수 있다.

정리 10.1.10 삼중적분에 대한 푸비니의 정리

삼변수함수 f 가 영역 $R=[a_1, b_1]\times[a_2, b_2]\times[a_3, b_3]$ 에서 연속이면 다음이 성립한다.

$$\iiint_R f(x, y, z)\,dV=\int_{a_3}^{b_3}\int_{a_2}^{b_2}\int_{a_1}^{b_1} f(x, y, z)\,dx\,dy\,dz \tag{10-21}$$

예제 10.1.11

직육면체의 영역 $R=[0, 1]\times[-1, 0]\times[0, 2]$ 에 대하여

$$f(x, y, z)=x^2+y^2+z$$

의 삼중적분을 구하라.

❙풀이❙ 식 (10-21)에 의해 주어진 삼중적분은 다음과 같다.

$$\begin{aligned}\iiint_R f(x, y, z)\,dV &= \int_{-1}^{0}\int_{0}^{1}\int_{0}^{2}(x^2+y^2+z)\,dz\,dx\,dy \\ &= \int_{-1}^{0}\int_{0}^{1}\left[(x^2+y^2)z+\frac{z^2}{2}\right]_0^2 dx\,dy \\ &= \int_{-1}^{0}\int_{0}^{1}(2x^2+2y^2+2)\,dx\,dy \\ &= \int_{-1}^{0}\left[\frac{2}{3}x^3+2y^2x+2x\right]_0^1 dy \\ &= \int_{-1}^{0}\left(2y^2+\frac{8}{3}\right)dy \\ &= \left[\frac{2}{3}y^3+\frac{8}{3}y\right]_{-1}^{0}=\frac{10}{3}\end{aligned}$$

일반적인 영역 D 에 대해서도 이중적분과 같은 방법으로 삼중적분을 정의할 수 있다. 연속인 함수 α, β, ϕ, ψ 에 대하여 영역 D 가

$$D=\{(x, y, z)\mid a\le x\le b,\ \alpha(x)\le y\le\beta(x),\ \phi(x, y)\le z\le\psi(x, y)\}$$

로 주어질 때 삼변수함수 f 의 삼중적분은 다음과 같다.

$$\iiint_D f(x, y, z)\,dV=\int_a^b\int_{\alpha(x)}^{\beta(x)}\int_{\phi(x, y)}^{\psi(x, y)} f(x, y, z)\,dz\,dy\,dx$$

예제 10.1.12

평면 $2y+z=2$, $x=0$, $x=3$, $y=0$, $z=0$ 을 각 면으로 갖는 삼각기둥을 영역 D 라 할 때, 삼중적분 $\iiint_D dV$ 의 값을 구하라.

풀이 평면 $2y+z=2$ 는 $(0,0,2)$, $(0,1,0)$, $(3,0,2)$, $(3,1,0)$ 를 지나는 평면으로 영역 D 는 그림 10-9와 같다. 즉

$$D=\{(x,y,z)\,|\,0\le x\le 3,\ 0\le y\le 1,\ 0\le z\le 2-2y\}$$

이다. 따라서 주어진 삼중적분은 다음과 같다.

$$\begin{aligned}\iiint_D dV &= \int_0^3\int_0^1\int_0^{2-2y} dz\,dy\,dx = \int_0^3\int_0^1 [z]_0^{2-2y}dy\,dx \\ &= 2\int_0^3\int_0^1 (1-y)\,dy\,dx = 2\int_0^3\left[y-\frac{1}{2}y^2\right]_0^1 dx \\ &= \int_0^3 dx = [x]_0^3 = 3\end{aligned}$$

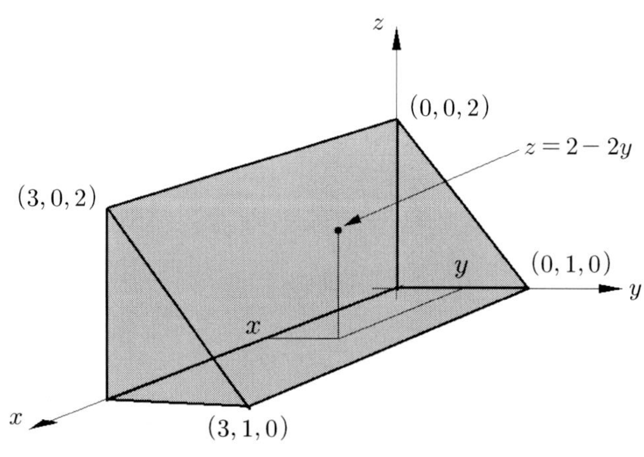

[그림 10-9] 예제 10.1.12의 영역 D

위의 예에서 구한 삼중적분 $\iiint_D dV$ 의 값은 영역 D 의 부피이다. 이중적분과 삼중적분에서 적분영역 D 의 넓이 $A(D)$ 와 부피 $V(D)$ 는 상수함수 $f(x,y)=1$ 와 $f(x,y,z)=1$ 을 적분하여 구할 수 있다.

$$A(D)=\iint_D dA \tag{10-22}$$

$$V(D)=\iiint_D dV \tag{10-23}$$

예제 10.1.12는 식 (10-23)으로부터 적분영역인 삼각기둥 D의 부피를 구한 것이다.

10.1 연습문제

1. 다음 반복적분을 계산하라.

(1) $\int_{0}^{1}\int_{-1}^{2} xy^2\,dy\,dx$ (2) $\int_{0}^{3}\int_{0}^{1} \sqrt{x+y}\,dx\,dy$

(3) $\int_{0}^{2}\int_{0}^{3} e^{x-y}\,dy\,dx$ (4) $\int_{1}^{2}\int_{0}^{1} (x+y)^{-2}\,dx\,dy$

(5) $\int_{0}^{2}\int_{1}^{x} y\,dy\,dx$ (6) $\int_{0}^{\pi}\int_{0}^{x} x\sin y\,dy\,dx$

2. 주어진 영역 D 에서 이중적분을 계산하라.

(1) $\iint_D (2y^2-3xy)\,dA$, $D=\{(x,y) \mid 1 \le x \le 2,\ 0 \le y \le 3\}$

(2) $\iint_D x\sin y\,dA$, $D=\left\{(x,y) \mid 1 \le x \le 4,\ 0 \le y \le \frac{\pi}{6}\right\}$

(3) $\iint_D x\,e^{xy}\,dA$, $D=\{(x,y) \mid 0 \le x \le 1,\ 0 \le y \le 1\}$

(4) $\iint_D dA$, $D=\left\{(x,y) \mid -a \le x \le a,\ 0 \le y \le \sqrt{a^2-x^2}\right\}$

(5) $\iint_D (x^2-2xy)\,dA$, $D=\left\{(x,y) \mid 0 \le x \le 1,\ \sqrt{x} \le y \le 2-x\right\}$

(6) $\iint_D \frac{2y}{x+1}\,dA$, $D=\{(x,y) \mid 0 \le x \le 1,\ x-1 \le y \le 0\}$

3. 평면 $z=2x+5y+1$ 의 아래에 있고 직사각형 $R=[-1,0]\times[1,4]$ 의 위에 있는 입체의 부피를 구하라.

4. 타원 포물면 $\frac{x^2}{4}+\frac{y^2}{9}+z=1$ 의 아래에 있고 직사각형 $R=[-1,1]\times[-2,2]$ 의 위에 있는 입체의 부피를 구하라.

5. 두 직선 $x=0$, $y=1$과 곡선 $y=\sqrt{x}$ 로 둘러싸인 영역 D 에서 함수 $f(x,y)=\sqrt{1+y^3}$ 의 이중적분을 구하라.

6. 두 포물선 $y = 2x^2$, $y = 1 + x^2$ 으로 둘러싸인 영역을 D 라 할 때, 이중적분 $\int\int_D (x+2y)\, dA$ 의 값을 구하라.

7. 네 개의 평면 $x + 2y + z = 2$, $x = 2y$, $x = 0$, $z = 0$ 을 각각의 면으로 갖는 사면체의 부피를 구하라.

8. 삼중적분을 이용하여 좌표평면과 평면 $2x + 3y + 6z = 12$ 로 둘러싸인 입체의 부피를 구하라.

연습문제 해답

1. (1) $\frac{3}{2}$　(2) $\frac{4}{15}(31-9\sqrt{3})$

   (3) $e^2+\frac{1}{e^3}-\frac{1}{e}-1$　(4) $\ln\frac{4}{3}$

   (5) $\frac{1}{3}$　(6) $2+\frac{\pi^2}{2}$

2. (1) $-\frac{9}{4}$　(2) $\frac{15}{4}(2-\sqrt{3})$

   (3) $e-2$　(4) $\frac{1}{2}a^2\pi$

   (5) $-\frac{19}{42}$　(6) $\frac{5}{2}-4\ln 2$

3. $\frac{75}{2}$

4. $\frac{166}{27}$

5. $\frac{2}{9}(2\sqrt{2}-1)$

6. $\frac{32}{15}$

7. $\frac{1}{3}$

8. 8

10.2 다중적분의 변수변환

일변수함수에서 치환적분은 변수를 변환하여 적분하는 예이다. 이와 같은 변수변환은 다중적분에서도 유용하다. 함수 g 와 h 가 u 와 v 에 관한 1계 편도함수를 가질 때 변환 $T: \mathbb{R}^2 \to \mathbb{R}^2$ 를

$$T(u, v) = (x, y), \quad x = g(u, v), \quad y = h(u, v)$$

로 정의하면 uv-평면의 한 영역 S 는 그림 10-10과 같이 xy-평면의 한 영역 D 로 변환된다. 이 때 영역 D 에서 정의된 함수 $F(x, y)$ 의 이중적분과 영역 S 에서 정의된 함수

$$F(g(u, v), h(u, v))$$

의 이중적분사이의 관계를 알아본다. 먼저 변수변환에서 나타나는 **야코비안(Jacobian)**을 정의한다.

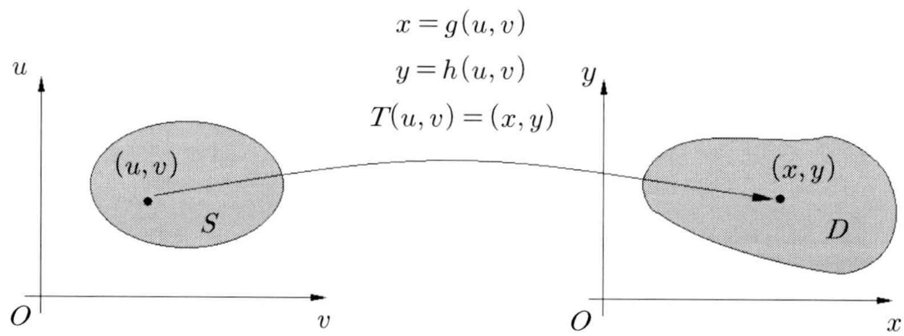

[그림 10-10] 변환 T 에 따른 영역의 변환

정의 야코비안

관계식 $x = g(u, v)$, $y = h(u, v)$ 의 야코비안은 다음과 같다.

$$\frac{\partial(x, y)}{\partial(u, v)} = \begin{vmatrix} \dfrac{\partial x}{\partial u} & \dfrac{\partial x}{\partial v} \\ \dfrac{\partial y}{\partial u} & \dfrac{\partial y}{\partial v} \end{vmatrix} = \frac{\partial x}{\partial u}\frac{\partial y}{\partial v} - \frac{\partial x}{\partial v}\frac{\partial y}{\partial u} \tag{10-24}$$

위의 야코비안을 이용하면 영역 D 에서 정의된 함수 $F(x, y)$ 의 이중적분과 영역 S 에서 정의된 함수 $F(g(u, v), h(u, v))$ 의 이중적분사이의 관계식을 얻을 수 있다.

정리 10.2.1

변환 $T(u,v)=(x,y)$, $x=g(u,v)$, $y=h(u,v)$ 에 의해 uv-평면의 영역 S 가 xy-평면의 영역 D 로 변환되었다고 하자. 함수 F, g, h 가 연속이고, g, h 의 편도함수도 연속이면 다음이 성립한다.

$$\iint_D F(x,y)\,dx\,dy=\iint_S F(g(u,v),\,h(u,v))\left|\frac{\partial(x,y)}{\partial(u,v)}\right|du\,dv \qquad (10\text{–}25)$$

식 (10–25)의 $\left|\dfrac{\partial(x,y)}{\partial(u,v)}\right|$ 는 야코비안 $\dfrac{\partial(x,y)}{\partial(u,v)}$ 의 절대값이다. 위의 정리로 부터 x 와 y 에 관한 이중적분을 u 와 v 의 이중적분으로 변환할 수 있다.

예제 10.2.2

uv-평면의 한 영역 S 가 변환

$$x=\frac{1}{3}(u+v),\ y=\frac{1}{3}(v-2u)$$

에 의해 xy-평면에서 네 개의 직선 $y=x$, $y=x-2$, $y=-2x$, $y=3-2x$ 로 둘러싸인 영역 D 로 변환되었을 때, $\iint_D (3x+4y)\,dx\,dy$ 를 구하라.

풀이 변환 $x=\frac{1}{3}(u+v)$, $y=\frac{1}{3}(v-2u)$ 의 야코비안을 구하면

$$\frac{\partial(x,y)}{\partial(u,v)}=\begin{vmatrix}\frac{\partial x}{\partial u} & \frac{\partial x}{\partial v}\\ \frac{\partial y}{\partial u} & \frac{\partial y}{\partial v}\end{vmatrix}=\begin{vmatrix}\frac{1}{3} & \frac{1}{3}\\ -\frac{2}{3} & \frac{1}{3}\end{vmatrix}=\frac{1}{3}$$

이다. 또한 네 개의 직선 $L_1: y=x$, $L_2: y=x-2$, $L_3: y=-2x$, $L_4: y=3-2x$ 로 둘러싸인 영역 D 는 그림 10–11과 같다. 주어진 변환을 이용하여 직선 L_1 에 대한 uv-평면의 직선 C_1 을 구하면 L_1 : $y=x$ 이므로

$$\frac{1}{3}(v-2u)=\frac{1}{3}(u+v)$$

이다. 이 식을 정리하면 $u=0$ 이다. 같은 방법으로 각각의 직선 L_i 에 대한 uv-평면의 직선을 구하면

$$C_1: u=0,\ C_2: u=2,\ C_3: v=0,\ C_4: v=3$$

이다. 위의 직선 C_i 로 둘러싸인 영역을 S 라 하면,

$$S=\{(u,v)\,|\,0\le u\le 2,\ 0\le v\le 3\}$$

이다. 따라서 식 (10–25)로부터 주어진 이중적분은 다음과 같다.

$$\int\int_D (3x+4y)\,dx\,dy = \int\int_S \left(3\frac{u+v}{3}+4\frac{v-2u}{3}\right)\left|\frac{\partial(x,y)}{\partial(u,v)}\right| du\,dv$$
$$= \frac{1}{9}\int_0^3\int_0^2 (7v-5u)\,du\,dv$$
$$= \frac{1}{9}\int_0^3 (14v-10)\,dv = \frac{11}{3}$$

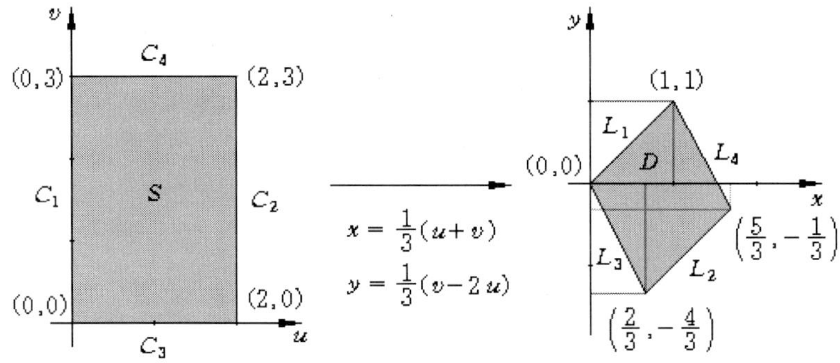

[그림 10-11] 변환 $x=(u+v)/3$, $y=(v-2u)/3$에 의한 영역 변환

예제 10.2.3

영역 D가 네 개의 꼭지점 $(1,0)$, $(2,0)$, $(0,2)$, $(0,1)$을 잇는 사다리꼴일 때, $\int\int_D e^{\frac{y-x}{y+x}}\,dx\,dy$의 값을 구하라.

풀이 주어진 이중적분을 변수 x와 y에 관하여 적분하는 것은 쉽지 않다. 따라서 변수변환을 이용하여 이중적분을 구한다.

$u=y-x$, $v=y+x$라 하면 $x=\frac{1}{2}(v-u)$, $y=\frac{1}{2}(u+v)$이다. 영역 D는 그림 10-12와 같이 네 개의 직선

$$L_1 : y=0,\ L_2 : y=2-x,\ L_3 : x=0,\ L_4 : y=1-x$$

로 둘러싸인 영역이고, 위의 변환에 의해 이 직선들은 각각 uv-평면의 직선

$$C_1 : v=-u,\ C_2 : v=2,\ C_3 : v=u,\ C_4 : v=1$$

로 변환된다. 이 영역은 그림 10-12와 같이 uv-평면의 네 꼭지점 $(-1,1)$, $(-2,2)$, $(2,2)$, $(1,1)$을 잇는 사다리꼴 영역

$$S=\{(u,v)\,|\,1\le v\le 2,\ -v\le u\le v\}$$

이다. 변환의 야코비안을 구하면

$$\frac{\partial(x,y)}{\partial(u,v)}=\begin{vmatrix}\dfrac{\partial x}{\partial u} & \dfrac{\partial x}{\partial v}\\ \dfrac{\partial y}{\partial u} & \dfrac{\partial y}{\partial v}\end{vmatrix}=\begin{vmatrix}-\dfrac{1}{2} & \dfrac{1}{2}\\ \dfrac{1}{2} & \dfrac{1}{2}\end{vmatrix}=-\frac{1}{2}$$

이므로 주어진 이중적분은 다음과 같다.

$$\int\int_D e^{\frac{y-x}{y+x}}\,dx\,dy=\int\int_S e^{\frac{u}{v}}\left|\frac{\partial(x,y)}{\partial(u,v)}\right|du\,dv=\frac{1}{2}\int_1^2\int_{-v}^{v}e^{\frac{u}{v}}\,du\,dv$$
$$=\frac{1}{2}\int_1^2 v(e-e^{-1})\,dv=\frac{3}{4}(e-e^{-1})$$

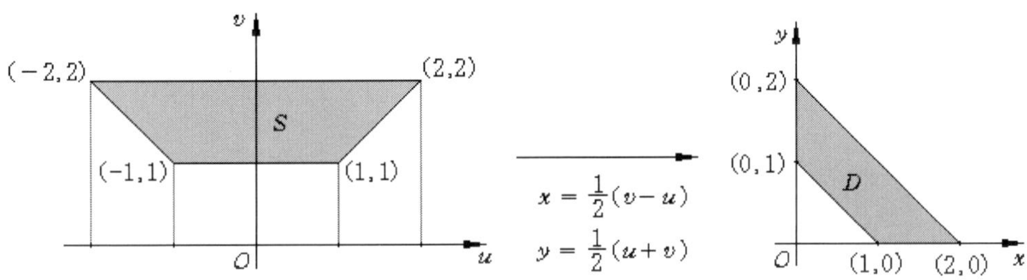

[그림 10-12] 변환 $x=(v-u)/2$, $y=(u+v)/2$ 에 의한 영역의 변환

정리 10.2.1을 이용하면 극좌표로 주어진 영역에서의 이중적분을 구할 수 있다. 변수변환을

$$x=r\cos\theta,\quad y=r\sin\theta$$

라 하면 야코비안은

$$\frac{\partial(x,y)}{\partial(r,\theta)}=\begin{vmatrix}\dfrac{\partial x}{\partial r} & \dfrac{\partial x}{\partial \theta}\\ \dfrac{\partial y}{\partial r} & \dfrac{\partial y}{\partial \theta}\end{vmatrix}=\begin{vmatrix}\cos\theta & -r\sin\theta\\ \sin\theta & r\cos\theta\end{vmatrix}=r$$

이다. 따라서 식 (10-25)로부터 다음을 정리를 얻을 수 있다.

정리 10.2.4

극좌표계에서 두 직선 $\theta=a$, $\theta=b$ 와 $r=f(\theta)$, $r=g(\theta)\,(g\le f)$로 둘러싸인 영역을 D 라 하면, 다음이 성립한다.

$$\int\int_D F(x,y)\,dx\,dy=\int_a^b\int_{g(\theta)}^{f(\theta)}F(r\cos\theta,\ r\sin\theta)\,r\,dr\,d\theta \tag{10-26}$$

예제 10.2.5

원점을 중심으로 하고 반지름이 a 인 원의 내부를 D 라 할 때, 다음 이중적분의 값을 구하라.

$$\iint_D \sqrt{a^2 - x^2 - y^2}\, dx\, dy$$

풀이 영역 D: $x^2 + y^2 \le a^2$ 내부에 있는 임의의 점 (x, y) 에 대하여

$$x = r\cos\theta, \quad y = r\sin\theta$$

라 하면, 극좌표계의 변수 r 과 θ 에 의해 만들어지는 영역 S 는

$$S:\ 0 \le r \le a,\ 0 \le \theta \le 2\pi$$

이다. 따라서 주어진 이중적분은 식 (10-26)으로부터 다음과 같다.

$$\begin{aligned}\iint_D \sqrt{a^2 - x^2 - y^2}\, dx\, dy &= \iint_D \sqrt{a^2 - (x^2 + y^2)}\, dx\, dy \\ &= \int_0^{2\pi}\int_0^a \sqrt{a^2 - r^2}\, r\, dr\, d\theta \\ &= \int_0^{2\pi}\left[-\frac{1}{3}\left(\sqrt{a^2 - r^2}\right)^3\right]_0^a d\theta \\ &= \int_0^{2\pi}\frac{1}{3}a^3\, d\theta = \frac{2}{3}\pi\, a^3\end{aligned}$$

이는 반지름이 a인 반구의 부피이다.

10.2 연습문제

1. 극좌표계를 이용하여 평면 $z = 0$ 와 포물면 $z = 1 - x^2 - y^2$ 으로 둘어싸인 영역의 부피를 구하라.

2. 세 점 $(0,0)$, $(1,0)$, $(1,1)$ 을 꼭지점으로 하는 삼각형의 내부영역을 D 라 할 때, 극좌표계를 이용하여 이중적분 $\int\int_D \frac{1}{(1+x^2+y^2)^{3/2}} dx\,dy$ 의 값을 구하라.

3. 중심이 원점이고 반지름이 a 인 원의 내부를 D_a 라 할 때, 이중적분 $\int\int_{D_a} e^{-(x^2+y^2)}\, dx\, dy$ 의 값을 극좌표계를 이용하여 구하라.

4. 영역 D_a 가 위의 문제 3과 같을 때 전평면 $\mathbb{R}^2$ 위에서의 이상적분을 다음과 같이 정의한다.

$$\int\int_{\mathbb{R}^2} e^{-(x^2+y^2)} dA = \int_{-\infty}^{\infty}\int_{-\infty}^{\infty} e^{-(x^2+y^2)}\, dx\, dy = \lim_{a\to\infty}\int\int_{D_a} e^{-(x^2+y^2)}\, dA$$

이상적분 $\int_{-\infty}^{\infty}\int_{-\infty}^{\infty} e^{-(x^2+y^2)}\, dx\, dy$ 의 값을 구하라.

5. 극좌표계를 이용하여 영역 $D = \{(x, y) \mid x^2 + y^2 \le 1\}$ 위에서 다음 이중적분을 구하라.

$$\iint_D \sin((x^2+y^2)\pi) dA$$

6. 이중적분을 이용하여 극방정식 $r = \sin 2\theta$ 의 그래프에 의해 둘러싸인 영역의 넓이를 구하라.

7. 다음 주어진 변환의 야코비안을 구하라.

(1) $x = u^2 + 2v$, $y = u^2 - v^2$

(2) $x = \frac{e^u - e^v}{2}$, $y = \frac{e^u + e^v}{2}$

(3) $x = e^r \sin\theta$, $y = e^{-r}\cos\theta$

(4) $x = 2u - v$, $y = 3u + v$

연습문제 해답

1. $\frac{\pi}{2}$

2. $\frac{\pi}{12}$

3. $\pi(1-e^{-a^2})$

4. π

5. 2

6. $\frac{\pi}{2}$

7. (1) $-4u(v+1)$ (2) $\frac{1}{2}e^{u+v}$ (3) $\cos 2\theta$ (4) 5

10.3 원주좌표와 구면좌표

6장에서 어떤 곡선은 직교좌표보다 극좌표로 표현하는 것이 훨씬 더 간결하다는 것을 알 수 있었다. 앞 절에서 다룬 이중적분의 경우에도 변수의 변환을 통하여 그 결과를 더 쉽게 얻을 수 있었다. 우리들이 접하는 계산들은 이러한 변수변환을 이용하면 더 간단한 형태로 변형되는 경우가 많다. 이 절에서는 회전체나 구면 등을 표현할 때 편리한 두 가지의 새로운 좌표계에 대해 알아본다.

정의 **원주좌표, 구면좌표**

(1) 공간의 점 P 는 **원주좌표(cylindrical coordinate)**라 부르는 순서쌍 (r, θ, z) 로 나타낼 수 있다(그림 10-13(a)). 여기에서 P' 이 xy-평면으로 P 의 직교사영일 때, (r, θ) 는 점 P' 의 극좌표이고 z 는 점 P 의 z-좌표이다.

(2) 공간의 점 P 는 **구면좌표(spherical coordinate)**라 부르는 순서쌍 (ρ, ϕ, θ) 로 나타낼 수 있다(그림 10-13(b)). 여기에서 ρ 는 원점 O 에서 P 까지의 거리이고, ϕ $(0 \le \phi \le \pi)$는 선분 OP 가 z 축의 양의 방향과 이루는 사이각이다. 또한 θ 는 x 축과 점 P 의 xy-평면으로 직교사영 P' 이 이루는 사이각이다.

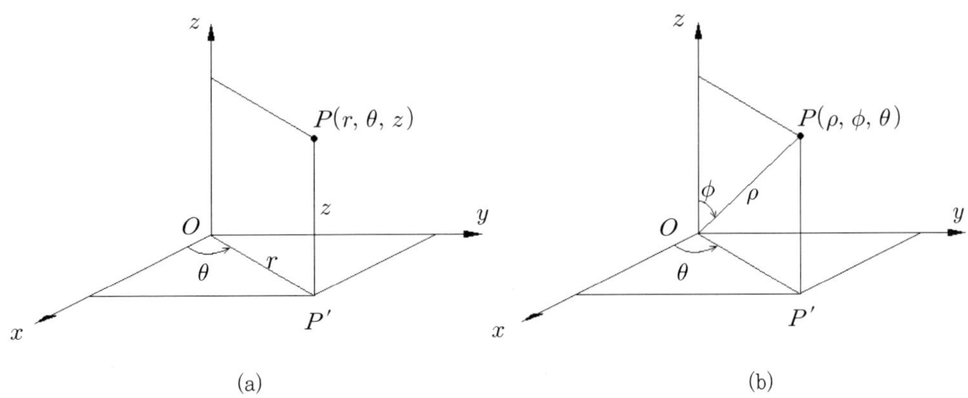

[그림 10-13] (a) 원주좌표계, (b) 구면좌표계

원주좌표는 $r \ge 0$, $0 \le \theta < 2\pi$, $-\infty < z < \infty$ 의 범위를 갖는 좌표 (r, θ, z) 로 공간상의 모든 점을 표현할 수 있고, 구면좌표는 $\rho \ge 0$, $0 \le \phi \le \pi$, $0 \le \theta < 2\pi$ 의 범위를 갖는 좌표 (ρ, ϕ, θ) 로 공간상의 모든 점을 표현할 수 있지만 극좌표와 같이 점과 좌표사이의 일대일 대응관계를 주지 못한다. 또한 극좌표에서와 같이 직교좌표와의 관계식을 구할 수 있는데 그 내용은 다음과 같다.

점 P 의 원주좌표와 구면좌표가 각각 (r, θ, z), (ρ, ϕ, θ) 이고 직교좌표가 (x, y, z) 일 때 원주좌표와 직교좌표, 구면좌표와 직교좌표의 관계식은 각각 다음과 같다.

$$\begin{cases} x = r\cos\theta \\ y = r\sin\theta \\ z = z \end{cases} \qquad \begin{cases} x = \rho\sin\phi\cos\theta \\ y = \rho\sin\phi\sin\theta \\ z = \rho\cos\phi \end{cases} \tag{10-27}$$

또한 위의 식으로부터 다음의 관계식도 얻을 수 있다.

$$r^2 = x^2 + y^2, \quad \tan\theta = \frac{y}{x}, \quad \rho^2 = x^2 + y^2 + z^2 \tag{10-28}$$

예제 10.3.1

(1) 원주좌표 $P\left(3, \frac{\pi}{4}, 2\right)$ 를 직교좌표로 바꾸어라.

(2) 구면좌표 $P\left(4, \frac{\pi}{4}, \frac{\pi}{3}\right)$ 를 직교좌표로 바꾸어라.

(3) 직교좌표 $P(\sqrt{3}, 0, 1)$ 을 원주좌표와 구면좌표로 바꾸어라.

풀이 (1) $r=3$, $\theta=\frac{\pi}{4}$, $z=3$ 이므로 식 (10-27)로부터

$$x = 3\cos\frac{\pi}{4} = \frac{3\sqrt{2}}{2}, \quad y = 3\sin\frac{\pi}{4} = \frac{3\sqrt{2}}{2}, \quad z=2$$

이므로 점 P 의 직교좌표는 $\left(\frac{3\sqrt{2}}{2}, \frac{3\sqrt{2}}{2}, 2\right)$ 이다.

(2) $\rho=4$, $\phi=\frac{\pi}{4}$, $\theta=\frac{\pi}{3}$ 이므로 식 (10-27)로부터 구면좌표를 구할 수 있다.

$$x = 4\sin\frac{\pi}{4}\cos\frac{\pi}{3} = \sqrt{2}, \quad y = 4\sin\frac{\pi}{4}\sin\frac{\pi}{3} = \sqrt{6}, \quad z = 4\cos\frac{\pi}{4} = 2\sqrt{2}$$

따라서 점 P 의 구면좌표는 $(\sqrt{2}, \sqrt{6}, 2\sqrt{2})$ 이다.

(3) 먼저 원주좌표를 구하자. $x=\sqrt{3}$, $y=0$, $z=1$ 이므로 식 (10-28)을 이용하면

$$r = \sqrt{(\sqrt{3})^2 + 0^2} = \sqrt{3}, \quad \tan\theta = \frac{0}{\sqrt{3}} = 0, \quad z=1$$

이다. $\tan\theta=0$ 인 θ 는 $\theta=n\pi\,(n=0, \pm1, \pm2, \cdots)$로 무수히 많다. 따라서 점 P의 원주좌표는 극좌표에서와 같이 무수히 많다. 그 중 $0 \le \theta < 2\pi$ 인 원주좌표는 $(\sqrt{3}, 0, 1)$ 이다.

다음으로 구면좌표를 구하면 식 (10-28)로부터

$$\rho = \sqrt{(\sqrt{3})^2 + 0^2 + 1^2} = 2$$

이다. 또한 식 (10-27)로부터

$$\cos\phi = \frac{z}{\rho} = \frac{1}{2}, \quad \phi = \frac{\pi}{3},$$

$$\sin\theta = \frac{y}{\rho\sin\phi} = \frac{0}{\sqrt{3}} = 0, \quad \theta = 0$$

이므로 P 의 구면좌표는 $\left(2, \frac{\pi}{3}, 0\right)$ 이다.

예제 10.3.2

(1) 원주좌표계에서 반지름이 a 인 원주 $x^2+y^2=a^2$ 의 방정식을 구하라.
(2) 구면좌표계에서 반지름이 a 인 구 $x^2+y^2+z^2=a^2$ 의 방정식을 구하라.

풀이 (1) $x=r\cos\theta$, $y=r\sin\theta$ 를 주어진 직교방정식에 대입하면

$$a^2=x^2+y^2=r^2\cos^2\theta+r^2\sin^2\theta=r^2$$

이다. $r^2=a^2$ 이므로 원주좌표계에서 반지름이 a 인 원주의 방정식은 $r=a$ 이다.

(2) $x=\rho\sin\phi\cos\theta$, $y=\rho\sin\phi\sin\theta$, $z=\rho\cos\phi$ 를 직교방정식에 대입하면

$$\begin{aligned} a^2 &= x^2+y^2+z^2 \\ &= \rho^2\sin^2\phi\cos^2\theta+\rho^2\sin^2\phi\sin^2\theta+\rho^2\cos^2\phi \\ &= \rho^2\sin^2\phi(\cos^2\theta+\sin^2\theta)+\rho^2\cos^2\phi \\ &= \rho^2\sin^2\phi+\rho^2\cos^2\phi=\rho^2 \end{aligned}$$

으로 $\rho^2=a^2$ 이다. 따라서 구면좌표계에서 반지름이 a 인 구의 방정식은 $\rho=a$ 이다.

위의 예로부터 원주좌표계는 원주를 나타내는데 효과적이며, 구면좌표계는 구를 나타내는데 효과적이라는 사실을 알 수 있다.

삼중적분에서도 이중적분에서와 유사한 변수변환공식을 적용할 수 있다. uvw-공간의 어떤 영역 S 가 변환

$$x=g(u,v,w),\ \ y=h(u,v,w),\ \ z=k(u,v,w)$$

에 의해 xyz-공간의 영역 D 로 변환되었을 때 이 변환의 야코비안은 다음의 삼차행렬식이다.

$$\frac{\partial(x,y,z)}{\partial(u,v,w)}=\begin{vmatrix} \dfrac{\partial x}{\partial u} & \dfrac{\partial x}{\partial v} & \dfrac{\partial x}{\partial w} \\ \dfrac{\partial y}{\partial u} & \dfrac{\partial y}{\partial v} & \dfrac{\partial y}{\partial w} \\ \dfrac{\partial z}{\partial u} & \dfrac{\partial z}{\partial v} & \dfrac{\partial z}{\partial w} \end{vmatrix} \tag{10-29}$$

이 야코비안을 이용하여 이중적분과 같은 다음의 정리를 얻을 수 있다.

정리 10.3.3

변환 $x=g(u,v,w)$, $y=h(u,v,w)$, $z=k(u,v,w)$ 에 의해 uvw-공간의 영역 S 가 xyz-공간의 영역 D 로 변환되었다고 하자. 함수 F, g, h, k 가 모두 연속이고, g, h, k 의 편도함수도 모두 연속이면 다음이 성립한다.

$$\iiint_D F(x, y, z)\, dx\, dy\, dz$$
$$= \iiint_S F(g(u, v, w),\ h(u, v, w),\ k(u, v, w)) \left| \frac{\partial(x, y, z)}{\partial(u, v, w)} \right| du\, dv\, dw \qquad (10\text{-}30)$$

다음의 예제는 식 (10-30)을 이용하여 원주좌표와 구면좌표에서 삼중적분에 관한 변수변환공식을 유도하고 있다.

예제 10.3.4 원주좌표계에서 삼중적분의 변수변환공식

원주좌표계에서 삼중적분에 관한 변수변환공식이 다음과 같음을 보여라.

$$\iiint_D F(x, y, z)\, dx\, dy\, dz = \iiint_S F(r\cos\theta,\ r\sin\theta,\ z)|r|\, dr\, d\theta\, dz \qquad (10\text{-}31)$$

풀이 원주좌표계 $r\theta z$-공간의 영역 S를 xyz-공간내의 영역 D로 변환시키는 관계식은 식 (10-27)로부터

$$x = r\cos\theta,\ \ y = r\sin\theta,\ \ z = z$$

이다. 식 (10-29)를 이용하여 이 변환의 야코비안을 구하면 다음과 같다.

$$\frac{\partial(x, y, z)}{\partial(r, \theta, z)} = \begin{vmatrix} \frac{\partial x}{\partial r} & \frac{\partial x}{\partial \theta} & \frac{\partial x}{\partial z} \\ \frac{\partial y}{\partial r} & \frac{\partial y}{\partial \theta} & \frac{\partial y}{\partial z} \\ \frac{\partial z}{\partial r} & \frac{\partial z}{\partial \theta} & \frac{\partial z}{\partial z} \end{vmatrix} = \begin{vmatrix} \cos\theta & -r\sin\theta & 0 \\ \sin\theta & r\cos\theta & 0 \\ 0 & 0 & 1 \end{vmatrix}$$
$$= r\cos^2\theta + r\sin^2\theta = r$$

따라서 식 (10-30)으로부터 원주좌표계에서 삼중적분에 관한 변수변환공식은 다음과 같다.

$$\iiint_D F(x, y, z)\, dx\, dy\, dz = \iiint_S F(r\cos\theta,\ r\sin\theta,\ z)|r|\, dr\, d\theta\, dz$$

위의 예와 같은 방법으로 구면좌표계에서 삼중적분에 관한 변수변환공식을 구할 수 있으며 그 공식은 다음과 같다.

$$\iiint_D F(x, y, z)\, dx\, dy\, dz$$
$$= \iiint_S F(\rho\sin\phi\cos\theta,\ \rho\sin\phi\sin\theta,\ \rho\cos\phi)\,\rho^2\sin\phi\ d\rho\, d\phi\, d\theta \qquad (10\text{-}32)$$

예제 10.3.5

원뿔 $z=\sqrt{x^2+y^2}$ 의 윗부분과 구면 $x^2+y^2+z^2=z\,(z\geq\frac{1}{2})$의 아랫부분으로 이루어진 영역을 D 라 할 때, D 의 부피 V를 구하라.

| 풀이 | 식 (10-27)과 식 (10-28)을 이용하여 주어진 구면 $x^2+y^2+z^2=z$ 의 구면좌표계의 방정식을 구하면

$$\rho^2=x^2+y^2+z^2=z=\rho\cos\phi$$

이므로

$$\rho=\cos\phi$$

이고, 원뿔의 방정식 $z=\sqrt{x^2+y^2}$ 은

$$\begin{aligned}\rho\cos\phi&=\sqrt{\rho^2\sin^2\phi\cos^2\theta+\rho^2\sin^2\phi\sin^2\theta}=\sqrt{\rho^2\sin^2\phi\,(\cos^2\theta+\sin^2\theta)}\\&=\rho\sin\phi\end{aligned}$$

로 $\cos\phi=\sin\phi$ 이므로

$$\phi=\frac{\pi}{4}$$

이다. 따라서 직교좌표계에서 주어진 영역 D (그림 10-14)에 해당되는 구면좌표계의 영역 S 는 다음과 같다.

$$S:\ 0\leq\theta\leq 2\pi,\ \ 0\leq\phi\leq\frac{\pi}{4},\ \ 0\leq\rho\leq\cos\phi$$

따라서 영역 D 의 부피는 식 (10-23)과 (10-32)로부터 다음과 같다.

$$\begin{aligned}\iiint_D dx\,dy\,dz&=\int_0^{2\pi}\int_0^{\frac{\pi}{4}}\int_0^{\cos\phi}\rho^2\sin\phi\,d\rho d\phi d\theta\\&=\int_0^{2\pi}d\theta\int_0^{\frac{\pi}{4}}\int_0^{\cos\phi}\rho^2\sin\phi\,d\rho d\phi\\&=2\pi\int_0^{\frac{\pi}{4}}\int_0^{\cos\phi}\rho^2\sin\phi d\rho d\phi\\&=\frac{2\pi}{3}\int_0^{\frac{\pi}{4}}\sin\phi\cos^3\phi\,d\phi\\&=\frac{2\pi}{3}\left[-\frac{\cos^4\phi}{4}\right]_0^{\frac{\pi}{4}}=\frac{\pi}{8}\end{aligned}$$

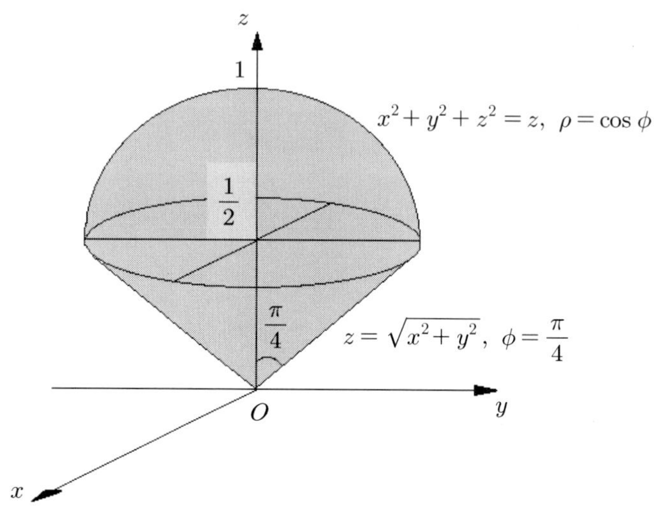

[그림 10-14] 예제 10.3.5의 영역 D

10.3 연습문제

1. 다음의 좌표변환을 구하라.

(1) 원주좌표 $P\left(2, \dfrac{\pi}{3}, 1\right)$ 의 직교좌표

(2) 구면좌표 $P\left(1, \dfrac{\pi}{6}, \dfrac{\pi}{4}\right)$ 의 직교좌표

(3) 직교좌표 $P(\sqrt{3}, 1, 1)$ 의 원주좌표

(4) 직교좌표 $P(3, \sqrt{3}, 2\sqrt{3})$ 의 구면좌표

2. 구 $x^2+y^2+z^2=4$ 의 부피를 나타내는 삼중적분을 직교좌표계, 원주좌표계, 구면좌표계 각각을 이용하여 구하라.

3. 원주좌표계 또는 구면좌표계를 이용하여 다음 삼중적분을 구하라.

(1) $\displaystyle\int_{-2}^{2}\int_{-\sqrt{4-x^2}}^{\sqrt{4-x^2}}\int_{0}^{4-x^2-y^2} x^2\,dz\,dy\,dx$

(2) $\displaystyle\int_{-1}^{1}\int_{0}^{\sqrt{1-x^2}}\int_{0}^{\sqrt{1-x^2-y^2}} z\,dz\,dy\,dx$

(3) $\displaystyle\int_{0}^{2}\int_{0}^{\sqrt{4-x^2}}\int_{0}^{\sqrt{4-x^2-y^2}} \sqrt{x^2+y^2+z^2}\,dz\,dy\,dx$

4. 포물면 $z=x^2+y^2$ 과 평면 $z=y$ 로 둘러싸인 영역의 부피를 구하라.

5. 원기둥 $x^2+y^2=4$ 와 두 평면 $z=1$, $x+z=3$ 로 둘러싸인 입체의 부피를 구하라.

6. 원주좌표를 이용하여 다음 삼중적분을 구하라.

$$\int_{0}^{1}\int_{0}^{\sqrt{1-x^2}}\int_{0}^{x}(x^2+y^2)\,dz\,dy\,dx$$

7. 적당한 치환을 이용하여 다음 입체의 부피를 구하라.

(1) 두 포물면 $z = x^2 + y^2$과 $z = 18 - x^2 - y^2$ 으로 둘러싸인 입체

(2) 구면 $x^2 + y^2 + z^2 = 4$ 와 $x^2 + y^2 + z^2 = 9$ 사이에 놓여있는 입체

8. 구면 $x^2 + y^2 + z^2 = 4$ 와 $x^2 + y^2 + z^2 = 9$ 사이에 놓여있는 입체

연습문제 해답

1. (1) $(1, \sqrt{3}, 1)$　　(2) $\left(\frac{\sqrt{2}}{4}, \frac{\sqrt{2}}{4}, \frac{\sqrt{2}}{2}\right)$

   (3) $\left(2, \frac{\sqrt{\pi}}{6}, 1\right)$　　(4) $\left(2\sqrt{6}, \frac{\pi}{4}, \frac{\pi}{6}\right)$

2. $\frac{32}{3}\pi$

3. (1) $\frac{16}{3}\pi$　　(2) $\frac{\pi}{8}$　　(3) 2π

4. $\frac{\pi}{32}$

5. 8π

6. $\frac{1}{5}$

7. (1) 81π　　(2) $\frac{76}{3}\pi$

8. 생략

10.4 이중적분의 응용

$xy-$평면상의 어떤 영역 D 에서 정의된 함수 $F(x, y)$ 는 공간상의 곡면 $z = F(x, y)$ 를 나타낸다. 이 곡면의 면적을 **곡면적**이라 하고 $A(D)$ 로 나타낸다. 이 곡면적을 구하는 공식은 다음의 정리와 같다.

정리 10.4.1 곡면적

$xy-$평면상의 영역 D 에서 정의된 함수 $F(x, y)$ 의 편도함수 F_x 와 F_y 가 연속일 때, D 에서의 곡면 $z = F(x, y)$ 의 곡면적 $A(D)$ 는 다음과 같다.

$$A(D) = \int\int_D \sqrt{1 + (F_x(x, y))^2 + (F_y(x, y))^2}\, dx\, dy \tag{10-33}$$

예제 10.4.2

평면 $z = 9$ 아래 놓여 있는 포물면 $z = x^2 + y^2$ 의 곡면적을 구하라.

| 풀이 | 평면 $z = 9$ 와 포물면 $z = x^2 + y^2$ 의 교선은 $x^2 + y^2 = 9$ 이다. 따라서 $xy-$평면상의 적분영역 D 는 중심이 원점에 있고 반지름이 3 인 원의 내부이다. 또한, $F(x, y) = x^2 + y^2$ 이라 하면

$$F_x(x, y) = 2x, \quad F_y(x, y) = 2y$$

이므로 식 (10-33)으로부터 구하려는 곡면적은 다음과 같다.

$$A(D) = \int\int_D \sqrt{1 + 4(x^2 + y^2)}\, dx\, dy$$

위의 이중적분에 극좌표의 변환식을 적용하면 적분영역 S 는

$$S: 0 \le r \le 3, 0 \le \theta \le 2\pi$$

이고 $r^2 = x^2 + y^2$ 이므로 식 (10-26)으로부터 곡면적은 다음과 같다.

$$\begin{aligned} A(D) &= \int_0^{2\pi}\int_0^3 \sqrt{1 + 4r^2}\, r\, dr\, d\theta \\ &= \int_0^{2\pi} d\theta \int_0^3 \sqrt{1 + 4r^2}\, r\, dr \\ &= [\theta]_0^{2\pi} \cdot \left[\frac{1}{12}\left(\sqrt{1 + 4r^2}\right)^3\right]_0^3 \\ &= 2\pi \cdot \frac{1}{12}(37\sqrt{37} - 1) \\ &= \frac{\pi}{6}(37\sqrt{37} - 1) \end{aligned}$$

다음은 공학에 응용되는 예로 질량의 중심과 관성능률등을 계산하는 방법을 알아본다. 공간상에 질량이 각각 m_1, m_2, $\cdots$, m_n 인 n 개의 점

$$P_1(x_1, y_1, z_1),\ P_2(x_2, y_2, z_2),\ \cdots,\ P_n(x_n, y_n, z_n)$$

이 분포되어 있고, **전질량(total mass)**을 $M\left(=\sum_{i=1}^{n} m_i\right)$이라 할 때,

$$\overline{x} = \frac{1}{M}\sum_{i=1}^{n} m_i x_i,\ \ \overline{y} = \frac{1}{M}\sum_{i=1}^{n} m_i y_i,\ \ \overline{z} = \frac{1}{M}\sum_{i=1}^{n} m_i z_i \tag{10-34}$$

를 좌표로 하는 점 $G(\overline{x}, \overline{y}, \overline{z})$ 를 점 P_1, P_2, $\cdots$, P_n 의 **질량중심(center of mass)**이라 한다. 위의 질량중심을 일반화한 개념으로 평면의 어떤 영역 D 내의 각 점의 밀도함수가 $\rho(x, y)$ 로 주어지고, $M = \int\int_D \rho(x, y)\,dx\,dy$ 일 때,

$$\overline{x} = \frac{1}{M}\int\int_D \rho(x, y)\,x\,dx\,dy,\ \ \overline{y} = \frac{1}{M}\int\int_D \rho(x, y)\,y\,dx\,dy \tag{10-35}$$

를 좌표로 하는 점 $G(\overline{x}, \overline{y})$ 를 밀도가 ρ 인 영역 D 의 **질량중심**이라 하고 M 을 D 의 **전질량**이라 한다. 여기에서 ρ 가 일정하면 위의 식 (10−35)는 다음과 같다.

$$\overline{x} = \frac{1}{A}\int\int_D x\,dx\,dy,\ \ \overline{y} = \frac{1}{A}\int\int_D y\,dx\,dy \tag{10-36}$$

여기에서 A 는 $A = \int\int_D dx\,dy$ 로 영역 D의 넓이이다. 이 경우 $G(\overline{x}, \overline{y})$를 영역 D의 **중심(center)**이라 한다.

예제 10.4.3

곡선 $y = f(x)$와 직선 $x = a$, $x = b$ 그리고 x 축으로 둘러싸인 일정한 밀도의 영역을 D라 하자. 영역 D 의 넓이가 S 일 때, 영역 D 의 중심의 좌표 $\overline{x}$, $\overline{y}$ 가 각각 다음과 같음을 보여라.

$$\overline{x} = \frac{1}{S}\int_a^b x\,f(x)\,dx,\ \ \overline{y} = \frac{1}{2S}\int_a^b (f(x))^2\,dx \tag{10-37}$$

▌풀이▐ 영역 D 가 일정한 밀도를 가지므로 식 (10−36)을 이용한다. D 의 범위가

$$D:\ a \le x \le b,\ 0 \le y \le f(x)$$

이므로 식 (10−36)의 $\overline{x}$ 와 $\overline{y}$ 의 이중적분은 각각 다음과 같다.

$$\iint_D x\,dx\,dy = \int_a^b \int_0^{f(x)} x\,dy\,dx = \int_a^b [xy]_0^{f(x)}\,dx = \int_a^b x\,f(x)\,dx$$

$$\iint_D y\,dx\,dy = \int_a^b \int_0^{f(x)} y\,dy\,dx = \int_a^b \left[\frac{y^2}{2}\right]_0^{f(x)} dx = \frac{1}{2}\int_a^b (f(x))^2\,dx$$

또한 $A = \iint_D dx\,dy = \int_a^b \int_0^{f(x)} dy\,dx = \int_a^b f(x)\,dx$ 로 영역 D 의 넓이 S 이다. 따라서

$$\bar{x} = \frac{1}{S}\int_a^b x\,f(x)\,dx\,,\quad \bar{y} = \frac{1}{2S}\int_a^b (f(x))^2\,dx$$

예제 10.4.4

제 1, 2 사분면에 놓여있는 반지름이 a인 반원의 중심을 구하라.

풀이 반지름이 a 인 반원의 방정식은 $y = \sqrt{a^2 - x^2}$ 이고, 반원은 y 축에 관하여 대칭이므로 $\bar{x} = 0$ 인 것은 명백하다. 또한 반원의 넓이는 $S = \frac{\pi a^2}{2}$ 이고

$$\int_{-a}^{a} y^2\,dx = \int_{-a}^{a} (a^2 - x^2)\,dx = \left[a^2 x - \frac{1}{3}x^3\right]_{-a}^{a} = \frac{4}{3}a^3$$

이므로 식 (10-37)으로부터

$$\bar{y} = \frac{1}{2S}\int_{-a}^{a} y^2\,dx = \frac{1}{\pi a^2}\frac{4}{3}a^3 = \frac{4a}{3\pi}$$

이다. 따라서 주어진 반원의 중심은 $\left(0,\ \frac{4a}{3\pi}\right)$ 이다.

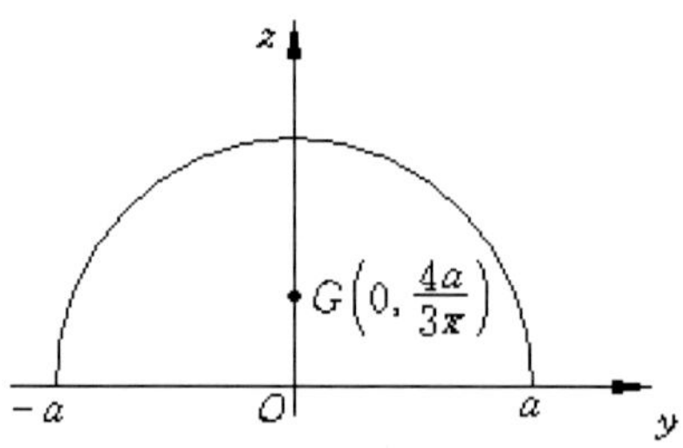

[그림 10-15] 반지름이 a 인 반원의 중심

예제 10.4.5

반지름이 a 인 반원형의 얇은 막이 있다고 가정하자. 이 막 위의 임의의 점에서 밀도가 원의 중심으로부터의 거리에 비례할 때 이 막의 질량중심을 구하라.

풀이 밀도가 다른 영역의 질량중심을 찾아야 하므로 식 (10-35)를 이용한다. 주어진 막이 xy-평면의 제 1, 2 사분면에 있다고 하자. 원점으로부터 점 (x, y) 까지의 거리는 $\sqrt{x^2+y^2}$ 이고 밀도는 이 거리에 비례한다고 하였으므로 밀도함수 ρ 는 적당한 상수 K에 대하여

$$\rho(x, y) = K\sqrt{x^2+y^2}$$

이다. 그리고 막과 밀도함수 모두가 y 축에 대해 대칭이므로 $\bar{x}=0$ 이다. 또한 식 (10-35)로부터

$$\bar{y} = \frac{1}{M}\iint_D \rho(x, y)\, y\, dx\, dy$$

이다. 이중적분을 극좌표계의 이중적분으로 변환하여 M 을 구하면, 반원 D 의 극좌표 구간은

$$D:\ 0 \le r \le a,\ \ 0 \le \theta \le \pi$$

이므로 식 (10-26)으로부터

$$\begin{aligned} M &= \iint_D \rho(x, y)\, dx\, dy = \iint_D K\sqrt{x^2+y^2}\, dx\, dy \\ &= \int_0^{\pi}\int_0^{a} (Kr)\, r\, dr\, d\theta = K\int_0^{\pi} d\theta \int_0^{a} r^2\, dr = \frac{K\pi a^3}{3} \end{aligned}$$

같은 방법으로

$$\begin{aligned} \iint_D \rho(x, y)\, y\, dx\, dy &= \iint_D K\sqrt{x^2+y^2}\, y\, dx\, dy \\ &= \int_0^{\pi}\int_0^{a} Kr(r\sin\theta)\, r\, dr\, d\theta \\ &= K\int_0^{\pi} \sin\theta\, d\theta \int_0^{a} r^3\, dr \\ &= K \cdot 2 \cdot \frac{a^4}{4} = \frac{Ka^4}{2} \end{aligned}$$

이다. 따라서

$$\bar{y} = \frac{1}{M}\iint_D \rho(x, y)\, y\, dx\, dy = \frac{3}{K\pi a^3} \cdot \frac{Ka^4}{2} = \frac{3a}{2\pi}$$

이므로 막의 질량중심은 $\left(0,\ \frac{3a}{2\pi}\right)$ 이다.

공간상의 영역 D 안에 있는 임의의 점 $P(x, y, z)$의 밀도가 함수 $\rho(x, y, z)$로 주어질 때

$$\bar{x} = \frac{1}{M}\iiint_D \rho x \, dx\, dy\, dz$$
$$\bar{y} = \frac{1}{M}\iiint_D \rho y \, dx\, dy\, dz \tag{10-38}$$
$$\bar{z} = \frac{1}{M}\iiint_D \rho z \, dx\, dy\, dz$$

를 좌표로 하는 점 $G(\bar{x}, \bar{y}, \bar{z})$를 밀도가 ρ 인 영역 D 의 **질량중심**이라 한다. 여기에서

$$M = \iint_D \rho(x, y, z)\, dx\, dy\, dz$$

이고, 이 M 을 D 의 **전질량**이라 한다. 식 (10-38)에서 ρ 가 일정하면

$$\bar{x} = \frac{1}{V}\iiint_D x \, dx\, dy\, dz$$
$$\bar{y} = \frac{1}{V}\iiint_D y \, dx\, dy\, dz \tag{10-39}$$
$$\bar{z} = \frac{1}{V}\iiint_D z \, dx\, dy\, dz$$

이다. 여기에서 V 는 $V = \iiint_D dx\, dy\, dz$ 로 영역 D 의 부피이다.

다음으로 관성능률에 대하여 알아본다. 공간상에 질량이 각각 m_1, m_2, $\cdots$, m_n 인 n 개의 점 $P_1(x_1, y_1, z_1)$, $P_2(x_2, y_2, z_2)$, $\cdots$, $P_n(x_n, y_n, z_n)$ 이 분포되어 있고, 이들 점으로부터 한 직선 L 에 이르는 거리를 각각 r_1, r_2, $\cdots$, r_n 이라 할 때,

$$I_L = \sum_{i=1}^{n} m_i r_i^2 \tag{10-40}$$

을 직선 L 에 관한 점 P_1, P_2, $\cdots$, P_n 의 **관성능률**(moment of inertia)이라 한다.

직선 L 이 각각 x 축, y 축, z 축이면 점 P_i $(i = 1, 2, \cdots , n)$에서 각 축까지의 거리가 각각

$$r_i^2 = y_i^2 + z_i^2, \quad s_i^2 = x_i^2 + z_i^2, \quad t_i^2 = x_i^2 + y_i^2$$

이므로(그림 10-16) x 축, y 축, z 축에 관한 관성능률은 다음과 같다.

$$I_x = \sum_{i=1}^{n} m_i(y_i^2 + z_i^2), \quad I_y = \sum_{i=1}^{n} m_i(x_i^2 + z_i^2), \quad I_z = \sum_{i=1}^{n} m_i(x_i^2 + y_i^2) \tag{10-41}$$

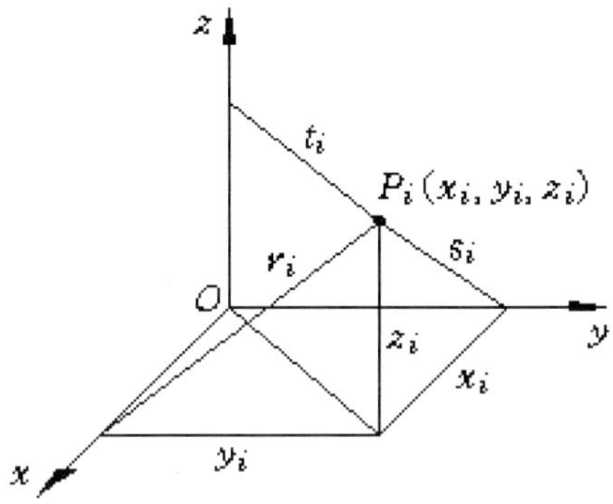

[그림 10-16] 각 축과 점 P_i의 거리

특히 점이 xy-평면에만 분포되어 있을 때, 모든 $z_i = 0$ 이므로

$$I_x = \sum_{i=1}^{n} m_i y_i^2, \quad I_y = \sum_{i=1}^{n} m_i x_i^2, \quad I_z = \sum_{i=1}^{n} m_i (x_i^2 + y_i^2) \tag{10-42}$$

이다. 이 경우 $I_z = I_0$ 로 나타내기도 한다. 따라서 $I_0 = I_z = I_x + I_y$ 임을 알 수 있다.

위의 성질을 일반화하여 평면상의 영역 D 의 점 $P(x, y)$ 의 밀도함수가 $\rho(x, y)$ 일 때 영역 D 의 x 축, y 축, z 축에 관한 **관성능률**을 각각 다음과 같이 정의할 수 있다.

$$\begin{aligned} I_x &= \iint_D \rho\, y^2\, dx\, dy \\ I_y &= \iint_D \rho\, x^2\, dx\, dy \\ I_0 = I_z &= \iint_D \rho\, (x^2 + y^2)\, dx\, dy \end{aligned} \tag{10-43}$$

마찬가지로 $I_0 = I_x + I_y$ 임을 알 수 있다.

예제 10.4.6

중심이 원점에 있고 밀도함수가 $\rho(x, y) = \rho$ 로 일정하며 반지름이 a 인 균질원판 D 의 관성능률 I_x, I_y, I_0 를 구하라.

풀이 원판 D 의 방정식은 $x^2 + y^2 = a^2$ 이다. 극좌표계에서 영역 D 의 범위는

$$D:\ 0 \le r \le a,\ 0 \le \theta \le 2\pi$$

이다. 먼저 I_0 를 계산하면 식 (10-26)으로부터 다음과 같다.

$$\begin{aligned} I_0 &= \iint_D \rho\, (x^2 + y^2)\, dx\, dy = \rho \int_0^{2\pi} \int_0^a r^2\, r\, dr\, d\theta \\ &= \rho \int_0^{2\pi} d\theta \int_0^a r^3\, dr = \rho \cdot 2\pi \cdot \frac{a^4}{4} = \frac{\rho \pi a^4}{2} = \frac{a^2}{2}(\rho \pi a^2) \end{aligned}$$

D 는 균질원판으로 $I_x = I_y$ 이고, $I_0 = I_x + I_y$ 이므로

$$I_x = I_y = \frac{I_0}{2} = \frac{a^2}{4}(\rho \pi a^2)$$

이다. 여기에서 원판 D 의 질량은 M=밀도×면적=$\rho \pi a^2$ 이므로 각각의 관성능률은 다음과 같다.

$$I_0 = \frac{1}{2}a^2 M, \quad I_x = I_y = \frac{1}{4}a^2 M$$

식 (10−41)을 일반화하여 공간상의 영역 D 의 관성능률을 다음과 같이 정의할 수 있다. 영역 D 의 각 점 $P(x, y, z)$ 의 밀도함수가 $\rho(x, y, z)$ 일 때 영역 D 의 x 축, y 축, z 축에 관한 **관성능률**은 각각 다음과 같다.

$$\begin{aligned} I_x &= \iiint_D \rho\,(y^2 + z^2)\,dx\,dy\,dz \\ I_y &= \iiint_D \rho\,(x^2 + z^2)\,dx\,dy\,dz \\ I_z &= \iiint_D \rho\,(x^2 + y^2)\,dx\,dy\,dz \end{aligned} \qquad (10-44)$$

예제 10.4.7

곡선 $y = f(x)$ $(f(x) \geq 0)$와 직선 $x = a$, $x = b$ 그리고 x 축으로 둘러싸인 밀도가 ρ 로 일정한 영역을 x 축을 중심으로 회전할 때 만들어지는 입체 D 의 x 축에 관한 관성능률이 다음과 같음을 보여라.

$$I_x = \frac{1}{2}\rho\pi \int_a^b (f(x))^4\,dx \qquad (10-45)$$

풀이 영역 D 가 x 축을 중심으로 회전시킨 회전체이므로, yz−평면을 극좌표로 보고, x 축을 고정 축으로 하는 원주좌표계로 변환하면 계산이 훨씬 간단해 진다. 따라서

$$x = x, \ y = r\cos\theta, \ z = r\sin\theta$$

라 하면 회전체의 원주좌표계 영역은 다음과 같다.

$$D:\ a \leq x \leq b,\ 0 \leq \theta \leq 2\pi,\ 0 \leq r \leq f(x)$$

이다. 따라서 식 (10−44)와 식 (10−31)로부터 관성능률의 삼중적분은 다음과 같다.

$$\begin{aligned} I_x &= \iiint_D \rho\,(y^2 + z^2)\,dx\,dy\,dz = \int_a^b \int_0^{2\pi} \int_0^{f(x)} \rho\, r^2\, r\,dr\,d\theta\,dx \\ &= \rho \int_0^{2\pi} d\theta \int_a^b \int_0^{f(x)} r^3\,dr\,dx = \rho\, 2\pi \int_a^b \frac{1}{4}(f(x))^4\,dx \\ &= \frac{1}{2}\rho\pi \int_a^b (f(x))^4\,dx \end{aligned}$$

예제 10.4.8

밀도가 ρ로 일정하고 반지름이 a인 구의 직경에 관한 관성능률을 구하라.

풀이 반지름이 a 인 구는 반원 $y = \sqrt{a^2 - x^2}$ 를 x 축에 관하여 회전한 회전체이므로 식 (10-45)를 이용하여 다음과 같이 계산할 수 있다.

$$\begin{aligned} I_x &= \frac{1}{2}\rho\pi\int_{-a}^{a}\left(\sqrt{a^2 - x^2}\right)^4 dx = \frac{1}{2}\rho\pi\int_{-a}^{a}(a^2 - x^2)^2 dx \\ &= \frac{1}{2}\rho\pi\int_{-a}^{a}(a^4 - 2a^2x^2 + x^4)\,dx = \frac{8}{15}\rho\pi a^5 \\ &= \frac{2}{5}a^2\left(\frac{4}{3}\rho\pi a^3\right) \end{aligned}$$

여기에서 구의 전질량은 M=밀도×부피$=\frac{4}{3}\rho\pi a^3$이므로 $I_x = \frac{2}{5}a^2 M$ 이다.

10.4 연습문제

1. 평면 $x+2y+z=4$ 중에 원주면 $x^2+y^2=4$ 의 내부에 있는 영역의 곡면적을 구하라.

2. 평면 $z=ax+by+c$ 위의 영역 D 가 xy-평면으로 사영된 영역을 D' 이라 하고 이 D' 의 넓이가 $A(D')$ 일 때 D 의 넓이가 $\sqrt{a^2+b^2+1}\ A(D')$ 임을 보여라.

3. 밀도가 ρ 로 일정한 반지름이 a 인 원의 제 1 사분면 영역을 D 라 할 때 D 의 중심을 구하라.

4. 곡선 $y=2x-x^2$ 과 직선 $y=x$ 로 둘러싸인 영역 D 의 밀도가 일정하고 넓이가 $\frac{1}{6}$ 이라 할 때, $\bar{x}$ 를 구하라.

5. 곡선 $y=x^2$ 과 직선 $y=x$ 로 둘러싸인 영역 D 의 밀도가 일정하다고 할 때 D 의 중심을 구하라.

6. 밀도함수가 $\rho(x,y)=1+3x+y$ 이고 꼭지점 $(0,0)$, $(1,0)$, $(0,2)$ 를 갖는 얇은 삼각막의 전질량과 질량중심을 구하라.

7. 곡선 $y=f(x)(f(x)\geqq 0)$, 직선 $x=a$, $x=b$, 그리고 x 축으로 둘러싸인 일정한 밀도의 영역을 x 축을 중심으로 회전할 때 생기는 회전체를 D 라 하자. 이 입체의 대칭성에 의해 y, z 의 중심좌표 $\bar{y}$, $\bar{z}$ 는 모두 0 이다. 식 (10-38)을 이용하여 x 의 중심좌표가

$$\bar{x}=\frac{\int_a^b x(f(x))^2\,dx}{\int_a^b (f(x))^2\,dx}$$

임을 보여라.

8. 밀도 함수가 $\rho(x,y) = y$ 인 영역 $D = [0,2] \times [0,3]$ 의 관성능률 I_x , I_y , I_0 를 구하라.

9. 일정한 밀도 ρ 를 갖는 박막이 $x = 0$ 에서 $x = \pi$ 사이에서 곡선 $y = \sin x$ 의 아랫부분을 채우고 있다. 관성능률 I_x , I_y 를 구하라.

10. 곡면 $x + z = 2$ 와 평면 $y = x$, $z = 0$, $y = 0$ 에 의해 둘러 쌓인 밀도가 ρ 로 일정한 입체의 z 축에 관한 관성능률을 구하라.

연습문제 해답

1. $4\sqrt{6}\,\pi$

2. 생략

3. $\left(\frac{4a}{3\pi}, \frac{4a}{3\pi}\right)$

4. $\frac{1}{2}$

5. $\left(\frac{1}{2}, \frac{2}{5}\right)$

6. $\frac{8}{3}$, $\left(\frac{3}{8}, \frac{11}{16}\right)$

7. 생략

8. $I_x = \frac{81}{2}$, $I_y = 12$, $I_0 = \frac{105}{2}$

9. $I_x = \frac{4}{9}\rho$, $I_y = (\pi^2 - 4)\rho$

10. $\frac{32}{15}\rho$

Engineering Mathematics

CHAPTER 11

벡터해석

11.1 벡터장의 발산과 회전

유체의 흐름이나 자기장과 같은 물리적 현상은 공간 또는 평면상의 각점에서 물질의 흐름을 나타내는 벡터로 표현할 수 있다. 이와 같이 유클리드 공간 $\mathbb{R}^2$ 나 $\mathbb{R}^3$ 의 각점에 벡터를 대응시키는 함수를 벡터장이라 한다.

정의 벡터장

유클리드 평면 $\mathbb{R}^2$ (또는 공간 $\mathbb{R}^3$)의 부분집합 D 에 대하여 함수 $F: D \to \mathbb{R}^2$ (또는 $\mathbb{R}^3$)를 $\mathbb{R}^2$ (또는 $\mathbb{R}^3$)상의 **벡터장**(vector field)이라 한다.

평면 $\mathbb{R}^2$ 상의 벡터장 F는 벡터의 성분을 이용하여

$$F(x,y) = (f_1(x,y), f_2(x,y)) \quad \text{또는} \quad F(x,y) = f_1(x,y)\mathbf{i} + f_2(x,y)\mathbf{j}$$

로 나타낼 수 있다. 여기에서 f_1, f_2는 두 개의 변수 x, y 를 갖는 실함수이고, $\mathbf{i}$ 와 $\mathbf{j}$ 는 각각 x 축과 y 축 상의 단위벡터 $\mathbf{i} = (1,0)$, $\mathbf{j} = (0,1)$이다. 같은 방법으로 공간 $\mathbb{R}^3$상의 벡터장 F 도

$$\begin{aligned} F(x,y,z) &= (f_1(x,y,z), f_2(x,y,z), f_3(x,y,z)) \\ &= f_1(x,y,z)\mathbf{i} + f_2(x,y,z)\mathbf{j} + f_3(x,y,z)\mathbf{k} \end{aligned}$$

로 나타낼 수 있다. 여기에서 f_1, f_2, f_3 는 세 개의 변수 x, y, z 를 갖는 실함수이고, $\mathbf{i}$, $\mathbf{j}$, $\mathbf{k}$ 는 각각 x 축, y 축, z 축 상의 단위벡터 $\mathbf{i} = (1,0,0)$, $\mathbf{j} = (0,1,0)$, $\mathbf{k} = (0,0,1)$ 을 의미한다.

예제 11.1.1

함수 $F: \mathbb{R}^2 \to \mathbb{R}^2$ 를 $F(x,y) = \frac{y}{2}\mathbf{i} - \frac{x}{2}\mathbf{j}$ 로 정의하면, F 는 $\mathbb{R}^2$ 상의 벡터장이다. 평면상의 몇몇 점에 관한 벡터장 F 의 계산결과는 다음과 같다.

$$F(2,2) = \mathbf{i} - \mathbf{j}, \quad F(2,-2) = -\mathbf{i} - \mathbf{j}, \quad F(-2,-2) = -\mathbf{i} + \mathbf{j}, \quad F(-2,2) = \mathbf{i} + \mathbf{j}$$

이 벡터장은 그림 11-1과 같이 평면상의 화살표로 나타낼 수 있다.

벡터장 F 의 각 벡터는 중심이 원점인 원에 접하는 벡터들이고,

$$\mathbf{x} \cdot F(x,y) = (x\mathbf{i} + y\mathbf{j}) \cdot \left(\frac{y}{2}\mathbf{i} - \frac{x}{2}\mathbf{j}\right) = \frac{xy - yx}{2} = 0$$

이므로 $F(x,y)$ 는 각각의 위치벡터 $\mathbf{x} = x\mathbf{i} + y\mathbf{j}$ 에 수직인 벡터이다.

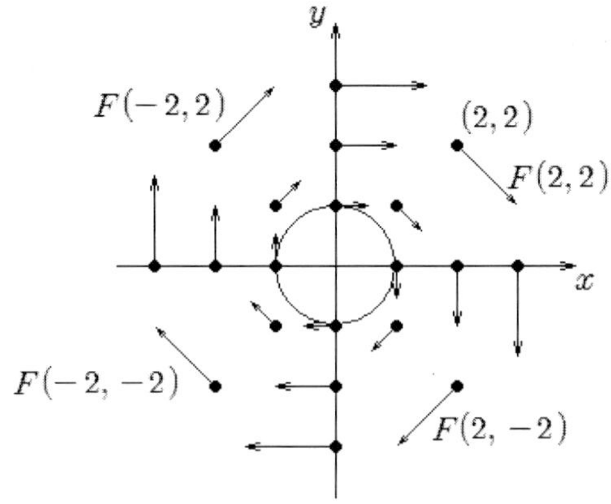

[그림 11-1] 벡터장 $F(x,y)=(y/2)\mathrm{i}-(x/2)\mathrm{j}$

공간상의 어떤 영역에 속해있는 각 점에 실수 값을 대응시키는 문제들이 응용에서 많이 나타난다. 예를 들어 실내의 온도를 측정하는 경우에 실내의 각 위치에 그 점의 온도를 대응시키는 함수를 생각할 수 있다. 이러한 함수를 스칼라 장이라 한다.

정의 **스칼라 장**

유클리드 평면 $\mathbb{R}^2$ (또는 공간 $\mathbb{R}^3$)의 부분집합 D 에 대하여 함수 $f:D\to\mathbb{R}$ 을 $\mathbb{R}^2$ (또는 $\mathbb{R}^3$)상의 **스칼라 장**(scalar field) 또는 **스칼라 함수**(scalar function)라 한다.

함수 f 와 g 가 각각 평면 $\mathbb{R}^2$ 와 공간 $\mathbb{R}^3$ 상의 스칼라 장이라 할 때, 9장 5절에서 f 와 g 의 기울기 ∇f 와 ∇g 를

$$\nabla f(x,y)=f_x(x,y)\mathrm{i}+f_y(x,y)\mathrm{j}=\frac{\partial f}{\partial x}\mathrm{i}+\frac{\partial f}{\partial y}\mathrm{j}$$

$$\nabla g(x,y,z)=g_x(x,y,z)\mathrm{i}+g_y(x,y,z)\mathrm{j}+g_z(x,y,z)\mathrm{k}=\frac{\partial g}{\partial x}\mathrm{i}+\frac{\partial g}{\partial y}\mathrm{j}+\frac{\partial g}{\partial z}\mathrm{k}$$

로 정의하였다. 이 기울기 벡터 ∇f 와 ∇g 는 각각 $\mathbb{R}^2$ 와 $\mathbb{R}^3$ 상의 벡터장이다. 이들 벡터장을 **기울기 벡터장**(gradient vector filed)이라 한다.

예제 11.1.2

스칼라 장 $f(x, y, z) = y^3 - 2x^2 z$ 의 기울기 벡터장을 구하고, 점 $P(1, 0, -2)$ 에서의 ∇f 값을 구하라.

풀이 $\dfrac{\partial f}{\partial x} = -4xz$, $\dfrac{\partial f}{\partial y} = 3y^2$, $\dfrac{\partial f}{\partial z} = -2x^2$ 이므로

$$\nabla f(x, y, z) = (-4xz)\mathbf{i} + 3y^2\mathbf{j} - 2x^2\,\mathbf{k}$$

이다. 따라서 $\nabla f(1, 0, -2) = 8\mathbf{i} - 2\mathbf{k}$ 이다.

정의 포텐셜 함수

벡터장 F 에 대하여

$$F = \nabla f \tag{11-1}$$

인 스칼라 장 f 가 존재할 때, f 를 F 의 **포텐셜 함수**(potential function)라 한다.

예제 11.1.3

(1) 벡터장 $F(x, y) = 2xy^3\mathbf{i} + 3x^2y^2\mathbf{j}$ 와 스칼라장 $f(x,y) = x^2y^3$ 에 대하여

$$\nabla f(x, y) = \frac{\partial}{\partial x}(x^2y^3)\mathbf{i} + \frac{\partial}{\partial y}(x^2y^3)\mathbf{j} = 2xy^3\mathbf{i} + 3x^2y^2\mathbf{j} = F(x, y)$$

이므로 f 는 F 의 포텐셜 함수이다.

(2) 벡터장 $F(x,y,z) = yz\mathbf{i} + xz\mathbf{j} + xy\mathbf{k}$ 와 스칼라장 $f(x,y,z) = xyz$ 에 대하여

$$\nabla f(x,y,z) = yz\mathbf{i} + xz\mathbf{j} + xy\mathbf{k} = F(x,y,z)$$

이므로 f 는 F 의 포텐셜 함수이다.

정리 11.1.4

정의역 D 에서 f_1 과 f_2 가 연속인 1계 편도함수를 갖고, 벡터장

$$F(x, y) = f_1(x, y)\mathbf{i} + f_2(x, y)\mathbf{j}$$

가 포텐셜 함수를 가지면 $\dfrac{\partial f_1}{\partial y} = \dfrac{\partial f_2}{\partial x}$ 이다.

위의 정리로부터 포텐셜 함수를 갖지 않는 벡터장이 존재함을 알 수 있다. 즉, $\dfrac{\partial f_1}{\partial y} \neq \dfrac{\partial f_2}{\partial x}$ 이면 F 는 포텐셜 함수를 갖지 않는다.

예제 11.1.5

벡터장 $F(x,y) = -y\mathbf{i} + x\mathbf{j}$ 에 대하여 $\frac{\partial}{\partial y}(-y) = -1 \neq 1 = \frac{\partial x}{\partial x}$ 이므로 F는 포텐셜 함수를 갖지 않는다.

벡터장 F가 포텐셜 함수를 갖는 경우에 다음의 예와 같이 포텐셜 함수를 구할 수 있다.

예제 11.1.6

벡터장 $F(x,y) = (x^2 + 2xy)\mathbf{i} + (x^2 + y^2)\mathbf{j}$ 의 포텐셜 함수를 구하라.

▌풀이▌ 스칼라장 f를 F의 포텐셜 함수라 하면 $F(x,y) = \nabla f = \frac{\partial f}{\partial x}\mathbf{i} + \frac{\partial f}{\partial y}\mathbf{j}$ 이므로

$$\frac{\partial f}{\partial x} = x^2 + 2xy, \quad \frac{\partial f}{\partial y} = x^2 + y^2$$

이다. $\frac{\partial f}{\partial x} = x^2 + 2xy$ 를 x 에 관하여 적분하면

$$f(x,y) = \int (x^2 + 2xy)\, dx = \frac{1}{3}x^3 + x^2y + h(y)$$

이고, $h(y)$ 는 변수 y 만의 함수이다. 이 f를 y 에 관하여 미분하면

$$\frac{\partial f}{\partial y} = x^2 + h'(y)$$

이고, $\frac{\partial f}{\partial y} = x^2 + y^2$ 이므로 $x^2 + h'(y) = x^2 + y^2$ 이다. 따라서 $h'(y) = y^2$ 이고

$$h(y) = \int y^2\, dy = \frac{1}{3}y^3 + C$$

이므로 포텐셜 함수는 $f(x,y) = \frac{1}{3}x^3 + x^2y + \frac{1}{3}y^3 + C$ 이다.

공간 $\mathbb{R}^3$ 의 벡터장 $F(x_1, x_2, x_3) = f_1(x_1, x_2, x_3)\mathbf{i} + f_2(x_1, x_2, x_3)\mathbf{j} + f_3(x_1, x_2, x_3)\mathbf{k}$ 도 정리 11.1.4와 같은 성질을 갖는다. 즉 f_1, f_2, f_3가 F의 정의역 D에서 연속인 1계 편도함수를 갖고, F가 포텐셜 함수를 가지면

$$\frac{\partial f_i}{\partial x_j} = \frac{\partial f_j}{\partial x_i} \quad (i \neq j,\ i, j = 1, 2, 3)$$

이 성립한다.

정의 **회전, 발산**

공간 $\mathbb{R}^3$ 상의 벡터장 $F(x, y, z) = f_1(x, y, z)\mathbf{i} + f_2(x, y, z)\mathbf{j} + f_3(x, y, z)\mathbf{k}$에 대하여

$$\operatorname{div} F = \frac{\partial f_1}{\partial x} + \frac{\partial f_2}{\partial y} + \frac{\partial f_3}{\partial z} \tag{11-2}$$

를 F 의 **발산**(divergence)이라 하고,

$$\operatorname{curl} F = \left(\frac{\partial f_3}{\partial y} - \frac{\partial f_2}{\partial z}\right)\mathbf{i} + \left(\frac{\partial f_1}{\partial z} - \frac{\partial f_3}{\partial x}\right)\mathbf{j} + \left(\frac{\partial f_2}{\partial x} - \frac{\partial f_1}{\partial y}\right)\mathbf{k} \tag{11-3}$$

를 F 의 **회전**(curl)이라 한다.

벡터미분연산자 ∇ 을

$$\nabla = \mathbf{i}\frac{\partial}{\partial x} + \mathbf{j}\frac{\partial}{\partial y} + \mathbf{k}\frac{\partial}{\partial z} \quad \left(\text{또는 } \nabla = \mathbf{i}\frac{\partial}{\partial x} + \mathbf{j}\frac{\partial}{\partial y}\right) \tag{11-4}$$

로 정의하면 ∇ 와 벡터장 $F(x, y, z) = f_1\mathbf{i} + f_2\mathbf{j} + f_3\mathbf{k}$의 내적은

$$\nabla \cdot F = \left(\mathbf{i}\frac{\partial}{\partial x} + \mathbf{j}\frac{\partial}{\partial y} + \mathbf{k}\frac{\partial}{\partial z}\right) \cdot (f_1\mathbf{i} + f_2\mathbf{j} + f_3\mathbf{k}) = \frac{\partial f_1}{\partial x} + \frac{\partial f_2}{\partial y} + \frac{\partial f_3}{\partial z} = \operatorname{div} F$$

이므로

$$\operatorname{div} F = \nabla \cdot F \tag{11-5}$$

이다. 또한 외적과 행렬식의 정의로부터

$$\nabla \times F = \begin{vmatrix} \mathbf{i} & \mathbf{j} & \mathbf{k} \\ \frac{\partial}{\partial x} & \frac{\partial}{\partial y} & \frac{\partial}{\partial z} \\ f_1 & f_2 & f_3 \end{vmatrix} = \left(\frac{\partial f_3}{\partial y} - \frac{\partial f_2}{\partial z}\right)\mathbf{i} + \left(\frac{\partial f_1}{\partial z} - \frac{\partial f_3}{\partial x}\right)\mathbf{j} + \left(\frac{\partial f_2}{\partial x} - \frac{\partial f_1}{\partial y}\right)\mathbf{k} = \operatorname{curl} F$$

이므로

$$\operatorname{curl} F = \nabla \times F \tag{11-6}$$

이다. 이와 같이 미분연산자 ∇ 를 이용하면 $\operatorname{curl} F$ 와 같은 복잡한 식을 간단히 기억할 수 있다. 이 미분연산자 ∇ 를 **해밀턴 연산자**(Hamilton operator)라 한다.

예제 11.1.7

벡터장 $F(x,y,z)=xy^2\mathbf{i}+2x^2y\mathbf{j}-3yz^2\mathbf{k}$ 의 발산 $\mathrm{div}\,F$ 와 회전 $\mathrm{curl}\,F$ 을 구하고 점 $(1,-1,1)$ 에서의 값을 구하라.

▌풀이▐ 식 (11-5)을 이용하여 발산을 구하면

$$\begin{aligned}\mathrm{div}\,F=\nabla\cdot F&=\left(\frac{\partial}{\partial x}\mathbf{i}+\frac{\partial}{\partial y}\mathbf{j}+\frac{\partial}{\partial z}\mathbf{k}\right)\cdot(xy^2\mathbf{i}+2x^2y\mathbf{j}-3yz^2\mathbf{k})\\&=\frac{\partial}{\partial x}(xy^2)+\frac{\partial}{\partial y}(2x^2y)+\frac{\partial}{\partial z}(-3yz^2)\\&=y^2+2x^2-6yz\end{aligned}$$

이다. 따라서 $\mathrm{div}\,F(1,-1,1)=9$ 이다. 또한, 식 (11-6)을 이용하여 회전을 구하면

$$\mathrm{curl}\,F=\nabla\times F=\begin{vmatrix}\mathbf{i}&\mathbf{j}&\mathbf{k}\\\frac{\partial}{\partial x}&\frac{\partial}{\partial y}&\frac{\partial}{\partial z}\\xy^2&2x^2y&-3yz^2\end{vmatrix}$$

$$\begin{aligned}&=\left(\frac{\partial}{\partial y}(-3yz^2)-\frac{\partial}{\partial z}(2x^2y)\right)\mathbf{i}+\left(\frac{\partial}{\partial z}(xy^2)-\frac{\partial}{\partial x}(-3yz^2)\right)\mathbf{j}+\left(\frac{\partial}{\partial x}(2x^2y)-\frac{\partial}{\partial y}(xy^2)\right)\mathbf{k}\\&=-3z^2\mathbf{i}+2xy\mathbf{k}\end{aligned}$$

이다. 따라서 $\mathrm{curl}\,F(1,-1,1)=-3\mathbf{i}-2\mathbf{k}$ 이다.

벡터장 $F(x,y,z)$ 가 유체의 속도를 나타낼 때 발산 $\mathrm{div}\,F(x,y,z)$ 는 단위부피당 점 (x,y,z) 에서 흐르는 유체의 변화율을 의미한다. 즉 $\mathrm{div}\,F(x,y,z)$ 는 점 (x,y,z) 로부터 발산하는 유체의 성향을 알려준다. $\mathrm{div}\,F=0$ 일 때 F 를 **압축불가능**(incompressible)이라 한다. 또한, 유체의 흐름에서 점 (x,y,z) 근처의 점들은 회전 $\mathrm{curl}\,F(x,y,z)$ 를 회전축으로 하여 회전하려는 성향을 가지며, $\mathrm{curl}\,F$ 의 크기는 이 회전의 크기를 측정하는 측도가 된다. $\mathrm{curl}\,F(x,y,z)=0$ 일 때 F 를 점 (x,y,z) 에서 **비회전적**(irrotational)이라 하고, 모든 정의역의 점 (x,y,z) 에서 $\mathrm{curl}\,F=0$ 인 F 를 **비회전장**(irrotational filed)이라 한다.

정리 11.1.8

(1) 스칼라장 $f(x,y,z)$ 가 연속인 이계편도함수를 가지면 다음이 성립한다.

$$\mathrm{curl}(\nabla f)=0 \tag{11-7}$$

(2) 공간 $\mathbb{R}^3$ 상의 벡터장 $F=f_1\mathbf{i}+f_2\mathbf{j}+f_3\mathbf{k}$ 의 각 성분 f_1, f_2, f_3 가 연속인 이계편도함수를 가지면 다음이 성립한다.

$$\mathrm{div}(\mathrm{curl}\,F)=0 \tag{11-8}$$

위의 식 (11-7)과 (11-8)로부터 벡터장 ∇f 는 비회전장이고, $\mathrm{curl}\,F$ 는 압축불가능임을 알 수 있다.

예제 11.1.8

스칼라장 f 에 대하여 $\mathrm{div}(\nabla f)$ 를 구하라.

풀이 f 가 $\mathbb{R}^3$ 상의 스칼라장이라 하면

$$\nabla f = \frac{\partial f}{\partial x}\mathrm{i} + \frac{\partial f}{\partial y}\mathrm{j} + \frac{\partial f}{\partial z}\mathbf{k}$$

이므로 $\mathrm{div}(\nabla f)$ 는 다음과 같다.

$$\begin{aligned}\mathrm{div}(\nabla f) &= \nabla \cdot \nabla f \\ &= \left(\mathbf{i}\frac{\partial}{\partial x} + \mathbf{j}\frac{\partial}{\partial y} + \mathbf{k}\frac{\partial}{\partial z}\right) \cdot \left(\frac{\partial f}{\partial x}\mathrm{i} + \frac{\partial f}{\partial y}\mathrm{j} + \frac{\partial f}{\partial y}\mathbf{k}\right) \\ &= \frac{\partial^2 f}{\partial x^2} + \frac{\partial^2 f}{\partial y^2} + \frac{\partial^2 f}{\partial z^2}\end{aligned}$$

해밀턴의 연산자 $\nabla = \mathrm{i}\frac{\partial}{\partial x} + \mathrm{j}\frac{\partial}{\partial y} + \mathbf{k}\frac{\partial}{\partial z}$ 의 자신과의 내적을 구하면

$$\begin{aligned}\nabla^2 = \nabla \cdot \nabla &= \left(\mathrm{i}\frac{\partial}{\partial x} + \mathrm{j}\frac{\partial}{\partial y} + \mathbf{k}\frac{\partial}{\partial z}\right) \cdot \left(\mathrm{i}\frac{\partial}{\partial x} + \mathrm{j}\frac{\partial}{\partial y} + \mathbf{k}\frac{\partial}{\partial z}\right) \\ &= \frac{\partial^2}{\partial x^2} + \frac{\partial^2}{\partial y^2} + \frac{\partial^2}{\partial z^2}\end{aligned}$$

이고 위의 예제 11.1.8에 따르면

$$\nabla^2 f = \mathrm{div}(\nabla f)$$

이다. 이 연산자 ∇^2 을 **라플라스 연산자**(Laplace operator)라 한다.

11.1 연습문제

1. 다음 스칼라장 f 의 기울기 벡터장을 구하고 주어진 점에서의 기울기 벡터를 구하라.

(1) $f(x,y)=\dfrac{x^2}{2}+\dfrac{y^2}{2}$, $(1,1)$

(2) $f(x,y)=\dfrac{y^2-x^2}{4}$, $(2,0)$

(3) $f(x,y,z)=x+y+z$, $(1,2,1)$

(4) $f(x,y,z)=xyz$, $(1,1,0)$

2. 다음 벡터장 F 의 포텐셜 함수를 구하라.

(1) $F(x,y)=y\mathbf{i}+x\mathbf{j}$

(2) $F(x,y)=(2x+y)\mathbf{i}+(x+2y)\mathbf{j}$

(3) $F(x,y)=(2x+ye^{xy})\mathbf{i}+(2y+xe^{xy})\mathbf{j}$

(4) $F(x,y)=(2x\cos y)\mathbf{i}-(x^2\sin y-\cos y)\mathbf{j}$

3. 다음 벡터장 F 의 발산과 회전을 구하고, 주어진 점에서 발산과 회전 값을 구하라.

(1) $F(x,y,z)=xy^2\mathbf{i}-xyz\mathbf{k}$, $(-1,1,2)$

(2) $F(x,y,z)=xy\mathbf{i}+yz\mathbf{j}+xz\mathbf{k}$, $(1,-3,4)$

(3) $F(x,y,z)=z^2\mathbf{i}+\sin 2y\mathbf{j}+\cos x\mathbf{k}$, $\left(\dfrac{\pi}{2},0,1\right)$

(4) $F(x,y,z)=\cos yz\mathbf{i}+\sin xy\mathbf{j}$, $(1,0,1)$

4. 다음의 스칼라장 f 에 대하여 $\mathrm{div}(\nabla f)$ 를 구하라.

(1) $f(x,y,z)=x^2+y^2+z^2$

(2) $f(x,y,z)=ye^x-x^2e^z$

5. 스칼라장 f 와 벡터장 F 에 대하여 다음이 성립함을 보여라.

(1) $\mathrm{curl}(\nabla f)=\mathbf{0}$

(2) $\mathrm{div}(\mathrm{curl}F)=0$

연습문제 해답

1. (1) $\nabla f(x,y)=x\mathbf{i}+y\mathbf{j}$, $\nabla f(1,1)=\mathbf{i}+\mathbf{j}$

   (2) $\nabla f(x,y)=-\dfrac{x}{2}\mathbf{i}+\dfrac{y}{2}\mathbf{j}$, $\nabla f(2,0)=-\mathbf{i}$

   (3) $\nabla f(x,y,z)=\mathbf{i}+\mathbf{j}+\mathbf{k}$, $\nabla f(1,2,1)=\mathbf{i}+\mathbf{j}+\mathbf{k}$

   (4) $\nabla f(x,y,z)=(yz)\mathbf{i}+(xz)\mathbf{j}+(xy)\mathbf{k}$, $\nabla f(1,1,0)=\mathbf{k}$

2. (1) $f(x,y)=xy+C$ (2) $f(x,y)=x^2+xy+y^2+C$

   (3) $f(x,y)=x^2+y^2+e^{xy}+C$ (4) $f(x,y)=x^2\cos y+\sin y+C$

3. (1) $\operatorname{div}F=\nabla\cdot F=y^2-xy$, $\operatorname{div}F(-1,1,2)=2$,
   $\operatorname{curl}F=\nabla\times F=-xz\mathbf{i}+yz\mathbf{j}-2xy\mathbf{k}$, $\operatorname{curl}F(-1,1,2)=2\mathbf{i}+2\mathbf{j}+2\mathbf{k}$

   (2) $\operatorname{div}F=\nabla\cdot F=x+y+z$, $\operatorname{div}F(1,-3,4)=2$,
   $\operatorname{curl}F\nabla\times F=-y\mathbf{i}-z\mathbf{j}-x\mathbf{k}$, $\operatorname{curl}F(1,-3,4)=3\mathbf{i}-4\mathbf{j}-\mathbf{k}$

   (3) $\operatorname{div}F=\nabla\cdot F=2\cos 2y$, $\operatorname{div}F\left(\dfrac{\pi}{2},0,1\right)=2$,

   $\operatorname{curl}F=\nabla\times F=(\sin x+2z)\mathbf{j}$, $\operatorname{curl}F\left(\dfrac{\pi}{2},0,1\right)=3\mathbf{j}$

   (4) $\operatorname{div}F=\nabla\cdot F=x\cos xy$, $\operatorname{div}F(1,0,1)=1$,
   $\operatorname{curl}F=\nabla\times F=-y\sin yz\mathbf{j}+(y\cos xy+z\sin yz)\mathbf{k}$, $\operatorname{curl}F(1,0,1)=\mathbf{0}$

4. (1) $\operatorname{div}(\nabla f)=\nabla\cdot\nabla f=6$ (2) $\operatorname{div}(\nabla f)=\nabla\cdot\nabla f=ye^x-e^z(x^2+2)$

5. (1) 스칼라장 f 에 대하여 $\nabla f=\dfrac{\partial f}{\partial x}\mathbf{i}+\dfrac{\partial f}{\partial y}\mathbf{j}+\dfrac{\partial f}{\partial z}\mathbf{k}$ 이므로

$$\operatorname{curl}(\nabla f)=\nabla\times F=\begin{vmatrix}\mathbf{i} & \mathbf{j} & \mathbf{k}\\ \dfrac{\partial}{\partial x} & \dfrac{\partial}{\partial y} & \dfrac{\partial}{\partial z}\\ \dfrac{\partial f}{\partial x} & \dfrac{\partial f}{\partial y} & \dfrac{\partial f}{\partial z}\end{vmatrix}$$

$$=\left(\frac{\partial^2 f}{\partial y\partial z}-\frac{\partial^2 f}{\partial y\partial z}\right)\mathbf{i}+\left(\frac{\partial^2 f}{\partial x\partial z}-\frac{\partial^2 f}{\partial x\partial z}\right)\mathbf{j}+\left(\frac{\partial^2 f}{\partial x\partial y}-\frac{\partial^2 f}{\partial x\partial y}\right)\mathbf{k}$$

$$=0\mathbf{i}+0\mathbf{j}+0\mathbf{k}=\mathbf{0}$$

   (2) 벡터장 $F=f_1\mathbf{i}+f_2\mathbf{j}+f_3\mathbf{k}$ 에 대하여

$\operatorname{curl}F=\left(\dfrac{\partial f_3}{\partial y}-\dfrac{\partial f_2}{\partial z}\right)\mathbf{i}+\left(\dfrac{\partial f_1}{\partial z}-\dfrac{\partial f_3}{\partial x}\right)\mathbf{j}+\left(\dfrac{\partial f_2}{\partial x}-\dfrac{\partial f_1}{\partial y}\right)\mathbf{k}$ 이므로

$$\operatorname{div}(\operatorname{curl}F)=\nabla\cdot\operatorname{curl}F$$

$$=\frac{\partial}{\partial x}\left(\frac{\partial f_3}{\partial y}-\frac{\partial f_2}{\partial z}\right)+\frac{\partial}{\partial y}\left(\frac{\partial f_1}{\partial z}-\frac{\partial f_3}{\partial x}\right)+\frac{\partial}{\partial z}\left(\frac{\partial f_2}{\partial x}-\frac{\partial f_1}{\partial y}\right)$$

$$=\left(\frac{\partial^2 f_1}{\partial y\partial z}-\frac{\partial^2 f_1}{\partial y\partial z}\right)+\left(\frac{\partial^2 f_2}{\partial x\partial z}-\frac{\partial^2 f_2}{\partial x\partial z}\right)+\left(\frac{\partial^2 f_3}{\partial x\partial y}-\frac{\partial^2 f_3}{\partial x\partial y}\right)$$

$$=0$$

11.2 선적분

유클리드 공간 $\mathbb{R}^3$ 상의 곡선 C 는 매개변수 방정식

$$x = x(t),\ y = y(t),\ z = z(t)\ (a \le t \le b),$$

또는 벡터함수

$$\mathbf{r} = \mathbf{r}(t) = x(t)\mathbf{i} + y(t)\mathbf{j} + z(t)\mathbf{k}\quad (a \le t \le b)$$

로 주어진다. 또한 구간 $[a, b]$ 에서 곡선 C 의 길이 L 은

$$L = \int_a^b \sqrt{\left(\frac{dx}{dt}\right)^2 + \left(\frac{dy}{dt}\right)^2 + \left(\frac{dz}{dt}\right)^2}\, dt = \int_a^b \| \mathbf{r}'(t) \|\, dt$$

이므로(6장2절 참조) $t = a$ 로부터 임의의 점 $t\ (a \le t \le b)$에 이르는 호의 길이는 다음과 같다.

$$s = s(t) = \int_a^t \| \mathbf{r}'(u) \|\, du \tag{11-9}$$

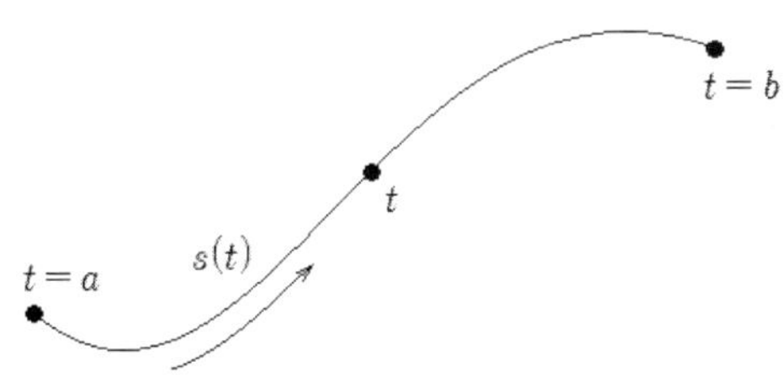

[그림 11-2] 곡선 C 와 호의 길이

이 때, 스칼라장 $f = f(x, y, z)$의 선적분은 곡선 C 에서 정의된 f의 s에 관한 정적분

$$\int_C f\, ds = \int_C f(\mathbf{r}(t))\, ds = \int_C f(x(t), y(t), z(t))\, ds$$

로 정의한다. 식 (11-9)로부터 $\dfrac{ds}{dt} = \| \mathbf{r}'(t) \|$ 이므로

$$ds = \| \mathbf{r}'(t) \| dt = \sqrt{\left(\frac{dx}{dt}\right)^2 + \left(\frac{dy}{dt}\right)^2 + \left(\frac{dz}{dt}\right)^2}\, dt$$

이다. 따라서 스칼라장 f 의 선적분을 다음과 같이 정의할 수 있다.

정의 **스칼라장의 선적분**

공간상의 매끄러운 곡선 C : $\mathbf{r}(t)=x(t)\mathbf{i}+y(t)\mathbf{j}+z(t)\mathbf{k}$ $(a \le t \le b)$와 스칼라장 $f=f(x,y,z)$에 대하여

$$\int_C f\,ds=\int_a^b f(x(t),y(t),z(t))\sqrt{\left(\frac{dx}{dt}\right)^2+\left(\frac{dy}{dt}\right)^2+\left(\frac{dz}{dt}\right)^2}\,dt \tag{11-10}$$

를 곡선 C를 따른 스칼라장 f의 **선적분**(line integral)이라 한다.

예제 11.2.1

공간상의 곡선 C : $\mathbf{r}(t)=2t\mathbf{i}+t\mathbf{j}+3t\mathbf{k}$ $(0 \le t \le 1)$를 따른 스칼라장

$$f(x,y,z)=xy+yz+xz$$

의 선적분을 구하라.

풀이 $x(t)=2t$, $y(t)=t$, $z(t)=3t$ 이므로

$$f(x(t),y(t),z(t))=f(2t,t,3t)=2t^2+3t^2+6t^2=11t^2,$$
$$\sqrt{\left(\frac{dx}{dt}\right)^2+\left(\frac{dy}{dt}\right)^2+\left(\frac{dz}{dt}\right)^2}=\sqrt{2^2+1^2+3^2}=\sqrt{14}$$

이다. 따라서 f의 선적분은 다음과 같다.

$$\begin{aligned}\int_C f\,ds&=\int_a^b f(x(t),y(t),z(t))\sqrt{\left(\frac{dx}{dt}\right)^2+\left(\frac{dy}{dt}\right)^2+\left(\frac{dz}{dt}\right)^2}\,dt\\&=\int_0^1 11\sqrt{14}\,t^2\,dt=11\sqrt{14}\left[\frac{t^3}{3}\right]_0^1=\frac{11\sqrt{14}}{3}\end{aligned}$$

평면상의 곡선 C : $\mathbf{r}(t)=x(t)\mathbf{i}+y(t)\mathbf{j}$ 를 따른 스칼라장 $f=f(x,y)$의 선적분도 식 (11-10)과 같은 방법으로 정의한다.

예제 11.2.2

곡선 C가 반지름이 2인 원 $x^2+y^2=4$ 의 위쪽 반원일 때, 스칼라장 $f(x,y)=x^2y$ 의 곡선 C를 따른 선적분을 구하라.

풀이 원 $x^2+y^2=4$ 의 매개변수 방정식은 $x(t)=2\cos t$, $y(t)=2\sin t$ 이고 곡선 C는 위쪽 반원을 나타내므로 매개변수 t 의 범위는 $0 \le t \le \pi$ 이다. 즉 주어진 곡선 C의 벡터방정식은

$$\mathbf{r}(t)=2\cos t\mathbf{i}+2\sin t\mathbf{j} \quad (0 \le t \le \pi)$$

이다. $f(x(t),y(t))=f(2\cos t,2\sin t)=8\cos^2 t\sin t$ 이고

$$\sqrt{\left(\frac{dx}{dt}\right)^2+\left(\frac{dy}{dt}\right)^2} = \sqrt{(-2\sin t)^2+(2\cos t)^2} = 2$$

이므로 f 의 선적분은 다음과 같다.

$$\begin{aligned}\int_C f\,ds &= \int_0^{\pi} f(x,y)\sqrt{\left(\frac{dx}{dt}\right)^2+\left(\frac{dy}{dt}\right)^2}\,dt \\ &= 16\int_0^{\pi}\cos^2 t\sin t\,dt \\ &= -\frac{16}{3}\left[\cos^3 t\right]_0^{\pi} = \frac{32}{3}\end{aligned}$$

그림 11-3과 같이 n 개의 매끄러운 곡선 C_1, C_2, $\cdots$, C_n 으로 구성된 구분적으로 매끄러운 곡선 C 를 따른 선적분은 다음과 같이 각각의 곡선 C_i를 따른 선적분의 합으로 구할 수 있다.

$$\int_C f\,ds = \int_{C_1} f\,ds + \int_{C_2} f\,ds + \cdots + \int_{C_n} f\,ds$$

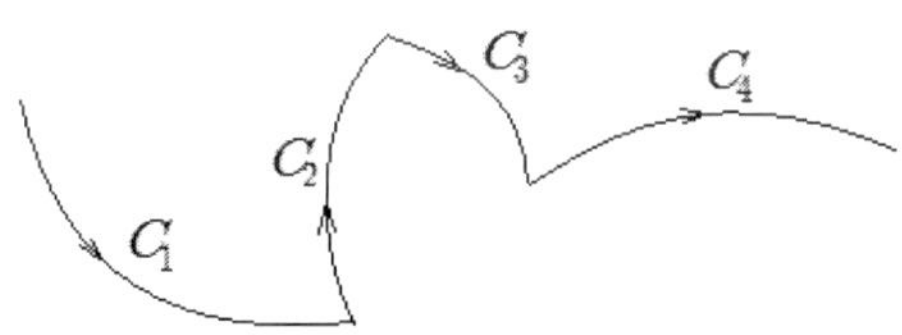

[그림 11-3] 구분적으로 매끄러운 곡선

예제 11.2.3

곡선 C 가 그림 11-4와 같이 직선 C_1 : $y=x$ $(0 \le x \le 1)$와 단위원 C_2 : $x^2+y^2=1$ $(-1 \le x \le \frac{1}{\sqrt{2}})$로 구성되어 있을 때, 선적분 $\int_C xy\,ds$ 을 구하라.

▌풀이▐ 직선 C_1 의 매개변수 방정식은 $x(t)=t$, $y(t)=t$ $(0 \le t \le 1)$이고 단위원 C_2 의 매개변수 방정식은 $x(t)=\cos t$, $y(t)=\sin t$ $(\pi/4 \le t \le \pi)$이므로 각 곡선의 벡터방정식은

$$\begin{aligned}C_1 &: \mathbf{r}_1(t) = t\mathbf{i}+t\mathbf{j} \quad (0 \le t \le 1/\sqrt{2}) \\ C_2 &: \mathbf{r}_2(t) = \cos t\,\mathbf{i}+\sin t\,\mathbf{j} \quad (\pi/4 \le t \le \pi)\end{aligned}$$

이고, 각각의 곡선 C_1 과 C_2 에 대하여

$$ds = \|\mathbf{r}_1{}'(t)\|dt = \sqrt{\left(\frac{dx}{dt}\right)^2+\left(\frac{dy}{dt}\right)^2}\,dt = \sqrt{1^2+1^2}\,dt = \sqrt{2}\,dt$$

$$ds = \|\mathbf{r}_2{}'(t)\|dt = \sqrt{\left(\frac{dx}{dt}\right)^2+\left(\frac{dy}{dt}\right)^2}\,dt = \sqrt{(-\sin t)^2+\cos^2 t}\,dt = dt$$

이다. 따라서 구하려는 선적분은 다음과 같다.

$$\begin{aligned}\int_C xy\,ds &= \int_{C_1} xy\,ds + \int_{C_2} xy\,ds \\ &= \sqrt{2}\int_0^{1/\sqrt{2}} t^2\,dt + \int_{\pi/4}^{\pi} \cos t \sin t\,dt \\ &= \frac{\sqrt{2}}{3}\left[t^3\right]_0^{1/\sqrt{2}} + \left[\frac{\sin^2 t}{2}\right]_{\pi/4}^{\pi} \\ &= \frac{1}{6} - \frac{1}{4} = -\frac{1}{12}\end{aligned}$$

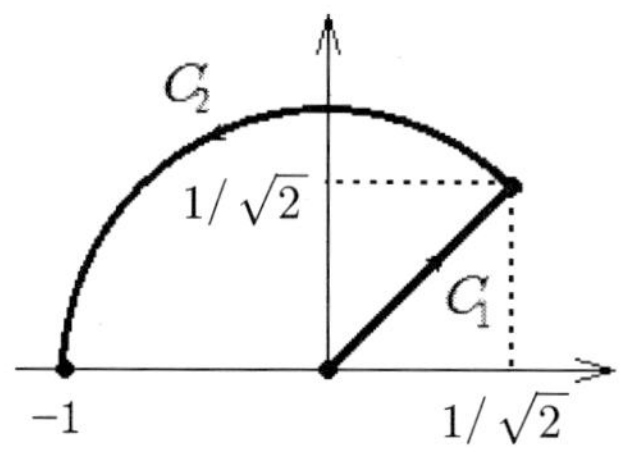

[그림 11-4] $C_1 : y = x$, $C_2 : x^2 + y^2 = 1$

유클리드 공간 $\mathbb{R}^3$ 상의 열린 집합 D 안의 한 곡선 C가 벡터함수 $\mathbf{r} = \mathbf{r}(t)$로 주어진 매끄러운 곡선이라 하고, $F = F(x, y, z)$가 같은 집합 D에서 정의된 벡터장이라 하면 그림 11-5와 같이 곡선 C 위에서 벡터 F와 $\mathbf{r}$의 단위 접선벡터 $\mathbf{T} = \dfrac{\mathbf{r}'(t)}{\|\mathbf{r}'(t)\|}$가 존재하고, 두 벡터의 내적 $F \cdot \mathbf{T}$을 생각할 수 있다. 이 내적은 하나의 스칼라장이며 정적분 $\int_C F \cdot \mathbf{T}\,ds$을 벡터장 F의 선적분이라 한다.

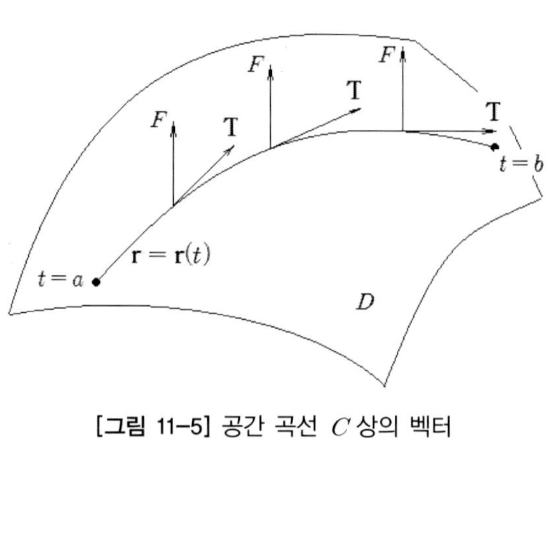

[그림 11-5] 공간 곡선 C 상의 벡터

곡선 C 의 각 점에서 단위접선벡터는 $\mathbf{T}=\mathbf{T}(t)=\dfrac{\mathbf{r}'(t)}{\|\mathbf{r}'(t)\|}$ 이고 $ds=\|\mathbf{r}'(t)\|dt$ 이므로

$$\int_C F\cdot\mathbf{T}\,ds=\int_a^b\left(F(\mathbf{r}(t))\cdot\frac{\mathbf{r}'(t)}{\|\mathbf{r}'(t)\|}\right)\|\mathbf{r}'(t)\|\,dt=\int_a^b F(\mathbf{r}(t))\cdot\mathbf{r}'(t)\,dt$$

이다. $d\mathbf{r}=\mathbf{r}'(t)dt$ 이므로 위의 선적분을 $\int_C F\cdot d\mathbf{r}$ 로 나타내기도 한다. 위의 식을 이용하여 벡터장의 선적분을 다음과 같이 정의한다.

정의 벡터장의 선적분

곡선 C가 벡터함수 $\mathbf{r}(t)=x(t)\mathbf{i}+y(t)\mathbf{j}+z(t)\mathbf{k}\ (a\le t\le b)$로 주어진 매끄러운 곡선이라 하고,

$$F(x,y,z)=f_1(x,y,z)\mathbf{i}+f_2(x,y,z)\mathbf{j}+f_3(x,y,z)\mathbf{k}$$

가 곡선 C 위에서 정의된 벡터장이라 할 때, C를 따른 F 의 **선적분**(line integral)은 다음과 같다.

$$\int_C F\cdot\mathbf{T}\,ds=\int_C F\cdot d\mathbf{r}=\int_a^b F(\mathbf{r}(t))\cdot\mathbf{r}'(t)\,dt \tag{11-11}$$

예제 11.2.4

곡선 $C:\ \mathbf{r}(t)=t\mathbf{i}+t^2\mathbf{j}+2t\mathbf{k}\ (0\le t\le 1)$를 따른 벡터장

$$F(x,y,z)=xy\mathbf{i}+x\mathbf{j}+xz\mathbf{k}$$

의 선적분을 구하라.

▌풀이▐ $\mathbf{r}(t)=t\mathbf{i}+t^2\mathbf{j}+2t\mathbf{k}$ 이므로 $\mathbf{r}'(t)=\mathbf{i}+2t\mathbf{j}+2\mathbf{k}$ 이고,

$$F(\mathbf{r}(t))=F(t,t^2,2t)=t^3\mathbf{i}+t\mathbf{j}+2t^2\mathbf{k}$$

이다. 따라서 $0\le t\le 1$ 일 때 곡선 C를 따른 벡터장 F의 선적분은 다음과 같다.

$$\int_C F\cdot d\mathbf{r}=\int_a^b F(\mathbf{r}(t))\cdot\mathbf{r}'(t)\,dt=\int_0^1(t^3+2t^2+4t^2)dt$$
$$=\int_0^1(t^3+6t^2)dt=\left[\frac{1}{4}t^4+2t^3\right]_0^1=\frac{9}{4}$$

평면 $\mathbb{R}^2$ 상의 매끄러운 곡선 C가 벡터함수 $\mathbf{r}(t)=x(t)\mathbf{i}+y(t)\mathbf{j}\ \ (a\le t\le b)$로 정의될 때, C를 따른 벡터장 $F(x,y)=f_1(x,y)\mathbf{i}+f_2(x,y)\mathbf{j}$ 의 선적분도 식 (11-11)로 정의된다.

예제 11.2.5

곡선 C : $\mathbf{r}(t) = t^2\mathbf{i} + t\,\mathbf{j}$ $(0 \le t \le 3)$를 따른 벡터장 $F(x, y) = -y\mathbf{i} + x\mathbf{j}$ 의 선적분을 구하라.

| 풀이 | $\mathbf{r}(t) = t^2\mathbf{i} + t\,\mathbf{j}$ 이므로 $\mathbf{r}'(t) = 2t\mathbf{i} + \mathbf{j}$ 이고, $F(\mathbf{r}(t)) = F(t^2, t) = -t\mathbf{i} + t^2\mathbf{j}$ 이다. 따라서

$$F(\mathbf{r}(t)) \cdot \mathbf{r}'(t) = -2t^2 + t^2 = -t^2$$

이고, 식 (11-11)로부터 선적분은 다음과 같다.

$$\int_C F \cdot d\mathbf{r} = \int_a^b F(\mathbf{r}(t)) \cdot \mathbf{r}'(t)\,dt = \int_0^3 -t^2\,dt = \left[-\frac{1}{3}t^3\right]_0^3 = -9$$

선적분은 곡선 C를 따라 힘의 장 F가 한 일의 양 W를 나타낸다.

예제 11.2.6

어떤 물체가 평면상의 곡선 $\mathbf{r}(t) = 3\cos t\,\mathbf{i} + 2\sin t\,\mathbf{j}$ $(0 \le t \le \pi)$를 따라 움직일 때, 힘

$$F(x,y) = -\frac{3}{2}y\,\mathbf{i} + \frac{2}{3}x\,\mathbf{j}$$

가 한 일의 양을 구하라.

| 풀이 | 힘 F가 한일의 양은 곡선 C를 따른 F의 선적분이다. $\mathbf{r}'(t) = -3\sin t\,\mathbf{i} + 2\cos t\,\mathbf{j}$ 이고,

$$F(\mathbf{r}(t)) = F(3\cos t, 2\sin t) = -3\sin t\,\mathbf{i} + 2\cos t\,\mathbf{j}$$

이므로 일의 양은

$$W = \int_a^b F(\mathbf{r}(t)) \cdot \mathbf{r}'(t)\,dt = \int_0^\pi (9\sin^2 t + 4\cos^2 t)\,dt = \int_0^\pi (4 + 5\sin^2 t)\,dt$$

$$= \int_0^\pi \left(4 + \frac{5}{2}(1 - \cos 2t)\right)dt = \left[\frac{13}{2}t - \frac{5}{4}\sin 2t\right]_0^\pi = \frac{13}{2}\pi$$

이다. 곡선 $\mathbf{r}(t) = 3\cos t\,\mathbf{i} + 2\sin t\,\mathbf{j}$ 에서 $x(t) = 3\cos t$, $y(t) = 2\sin t$ 는 타원의 매개변수 방정식으로 그림 11-6과 같다. 따라서 이 예제는 그림 11-6의 반 타원을 따라 힘 F가 한 일의 양을 구한 것이다.

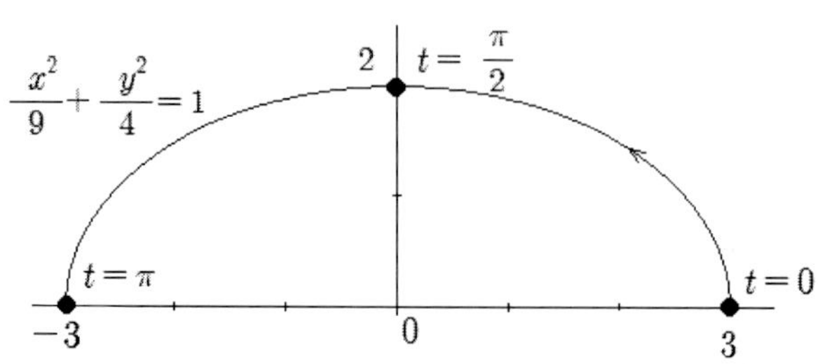

[그림 11-6] 타원 $x(t) = 3\cos t$, $y(t) = 2\sin t$, $0 \le t \le \pi$

정리 11.2.7

곡선 C^-가 곡선 C의 역방향을 가지면 다음이 성립한다.

$$\int_{C^-} F \cdot d\mathbf{r} = -\int_C F \cdot d\mathbf{r}$$

예제 11.2.8

점 $P(1,1)$에서 점 $Q(3,2)$에 이르는 직선을 C_1, 점 $Q(3,2)$에서 점 $P(1,1)$에 이르는 직선을 C_2라 할 때, 벡터장 $F(x,y) = y\mathbf{i} + x\mathbf{j}$의 C_1을 따른 선적분과 C_2를 따른 선적분을 각각 구하라.

풀이 직선 C_1의 벡터함수는 $\mathbf{r}(t) = (2t+1)\mathbf{i} + (t+1)\mathbf{j}\ \ (0 \le t \le 1)$이므로 $\mathbf{r}'(t) = 2\mathbf{i} + \mathbf{j}$이다. 따라서

$$\int_{C_1} F \cdot d\mathbf{r} = \int_0^1 F(\mathbf{r}(t)) \cdot \mathbf{r}'(t)\,dt = \int_0^1 (2(t+1) + (2t+1))\,dt$$
$$= \int_0^1 (4t+3)\,dt = \left[2t^2 + 3t\right]_0^1 = 5$$

이다. 직선 C_2의 벡터함수는 $\mathbf{r}(t) = (3-2t)\mathbf{i} + (2-t)\mathbf{j}\ \ (0 \le t \le 1)$이고, $\mathbf{r}'(t) = -2\mathbf{i} - \mathbf{j}$이다. 따라서

$$\int_{C_2} F \cdot d\mathbf{r} = \int_0^1 F(\mathbf{r}(t)) \cdot \mathbf{r}'(t)\,dt = \int_0^1 (-2(2-t) - (3-2t))\,dt$$
$$= \int_0^1 (4t-7)\,dt = \left[2t^2 - 7t\right]_0^1 = -5$$

이다. 이 예에서 직선 C_2는 직선 C_1의 역방향을 가지므로 정리 11.2.7이 성립함을 알 수 있다.

정리 11.2.9

곡선 C가 벡터함수 $\mathbf{r} = \mathbf{r}(t)\ (a \le t \le b)$로 주어진 매끄러운 곡선이라 하고, 스칼라장 f가 곡선 C를 포함하는 개구간에서 연속인 편도함수를 가지면 다음이 성립한다.

$$\int_C \nabla f \cdot d\mathbf{r} = f(\mathbf{r}(b)) - f(\mathbf{r}(a)) \tag{11-12}$$

스칼라장 f가 벡터장 F의 포텐셜 함수, 즉 $F = \nabla f$이면 위의 정리에 따라

$$\int_C F \cdot d\mathbf{r} = \int_C \nabla f \cdot d\mathbf{r} = f(\mathbf{r}(b)) - f(\mathbf{r}(a))$$

이므로 곡선 C 위에서 F 의 선적분은 포텐셜 함수를 이용하여 구할 수 있다.

예제 11.2.10

곡선 C : $\mathbf{r}(t) = t\mathbf{i} + 2t\mathbf{j} \quad (0 \le t \le 3)$위에서 벡터장

$$F(x,y) = (x^2 + 2xy)\mathbf{i} + (x^2 + y^2)\mathbf{j}$$

의 선적분을 구하라.

풀이 예제 11.1.6에서 벡터장 F 의 포텐셜 함수를 다음과 같이 구하였다.

$$f(x,y) = \frac{1}{3}x^3 + x^2y + \frac{1}{3}y^3 + C$$

$\mathbf{r}(0) = 0\mathbf{i} + 0\mathbf{j} = (0,0)$, $\mathbf{r}(3) = 3\mathbf{i} + 6\mathbf{j} = (3,6)$ 이므로 식 (11-12)로부터 선적분은 다음과 같다.

$$\int_C F \cdot d\mathbf{r} = \int_C \nabla f \cdot d\mathbf{r} = f(\mathbf{r}(3)) - f(\mathbf{r}(0))$$

$$= f(3,6) - f(0,0) = \frac{1}{3}3^3 + 3^2 \cdot 6 + \frac{1}{3}6^3 = 135$$

11.2 연습문제

1. 공간상의 곡선 C: $\mathbf{r}(t) = \cos t\mathbf{i} + t\mathbf{j} + \sin t\mathbf{k}$ $(0 \le t \le 2\pi)$를 따른 다음 스칼라장 f의 선적분을 구하라.

   (1) $f(x, y, z) = z\sin y$

   (2) $f(x, y, z) = x^2 - y + z^2$

2. 공간상의 곡선 C: $\mathbf{r}(t) = t\mathbf{i} + t\mathbf{j} + t^2\mathbf{k}$ $(0 \le t \le 2)$를 따른 다음 스칼라장 f 의 선적분을 구하라.

   (1) $f(x, y, z) = \sqrt{xy + z}$

   (2) $f(x, y, z) = \sqrt{1 + x^2 + y^2}$

3. 곡선 C가 반지름이 3인 원의 위쪽 반원일 때, 이 곡선 C를 따른 스칼라장 $f(x, y) = x + y$ 의 선적분을 구하라.

4. 매개변수방정식이 $x = \cos t$, $y = \sin t$, $z = t$ 로 주어진 곡선 C는 공간상의 원형나선이다. $t = 0$ 에서 $t = 2\pi$ 로 변할 때 이 곡선 C의 길이를 구하라.

5. 평면상의 곡선 C는 점 $(-2, 0)$ 에서 $(2, 0)$ 에 이르는 직선과 점 $(2, 0)$ 에서 $(-2, 0)$ 에 이르는 반지름이 2 인 원이다. 이 곡선 C를 따른 스칼라장 $f(x, y) = x^2$ 의 선적분을 구하라.

6. 평면상의 포물선 $y = x^2 + 1$ $(0 < x \le 1)$을 따른 스칼라장 $f(x,y) = \dfrac{y-1}{x}$ 의 선적분을 구하라.

7. 다음에 주어진 곡선 C를 따른 벡터장 $F(x, y, z) = (xy)\mathbf{i} + (y + z)\mathbf{j} + (x + z)\mathbf{k}$ 의 선적분을 구하라.

   (1) $\mathbf{r}(t) = t\mathbf{i} + t\mathbf{j} + t\mathbf{k}$, $-2 \le t \le 3$

   (2) $\mathbf{r}(t) = t\mathbf{i} + t^2\mathbf{j} + t^3\mathbf{k}$, $0 \le t \le 1$

   (3) $\mathbf{r}(t) = t\mathbf{i} + \sin t\mathbf{j} + \cos t\mathbf{k}$, $0 \le t \le \pi$

8. 어떤 물체가 평면상의 포물선 $y = x^2$ $(0 \le x \le 2)$을 따라 움직일 때 힘 $F(x, y) = x^2\mathbf{i} + y^2\mathbf{j}$ 가 한 일의 양을 구하라.

9. 벡터장 $F(x, y) = 2(x+y)\mathbf{i} + 2(x+3y)\mathbf{j}$ 에 대하여 다음을 구하라.

(1) 벡터장 F 의 포텐셜 함수 f

(2) 곡선 C: $\mathbf{r}(t) = 3\cos t\,\mathbf{i} + 2\sin t\,\mathbf{j}$ $(0 \le t \le \pi/2)$를 따르는 F 의 선적분(포텐셜 함수를 이용)

연습문제 해답

1. (1) $\int_C f\,ds = \int_0^2 f(\cos t, t, \sin t)\sqrt{\left(\frac{d}{dt}\cos t\right)^2 + \left(\frac{dt}{dt}\right)^2 + \left(\frac{d}{dt}\sin t\right)^2}\,dt = \sqrt{2}\,\pi$

   (2) $2\sqrt{2}\,\pi(1-\pi)$

2. (1) $\int_C f\,ds = \int_0^2 f(t, t, t^2)\sqrt{\left(\frac{dt}{dt}\right)^2 + \left(\frac{dt}{dt}\right)^2 + \left(\frac{dt^2}{dt}\right)^2}\,dt = \frac{26}{3}$ (2) $\frac{22\sqrt{2}}{3}$

3. $\int_C f\,ds = \int_0^{\pi} f(3\cos t, 3\sin t)\sqrt{\left(\frac{d}{dt}3\cos t\right)^2 + \left(\frac{d}{dt}3\sin t\right)^2}\,dt = 18$

4. $L = \int_0^{2\pi}\sqrt{\left(\frac{d}{dt}\cos t\right)^2 + \left(\frac{d}{dt}\sin t\right)^2 + \left(\frac{dt}{dt}\right)^2}\,dt = 2\sqrt{2}\,\pi$

5. $\int_C f\,ds = \int_{C_1} f\,ds + \int_{C_2} f\,ds = \frac{16}{3} + 4\pi$

6. $\int_C f\,ds = \int_0^1 t\sqrt{1+4t^2}\,dt = \frac{1}{12}(5\sqrt{5}-1)$

7. (1) $\int_C F \cdot d\mathbf{r} = \int_{-2}^{3} F(\mathbf{r}(t)) \cdot \mathbf{r}'(t)\,dt = \frac{65}{3}$ (2) $\frac{12}{5}$ (3) $\frac{\pi}{2}$

8. $\int_C F \cdot d\mathbf{r} = \int_0^2 F(t, t^2) \cdot (1, 2t)\,dt = 24$

9. (1) $f(x, y) = x^2 + 2xy + 3y^2 + C$

   (2) $\int_C F \cdot d\mathbf{r} = \int_C \nabla f \cdot d\mathbf{r} = f(\mathbf{r}(\pi/2)) - f(\mathbf{r}(0)) = 3$

11.3 곡면적과 면적분

하나의 매개변수 t 로 정의된 벡터함수 $\mathbf{r}=\mathbf{r}(t)$ 가 공간곡선을 나타내는 것과 같이 두 개의 변수 u와 v 를 갖는 벡터함수 $\mathbf{r}=\mathbf{r}(u,v)$ 는 공간상의 곡면을 나타낸다. 즉, 두 개의 변수를 갖는 벡터함수

$$\mathbf{r}(u,v)=x(u,v)\mathbf{i}+y(u,v)\mathbf{j}+z(u,v)\mathbf{k}$$

가 uv-평면내의 한 영역 D 에서 정의되고 u 와 v 에 관한 x, y, z 의 편도함수가 모두 연속이면 벡터함수 $\mathbf{r}$ 은 그림 11-7과 같이 공간상의 한 곡면 S 를 나타낸다. 이 곡면 S 를 **매개변수곡면**(parametric surface)이라 하고 방정식

$$x=x(u,v),\ \ y=y(u,v),\ \ z=z(u,v)$$

를 곡면 S 의 **매개변수방정식**(parametric equations)이라 한다. 또한 매개변수 곡면 S 의 접벡터

$$\mathbf{r}_u=\frac{\partial \mathbf{r}}{\partial u}=\frac{\partial x}{\partial u}\mathbf{i}+\frac{\partial y}{\partial u}\mathbf{j}+\frac{\partial z}{\partial u}\mathbf{k}$$

$$\mathbf{r}_v=\frac{\partial \mathbf{r}}{\partial v}=\frac{\partial x}{\partial v}\mathbf{i}+\frac{\partial y}{\partial v}\mathbf{j}+\frac{\partial z}{\partial v}\mathbf{k}$$

의 외적 $\mathbf{r}_u\times\mathbf{r}_v$ 를 곡면 S 의 **법선벡터**(normal vector) (또는 법벡터)라 하고, 곡면 S 의 정의역의 모든 점에서 $\mathbf{r}_u\times\mathbf{r}_v\neq 0$ 일 때 곡면 S 를 **매끄럽다**(smooth)라고 한다.

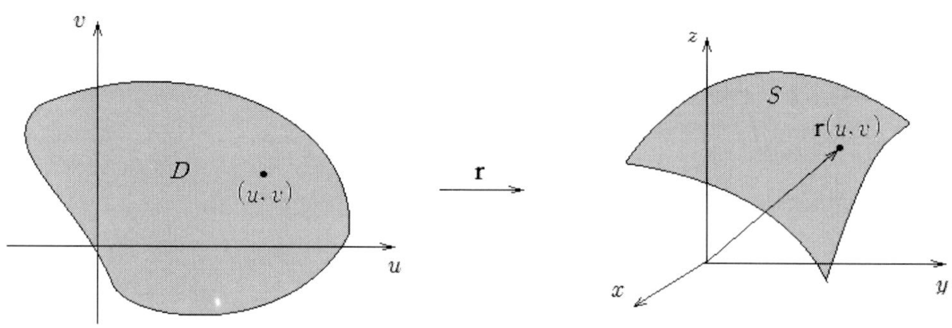

[그림 11-7] D 에서 정의된 공간상의 매개변수곡면 S

매개변수곡면 S가 uv-평면내의 영역 D 에서 벡터함수 $\mathbf{r}(u,v)=x(u,v)\mathbf{i}+y(u,v)\mathbf{j}+z(u,v)\mathbf{k}$로 정의되어 있을 때, 이 곡면의 넓이를 구하기 위하여 그림 11-8과 같이 영역 D 를 작은 영역 D_{ij} 로 나누면 각각의 영역에 대한 대응 벡터로 곡면 S 도 작은 영역 S_{ij} 들로 나뉜다. 이 때, 작은 곡면 S_{ij} 의 넓이는 두 벡터 $\mathbf{r}_u(u_i,v_j)\Delta u_i$ 와 $\mathbf{r}_v(u_i,v_j)\Delta v_j$ 가 만드

는 평행사변형의 넓이와 근사하고, 이 평행사변형의 넓이는 두 벡터의 외적의 크기와 같다. 즉 S_{ij} 의 넓이를 ΔS_{ij} 라 하면

$$\Delta S_{ij} \approx \| \mathbf{r}_u \Delta u_i \times \mathbf{r}_v \Delta v_j \| = \left\| \frac{\partial \mathbf{r}}{\partial u} \Delta u_i \times \frac{\partial \mathbf{r}}{\partial v} \Delta v_j \right\| = \left\| \frac{\partial \mathbf{r}}{\partial u} \times \frac{\partial \mathbf{r}}{\partial v} \right\| \Delta u_i \Delta v_j$$

이다. 따라서 곡면의 넓이를 $A(S)$ 라 하면

$$A(S) \approx \sum_{i=1}^{n} \sum_{j=1}^{m} \left\| \frac{\partial \mathbf{r}}{\partial u} \times \frac{\partial \mathbf{r}}{\partial v} \right\| \Delta u_i \Delta v_j$$

이고 정적분을 이용하여 곡면의 넓이를 정의할 수 있다.

정의

매개변수곡면 S 가 uv-평면내의 영역 D 에서 벡터함수

$$\mathbf{r}(u, v) = x(u, v)\mathbf{i} + y(u, v)\mathbf{j} + z(u, v)\mathbf{k}$$

로 주어진 매끄러운 곡면이고, $\mathbf{r}$ 이 D 에서 S 로의 전단사함수일 때

$$A(S) = \iint_D \| \mathbf{r}_u \times \mathbf{r}_v \| \, du\,dv = \iint_D \left\| \frac{\partial \mathbf{r}}{\partial u} \times \frac{\partial \mathbf{r}}{\partial v} \right\| du\,dv \qquad (11\text{–}13)$$

를 곡면 S 의 **곡면적**이라 한다. 여기에서 $\| \mathbf{r}_u \times \mathbf{r}_v \| \, du\,dv$ 를 곡면 S 의 **면적소**라 하고 dS 로 나타낸다. 즉

$$dS = \left\| \frac{\partial \mathbf{r}}{\partial u} \times \frac{\partial \mathbf{r}}{\partial v} \right\| dudv$$

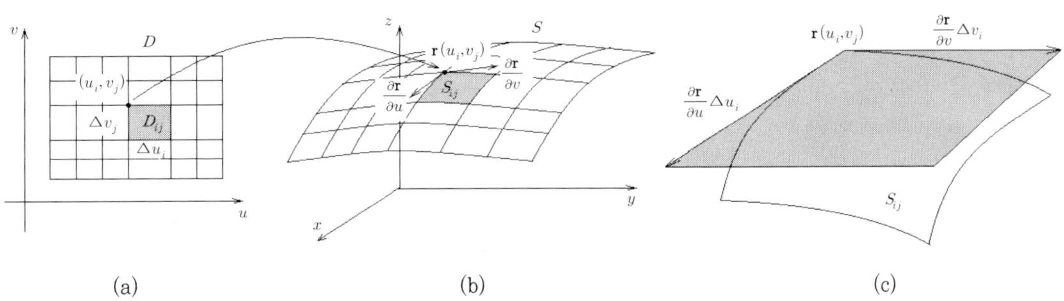

[그림 11–8] (a) 영역 D 의 소영역, (b) 곡면 S 의 소영역, (c) 소영역 S_{ij} 의 넓이와 근사한 평행사변형

예제 11.3.1

높이가 3이고 반지름이 2인 원주면의 곡면적을 구하라.

풀이 직교좌표와 원주좌표의 관계식 (10-27)로부터 원주면의 매개변수 방정식은

$$x = 2\cos\theta,\ y = 2\sin\theta,\ z = z\ \ (0 \le \theta \le 2\pi,\ 0 \le z \le 3)$$

이다. 따라서 벡터방정식은

$$\mathbf{r}(\theta, z) = 2\cos\theta\,\mathbf{i} + 2\sin\theta\,\mathbf{j} + z\mathbf{k}\ \ (0 \le \theta \le 2\pi,\ 0 \le z \le 3)$$

이다. $\mathbf{r}_\theta = -2\sin\theta\mathbf{i} + 2\cos\theta\mathbf{j}$, $\mathbf{r}_z = \mathbf{k}$ 이므로

$$\mathbf{r}_\theta \times \mathbf{r}_z = \begin{vmatrix} \mathbf{i} & \mathbf{j} & \mathbf{k} \\ -2\sin\theta & 2\cos\theta & 0 \\ 0 & 0 & 1 \end{vmatrix} = 2\cos\theta\,\mathbf{i} + 2\sin\theta\,\mathbf{j},$$

$$\| \mathbf{r}_\theta \times \mathbf{r}_z \| = \sqrt{4\cos^2\theta + 4\sin^2\theta} = 2$$

이다. 따라서 곡면적은 다음과 같다.

$$A(S) = \iint_D \| \mathbf{r}_\theta \times \mathbf{r}_z \|\, d\theta\, dz = \int_0^3 \int_0^{2\pi} 2\, d\theta\, dz = 2\int_0^3 dz \int_0^{2\pi} d\theta$$
$$= 2 \cdot 3 \cdot 2\pi = 12\pi$$

영역 D 에서 곡면 S 가 방정식 $z = f(x,y)$ 로 주어지면 이 곡면의 매개변수 방정식을

$$x = x,\ y = y,\ z = f(x,y)$$

로 생각할 수 있다. 즉 이 곡면 S 을 나타내는 벡터함수는

$$\mathbf{r}(x, y) = x\mathbf{i} + y\mathbf{j} + f(x,y)\mathbf{k}$$

이고, $\mathbf{r}_x = \mathbf{i} + \dfrac{\partial f}{\partial x}\mathbf{k}$, $\mathbf{r}_y = \mathbf{j} + \dfrac{\partial f}{\partial y}\mathbf{k}$ 이므로

$$\mathbf{r}_x \times \mathbf{r}_y = \begin{vmatrix} \mathbf{i} & \mathbf{j} & \mathbf{k} \\ 1 & 0 & \dfrac{\partial f}{\partial x} \\ 0 & 1 & \dfrac{\partial f}{\partial y} \end{vmatrix} = -\frac{\partial f}{\partial x}\mathbf{i} - \frac{\partial f}{\partial y}\mathbf{j} + \mathbf{k}$$

이다. 따라서 $\| \mathbf{r}_x \times \mathbf{r}_y \| = \sqrt{\left(\dfrac{\partial f}{\partial x}\right)^2 + \left(\dfrac{\partial f}{\partial y}\right)^2 + 1}$ 이고 S 의 곡면적은

$$A(S) = \iint_D \sqrt{\left(\frac{\partial f}{\partial x}\right)^2 + \left(\frac{\partial f}{\partial y}\right)^2 + 1}\ dx\, dy$$

로 식 (10-33)의 곡면적과 같음을 알 수 있다.

매개변수곡면 S 에서 주어진 스칼라장 $f=f(x,y,z)$ 의 적분 $\int_S f\,dS$ 를 f 의 면적분이라 한다. 여기에서 dS 는 곡면 S 의 면적소로 $dS=\|\mathbf{r}_u\times\mathbf{r}_v\|\,du\,dv$ 이므로 면적분을 다음과 같이 정의할 수 있다.

정의

uv-평면내의 한 영역 D 에서 정의된 매개변수곡면 $S:\mathbf{r}=\mathbf{r}(u,v)$ 와 스칼라장 $f=f(x,y,z)$ 에 대하여

$$\int\int_S f\,dS=\int\int_D f(\mathbf{r}(u,v))\,\|\mathbf{r}_u\times\mathbf{r}_v\|\,dudv \tag{11-14}$$

를 S 위에서 f 의 **면적분**(surface integral)이라 한다.

예제 11.3.2

곡면 S 가 반지름이 2인 구 $x^2+y^2+z^2=4$ 일 때, S 위에서 스칼라장 $f(x,y,z)=x^2+y^2$ 의 면적분을 구하라.

❙풀이❙ 구면좌표와 직교좌표의 관계식 (10–27)로부터 반지름이 2인 구의 매개변수 방정식은

$$x=2\sin\phi\cos\theta,\ y=2\sin\phi\sin\theta,\ z=2\cos\phi\quad(0\le\phi\le\pi,\ 0\le\theta\le2\pi)$$

이다. 따라서 반지름이 2인 구면을 나타내는 벡터함수는

$$\mathbf{r}(\phi,\theta)=2\sin\phi\cos\theta\,\mathbf{i}+2\sin\phi\sin\theta\,\mathbf{j}+2\cos\phi\,\mathbf{k}\quad(0\le\phi\le\pi,\ 0\le\theta\le2\pi)$$

이다.

$$\mathbf{r}_\phi=2\cos\phi\cos\theta\,\mathbf{i}+2\cos\phi\sin\theta\,\mathbf{j}-2\sin\phi\,\mathbf{k}\,,$$
$$\mathbf{r}_\theta=-2\sin\phi\sin\theta\,\mathbf{i}+2\sin\phi\cos\theta\,\mathbf{j}$$

이므로

$$\begin{aligned}\mathbf{r}_\phi\times\mathbf{r}_\theta&=\begin{vmatrix}\mathbf{i}&\mathbf{j}&\mathbf{k}\\2\cos\phi\cos\theta&2\cos\phi\sin\theta&-2\sin\phi\\-2\sin\phi\sin\theta&2\sin\phi\cos\theta&0\end{vmatrix}\\&=4\sin^2\phi\cos\theta\,\mathbf{i}+4\sin^2\phi\sin\theta\,\mathbf{j}+4(\sin\phi\cos\phi\cos^2\theta+\sin\phi\cos\phi\sin^2\theta)\,\mathbf{k}\\&=4\sin^2\phi\cos\theta\,\mathbf{i}+4\sin^2\phi\sin\theta\,\mathbf{j}+4\sin\phi\cos\phi\,\mathbf{k},\end{aligned}$$

$$\begin{aligned}\|\mathbf{r}_\phi\times\mathbf{r}_\theta\|&=\sqrt{16(\sin^4\phi\cos^2\theta+\sin^4\phi\sin^2\theta+\sin^2\phi\cos^2\phi)}\\&=\sqrt{16(\sin^4\phi+\sin^2\phi\cos^2\phi)}\\&=\sqrt{16\sin^2\phi(\sin^2\phi+\cos^2\phi)}\\&=4\sin\phi\end{aligned}$$

이다. 또한

$$f(\mathbf{r}(\phi,\theta)) = (2\sin\phi\cos\theta)^2 + (2\sin\phi\sin\theta)^2 = 4\sin^2\phi$$

이므로 S 위에서의 면적분은 다음과 같다.

$$\begin{aligned}\iint_S f\,dS &= \iint_D f(\mathbf{r}(\phi,\theta))\,\|\,\mathbf{r}_\phi \times \mathbf{r}_\theta\,\|\,d\phi\,d\theta \\ &= \int_0^{2\pi}\int_0^{\pi}(4\sin^2\phi)(4\sin\phi)\,d\phi\,d\theta \\ &= 16\int_0^{2\pi}\int_0^{\pi}\sin^3\phi\,d\phi\,d\theta = 16\left(\int_0^{\pi}\sin^3\phi\,d\phi\right)\left(\int_0^{2\pi}d\theta\right) \\ &= 128\pi\int_0^{\pi}(1-\cos^2\phi)\sin\phi\,d\phi = 32\pi\left[-\cos\phi + \frac{1}{3}\cos^3\phi\right]_0^{\pi} \\ &= \frac{128}{3}\pi\end{aligned}$$

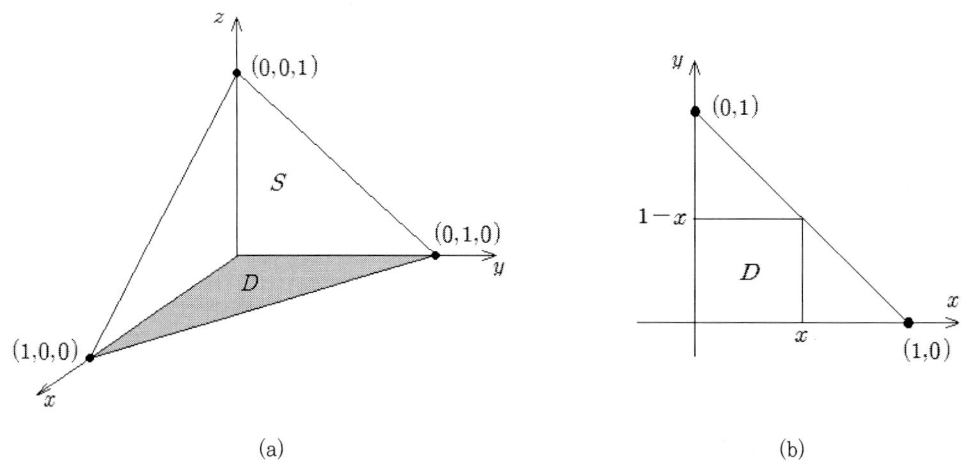

[그림 11-9] (a) 영역 D 에서 정의된 평면, (b) xy-평면의 영역 D

예제 11.3.3

평면 $x+y+z=1$ ($x \ge 0$, $y \ge 0$, $z \ge 0$)위에서 스칼라장 $f(x,y,z)=xy$ 의 면적분을 구하라.

| 풀이 | 평면 $x+y+z=1$ ($x \ge 0$, $y \ge 0$, $z \ge 0$)을 S 라 하면 평면 S 는 그림 11-9의 (a)와 같이 xy-평면의 영역 D 에서 정의된 곡면으로 생각할 수 있고, 그림 11-9의 (b)에서와 같이 영역 D 내의 임의의 점 (x,y) 의 범위는 $0 \le x \le 1$, $0 \le y \le 1-x$ 이다. 따라서 평면 S 의 매개변수방정식은

$$x=x,\ y=y,\ z=1-x-y \quad (0 \le x \le 1,\ 0 \le y \le 1-x)$$

로 나타낼 수 있다. 즉 평면 S 를 나타내는 벡터함수는

$$\mathbf{r}(x,y) = x\mathbf{i} + y\mathbf{j} + (1-x-y)\mathbf{k} \quad (0 \le x \le 1,\ 0 \le y \le 1-x)$$

이다. $\mathbf{r}_x = \mathbf{i} - \mathbf{k}$, $\mathbf{r}_y = \mathbf{j} - \mathbf{k}$ 이므로

$$\mathbf{r}_x \times \mathbf{r}_y = \begin{vmatrix} \mathbf{i} & \mathbf{j} & \mathbf{k} \\ 1 & 0 & -1 \\ 0 & 1 & -1 \end{vmatrix} = \mathbf{i} + \mathbf{j} + \mathbf{k}, \quad \| \mathbf{r}_x \times \mathbf{r}_y \| = \sqrt{3}$$

이다. 따라서 구하려는 면적분은 다음과 같다.

$$\begin{aligned} \iint_S f\, dS &= \iint_D f(\mathbf{r}(x,y)) \| \mathbf{r}_x \times \mathbf{r}_y \| \, dxdy \\ &= \sqrt{3} \int_0^1 \int_0^{1-x} xy\, dy\, dx \\ &= \sqrt{3} \int_0^1 x \int_0^{1-x} y\, dy\, dx \\ &= \sqrt{3} \int_0^1 \frac{x}{2} [y^2]_0^{1-x} dx \\ &= \frac{\sqrt{3}}{2} \int_0^1 (x - 2x^2 + x^3)\, dx \\ &= \frac{\sqrt{3}}{2} \left[\frac{x^2}{2} - \frac{2x^3}{3} + \frac{x^4}{4} \right]_0^1 \\ &= \frac{\sqrt{3}}{24} \end{aligned}$$

uv-평면내의 한 영역 D 에서 정의된 공간상의 곡면 S 위에서 벡터장 F 의 면적분을 생각할 수 있다. 곡면 S 의 벡터함수가

$$\mathbf{r}(u,v) = x(u,v)\mathbf{i} + y(u,v)\mathbf{j} + z(u,v)\mathbf{k}$$

로 주어지면 곡면에 수직인 법선벡터는 $\mathbf{r}_u \times \mathbf{r}_v$ 이고,

$$\mathbf{n} = \frac{\mathbf{r}_u \times \mathbf{r}_v}{\| \mathbf{r}_u \times \mathbf{r}_v \|}$$

는 단위 법선벡터이다. 이 때 $\iint_S F \cdot \mathbf{n}\, dS$ 를 벡터장 F 의 **면적분**이라 한다.

면적분에서 $dS = \| \mathbf{r}_u \times \mathbf{r}_v \| \, du\, dv$ 이므로

$$\begin{aligned} \iint_S F \cdot \mathbf{n}\, dS &= \iint_D \left(F \cdot \frac{\mathbf{r}_u \times \mathbf{r}_v}{\| \mathbf{r}_u \times \mathbf{r}_v \|} \right) \| \mathbf{r}_u \times \mathbf{r}_v \| \, du\, dv \\ &= \iint_D F \cdot (\mathbf{r}_u \times \mathbf{r}_v)\, du\, dv \end{aligned}$$

이다. 따라서 벡터장 F 의 면적분을 다음과 같이 정의한다.

정의

uv-평면내의 한 영역 D 에서 정의된 곡면 S : $\mathbf{r}(u,v)=x(u,v)\mathbf{i}+y(u,v)\mathbf{j}+z(u,v)\mathbf{k}$ 와 벡터장 $F(x,y,z)=f_1(x,y,z)\mathbf{i}+f_2(x,y,z)\mathbf{j}+f_3(x,y,z)\mathbf{k}$에 대하여

$$\int\int_S F\cdot d\boldsymbol{S}=\int\int_S F\cdot\mathbf{n}\,dS=\int\int_D F(\mathbf{r}(u,v))\cdot(\mathbf{r}_u\times\mathbf{r}_v)\,du\,dv \qquad (11\text{–}15)$$

를 S 위에서 벡터장 F 의 **면적분**이라 한다.

예제 11.3.4

곡면 S 가 반지름이 2인 구 $x^2+y^2+z^2=4$ 일 때 S 위에서 벡터장

$$F(x,y,z)=x\mathbf{i}+y\mathbf{j}+z\mathbf{k}$$

의 면적분을 구하라.

풀이 예제 11.3.2에서 반지름이 2인 구를 나타내는 벡터함수는

$$\mathbf{r}(\phi,\theta)=2\sin\phi\cos\theta\mathbf{i}+2\sin\phi\sin\theta\mathbf{j}+2\cos\phi\mathbf{k}\ \ (0\le\phi\le\pi,\ 0\le\theta\le 2\pi)$$

이고, $\mathbf{r}_\phi\times\mathbf{r}_\theta=4\sin^2\phi\cos\theta\mathbf{i}+4\sin^2\phi\sin\theta\mathbf{j}+4\sin\phi\cos\phi\mathbf{k}$ 임을 알았다. 또한

$$F(\mathbf{r}(\phi,\theta))=2\sin\phi\cos\theta\mathbf{i}+2\sin\phi\sin\theta\mathbf{j}+2\cos\phi\mathbf{k}$$

이므로

$$\begin{aligned}F(\mathbf{r}(\phi,\theta))\cdot(\mathbf{r}_\phi\times\mathbf{r}_\theta)&=8\sin^3\phi\cos^2\theta+8\sin^3\phi\sin^2\theta+8\sin\phi\cos^2\phi\\&=8\sin^3\phi+8\sin\phi\cos^2\phi=8\sin\phi\end{aligned}$$

이다. 따라서 벡터장 F 의 면적분은 다음과 같다.

$$\begin{aligned}\int\int_S F\cdot d\boldsymbol{S}&=\int\int_D F(\mathbf{r}(\phi,\theta))\cdot(\mathbf{r}_\phi\times\mathbf{r}_\theta)\,du\,dv\\&=8\int_0^{2\pi}\int_0^{\pi}\sin\phi\,d\phi\,d\theta\\&=8\int_0^{2\pi}d\theta\int_0^{\pi}\sin\phi\,d\phi\\&=16\pi[-\cos\phi]_0^{\pi}=32\pi\end{aligned}$$

곡면 S 가 방정식 $z=f(x,y)$ 로 주어질 때, 이 곡면은 매개변수 x, y 를 갖는 매개변수 방정식

$$x=x,\ \ y=y,\ \ z=f(x,y)$$

로 나타낼 수 있으며 이 곡면의 벡터방정식은

$$\mathbf{r}(x,y)=x\mathbf{i}+y\mathbf{j}+f(x,y)\mathbf{k}$$

이다. 따라서 $\mathbf{r}_x=\mathbf{i}+f_x(x,y)\mathbf{k}$, $\mathbf{r}_y=\mathbf{j}+f_y(x,y)\mathbf{k}$ 이므로 곡면 S의 법선벡터는

$$\mathbf{r}_x \times \mathbf{r}_y = -f_x\mathbf{i} - f_y\mathbf{j} + \mathbf{k}$$

이다. 주어진 방정식 $z = f(x,y)$ 를 $g(x,y,z) = z - f(x,y) = 0$ 으로 나타내면

$$\nabla g = -f_x\mathbf{i} - f_y\mathbf{j} + \mathbf{k}$$

로 $\nabla g = \mathbf{r}_x \times \mathbf{r}_y$, 즉 ∇g 는 곡면 $\mathbf{r} = \mathbf{r}(x,y)$ 의 법선벡터이다. 따라서 곡면 S: $z = f(x,y)$ 위에서 벡터장 F 의 면적분은 식 (11-15)로부터

$$\iint_S F \cdot d\boldsymbol{S} = \iint_S F \cdot \mathbf{n}\, dS = \iint_D F(\mathbf{r}(x,y)) \cdot \nabla g\, dx\, dy \tag{11-16}$$

이다. 여기에서 $\mathbf{n} = \dfrac{\nabla g}{\|\nabla g\|}$ 이다.

예제 11.3.5

곡면 S 가 반지름이 $\sqrt{3}$ 인 위쪽 반구 $z = \sqrt{3 - x^2 - y^2}$ 일 때, S 위에서 벡터장

$$F(x,y,z) = xz\,\mathbf{i} + yz\,\mathbf{j} + z\,\mathbf{k}$$

의 면적분을 구하라.

| 풀이 | 반구 $z = \sqrt{3 - x^2 - y^2}$ 는 x, y 를 매개변수로 갖는 매개변수 방정식

$$x = x,\ y = y,\ z = \sqrt{3 - x^2 - y^2}$$

으로 생각할 수 있고, 벡터방정식은

$$\mathbf{r}(x,y) = x\mathbf{i} + y\mathbf{j} + \sqrt{3 - x^2 - y^2}\,\mathbf{k}$$

이다. $g(x,y,z) = z - \sqrt{3 - x^2 - y^2}$ 이라 하면

$$\nabla g = \frac{\partial g}{\partial x}\mathbf{i} + \frac{\partial g}{\partial y}\mathbf{j} + \frac{\partial g}{\partial z}\mathbf{k} = \frac{x}{\sqrt{3 - x^2 - y^2}}\mathbf{i} + \frac{y}{\sqrt{3 - x^2 - y^2}}\mathbf{j} + \mathbf{k}$$

이고,

$$\begin{aligned} F(\mathbf{r}(x,y)) &= F(x, y, \sqrt{3 - x^2 - y^2}) \\ &= x\sqrt{3 - x^2 - y^2}\,\mathbf{i} + y\sqrt{3 - x^2 - y^2}\,\mathbf{j} + \sqrt{3 - x^2 - y^2}\,\mathbf{k} \end{aligned}$$

이므로

$$F(\mathbf{r}(x,y)) \cdot \nabla g = x^2 + y^2 + \sqrt{3 - x^2 - y^2}$$

이다. 따라서 식 (11-16)으로부터

$$\begin{aligned} \iint_S F \cdot d\boldsymbol{S} &= \iint_D F(\mathbf{r}(x,y)) \cdot \nabla g\, dx\, dy \\ &= \iint_D (x^2 + y^2 + \sqrt{3 - x^2 - y^2})\, dx\, dy \end{aligned}$$

이다. 여기에서 적분영역 D는 xy-평면내의 반지름이 $\sqrt{3}$ 인 원의 내부

$$D=\{(x,y)\,|\,x^2+y^2 \le \sqrt{3}\}$$

이다. 변수 x, y를 극좌표로 변형하면

$$x=r\cos\theta,\ y=r\sin\theta,\ 0\le r\le \sqrt{3},\ 0\le\theta\le 2\pi$$

이고, 식 (10-26)의 변환으로부터 면적분은 다음과 같다.

$$\begin{aligned}\iint_S F\cdot d\boldsymbol{S} &= \iint_D (x^2+y^2+\sqrt{3-x^2-y^2}\,)\,dx\,dy \\ &= \int_0^{2\pi}\int_0^{\sqrt{3}} (r^2+\sqrt{3-r^2}\,)\,r\,dr\,d\theta \\ &= \int_0^{2\pi} d\theta \int_0^{\sqrt{3}} (r^2+\sqrt{3-r^2}\,)\,r\,dr \\ &= 2\pi\int_0^{\sqrt{3}} \left(r^3+r\sqrt{3-r^2}\right) dr \\ &= 2\pi\left[\frac{r^4}{4}-\frac{1}{3}\sqrt{(3-r^2)^3}\right]_0^{\sqrt{3}} = \frac{9+4\sqrt{3}}{2}\pi\end{aligned}$$

벡터장 F가 주어진 곡면 S를 통과하는 유체의 속도라면 면적분은 단위시간에 곡면 S를 통과하는 유체의 양을 나타낸다. 따라서 벡터장 F의 면적분을 **유량**(flux)이라고도 한다.

곡면 S가 매끄러운 곡면 S_1, S_2, $\cdots$, S_n 이 연속적으로 연결된 곡면이라 할 때 S 위에서의 면적분을 다음과 같이 구할 수 있다.

$$\iint_S F\cdot d\boldsymbol{S} = \iint_{S_1} F\cdot d\boldsymbol{S}_1 + \iint_{S_2} F\cdot d\boldsymbol{S}_2 + \cdots + \iint_{S_n} F\cdot d\boldsymbol{S}_n$$

예제 11.3.6

포물면 $z=4-x^2-y^2\,(z\ge 0)$과 평면 $z=0$ 으로 둘러싸인 곡면을 통과하는 벡터장

$$F(x,y,z)=x\mathbf{i}+y\mathbf{j}+z\mathbf{k}$$

의 유량을 구하라.

풀이 곡면 S_1 을 평면 $z=0\ (x^2+y^2\le 4)$라 하면 S_1 의 벡터방정식은 $\mathbf{r}_1(x,y)=x\mathbf{i}+y\mathbf{j}$ $(x^2+y^2\le 4)$이고, 곡면 S_1 의 외부를 향하는 단위법선벡터를 생각하면 $\mathbf{n}=-\mathbf{k}$ 이다. 따라서 $F(\mathbf{r}_1(x,y))\cdot\mathbf{n}=0$이므로

$$\iint_{S_1} F\cdot d\boldsymbol{S}_1 = \iint_{S_1} F\cdot\mathbf{n}\,dS_1 = \iint_{S_1} F(\mathbf{r}_1(x,y))\cdot\mathbf{n}\,dS_1 = 0$$

이다. 또한 곡면 S_2 를 포물면 $z=4-x^2-y^2\ (z\ge 0)$이라 하면 S_2 의 벡터방정식은

$$\mathbf{r}_2(x,y)=x\mathbf{i}+y\mathbf{j}+(4-x^2-y^2)\mathbf{k}$$

이다. $g(x,y,z)=z+x^2+y^2-4$ 라 하면 곡면 S_2 의 법선벡터는

$$\nabla g = 2x\mathbf{i} + 2y\mathbf{j} + \mathbf{k}$$

이고, $F(\mathbf{r}_2(x,y)) = x\mathbf{i} + y\mathbf{j} + (4-x^2-y^2)\mathbf{k}$ 이다. 따라서

$$F(\mathbf{r}_2(x,y)) \cdot \nabla g = 2x^2+2y^2+4-x^2-y^2 = x^2+y^2+4$$

이므로 S_2 위에서 F 의 면적분은

$$\int\int_{S_2} F \cdot d\boldsymbol{S}_2 = \int\int_D F(\mathbf{r}_2(x,y)) \cdot \nabla g \, dx\, dy = \int\int_D (x^2+y^2+4)\, dx\, dy$$

이다. 적분영역 D 는 반지름이 2인 원의 내부로 $D=\{(x,y)|x^2+y^2 \le 4\}$ 이다. 변수 x, y 를 극좌표로 변형하면

$$x = r\cos\theta,\ y = r\sin\theta,\ 0 \le r \le 2,\ 0 \le \theta \le 2\pi$$

이고, 식 (10-26)으로부터 면적분은

$$\begin{aligned}\int\int_{S_2} F \cdot d\boldsymbol{S}_2 &= \int\int_D (x^2+y^2+4)\, dx\, dy \\ &= \int_0^{2\pi}\int_0^2 (r^2+4)\, r\, dr\, d\theta \\ &= \int_0^{2\pi} d\theta \int_0^2 (r^3+4r)\, dr \\ &= 2\pi\left[\frac{r^4}{4}+2r^2\right]_0^2 = 24\pi\end{aligned}$$

이다. 따라서 전체곡면 S 를 통과하는 유량은 다음과 같다.

$$\int\int_S F \cdot d\boldsymbol{S} = \int\int_{S_1} F \cdot d\boldsymbol{S}_1 + \int\int_{S_2} F \cdot d\boldsymbol{S}_2 = 0 + 24\pi = 24\pi$$

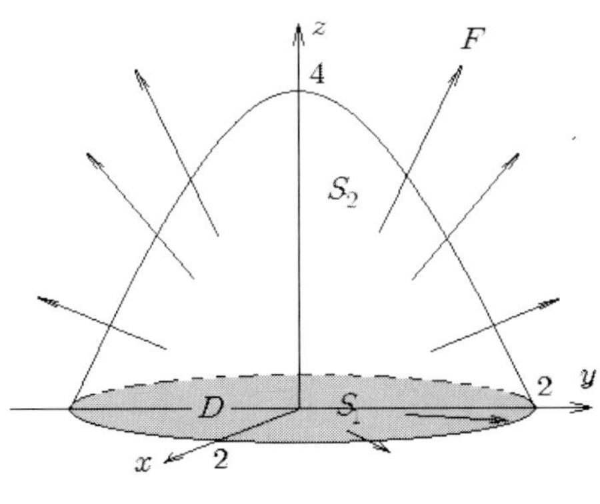

[그림 11-10] 예제 11.3.6의 곡면

11.3 연습문제

1. 다음 곡면의 곡면적을 구하라.

(1) $\mathbf{r}(u, v) = (2u+v)\mathbf{i} - u\mathbf{j} + v\mathbf{k}$, $0 \le u \le 2$, $0 \le v \le 1$

(2) $\mathbf{r}(u, v) = u^2\mathbf{i} + (u+2v)\mathbf{j} + (u+2v)\mathbf{k}$, $0 \le u \le 3$, $0 \le v \le 2$

(3) $\mathbf{r}(u, v) = \mathbf{i} + u^2\mathbf{j} + v^2\mathbf{k}$, $0 \le u \le 2$, $0 \le v \le 3$

2. 반지름이 a 인 구면의 넓이가 $4\pi a^2$ 임을 보여라.

3. 다음에 주어진 곡면 S 위에서 스칼라장 $f(x, y, z) = xyz$ 의 면적분을 구하라.

(1) S: $\mathbf{r}(u, v) = u\mathbf{i} + v\mathbf{j} + (1+u+v)\mathbf{k}$, $0 \le u \le 3$, $0 \le v \le 2$

(2) S: $\mathbf{r}(u, v) = (u+v)\mathbf{i} + u\mathbf{j} + v\mathbf{k}$, $0 \le u \le 3$, $0 \le v \le 2$

(3) S: $\mathbf{r}(u, v) = \mathbf{i} + u^2\mathbf{j} + v^2\mathbf{k}$, $0 \le u \le 3$, $0 \le v \le 2$

4. 다음으로 주어진 곡면 S 위에서 스칼라장 $f(x, y, z) = \cos y$ 의 면적분을 구하라.

S : $\mathbf{r}(u, v) = \sin u \cos v\,\mathbf{i} + u\mathbf{j} + \sin u \sin v\,\mathbf{k}$ $(0 \le u \le \pi/2,\ 0 \le v \le 2\pi)$

연습문제 해답

1. (1) $2\sqrt{6}$ (2) $36\sqrt{2}$ (3) 36

2. 구면좌표계를 이용하여 반지름이 a 인 구 $x^2+y^2+z^2=a^2$ 을 매개변수 방정식으로 나타내면
$x=a\sin\phi\cos\theta,\ y=a\sin\phi\sin\theta,\ z=a\cos\phi$
이다. 따라서 반지름이 a 인 구면을 나타내는 벡터함수는
$\mathbf{r}(\phi,\theta)=a\sin\phi\cos\theta\mathbf{i}+a\sin\phi\sin\theta\mathbf{j}+a\cos\phi\mathbf{k}\ (0\le\phi\le\pi,\ 0\le\theta\le 2\pi)$이다.
$\mathbf{r}_\phi=a\cos\phi\cos\theta\mathbf{i}+a\cos\phi\sin\theta\mathbf{j}-a\sin\phi\mathbf{k}$,
$\mathbf{r}_\theta=-a\sin\phi\sin\theta\mathbf{i}+a\sin\phi\cos\theta\mathbf{j}$ 이므로

$$\begin{aligned}\mathbf{r}_\phi\times\mathbf{r}_\theta&=\begin{vmatrix}\mathbf{i}&\mathbf{j}&\mathbf{k}\\ a\cos\phi\cos\theta & a\cos\phi\sin\theta & -a\sin\phi\\ -a\sin\phi\sin\theta & a\sin\phi\cos\theta & 0\end{vmatrix}\\ &=a^2\sin^2\phi\cos\theta\mathbf{i}+a^2\sin^2\phi\sin\theta\mathbf{j}+a^2(\sin\phi\cos\phi\cos^2\theta+\sin\phi\cos\phi\sin^2\theta)\mathbf{k}\\ &=a^2\sin^2\phi\cos\theta\mathbf{i}+a^2\sin^2\phi\sin\theta\mathbf{j}+a^2\sin\phi\cos\phi\mathbf{k},\end{aligned}$$

$$\begin{aligned}\|\mathbf{r}_\phi\times\mathbf{r}_\theta\|&=\sqrt{a^4(\sin^4\phi\cos^2\theta+\sin^4\phi\sin^2\theta+\sin^2\phi\cos^2\phi)}\\ &=\sqrt{a^4(\sin^4\phi+\sin^2\phi\cos^2\phi)}\\ &=\sqrt{a^4\sin^2\phi(\sin^2\phi+\cos^2\phi)}\\ &=a^2\sin\phi\end{aligned}$$

이다. 따라서

$$A=\iint_D\|\mathbf{r}_\phi\times\mathbf{r}_\theta\|\,d\phi d\theta=\int_0^{2\pi}\int_0^{\pi}a^2\sin\phi\,d\phi\,d\theta=a^2\int_0^{2\pi}[-\cos\phi]_0^\pi\,d\theta=2a^2\int_0^{2\pi}d\theta$$
$$=4\pi a^2$$

3. (1) $39\sqrt{3}$ (2) $30\sqrt{3}$ (3) 324

4. $\int_S f\,dS=\iint_D f(\mathbf{r}(u,v))\|\mathbf{r}_\mathbf{u}\times\mathbf{r}_\mathbf{v}\|dudv=\dfrac{2(2\sqrt{2}-1)\pi}{3}$

11.4 그린의 정리, 스토크스의 정리와 발산 정리

한 점을 두 번 이상 지나지 않는 폐곡선을 **단순폐곡선**(simple closed curve)이라 한다. 그림 11-11의 (a)는 단순폐곡선이고 (b)는 단순폐곡선이 아니다.

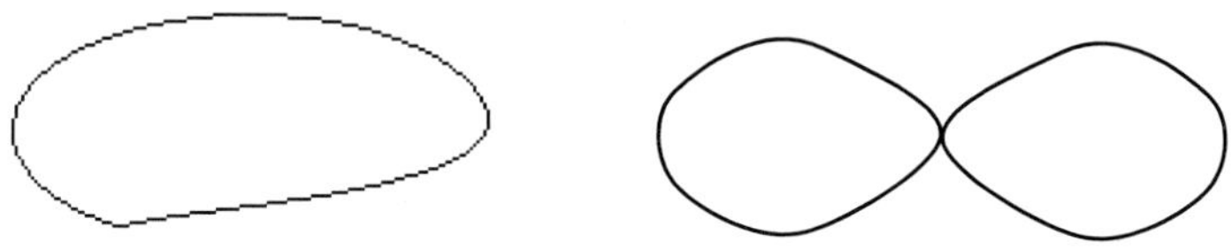

[그림 11-11] (a) 단순폐곡선이다. (b) 단순 폐곡선이 아니다.

그린의 정리는 단순폐곡선 C를 따른 선적분과 C의 내부 영역 D에서의 중적분 사이의 관계를 나타낸다.

정리 11.4.1 그린(Green)의 정리

곡선 C가 xy-평면상에서 반시계방향을 갖는 단순폐곡선이고, 이 곡선으로 둘러싸인 영역을 D라 하자. 함수 $M(x,y)$와 $N(x,y)$가 D를 포함하는 열린 영역에서 연속인 편도함수를 가지면 다음이 성립한다.

$$\int_C M dx + N dy = \int\int_D \left(\frac{\partial N}{\partial x} - \frac{\partial M}{\partial y}\right) dx\, dy \qquad (11\text{-}17)$$

예제 11.4.2

곡선 C가 평면상의 네 점 $O(0,0)$, $P(1,0)$, $Q(1,1)$, $R(0,1)$을 연결하는 정사각형일 때 선적분

$$\int_C y^2\, dx + x^2 y\, dy$$

를 구하라.

| 풀이 | 곡선 C에 의해 둘러싸인 영역 D는 한 변의 길이가 1인 정사각형의 내부로

$$D = \{(x,y) \mid 0 \le x \le 1,\ 0 \le y \le 1\}$$

이다. 식 (11-17)이용하면 구하려는 선적분은 다음과 같다.

$$\int_C y^2\, dx + x^2 y\, dy = \int\int_D \left(\frac{\partial}{\partial x}(x^2 y) - \frac{\partial}{\partial y} y^2\right) dx\, dy$$
$$= \int_0^1 \int_0^1 (2xy - 2y)\, dx\, dy$$

$$= 2\int_0^1 y\,dy \int_0^1 (x-1)\,dx$$
$$= 2 \cdot \frac{1}{2} \cdot \left(-\frac{1}{2}\right) = -\frac{1}{2}$$

예제 11.4.3

반지름이 $\sqrt{3}$ 인 위쪽 반원 $x^2 + y^2 = 3\ (y \geq 0)$과 점 $P(-\sqrt{3}, 0)$, $Q(\sqrt{3}, 0)$ 를 잇는 선분으로 구성된 곡선을 C 라 할 때, 선적분

$$\int_C (\sin x - x^2y^2)\,dx + (2y^3x + e^y)\,dy$$

를 구하라.

풀이 식 (11-17)로부터 주어진 선적분은 다음과 같다.

$$\begin{aligned}\int_C (\sin x - x^2y^2)\,dx + (2y^3x + e^y)\,dy &= \iint_D \left(\frac{\partial}{\partial x}(2y^3x + e^y) - \frac{\partial}{\partial y}(\sin x - x^2y^2)\right) dx\,dy \\ &= \iint_D (2y^3 + 2x^2y)\,dx\,dy \\ &= 2\iint_D (y^2 + x^2)y\,dx\,dy\end{aligned}$$

곡선 C 의 내부영역 D 를 극좌표로 변형하면

$$x = r\cos\theta,\ y = r\sin\theta,\ 0 \leq r \leq \sqrt{3},\ 0 \leq \theta \leq \pi$$

이다. 따라서 식 (10-26)으로부터 선적분은 다음과 같다.

$$\begin{aligned}\int_C (\sin x - x^2y^2)\,dx + (2y^3x + e^y)\,dy &= 2\iint_D (y^2 + x^2)y\,dx\,dy \\ &= 2\int_0^{\pi}\int_0^{\sqrt{3}} r^2(r\sin\theta)\,r\,dr\,d\theta \\ &= 2\int_0^{\pi} \sin\theta\,d\theta \int_0^{\sqrt{3}} r^4\,dr \\ &= 2\left[-\cos\theta\right]_0^{\pi}\left[\frac{r^5}{5}\right]_0^{\sqrt{3}} \\ &= 2 \cdot 2 \cdot \frac{9\sqrt{3}}{5} = \frac{36\sqrt{3}}{5}\end{aligned}$$

단순폐곡선 C 로 둘러싸인 영역을 D 라 할 때 식 (11-17)로부터

$$\int_C -y\,dx + x\,dy = \iint_D (1+1)\,dx\,dy = 2\iint_D dx\,dy$$

이다. $\iint_D dx\,dy$ 는 영역 D 의 넓이이므로 그린의 정리를 이용하여 D 의 넓이를 구할 수 있다.

정리 11.4.4

곡선 C가 구분적으로 매끄러운 곡선이고, C로 둘러싸인 영역의 넓이가 A이면 다음이 성립한다.

$$A = \frac{1}{2}\int_C -y\,dx + x\,dy \tag{11-18}$$

예제 11.4.5

타원 $\frac{x^2}{9} + \frac{y^2}{4} = 1$ 로 둘러싸인 영역의 넓이를 구하라.

| 풀이 | 타원 $\frac{x^2}{9} + \frac{y^2}{4} = 1$ 의 매개변수 방정식은

$$x = 3\cos\theta,\ y = 2\sin\theta,\ 0 \le \theta \le 2\pi$$

이고, $dx = -3\sin\theta\,d\theta$, $dy = 2\cos\theta\,d\theta$ 이다. 따라서 식 (11-18)로부터 넓이 A 는 다음과 같다.

$$\begin{aligned} A &= \frac{1}{2}\int_C -y\,dx + x\,dy = \frac{1}{2}\int_0^{2\pi}(6\sin^2\theta + 6\cos^2\theta)\,d\theta \\ &= 3\int_0^{2\pi} d\theta = 6\pi \end{aligned}$$

곡선 C가 벡터함수 $\mathbf{r}(t) = x(t)\mathbf{i} + y(t)\mathbf{j}\ (a \le t \le b)$로 주어진 평면내의 매끄러운 단순폐곡선이라 하자. 곡선 C가 정의된 영역에서 벡터장

$$F(x, y) = M(x, y)\mathbf{i} + N(x, y)\mathbf{j}$$

가 주어질 때, 식 (11-11)로부터 곡선 C 위에서 F 의 선적분은

$$\int_C F \cdot d\mathbf{r} = \int_a^b F(\mathbf{r}(t)) \cdot \mathbf{r}'(t)\,dt$$

이다. 여기에서 $\mathbf{r}' = \frac{d\mathbf{r}}{dt} = \frac{dx}{dt}\mathbf{i} + \frac{dy}{dt}\mathbf{j}$ 이고, $d\mathbf{r} = dx\,\mathbf{i} + dy\,\mathbf{j}$ 이므로

$$F \cdot d\mathbf{r} = M dx + N dy$$

이다. 따라서 단순폐곡선 C 위에서 F 의 선적분은

$$\int_C F \cdot d\mathbf{r} = \int_C (M\,dx + N\,dy) = \iint_D \left(\frac{\partial N}{\partial x} - \frac{\partial M}{\partial y} \right) dx\,dy \tag{11-19}$$

이고, 2절에서 다룬 벡터장의 선적분을 구하기 위해 그린의 정리를 이용할 수 있다.

예제 11.4.6

제 1, 2 사분면의 두 원 $x^2 + y^2 = 1$ 과 $x^2 + y^2 = 9$ 사이의 영역 D 의 경계곡선을 C 라 할 때 C 위에서 벡터장 $F(x,y) = -y^2\mathbf{i} + 2xy\,\mathbf{j}$ 의 선적분을 구하라.

풀이 $M = -y^2$, $N = 2xy$ 라 하면 $F = M\mathbf{i} + N\mathbf{j}$ 이고 식 (11-19)로부터

$$\begin{aligned} \int_C F \cdot d\mathbf{r} &= \int_C (M\,dx + N\,dy) = \int_C (-y^2\,dx + 2xy\,dy) \\ &= \iint_D \left(\frac{\partial}{\partial x}(2xy) - \frac{\partial}{\partial y}(-y^2) \right) dx\,dy \\ &= \iint_D (2y + 2y)\,dx\,dy \\ &= 4\iint_D y\,dx\,dy \end{aligned}$$

이다. 직교좌표를 극좌표로 변형하면 $x = r\cos\theta$, $y = r\sin\theta$ 이고, 곡선 C 로 둘러싸인 영역은

$$D = \{(r,\theta) \mid 1 \le r \le 3,\ 0 \le \theta \le \pi\}$$

이다. 따라서 벡터장의 선적분은 다음과 같다.

$$\begin{aligned} \int_C F \cdot d\mathbf{r} &= 4\iint_D y\,dx\,dy \\ &= 4\int_0^{\pi}\int_1^3 (r\sin\theta)\,r\,dr\,d\theta \\ &= 4\int_0^{\pi} \sin\theta\,d\theta \int_1^3 r^2\,dr \\ &= 4[-\cos\theta]_0^{\pi} \left[\frac{r^3}{3} \right]_0^3 = 72 \end{aligned}$$

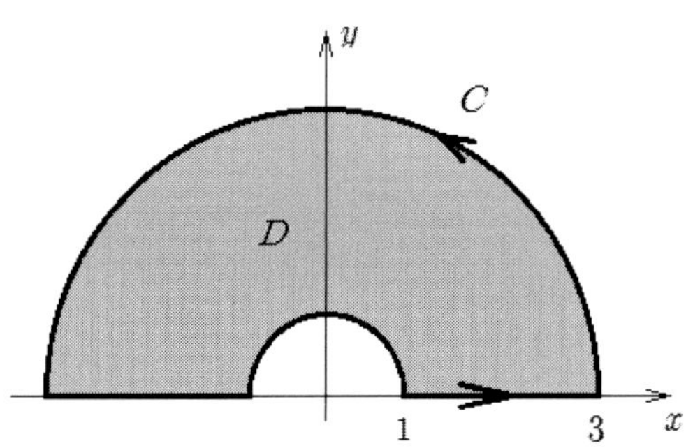

[그림 11-12] 예제 11.4.6의 적분영역

스토크스(Stokes)의 정리는 그린의 정리를 일반화한 것으로 선적분과 면적분사이의 관계를 나타낸다. 식 (11-3)에서 벡터장 $F(x, y, z) = f_1(x, y, z)\mathbf{i} + f_2(x, y, z)\mathbf{j} + f_3(x, y, z)\mathbf{k}$ 의 회전 $\text{curl} F$ 를

$$\text{curl } F = \nabla \times F = \begin{vmatrix} \mathbf{i} & \mathbf{j} & \mathbf{k} \\ \dfrac{\partial}{\partial x} & \dfrac{\partial}{\partial y} & \dfrac{\partial}{\partial z} \\ f_1 & f_2 & f_3 \end{vmatrix} = \left(\frac{\partial f_3}{\partial y} - \frac{\partial f_2}{\partial z}\right)\mathbf{i} + \left(\frac{\partial f_1}{\partial z} - \frac{\partial f_3}{\partial x}\right)\mathbf{j} + \left(\frac{\partial f_2}{\partial x} - \frac{\partial f_1}{\partial y}\right)\mathbf{k}$$

로 정의하였다. 이는 하나의 벡터함수로 공간상의 벡터장이다.

정리 11.4.7 스토크스의 정리

공간상의 구분적으로 매끄러운 곡면 S 와 이 곡면의 경계곡선을 C 라 하고 벡터장 F 가 S 를 포함하는 열린 영역에서 연속인 편도함수를 가지면 다음이 성립한다.

$$\int_C F \cdot d\mathbf{r} = \int\int_S \text{curl } F \cdot d\boldsymbol{S} \qquad (11-20)$$

식 (11-20)의 좌변은 2절에서 다룬 곡선 C 위에서 벡터장 F 의 선적분이고, 우변은 3절에서 다룬 곡면 S 위에서 벡터장 $\text{curl } F$ 의 면적분이다. 또한, 식 (11-15)로부터

$$\int\int_S \text{curl } F \cdot d\boldsymbol{S} = \int\int_S \text{curl } F \cdot \mathbf{n}\, dS = \int\int_D \text{curl } F \cdot (\mathbf{r}_u \times \mathbf{r}_v)\, du\, dv$$

이다. 여기에서 $\mathbf{n}$ 은 곡면 S 에 수직인 단위법선벡터이고, D 는 곡면 S 의 정의역이다. 특히 곡면 S 가 방정식 $z = f(x,y)$ 로 주어지면 이 곡면의 벡터방정식은

$$\mathbf{r}(x, y) = x\mathbf{i} + y\mathbf{j} + f(x, y)\mathbf{k}$$

이고, $g(x, y, z) = z - f(x, y)$ 에 대하여 $\nabla g = \mathbf{r}_x \times \mathbf{r}_y$ 이다. 따라서

$$\int\int_S \text{curl } F \cdot d\boldsymbol{S} = \int\int_D \text{curl } F \cdot \nabla g\; dx\, dy$$

이다.

예제 11.4.8

포물면 $z = 4 - x^2 - y^2\ (z \geq 0)$과 평면 $z = 0$ 로 둘러싸인 곡면을 S 라 하고, 곡면 S 의 경계곡선 $x^2 + y^2 = 4,\ z = 0$ 을 C 라 할 때, 벡터장

$$F(x,y,z) = z\mathbf{i} + x\mathbf{j} + y\mathbf{k}$$

의 선적분 $\int_C F \cdot d\mathbf{r}$ 와 $\int\int_S \text{curl } F \cdot d\boldsymbol{S}$ 를 구하라.

▌풀이▐ 경계곡선 C 의 매개변수 방정식은 $x=2\cos t$, $y=2\sin t$, $z=0$ 로 벡터방정식은

$$\mathbf{r}(t)=2\cos t\mathbf{i}+2\sin t\mathbf{j},\ 0\le t\le 2\pi$$

이다. 따라서 $\mathbf{r}'(t)=-2\sin t\mathbf{i}+2\cos t\mathbf{j}$ 이고,

$$F(\mathbf{r}(t))=F(2\cos t,2\sin t,0)=2\cos t\mathbf{j}+2\sin t\mathbf{k}$$

이므로 선적분은

$$\int_C F\cdot d\mathbf{r}=\int_0^{2\pi}F(\mathbf{r}(t))\cdot\mathbf{r}'(t)\,dt=\int_0^{2\pi}4\cos^2 t\,dt$$
$$=2\int_0^{2\pi}(1+\cos 2t)\,dt=2\left[t+\frac{1}{2}\sin 2t\right]_0^{2\pi}=4\pi$$

이다. 또한 벡터장 F 의 회전은

$$\text{curl}\,F=\nabla\times F=\begin{vmatrix}\mathbf{i}&\mathbf{j}&\mathbf{k}\\ \dfrac{\partial}{\partial x}&\dfrac{\partial}{\partial y}&\dfrac{\partial}{\partial z}\\ z&x&y\end{vmatrix}=\mathbf{i}+\mathbf{j}+\mathbf{k}$$

이고, $g(x,y,z)=z+x^2+y^2-4$ 라 하면 법선벡터는 $\nabla g=2x\mathbf{i}+2y\mathbf{j}+\mathbf{k}$ 이므로

$$\iint_S \text{curl}\,F\cdot d\boldsymbol{S}=\iint_D \text{curl}\,F\cdot\nabla g\,dx\,dy=\iint_D(2x+2y+1)\,dx\,dy$$

이다. 직교좌표를 극좌표로 변형하면 $x=r\cos\theta$, $y=r\sin\theta$ 이고 적분영역은

$$D=\{(r,\theta)\,|\,0\le r\le 2,\ 0\le\theta\le 2\pi\}$$

이다. 따라서

$$\iint_S \text{curl}\,F\cdot d\boldsymbol{S}=\int_0^{2\pi}\int_0^2(2r\cos\theta+2r\sin\theta+1)r\,dr\,d\theta$$

이고, $\displaystyle\int_0^{2\pi}\cos\theta\,d\theta=0$, $\displaystyle\int_0^{2\pi}\sin\theta\,d\theta=0$ 이므로

$$\iint_S \text{curl}\,F\cdot d\boldsymbol{S}=\int_0^{2\pi}\int_0^2 r\,dr\,d\theta=\int_0^{2\pi}d\theta\int_0^2 r\,dr=4\pi$$

이다. 이 예를 통하여 스토크스의 정리가 성립함을 알 수 있다.

예제 11.4.9

공간상의 세 점 $P(1,0,0)$, $Q(0,1,0)$, $R(0,0,1)$ 을 연결한 삼각형을 곡선 C 라 할 때, C 위에서 벡터장 $F(x,y,z)=-xy\mathbf{i}-xz\mathbf{j}+yz\mathbf{k}$ 의 선적분을 구하라.

▌풀이▐ 세 점을 연결하는 삼각형의 내부영역은 공간상의 평면

$$S:\ z=1-x-y,\ 0\le x\le 1,\ 0\le y\le 1-x$$

이고, 스토크스의 정리로부터 삼각형 C 에서의 선적분은

$$\int_C F \cdot d\mathbf{r} = \int\int_S \text{curl } F \cdot d\boldsymbol{S} = \int\int_D \text{curl } F \cdot \nabla g \; dx\, dy$$

이다. $g(x,y,z) = x + y + z - 1$ 이라 하면 평면 S에 수직인 벡터는 $\nabla g = \mathbf{i} + \mathbf{j} + \mathbf{k}$ 이다. 또한 벡터장 F의 회전은

$$\text{curl } F = \nabla \times F = \begin{vmatrix} \mathbf{i} & \mathbf{j} & \mathbf{k} \\ \dfrac{\partial}{\partial x} & \dfrac{\partial}{\partial y} & \dfrac{\partial}{\partial z} \\ -xy & -xz & yz \end{vmatrix} = (x+z)\mathbf{i} + (x-z)\mathbf{k}$$

이다. 따라서 C 위에서 벡터장 F의 선적분은 다음과 같다.

$$\int_C F \cdot d\mathbf{r} = \int\int_D \text{curl } F \cdot \nabla g \; dx\, dy = \int_0^1 \int_0^{1-x} 2x \; dy\, dx$$

$$= 2\int_0^1 (x - x^2)\, dx = \frac{1}{3}$$

다음의 발산정리는 벡터장의 면적분과 삼중적분의 관계를 나타낸다. 식 (11-19)에서 그린의 정리를 이용하여 벡터장의 선적분과 이중적분의 관계를 나타내었다. 이와 유사하게 벡터장의 면적분을 삼중적분으로 변형하는 공식을 유도할 수 있다.

정리 11.4.10 발산정리

공간상에서 영역 D를 둘러싸고 있는 곡면 S가 구분적으로 매끄러운 곡면이고, 벡터장

$$F(x,y,z) = f_1(x,y,z)\mathbf{i} + f_2(x,y,z)\mathbf{j} + f_3(x,y,z)\mathbf{k}$$

가 D를 포함하는 열린 영역에서 연속인 편도함수를 가지면 다음이 성립한다.

$$\int\int_S F \cdot d\boldsymbol{S} = \int\int\int_D \text{div}\, F \; dx\, dy\, dz \qquad (11\text{-}21)$$

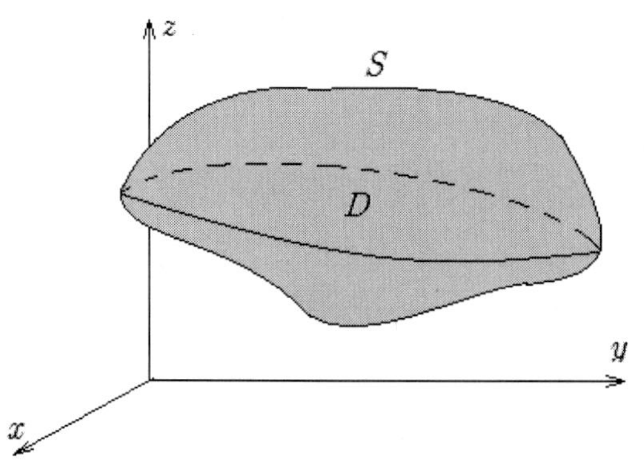

[그림 11-13] 곡면 S와 그의 내부영역 D

위의 정의에서 $\operatorname{div} F$는 벡터장 F의 발산으로

$$\operatorname{div} F = \nabla \cdot F = \frac{\partial f_1}{\partial x} + \frac{\partial f_2}{\partial y} + \frac{\partial f_3}{\partial z}$$

이다. 위의 발산정리를 이용하면 벡터장의 면적분을 좀 더 쉽게 계산할 수 있다.

예제 11.4.11

곡면 S가 반지름이 2인 구 $x^2+y^2+z^2=4$일 때 S 위에서 벡터장

$$F(x, y, z) = x\mathbf{i} + y\mathbf{j} + z\mathbf{k}$$

의 면적분을 구하라.

▌풀이▌ $\operatorname{div} F = 1+1+1=3$이므로 식 (11-21)로부터 면적분은

$$\iint_S F \cdot d\boldsymbol{S} = \iiint_D \operatorname{div} F \, dx\,dy\,dz = \iiint_D 3 \, dx\,dy\,dz = 3\iiint_D dx\,dy\,dz$$

이다. 여기에서 D는 주어진 구의 내부영역으로 $\iiint_D dx\,dy\,dz$는 반지름이 2인 구의 부피 $\frac{32}{3}\pi$ 이다. 따라서 면적분은 다음과 같다.

$$\iint_S F \cdot d\boldsymbol{S} = 3 \cdot \frac{32}{3}\pi = 32\pi$$

위의 예제는 예제 11.3.4와 같은 문제로 그 풀이를 비교해보면 발산정리를 이용한 위의 풀이가 면적분을 이용한 풀이보다 훨씬 간단함을 알 수 있다.

예제 11.4.12

원기둥 $x^2+y^2=1$과 두 평면 $z=-1$, $z=1$로 둘러싸인 곡면을 S라 할 때, S 위에서 벡터장

$$F(x,y,z) = x^3\mathbf{i} + y^3\mathbf{j} - xyz\,\mathbf{k}$$

의 면적분을 구하라.

▌풀이▌ 발산정리를 이용하여 벡터장 F의 면적분을 구한다. 변수 x, y를 극좌표로 변형하면 주어진 곡면 S의 내부영역 D는

$$x = r\cos\theta,\ y = r\sin\theta,\ z = z,\ 0 \le r \le 1,\ 0 \le \theta \le 2\pi,\ -1 \le z \le 1$$

이다. 또한 벡터장 F의 발산은

$$\operatorname{div} F = 3x^2+3y^2-xy = 3r^2\cos^2\theta + 3r^2\sin^2\theta - r^2\sin\theta\cos\theta = r^2(3-\sin\theta\cos\theta)$$

이다. 따라서 구하려는 면적분은 다음과 같다.

$$\begin{aligned}\iint_S F \cdot d\boldsymbol{S} &= \iiint_D \operatorname{div} F \, dx\, dy\, dz \\ &= \iiint_D (3x^2 + 3y^2 - xy) \; dx\, dy\, dz \\ &= \int_{-1}^{1}\int_0^{2\pi}\int_0^1 r^2(3 - \sin\theta\cos\theta)\, r \; dr\, d\theta\, dz \\ &= \int_{-1}^{1} dz \int_0^1 r^3 dr \int_0^{2\pi} (3 - \sin\theta\cos\theta)\, d\theta \\ &= \frac{1}{2}\left[3\theta - \frac{\sin^2\theta}{2}\right]_0^{2\pi} = \frac{1}{2} \cdot 6\pi = 3\pi\end{aligned}$$

11.4 연습문제

1. 곡선 C가 평면상의 세 점 $O(0,0)$, $P(1,0)$, $R(0,1)$ 을 연결하는 삼각형일 때, 다음의 선적분을 구하라.

$$\int_C x^3\,dx + xy\,dy$$

2. C가 원 $x^2+y^2=4$ 일 때, 다음 값을 구하라.

(1) $\int_C xy^2\,dx + x^2y\,dy$

(2) $\int_C (y+\sqrt{4+x^3})\,dx + (4x+e^{y^2})\,dy$

(3) $\int_C (3y-e^{\cos x})\,dx + (4x+e^{\sin y})\,dy$

(4) $\int_C 6x\,dx + 7y\,dy$

3. 제 1, 2 사분면의 두 원 $x^2+y^2=1$ 과 $x^2+y^2=9$ 사이의 영역 D 의 경계곡선을 C 라 할 때, 다음의 선적분을 구하라.

$$\int_C y^2\,dx + 4xy\,dy$$

4. 그린 정리를 이용하여 다음 선적분의 값을 구하라.

(1) $\int_C 2x\,dy$, C: $(0,0)$, $(1,0)$, $(1,1)$, $(0,1)$ 을 꼭짓점으로 하는 사각형

(2) $\int_C x^2\,dx + 2y\,dy$, C: $(x-2)^2+(y-3)^2=4$

(3) $\int_C \cos y\,dx + x\sin y\,dy$, C: $(0,0)$, $(4,0)$, $(4,2)$, $(0,2)$ 을 꼭짓점으로 하는 사각형

(4) $\int_C y^2\,dx + 2xy\,dy$, C: $x^2+3y^2=3$

5. 스토크스정리를 이용하여 주어진 벡터장 F와 곡면 S에 대하여 $\int\int_S \mathrm{curl}\, F \cdot d\boldsymbol{S}$를 구하라.

(1) $F(x,y,z) = -y\cos z\,\mathbf{i} + e^x \sin z\,\mathbf{j} + xe^y\,\mathbf{k}$, S: $x^2+y^2+z^2=4,\ z \geqq 0$

(2) $F(x,y,z) = xz\,\mathbf{i} + yz\,\mathbf{j} + xyz\,\mathbf{k}$, S: $z = x^2+y^2,\ x^2+y^2=9$

(3) $F(x,y,z) = y\mathbf{i} - x\mathbf{j} - 2\mathbf{k}$, S: $z^2 = x^2+y^2,\ 0 \leqq z \leqq 2$

(4) $F(x,y,z) = 2yz\mathbf{i} + y\mathbf{j} + 2x\mathbf{k}$, S: $z = 10 - x^2 - y^2,\ z = 1$

6. 스토크스정리를 이용하여 주어진 벡터장 F와 곡선 C에 대하여 $\int_C F \cdot d\mathbf{r}$를 구하라.

(1) $F(x,y,z) = (x^2+y)\mathbf{i} + (y^2+z)\mathbf{j} + (z^2+x)\mathbf{k}$,
C: $(1,0,0)$, $(0,1,0)$, $(0,0,1)$을 꼭짓점으로 하는 삼각형

(2) $F(x,y,z) = yz\,\mathbf{i} + 3xz\,\mathbf{j} + e^{2xy}\mathbf{k}$, C: $x^2+y^2=4,\ z=3$

(3) $F(x,y,z) = xy\mathbf{i} + 3z\mathbf{j} + 2y\mathbf{k}$, C: $x^2+y^2=4,\ x+z=4$

(4) $F(x,y,z) = xy\mathbf{i} + \frac{1}{2}x^2\mathbf{j} + xy\mathbf{k}$, C: $x^2+y^2=1,\ z=y^2-x^2$

7. 발산정리를 이용하여 주어진 벡터장 F와 곡면 S에 대하여 다음 면적분을 구하라.

(1) $F(x,y,z) = xe^z\mathbf{i} + xy^2z\mathbf{j} - e^z\mathbf{k}$,
S는 평면 $x=0, x=1, y=0, y=2, z=0, z=3$로 둘러싸인 직육면체의 경계곡면

(2) $F(x,y,z) = 2xy^2\mathbf{i} + 2xe^z\mathbf{j} + \frac{2}{3}z^3\mathbf{k}$,
S는 원기둥 $y^2+z^2=1$과 두 평면 $x=-2$, $x=2$로 둘러싸인 곡면

(3) $F(x,y,z) = (\sin z + xy^2)\mathbf{i} + x^2e^z\mathbf{j} + (\cos y + x^2z)\mathbf{k}$,
S는 포물면 $z = x^2+y^2$과 평면 $z=1$로 둘러싸인 곡면

(4) $F(x,y,z) = -y^3z^2\mathbf{i} + 3x^3y\mathbf{j} + 3xy^2z\mathbf{k}$,
S는 원기둥 $x^2+y^2=1$ 및 두 평면 $z=x+1$과 $z=0$으로 둘러싸인 곡면

(5) $F(x,y,z) = x^3\cos y\mathbf{i} - x^2\sin y\mathbf{j} - 2x^2z\cos y\mathbf{k}$,
S: $x^8+y^8+z^8=16$

연습문제 해답

1. $\frac{1}{6}$

2. (1) 0 (2) 12π (3) 4π (4) 0

3. $\frac{104}{3}$

4. (1) 2 (2) 0 (3) $8(1-\cos 2)$ (4) 0

5. (1) 4π (2) 0 (3) -8π (4) -18π

6. (1) $-\frac{3}{2}$ (2) 24π (3) -4π (4) π

7. (1) 9 (2) 4π (3) $\frac{\pi}{6}$ (4) $\frac{12}{5}\pi$ (5) 0

CHAPTER

부록

A. 미분공식

B. 적분공식

A 미분공식

함수		도함수	값의 범위
대수함수	$\log_a x$	$\dfrac{1}{x \ln a}$	$x > 0$ $a > 0,\ a \neq 1$
	$\ln x$	$\dfrac{1}{x}$	
지수함수	a^x	$a^x \ln a$	$a > 0$
	e^x	e^x	
삼각함수	$\sin x$	$\cos x$	
	$\cos x$	$-\sin x$	
	$\tan x$	$\sec^2 x$	
	$\cot x$	$-\csc^2 x$	
	$\sec x$	$\sec x \tan x$	
	$\csc x$	$-\csc x \cot x$	
역삼각함수	$\sin^{-1} x$	$\dfrac{1}{\sqrt{1-x^2}}$	$-1 \leq x \leq 1$
	$\cos^{-1} x$	$-\dfrac{1}{\sqrt{1-x^2}}$	$-1 \leq x \leq 1$
	$\tan^{-1} x$	$\dfrac{1}{1+x^2}$	$-\infty < x < \infty$
	$\cot^{-1} x$	$-\dfrac{1}{1+x^2}$	$-\infty < x < \infty$
	$\sec^{-1} x$	$\dfrac{1}{\lvert x \rvert \sqrt{x^2-1}}$	$x > -1$ 또는 $x > 1$
	$\csc^{-1} x$	$-\dfrac{1}{\lvert x \rvert \sqrt{x^2-1}}$	$x > -1$ 또는 $x > 1$
쌍곡선함수	$\cosh x$	$\sinh x$	
	$\sinh x$	$\cosh x$	
	$\tanh x$	$\operatorname{sech}^2 x$	
	$\coth x$	$-\operatorname{csch}^2 x$	
	$\operatorname{sech} x$	$-\operatorname{sech} x \tanh x$	
	$\operatorname{csch} x$	$-\operatorname{csch} x \coth x$	

함 수		도 함 수	값의 범위
역쌍곡선 함수	$\cosh^{-1} x$	$\frac{1}{\sqrt{x^2-1}}$	$x>1$
	$\sinh^{-1} x$	$\frac{1}{\sqrt{x^2+1}}$	$-\infty<x<\infty$
	$\tanh^{-1} x$	$\frac{1}{1-x^2}$	$-1<x<1$
	$\coth^{-1} x$	$\frac{1}{1-x^2}$	$x^2>1$
	$\mathrm{sech}^{-1} x$	$-\frac{1}{x\sqrt{1-x^2}}$	$0<x<1$
	$\mathrm{csch}^{-1} x$	$-\frac{1}{\sqrt{x^2(1+x^2)}}$	$x^2>0$

B 적분공식

[1] 기본적인 부정적분

1. $\int u^n du = \frac{1}{n+1}u^{n+1} + C \quad (n \neq -1)$

2. $\int \frac{1}{u} du = \ln|u| + C$

3. $\int a^u dx = \frac{a^u}{\ln a} + C \quad (a > 0, \ a \neq 1)$

4. $\int e^u du = e^u + C$

5. $\int \ln u \, du = u \ln u - u + C$

6. $\int \sin u \, du = -\cos u + C$

7. $\int \cos u \, du = \sin u + C$

8. $\int \sec^2 u \, du = \tan u + C$

9. $\int \csc^2 u \, du = -\cot u + C$

10. $\int \sec u \tan u \, du = \sec u + C$

11. $\int \csc u \cot u \, du = -\csc u + C$

12. $\int \tan u \, du = \ln|\sec u| + C$

13. $\int \cot u \, du = \ln|\sin u| + C$

14. $\int \sec u \, du = \ln|\sec u + \tan u| + C$

15. $\int \csc u \, du = \ln|\csc u - \cot u| + C$

16. $\int \frac{1}{\sqrt{a^2 - u^2}} du = \sin^{-1}\frac{u}{a} + C \quad (a > 0)$

17. $\int \frac{1}{u^2 + a^2} du = \frac{1}{a}\tan^{-1}\frac{u}{a} + C$

18. $\int \frac{1}{u^2 - a^2} du = \frac{1}{2a}\ln\left|\frac{u-a}{u+a}\right| + C$

[2] $\sqrt{a^2-u^2}$ $(a>0)$을 포함한 부정적분

19. $\displaystyle\int \sqrt{a^2-u^2}\,du = \frac{u\sqrt{a^2-u^2}}{2} + \frac{a^2}{2}\sin^{-1}\frac{u}{a} + C$

20. $\displaystyle\int \frac{\sqrt{a^2-u^2}}{u}\,du = \sqrt{a^2-u^2} - a\ln\left|\frac{a+\sqrt{a^2-u^2}}{u}\right| + C$

21. $\displaystyle\int \frac{1}{u\sqrt{a^2-u^2}}\,du = -\frac{1}{a}\ln\left|\frac{a+\sqrt{a^2-u^2}}{u}\right| + C$

22. $\displaystyle\int u^2\sqrt{a^2-u^2}\,du = \frac{u}{8}(2u^2-a^2)\sqrt{a^2-u^2} + \frac{a^4}{8}\sin^{-1}\frac{u}{a} + C$

23. $\displaystyle\int \frac{\sqrt{a^2-u^2}}{u^2}\,du = -\frac{1}{u}\sqrt{a^2-u^2} - \sin^{-1}\frac{u}{a} + C$

24. $\displaystyle\int \frac{u^2}{\sqrt{a^2-u^2}}\,du = -\frac{u}{2}\sqrt{a^2-u^2} + \frac{a^2}{2}\sin^{-1}\frac{u}{a} + C$

25. $\displaystyle\int \frac{1}{u^2\sqrt{a^2-u^2}}\,du = -\frac{\sqrt{a^2-u^2}}{a^2u} + C$

26. $\displaystyle\int (a^2-u^2)^{3/2}\,du = -\frac{u}{8}(2u^2-5a^2)\sqrt{a^2-u^2} + \frac{3a^4}{8}\sin^{-1}\frac{u}{a} + C$

27. $\displaystyle\int \frac{1}{(a^2-u^2)^{3/2}}\,du = \frac{u}{a^2\sqrt{a^2-u^2}} + C$

[3] $\sqrt{a^2+u^2}$ $(a>0)$을 포함한 부정적분

28. $\displaystyle\int \sqrt{u^2+a^2}\,du = \frac{1}{2}u\sqrt{u^2+a^2} + \frac{a^2}{2}\ln\left|u+\sqrt{u^2+a^2}\right| + C$

29. $\displaystyle\int \frac{1}{\sqrt{u^2+a^2}}\,du = \ln\left|u+\sqrt{u^2+a^2}\right| + C$

30. $\displaystyle\int \frac{\sqrt{u^2+a^2}}{u}\,du = \sqrt{u^2+a^2} - a\ln\left|\frac{\sqrt{u^2+a^2}+a}{u}\right| + C$

31. $\displaystyle\int \frac{1}{u\sqrt{u^2+a^2}}\,du = -\frac{1}{a}\ln\left|\frac{\sqrt{u^2+a^2}+a}{u}\right| + C$

32. $\displaystyle\int u^2\sqrt{u^2+a^2}\,du = \frac{1}{8}u(2u^2+a^2)\sqrt{u^2+a^2} - \frac{a^4}{8}\ln\left|u+\sqrt{u^2+a^2}\right| + C$

33. $\displaystyle\int \frac{\sqrt{u^2+a^2}}{u^2}\,du = -\frac{\sqrt{u^2+a^2}}{u} + \ln\left|u+\sqrt{u^2+a^2}\right| + C$

34. $\int \frac{u^2}{\sqrt{u^2+a^2}}\,du = \frac{1}{2}u\sqrt{u^2+a^2} - \frac{a^2}{2}\ln\left|u+\sqrt{u^2+a^2}\right| + C$

35. $\int \frac{1}{u^2\sqrt{u^2+a^2}}\,du = -\frac{\sqrt{u^2+a^2}}{a^2 u} + C$

36. $\int (u^2+a^2)^{3/2}\,du = \frac{1}{4}u(u^2+a^2)^{3/2} + \frac{3a^2}{8}u\sqrt{u^2+a^2} + \frac{3a^4}{8}\ln|u$
$+\sqrt{u^2+a^2}| + C$

37. $\int \frac{1}{(u^2+a^2)^{3/2}}\,du = \frac{u}{a^2\sqrt{u^2+a^2}} + C$

[4] $\sqrt{u^2-a^2}$ $(a>0)$을 포함한 부정적분

38. $\int \sqrt{u^2-a^2}\,du = \frac{1}{2}u\sqrt{u^2-a^2} - \frac{a^2}{2}\ln\left|u+\sqrt{u^2-a^2}\right| + C$

39. $\int \frac{1}{\sqrt{u^2-a^2}}\,du = \ln\left|u+\sqrt{u^2-a^2}\right| + C$

40. $\int \frac{\sqrt{u^2-a^2}}{u}\,du = \sqrt{u^2-a^2} - a\cos^{-1}\frac{a}{\ln|u|} + C$

41. $\int u^2\sqrt{u^2-a^2}\,du = \frac{1}{8}u(2u^2-a^2)\sqrt{u^2-a^2} - \frac{a^4}{8}\ln\left|u+\sqrt{u^2-a^2}\right| + C$

42. $\int \frac{\sqrt{u^2-a^2}}{u^2}\,du = -\frac{\sqrt{u^2-a^2}}{u} + \ln\left|u+\sqrt{u^2-a^2}\right| + C$

43. $\int \frac{u^2}{\sqrt{u^2-a^2}}\,du = \frac{1}{2}u\frac{\sqrt{u^2-a^2}}{2} + \frac{a^2}{2}\ln\left|u+\sqrt{u^2-a^2}\right| + C$

44. $\int \frac{1}{u^2\sqrt{u^2-a^2}}\,du = \frac{\sqrt{u^2-a^2}}{a^2 u} + C$

45. $\int (u^2-a^2)^{3/2}\,du = \frac{u(u^2-a^2)^{3/2}}{4} - \frac{3a^2}{8}u\sqrt{u^2-a^2} + \frac{3a^4}{8}\ln|u$
$+\sqrt{u^2-a^2}| + C$

[5] $\sqrt{au+b}$ 를 포함한 부정적분

46. $\int u\sqrt{au+b}\,du = \frac{2}{15a^2}(3au-2b)(au+b)^{3/2}+C$

47. $\int \frac{\sqrt{au+b}}{u}\,du = 2\sqrt{au+b}+b\int\frac{1}{u\sqrt{au+b}}\,du$

48. $\int \frac{u}{\sqrt{au+b}}\,du = \frac{2}{3a^2}(au-2b)\sqrt{au+b}+C$

49. $\int \frac{1}{u\sqrt{au+b}}\,du = \begin{cases} \frac{1}{\sqrt{b}}\ln\left|\frac{\sqrt{au+b}-\sqrt{b}}{\sqrt{au+b}+\sqrt{b}}\right|+C & (b>0) \\ \frac{2}{\sqrt{-b}}\tan^{-1}\sqrt{\frac{au+b}{-b}}+C & (b<0) \end{cases}$

50. $\int \frac{u^2}{\sqrt{au+b}}\,du = \frac{2}{15a^3}(3a^2u^2-4abu+8b^2)\sqrt{au+b}+C$

51. $\int \frac{\sqrt{au+b}}{u^2}\,du = -\frac{\sqrt{au+b}}{u}+\frac{a}{2}\int\frac{1}{u\sqrt{au+b}}\,du$

52. $\int u^n\sqrt{au+b}\,du = \frac{2}{a(2n+3)}\left(u^n(au+b)^{3/2}-nb\int u^{n-1}\sqrt{au+b}\,du\right)$

53. $\int \frac{u^n}{\sqrt{au+b}}\,du = \frac{2}{a(2n+1)}\left(u^n\sqrt{au+b}-nb\int\frac{u^{n-1}}{\sqrt{au+b}}\,du\right)$

54. $\int \frac{1}{u^n\sqrt{au+b}}\,du = -\frac{1}{b(n-1)}\left(\frac{\sqrt{au+b}}{u^{n-1}}+\frac{a(2n-3)}{2}\int\frac{1}{u^{n-1}\sqrt{au+b}}\,du\right)$

[6] 삼각함수를 포함한 부정적분

55. $\int \sin^3 u\,du = -\frac{1}{3}(2+\sin^2 u)\cos u+C$

56. $\int \cos^3 u\,du = \frac{1}{3}(2+\cos^2 u)\sin u+C$

57. $\int \tan^3 u\,du = \frac{1}{2}\tan^2 u+\ln|\cos u|+C$

58. $\int \cot^3 u\,du = -\frac{1}{2}\cot^2 u-\ln|\sin u|+C$

59. $\int \sec^3 u\,du = \frac{1}{2}\sec u\tan u+\frac{1}{2}\ln|\sec u+\tan u|+C$

60. $\int \csc^3 u\,du = -\frac{1}{2}\csc u\cot u+\frac{1}{2}\ln|\csc u-\cot u|+C$

61. $\int \sin^n u\,du = -\frac{1}{n}\sin^{n-1}u\cos u + \frac{n-1}{n}\int \sin^{n-2}u\,du$

62. $\int \cos^n u\,du = \frac{1}{n}\cos^{n-1}u\sin u + \frac{n-1}{n}\int \cos^{n-2}u\,du$

63. $\int \tan^n u\,du = \frac{1}{n-1}\tan^{n-1}u - \int \tan^{n-2}u\,du$

64. $\int \cot^n u\,du = -\frac{1}{n-1}\cot^{n-1}u - \int \cot^{n-2}u\,du$

65. $\int \sec^n u\,du = \frac{1}{n-1}\sec^{n-2}u\tan u + \frac{n-2}{n-1}\int \sec^{n-2}u\,du$

66. $\int \csc^n u\,du = -\frac{1}{n-1}\csc^{n-2}u\cot u + \frac{n-2}{n-1}\int \csc^{n-2}u\,du$

67. $\int u^n \sin^{-1}u\,du = \frac{1}{n+1}\left(u^{n+1}\sin^{-1}u - \int \frac{u^{n+1}}{\sqrt{1-u^2}}du\right) \quad (n \neq -1)$

68. $\int u^n \cos^{-1}u\,du = \frac{1}{n+1}\left(u^{n+1}\cos^{-1}u + \int \frac{u^{n+1}}{\sqrt{1-u^2}}du\right) \quad (n \neq -1)$

69. $\int u^n \tan^{-1}u\,du = \frac{1}{n+1}\left(u^{n+1}\tan^{-1}u - \int \frac{u^{n+1}}{1+u^2}du\right) \quad (n \neq -1)$

찾아보기

저자소개

연 용 호

목원대학교 정보통신융합공학부 조교수

오 상 훈

목원대학교 정보통신융합공학부 교수

오 용 선

목원대학교 정보통신융합공학부 교수

정가 25,000원

공학에 꼭 필요한 수학 $+\alpha$

2017년 3월 2일 초　판 발행
2020년 3월 2일 수정판 발행
저　자 : 연용호 · 오상훈 · 오용선
발행자 : 송　준
발행처 : 홍릉과학출판사
주　소 : 서울시 강북구 인수봉로 50길 10
01093
등　록 : 1976년 10월 21일 제5-66호
전　화 : (02) 999-2274~5, 903-7037
팩　스 : (02) 905-6729
e-mail: hongpub@hongpub.co.kr
http://www.hongpub.co.kr
ISBN: 979-11-5600-481-3

저자와의 협의하에 인지생략